中 国 国 家 标 准 汇 编

413

GB 23270～23295

（2009 年制定）

中国标准出版社　编

中 国 标 准 出 版 社

北 京

图书在版编目（CIP）数据

中国国家标准汇编：2009年制定．413：GB 23270～23295/中国标准出版社编．—北京：中国标准出版社，2010

ISBN 978-7-5066-6022-8

Ⅰ．①中…　Ⅱ．①中…　Ⅲ．①国家标准-汇编-中国-2009　Ⅳ．①T-652.1

中国版本图书馆CIP数据核字（2010）第166635号

中国标准出版社出版发行
北京复兴门外三里河北街16号
邮政编码：100045

网址 www.spc.net.cn
电话：68523946　68517548
中国标准出版社秦皇岛印刷厂印刷
各地新华书店经销

*

开本 880×1230　1/16　印张 35.5　字数 1 034 千字
2010年9月第一版　2010年9月第一次印刷

*

定价 220.00 元

ISBN 978-7-5066-6022-8

出 版 说 明

1.《中国国家标准汇编》是一部大型综合性国家标准全集。自1983年起，按国家标准顺序号以精装本、平装本两种装帧形式陆续分册汇编出版。它在一定程度上反映了我国建国以来标准化事业发展的基本情况和主要成就，是各级标准化管理机构，工矿企事业单位，农林牧副渔系统，科研、设计、教学等部门必不可少的工具书。

2.《中国国家标准汇编》收入我国每年正式发布的全部国家标准，分为"制定"卷和"修订"卷两种编辑版本。

"制定"卷收入上一年度我国发布的、新制定的国家标准，顺延前年度标准编号分成若干分册，封面和书脊上注明"20××年制定"字样及分册号，分册号一直连续。各分册中的标准是按照标准编号顺序连续排列的，如有标准顺序号缺号的，除特殊情况注明外，暂为空号。

"修订"卷收入上一年度我国发布的、修订的国家标准，视篇幅分设若干分册，但与"制定"卷分册号无关联，仅在封面和书脊上注明"20××年修订-1，-2，-3，……"字样。"修订"卷各分册中的标准，仍按标准编号顺序排列(但不连续)；如有遗漏的，均在当年最后一分册中补齐。需提请读者注意的是，个别非顺延前年度标准编号的新制定的国家标准没有收入在"制定"卷中，而是收入在"修订"卷中。

读者配套购买《中国国家标准汇编》"制定"卷和"修订"卷则可收齐上一年度我国制定和修订的全部国家标准。

3. 由于读者需求的变化，自1996年起，《中国国家标准汇编》仅出版精装本。

4. 2009年我国制修订国家标准共3158项。本分册为"2009年制定"卷第413分册，收入国家标准GB 23270～23295的最新版本。

中国标准出版社

2010年8月

目 录

ICS 35.240.30
A 14

中华人民共和国国家标准

GB/T 23270.1—2009/ISO 10161-1:1997

信息与文献　开放系统互连
馆际互借应用协议规范
第1部分:协议说明书

Information and documentation—Open system interconnection—Interlibrary loan application protocol specification—Part 1: Protocol specification

(ISO 10161-1:1997, IDT)

2009-03-13 发布　　2009-09-01 实施

中华人民共和国国家质量监督检验检疫总局
中国国家标准化管理委员会　发布

前　言

GB/T 23270分为两个部分,分别是:

a) 信息与文献　开放系统互连　馆际互借应用协议规范　第1部分:协议说明书;

b) 信息与文献　开放系统互连　馆际互借应用协议规范　第2部分:协议实施一致性声明(PICS)条文。

本部分为GB/T 23270的第1部分。

本部分等同采用国际标准ISO 10161-1:1997(第二版,及其修改单Amd.1:2002)《信息与文献　开放系统互连　馆际互借应用协议规范,第1部分:协议说明书》。

本部分考虑我国国情,对国际标准ISO 10161-1:1997(第二版)及其修改单Amd.1:2002的中译文做了编辑性修改,技术内容未作变动。

本部分的附录A～附录D是规范性附录,附录E～附录G是资料性附录。

本部分由全国信息与文献标准化技术委员会提出并归口。

本部分起草单位:中国科学技术信息研究所、中国化工信息中心。

本部分主要起草人:郝春云、朱晓华、蔡志勇、王盛发、孙伯庆、揭玉斌。

引　言

GB/T 23270的本部分是推动计算机系统互连的一系列国家标准中的一部分。它与开放系统互连参考模型(GB/T 9387)所定义系列中的其他国家标准相关。参考模型将互连的标准化区域细分为一系列易于管理的规范层。

开放系统互连的目标是,在尽可能少的互连标准之外的技术协议存在的条件下,允许下列情形的计算机系统之间互连:

a) 来自不同厂商的计算机系统;

b) 在不同部门之间的计算机系统;

c) 复杂性不同的计算机系统;

d) 不同年代生产的计算机系统。

GB/T 23270的本部分提供了馆际互借(Interlibrary Loan,简称ILL)的通信协议规范。ILL协议是应用层的协议,允许参与ILL事务的各方以有序的、有详细说明的方式开展馆际互借事务。

ILL协议已被设计来支持GB/T AAAA信息和文献-开放系统互连-馆际互借应用服务定义中定义的ILL服务,即ILL应用服务定义,此定义一般需要调用外部传递服务来完成一个ILL请求。ILL协议中携带了自动或手动调用外部传递服务的许可信息。

GB/T 23270的本部分是众多支持图书馆系统互连的相关标准之一。这些标准可以在它们自身内部使用,或者采用合作的方式支持需要混合通讯服务的图书馆应用。例如,支持远程访问目录数据库的ISO 23950,该标准可与ILL协议关联以获取身份识别信息。这些目录之间交互的控制和管理是本地事务,在国际标准范围之外。

ILL操作涉及的安全和帐务的问题有待进一步研究。

GB/T 23270的本部分所使用的规范技术与定义其他OSI协议所使用的技术是一致的。在本文档的大部分内容中,此技术是不需加以说明的。ILL应用协议数据单元(Application Protocol Data Units,简称APDU)的抽象语法在GB/T 16262中指定的ASN.1规范技术方法中定义。

GB/T 23270的本部分内容包含七个附录。附录A到D是规范性的附录。附录A详细说明了ILL协议的状态表。附录B详细说明了与GB/T 14805中定义的EDITFACT标准兼容的交换语法的产生的编码规则。附录C详细说明了标准的本部分中指定的对象标识符和注册要求。附录D定义了ILL EXTERNAL数据类型定义的注册程序。附录E是一个ILL EXTERNAL数据类型注册登录的例子。附录F描述了协议到支持服务的可能映象。附录G描述了与ILL协议关联使用文献传递协议的可能方法。

信息与文献　开放系统互连
馆际互借应用协议规范
第1部分：协议说明书

1　范围

GB/T 23270的本部分定义了馆际互借应用服务元协议，描述了一个系统要加入馆际互借服务必须遵循的行为规范。

提供了加入馆际互借业务的双方或多方各自的行为规则，并规定了：

a)　接收馆际互借客户发出的服务请求原语时应采取的行动；

b)　接收应用协议数据单元时应采取的行动；

c)　本地系统作为事件结果应采取的行动。

描述了传送馆际互借协议应用协议数据单元所需的抽象语法(见第9章)。

指出了协议实施需遵循的一致性要求(见第10章)。

馆际互借协议的范围限于系统的互连；它没有规定或限制计算机系统内可能的相互作用。计算机系统的范围包括从单独的工作站到主机。

本部分旨在供图书馆、联合编目中心等信息机构和其它书目信息处理系统使用。这些系统可能以请求方(馆际互借请求的发起者，即客户)、应答方(书目资料或信息的提供者，即服务供方)，和/或中介(为请求方寻找合适应答方的代理者)的身份加入馆际互借事务。

该协议支持从简单的双边交互到多边交互等不同交互结构的拓扑关系。

2　规范性引用文件

下列文件中的条款通过GB/T 23270的本部分的引用而成为本部分的条款。凡是注日期的引用文件，其随后所有的修改单(不包括勘误的内容)或修订版均不适用于本部分，然而，鼓励根据本部分达成协议的各方研究是否可使用这些文件的最新版本。凡是不注日期的引用文件，其最新版本适用于本部分。

GB/T 1988—1998　信息技术　信息交换用七位编码字符集(eqv ISO/IEC 646:1991)

GB/T 5795—2006　中国标准书号(ISO 2108:2005，MOD)

GB/T 7408—2005　数据元和交换格式　信息交换　日期和时间表示法(ISO 8601:2000，IDT)

GB/T 9387.1—1998　信息技术　开放系统互连　基本参考模型　第1部分：基本模型(idt ISO/IEC 7498-1:1994)

GB/T 9387.2—1995　信息处理系统　开放系统互连　基本参考模型　第2部分：安全体系结构(idt ISO 7498-2:1989)

GB/T 9387.3—1995　信息处理系统　开放系统互连　基本参考模型　第3部分：命名与编址(idt ISO 7498-3:1989)

GB/T 9387.4—1996　信息处理系统　开放系统互连　基本参考模型　第4部分：管理框架(ISO/IEC 7498-4:1989，IDT)

GB/T 9999—2001　中国标准连续出版物号(eqv ISO 3297:1998)

GB/T 12406—2008　表示货币和资金的代码(ISO 4217:2001，IDT)

GB/T 14805—2007　行政、商业和运输业电子数据交换(EDIFACT)应用级语法规则(语法版本

号:4,语法发布号:1)

GB/T 15695—1995 信息处理系统 开放系统互连 面向连接的表示服务定义(idt ISO 8822:1988)

GB/T 16262—2006 信息技术 抽象语法记法一(ASN.1)

GB/T 16263—2006 信息技术 ASN.1 编码规则

GB/T 16284.4—1996 信息技术 文本通信 面向信报的文本交换系统 第4部分:抽象服务定义和规程(idt ISO/IEC 10021-4:1990)

GB/T 16688—2008 信息技术 开放系统互连 联系控制服务元素服务定义(ISO/IEC 8649:1996,IDT)

GB/T 17176—1997 信息技术 开放系统互连 应用层结构(idt ISO/IEC 9545:1994)

GB/T 17967—2000 信息技术 开放系统互连 基本参考模型 OSI 服务定义约定(idt ISO/IEC 10731:1994)

GB/T 17969.1—2000 信息技术 开放系统互连 OSI 登记机构的操作规程 第1部分:一般规程(eqv ISO/IEC 9834-1:1993)

GB/T 19688.1—2005 信息与文献 书目数据元目录 第一部分:互借应用(ISO 8459-1:1988,IDT)

GB/T 23269—2009 信息与文献 开放系统互连 馆际互借应用服务定义(ISO 10160:1997,IDT)

ISO 2709:2008 信息和文献工作 信息交流用格式

ISO 8571-1:1988 信息处理系统 开放系统互连 文件传输、存取和管理 第1部分:互借应用

ISO/IEC 9834-2:1993 信息技术 开放系统互连 OSI 注册规范操作程序 第2部分:OSI 文献类型的注册程序

ISO 23950:1998 信息和文献工作 信息检索(Z39.50) 应用服务定义和协议规范

3 术语和定义

下列术语和定义适用于 GB/T 23270 的本部分。

3.1 参照模型定义

以 GB/T 9387 中的概念为基础,使用了其中的下列术语:

3.1.1

应用层 application layer

开放系统互连(OSI)参考模型中的最高层,即第七层。作为相应的应用进程之间的窗口,这些进程利用 OSI 来交换有意义的信息。

3.1.2

应用实体 application-entity

与 OSI 参考模型有关的应用进程方面。

3.1.3

应用进程 application-process

为某一具体应用进行信息处理的实际开放系统中的一个进程。

3.1.4

应用协议数据单元 application-protocol-data-unit

应用协议中规定的数据单元,包括应用协议信息和可能的应用用户数据。

3.1.5

应用服务元 application-service-element

应用实体的一部分,在适当的时候运用基础服务来提供 OSI 环境的性能。

3.1.6

N层服务　(N)-service

N层在N与N+1层之间的接口上向N+1层提供服务的能力。

注：应用服务不是向高层实体而是向应用进程提供服务能力。

3.1.7

表示服务　presentation-service

表示层及其以下各层在表示层与应用层的接口上向应用实体提供服务的能力。

3.1.8

传输语法　transfer-syntax

用于在开放系统之间传送数据的具体语法。

3.2　抽象语法符号1定义

标准的本部分使用了GB/T 16262—2006中定义的下列术语：

3.2.1

数据类型;类型　data type;type

一个命名的值集。

3.2.2

简单类型　simple type

直接规定值集而定义的类型。

3.2.3

结构类型　structure type

引用另外一种或几种类型来定义的类型。

3.2.4

分量类型　component type

定义结构类型时引用的一种类型。

3.2.5

值　value

值集中的一个特定成员。

3.3　表示服务定义

标准的本部分使用了GB/T 15695—1995中定义的下列术语：

3.3.1

抽象语法　abstract syntax

在数据的正式说明中所使用的规则的各个方面,与代表数据的编码技术无关。

3.4　应用层结构定义

标准的本部分使用了GB/T 17176—1997中定义的下列术语：

3.4.1

应用联合　application-association

两个应用实体调用间的合作关系,以实现它们联合操作时的信息通信与协调。该关系使用表示层服务,通过交换应用层协议控制信息来建立。

3.4.2

应用上下文　application-contex

两个应用实体共享的一套规则,以控制它们的行为,保证协同操作。

注：应用上下文是通信领域中共享的概念。

3.4.3

应用上下文定义　application-contex-definition

对应用上下文的描述。

3.4.4

应用实体调用　application-entity-invocation

使用特定应用实体的部分或全部功能，以支持某个应用进程调用的通信要求。

3.4.5

应用进程调用　application-process-invocation

使用特定应用进程的部分或全部功能，以支持信息处理的特定时机。

3.5 服务条约定义

标准的本部分使用了GB/T 17967—2000中定义的下列术语：

3.5.1

指示原语　indication primitive

服务供方在一个交互中的描述，或a)或b)：

a) 服务供方主动调用了某个过程；

b) 在对等服务访问点上由客户调用了一个过程。

3.5.2

不确认的服务　non-confirmed-service

整个N层服务中的一个特定部分，它从服务供方到初始的客户并不产生明确的确认信息。

3.5.3

供方初始服务　provider-initiated service

整个N层服务中的一个特定部分，它由服务供方而不是客户最先发起。

3.5.4

请求原语　request primitive

客户调用某个过程的相互作用的描述。

3.5.5

服务原语　service primitive

客户与服务供方之间相互作用的抽象描述，与实施无关。

3.5.6

服务供方　service-provider

向对等客户提供服务的实体的总概括。

3.5.7

客户　service-user

单个开放系统中使用服务的一个实体。

3.6 馆际互借定义

以下定义适用于抽象语法记法一(ASN.1)值的参照名称以及与简单数据类型相关的值，如第9章所示，以下是在GB/T 19688.1—2005中已说明的值：

- 责任者　author；
- 索取号　call number；
- 客户标识符　client identifier；
- 客户身份　client-status；
- 国家　country；
- 版本　edition；

- 出版地　place-of-publication;
- 邮政信箱　post-office-box;
- 邮政编码　post-code;
- 出版者　publisher;
- 主办者　sponsoring body;
- 街道及门牌号　street-and-number;
- 题名　title;
- 传输模式　transportation-mode;
- 卷-期　volume-issue

注:卷和期在 GB/T 19688.1—2005 中单独定义。

3.6.1

帐号　account-number

进行借、贷的帐户的号码。相对于每一个应答方,不同的请求方都被分配给一个不同的帐户(GB/T 19688.1的另一种说法)。

3.6.2

附加编码　additional-no-letters

确认一篇文献的号码或代码。

3.6.3

已转发　already-forwarded

表示应答方发出的馆际互借请求已被转发。

3.6.4

已试清单　already-tried-list

已经访问过但不能提供所需文献的机构清单。

3.6.5

回答　answer

表示"yes"或"no"应答的代码。

3.6.6

装订中　at-bindery

所需文献正在装订。

3.6.7

责任者　author

对文献的智力或艺术内容负责的个人或机构的名称,包括文献的设计者、创作者或原创者。

3.6.8

文章责任者　author-of-article

文献的作者,该文献是另一文献的组成部分。

3.6.9

结构错误的应用协议数据单元　badly-structured-APDU

接收到的应用协议数据单元的结构不符合 GB/T 16262 和 GB/T 16263 规定的标准记法和编码,或者不符合 GB/T 14805 中的 EDIFACT 编码和本部分的附录 B,比如,接收到的应用协议数据单元与其标明的长度不匹配。

3.6.10

在处理　being-processed-for-supply

文献正在查找、复制和/或打包分发。

3.6.11

索取号　call-number

分配给文献用来指示其在所属机构中物理位置的标记。

3.6.12

能发送“CHECKED-IN”　can-send-CHECKED-IN

应答方发出的能提供收登(CHECKED-IN)应用协议数据单元的指示。

3.6.13

能发送“RECEIVED”　can-send-RECEIVED

请求方发出的能提供接收(RECEIVED)应用协议数据单元的指示。

3.6.14

能发送“RETURNED”　can-send-RETURNED

请求方发出的能提供归还(RETURNED)应用协议数据单元的指示。

3.6.15

能发送“SHIPPED”　can-send-SHIPPED

应答方发出的能提供传递(SHIPPED)应用协议数据单元的指示。

3.6.16

不能向前发送　cannot-send-onward

中介由于通信问题不能发送请求。

3.6.17

费用单位　chargeable-units

收费单元的数量。

3.6.18

收费　charges

应答方提供所需服务时收取的费用。

3.6.19

城市　city

用来表示城市、城镇或乡村的短语(GB/T 19688.1 的另一种说法)。

3.6.20

客户标识符　client-identifier

用来唯一标识客户的数字或代码。

3.6.21

客户名称　client-name

发起请求的个人或机构的名称(GB/T 19688.1 的另一种说法)。

3.6.22

需客户签字　client-signature-required

应答方规定客户必须签写与文献封在一起的签名表。

3.6.23

客户身份　client-status

客户的专业水平或职位。

3.6.24

条件　conditions

用于指示文献可借条件的代码。

3.6.25

版权许可　copyright-compliance

请求方指明他所坚持的适用的版权规范或法律。

3.6.26

关联信息　correlation-information

将错误报告和相关的服务需求关联起来所使用的信息。

3.6.27

费用　cost

供方为所提供的服务所要求、收取或开列帐单的金额。

3.6.28

预算　cost-estimate

对提供所需服务应收取费用的预计。

3.6.29

费用超限　cost-exceeds-limit

应答方指示满足请求所需的最低费用已超过认可的数量。

3.6.30

国家　country

用来表示国家的短语。

3.6.31

货币代码　currency-code

根据GB/T 12406—2008,用来表示货币种类的代码。

3.6.32

当前状态　current-state

表示馆际互借事务状态的代码。

3.6.33

收登日期　date-checked-in

应答方收到归还文献的日期。

3.6.34

应还日期　date-due

所借文献应归还给应答方的日期,它应该是归还文献的最后日期。

3.6.35

答复日期　date-for-reply

应该答复应答方的最后日期。

3.6.36

上次转换日期　date-of-last-transition

上次状态转换的日期。

3.6.37

最近服务日期　date-of-most-recent-service

提供状态报告的系统中最近一次出现服务事件的日期。它是提供状态报告的系统所产生的一种服务,或者是在接收的应用协议数据单元中反映的一种服务。

3.6.38

服务日期　date-of-service

馆际互借事务相关的服务产生的日期。

3.6.39

接收日期　date-received

请求方收到文献的日期。

3.6.40

请求日期　date-requested

请求方提出馆际互借请求的日期。

3.6.41

归还日期　date-returned

文献归还给应答方的日期。

3.6.42

传递日期　date-shipped

文献传递给请求方的日期。

3.6.43

传递服务　delivery-service

传递请求文献时使用的服务或方法。可使用物理的或电子的传递方式。

3.6.44

希望归还日期　desired-due-date

建议续借文献应归还的日期。

3.6.45

重复的事务标识符　duplicate-transaction-id

馆际互借请求应用协议数据单元的事务标识符是一个不合法的重复值。即该值与已经存在的来自同一请求方的馆际互借请求中的标识符相同。

3.6.46

版本　edition

从一个主件或相同类型的图像产生出来、具有相同内容、以非书资料的形式由一个或一组特定出版代理人发行的所有拷贝。

3.6.47

电子传递　electronic-delivery

基于电信方式的传递被请求文献的电子版的服务。不包括通过有形的磁介质或光介质进行的传递。

3.6.48

预计日期　estimate-date-available

预计可提供预约文献的日期。

3.6.49

期满终止日期　expiry-date

馆际互借事务自动期满终止的日期。

3.6.50

期满终止标志　expiry-flag

表示馆际互借事务的期满终止日期是否赋值的标志，如果已赋值，则表示期满终止日期是“需求终止日期”，或是别的某个日期。

3.6.51

扩展的邮递地址　extended-postal-delivery-address

确认确切的传递点所需的邮政地址中的附加信息。比如一幢大楼的楼层号和房间号。

3.6.52

最终应答方　final-responder

提供所需文献的机构，用来区分馆际互借事务与馆际互借子事务中的应答方。

3.6.53

转发标志　forward-flag

中介是否已转发接收到的馆际互借请求的指示。

3.6.54

转发注释　forward-note

当转发馆际互借请求给一个新的应答方时，原应答方添加到请求中的注释。

3.6.55

一般问题　general-problem

表示馆际互借服务供方检测到的所接收的应用协议数据单元中一般问题的代码。该问题与事务标识符无关，也与允许的状态转换无关。

3.6.56

馆际互借应用协议数据单元类型　ILL-APDU-type

表示接收到的应用协议数据单元类型的代码。

3.6.57

馆际互借服务类型　ILL-service-type

所请求的馆际互借服务类型的代码。它们能按优先级列出。

3.6.58

馆际互借事务　ILL-transaction

整个馆际互借循环中一个单一的完整的实例，包括从初始的馆际互借请求到接收所需数据的整个循环过程中所有的行动、服务原语和消息。

3.6.59

处理中　in-process

文献已收到但还不能用。

3.6.60

已借出　in-use/on-loan

拥有所需文献，但它正被某个客户使用或借给了别的机构。

3.6.61

初始请求方　initial-requester

最先发起请求的个人或机构。该术语用来区分馆际互借事务和馆际互借子事务的请求方。

3.6.62

初始请求方地址　initial-requester-address

表示电讯服务的信息和地址，通过它可访问初始请求方。

3.6.63

最近服务发起者　initiator-of-most-recent service

发起最近服务的请求方或应答方的确认信息。

3.6.64

机构代码　institution-symbol

用缩略的格式唯一表示馆际互借事务中的图书馆、机构或公司的数字、字母或代码。如机构的国家联合编目代码。

3.6.65

保险说明　insured-for

为防止文献遗失或损坏所买的保险金额的说明。

3.6.66

中介标识符　intermediary-id

馆际互借事务中介的确认信息。

3.6.67

中介问题　intermediary-problem

表示中介处理请求中遇到了问题的代码。

3.6.68

无效事务标识符　invalid-transaction-id

馆际互借请求(ILL-REQUEST)的事务标识符赋值无效。比如,该值违背了标准的本部分的赋值规则,或者遇到了一个未知的个人或机构代码或名称。

3.6.69

国际标准图书编号(ISBN)　International Standard Book Number

按照 GB/T 5795—2006 分配给专著的国际标准书号。

3.6.70

国际标准连续书刊的编号(ISSN)　International Standard Serial Number

按照 GB/T 9999—2001 分配给连续出版物的国际标准连续出版物号。

3.6.71

文献类型　item-type

表示文献形式的代码。

3.6.72

信息不全　lacking

有品种,但缺少组成部分或页码。

3.6.73

无版权许可　lacks-copyright-compliance

在复制前,必须申明遵从相应的版权规范或法律。

3.6.74

服务水平　level-of-service

表示所要求的查询详细程度或应答期限的代码。

注:该代码反映了地区性或国家性的公约。

3.6.75

仅限图书馆使用　library-use-only

应答方申明该文献不能转移到请求机构之外使用。

3.6.76

馆藏单位地址　location-address

用于识别拥有所需文献的机构的电话或邮政地址信息。

3.6.77

馆藏单位标识　location-id

拥有所需文献的机构的代码或名称。

3.6.78

定位注释　location-note

一种附加信息,用来补充或修正馆际互借请求中提供的编目数据,或是用来明确地址信息。

3.6.79

无定位 location-not-found

没有可能的应答方。

3.6.80

遗失 lost

宣布文献已遗失和/或已从馆藏中剔除。

3.6.81

不支持必备的消息 mandatory-messaging-not-supported

应答方没有提供 SHIPPED 和/或 CHECKED-IN 消息。

3.6.82

最高费用 maximum-cost

获得馆际互借服务将付费的最大金额(GB/T 19688.1 的另一种说法)。

3.6.83

介质特征 medium-characteristics

要求文献以何种物理形式提供的技术说明。

3.6.84

介质类型 medium-type

表示文献介质形式的代码。

3.6.85

类型错误的应用协议数据单元 mistyped-APDU

应用协议数据单元结构不符合标准的本部分中定义的结构。比如,它含有标准的本部分中未定义的数据类型。

3.6.86

金额 monetary-value

一笔款项的数额。

3.6.87

最近服务 most-recent-service

表示在提供状态报告的系统中服务事件最后一次出现的代码。这是提供状态报告的系统产生的一种服务,或者在接收的应用协议数据单元中反映的一种服务。应答状态查询的状态报告不会把 STATUS-QUERY 作为最近服务,因为它不能提供所需信息。

3.6.88

最近服务注释 most-recent-service-note

最近服务原语中注释(参数)的内容。

3.6.89

机构名称 name-of-institution

表示一个图书馆、机构或公司的单词、短语或简称(GB/T 19688.1 的另一种说法)。

3.6.90

个人名称 name-of-person

某个人常为人知的或被指定的一个单词或短语和/或姓名首字母,在馆际互借事务中,以此表示其人。

3.6.91

国家书目号 national-bibliography-no

表示所需文献的国家书目号和相应记录号的信息。如:LCCN。

3.6.92

需求终止日期　need-before-date

需在此日期之前得到文献或答复。

3.6.93

每种介质的数量　no-of-units-per-medium

传递的每种介质的物理件数。

3.6.94

不可复制　no-reproduction

文献不能全部或部分复制或翻版。

3.6.95

非流通　non-circulating

藏有文献，但不能借出。

3.6.96

不可用　not-available

由于某个技术问题，暂时不能处理服务请求。

3.6.97

未查到指定文献　not-found-as-cited

应答方确认文献的信息不完全或不正确。

3.6.98

未上架　not-on-shelf

机构有文献，但还未上架，有可能在验登、编目或者典藏。

3.6.99

无馆藏　not-owned

应答方没有所需文献。

3.6.100

注释　note

其他任何数据单元都没包含的附加信息。

3.6.101

通知注释　notification note

应答方加在转发通知上的注释。

3.6.102

已预约　on-hold

已有另一个机构或个人对此文献发起请求，一旦有了，将立即把它提供给该机构或个人。

3.6.103

订购中　on-order

应答方已经订购了文献，但还未收到。

3.6.104

已保留　on-reserve

拥有文献，但放在一边供限制性使用。

3.6.105

页码　pagination

文献的编页或文献中某一部分　(GB/T 19688.1 的另一种说法)。

3.6.106

已付费 payment-provided

请求方表示接受并已寄出应答方索取的费用,或与归还的资料一起寄出。

3.6.107

允许链接 permission-to-chain

允许应答方与另外的应答方一起建立子事务链。

3.6.108

允许改变发送清单 permission-to-change-send-to-list

允许应答方改变发送清单的内容。如何改变取决于"优先级"的类型。

3.6.109

允许转发 permission-forward

允许应答方把请求转发给另一应答方。

3.6.110

允许分区 permission-to-partition

允许应答方与别的应答方一起建立分区的子事务。

3.6.111

个人代码 person-symbol

用缩略的格式明确表示馆际互借事务中的个人的数字、字母或代码。

3.6.112

物理介质 physical-medium

见介质类型。

3.6.113

出版地 place-of-publication

出版者的地理位置。若无此项内容,则标识印刷者、发行者或制作者的地理位置。

3.6.114

预约 place-on-hold

一直保留对某文献的请求,一旦有了,就立即提供。

3.6.115

规则问题 policy-problem

应答方申明没有允许完成请求的合适规则。

3.6.116

状况不好 poor-condition

拥有文献,但它的物理条件不允许借出或复制。

3.6.117

邮政信箱 post-office-box

邮局分配的邮政信箱号。

3.6.118

邮政编码 post-code

表示某个城市或其他地理区域里一个指定区域的代码。

3.6.119

优先级 preference

表示是否将以清单的顺序访问发送清单中列出的机构。

3.6.120

需预付费 prepayment-required

应答方申明需在馆际互借事务处理之前预付款。

3.6.121

非支持的协议版本 protocol-version-not-supported

不支持与应用协议数据单元一起收到的协议版本号所表示的协议版本。

3.6.122

协议版本号 protocol-version-num

表示所使用的协议版本的号码。

3.6.123

出版日期 publication-date

文献出版者标注的出版日期。

3.6.124

分卷(册)出版日期 publication-date-of-components

由文献出版者分配的出版日期,用以唯一标识分卷(册)。

3.6.125

出版者 publisher

负责文献出版的个人或组织。

3.6.126

提供定位原因 reason-locs-provided

为馆际互借请求提供这些定位的原因的代码。

3.6.127

无报告原因 reason-not-report

应答状态查询(STATUS-QUERY)时未提供报告的原因的代码。

3.6.128

不可借原因 reason-not-available

不能得到文献原因的代码。

3.6.129

未满足的原因 reason-unfilled

馆际互借请求未满足的原因的代码。

3.6.130

互惠协议 reciprocal-agreement

请求方事先申明的可提供的优惠条件。

3.6.131

地区 region

表示省、州、地区或地点的短语。

3.6.132

可续借 renewable

提供的文献能否续借的标识符。

3.6.133

报告来源 report-source

表示错误报告是来自客户还是服务供方的代码。

3.6.134

报告类型 report-type

能否获得某个报告的指示，如果能，则表示是状态报告还是错误报告或者二者兼有。

3.6.135

请求方标识符 requester-id

馆际互借事务的请求方的确认信息。

3.6.136

请求方注释 requester-note

馆际互借事务请求方提供的注释。

3.6.137

请求方可选消息 requester-optional-messages

表示请求方是否有能力提供 RECEIVED 和 RETURNED 可选消息，应答方是否要求或希望 SHIPPED 和/或 CHECKED-IN 可选消息。

3.6.138

请求方“CHECKED-IN” requester-CHECKED-IN

请求方表示是否需要或希望收到收登(CHECKED-IN)应用协议数据单元。

3.6.139

请求方“SHIPPED” requester-SHIPPED

请求方表示是否需要或希望收到传递(SHIPPED)应用协议数据单元。

3.6.140

资源限制 resource-limitation

由于资源的限制，服务方不能完成请求服务。

3.6.141

应答方地址 responder-address

确认电讯服务和地址的信息，通过它可访问应答方。

3.6.142

应答方标识符 responder-id

馆际互借事务应答方的确认信息。

3.6.143

应答方注释 responder-note

馆际互借事务应答方提供的注释。

3.6.144

应答方可选消息 responder-optional-messages

表示应答方是否有能力(为对话的目的)提供 SHIPPED 和/或 CHECKED-IN 可选消息，请求方是否要求或希望 RECEIVED 和 RETURNED 消息。

3.6.145

应答方“RECEIVED” responder-RECEIVED

应答方表示是否需要或希望收到“RECEIVED”应用协议数据单元。

3.6.146

应答方“RETURNED” responder-RETURNED

应答方表示是否需要或希望收到“RETURNED”应用协议数据单元。

3.6.147

应答方特定结果 responder-specific-result

应答方应答特定馆际互借请求时提供的原因。该请求在标准的本部分中没有描述。

3.6.148

应答方特定服务　responder-specific-service

应答方提供的自己特有的服务。该服务在标准的本部分中没有描述。

3.6.149

重试日期　retry-date

该日期之后可重试某个请求。

3.6.150

重试标志　retry-flag

请求方表示馆际互借事务是否是以前某一事务的重试。

3.6.151

要求归还保证金　return-insurance-for

为保证所借文献归还,应答方要求请求方支付的遗失或损坏保证金。

3.6.152

归还方式　returned-via

请求方归还文献的传递方法。

3.6.153

安全问题　security-problem

表示应答方遇到了安全问题,不能处理服务请求。其原因可能超出了标准的本部分的范围。

3.6.154

丛书名与号码　series-title-number

一系列单独出版物的名称。这些出版物每本都有自己的题名,同时还含有整套书的丛书名以及每本书的编号(GB/T 19688.1 的另一种说法)。

3.6.155

发送清单　send-to-list

转发、链接或分区的馆际互借事务的可能应答方的清单。

3.6.156

传递条件　shipped-conditions

文献可能在此条件下传递。

3.6.157

传递服务类型　shipped-service-type

所提供的馆际互借服务类型的代码。

3.6.158

传递方式　shipped-via

出借方用来传递文献的方法。

3.6.159

特藏需监督管理　special-collections-supervision-required

应答方申明文献必须在请求方特定的收藏部门或档案馆内使用。

3.6.160

主办者　sponsoring-body

发行文献或与著作事件相关的法人机构或组织。

3.6.161

街道及门牌号　street-and-number

表示城市或乡村中某一建筑物位置的号码和/或短语。

3.6.162

补编说明　supplemental-item-description

附加的文献描述信息，可以机读格式表示，如 MARC 记录。

3.6.163

供方标识符　supplier-id

当所需文献的供方与应答方不同时，用来确认供方的信息。

3.6.164

供应介质类型　supply-medium-type

表示所需文献介质的代码，可按优先级列出。

3.6.165

系统号　system-no

为需求文献的一条书目记录提供系统特别标识的号码。

3.6.166

电讯服务地址　telecom-service-address

在通信网中，分配给电子邮政信箱、服务或参与者的唯一号码或代码。

3.6.167

电讯服务标识符　telecom-service-identifier

用于馆际互借事务的电讯服务的唯一名称或代码。

3.6.168

服务时间　time-of-service

服务开始的时间。

3.6.169

题名　title

一个或一组单词，用来表示文献名称。

3.6.170

文章题名　title-of-article

文献一个组成部分的题名。

3.6.171

事务组限定语　transaction-group-qualifier

唯一表示一组相关馆际互借事务（如一系列的参照或馆际互借请求与后来的重试）的字母数字字符串。该限定语在初始馆际互借事务请求方的系统中是唯一的。它与请求方标识符一起，提供了馆际互借事务组通用的唯一标识符。

3.6.172

事务标识符问题　transaction-id-problem

表示在收到的应用协议数据单元中事务标识符存在问题的代码。

3.6.173

事务限定语　transaction-qualifier

确认与某个馆际互借事务相关的所有服务和消息的字母数字字符串。注意它是由馆际互借事务的初始请求方赋值的唯一字符串，并由馆际互借合作者应用于所有与馆际互借事务相关的服务和消息。

3.6.174

事务类型　transaction-type

表示馆际互借事务类型的代码。

3.6.175

传输模式　transportation-mode

所需文献被确认或存储于某一确定的介质后，用来传递它的物理或非电子方式。

3.6.176

不能执行　unable-to-perform

客户不能执行所请求服务的原因的代码。

3.6.177

未知事务标识符　unknown-transaction-id

没有与接收到的应用协议数据单元的事务标示符值相对应的馆际互借事务。

3.6.178

不能识别的应用协议数据单元　unrecognized-APDU

收到的应用协议数据单元的类型并未在标准的本部分中定义过。

3.6.179

校验参照源　verification-reference-source

确认或定位文献书目信息的主要来源/确认或定位文献的任何来源(GB/T 19688.1 的另一种说法)。

3.6.180

卷-期　volume-issue

连续出版物或多卷著作的一个物理单元的标识符/文献或文献各卷(分部)出版时，表示其中一个单元的数字、字母或单词。

3.6.181

所需卷期未到　volume/issue-not-yet-available

有品种，但还未收到请求方需要的卷期。

3.6.182

拟付费　will-pay-fee

请求方申明同意支付请求的费用。

3.6.183

将提供结果　will-supply-results

在馆际互借请求的应答中，表示与结果"will-supply"相关的附加信息的代码。

4　缩略语

ACSE	联合控制服务元　association control service element
APDU	应用协议数据单元　application-protocol-data-unit
ASE	应用服务元　application-service-element
ASN.1	抽象语法记法一　abstract syntax notation one
ASO	应用服务对象　application service object
EDIFACT	行政、商业和运输业用电子数据交换　Electronic Data Interchange For Administration, Commerce and Transport
ILL	馆际互借　interlibrary loan
ILL PM	馆际互借协议机　ILL protocol machine
MHS	消息处理系统　Message Handling System
MOTIS	面向消息的文本交换系统　Message Oriented Text Interchange System
MTS	消息传递系统　Message Transfer System
OSI	开放系统互连　open system interconnection

5 协议概述

5.1 提供的服务

本部分提供 GB/T 23270 中定义的服务，如表 1 所示。

表 1 馆际互借服务

服务	描述	类型
ILL-REQUEST	馆际互借请求	非证实型
FORWARD	转发	非证实型
FORWARD-NOTIFICATION	转发通知	提供者发起型
SHIPPED	传递	非证实型
ILL-ANSWER	馆际互借回答	非证实型
CONDITIONAL-REPLY	有条件的-答复	非证实型
CANCEL	取消	非证实型
CANCEL-REPLY	取消-答复	非证实型
RECEIVED	接收	非证实型
RECALL	催还	非证实型
RETURNED	归还	非证实型
CHECKED-IN	收登	非证实型
OVERDUE	逾期	非证实型
RENEW	续借	非证实型
RENEW-ANSWER	续借-回答	非证实型
LOSTED	遗失	非证实型
DAMAGED	损坏	非证实型
MESSAGE	消息	非证实型
STATUS-QUERY	状态-查询	非证实型
STATUS-OR-ERROR-REPORT	状态-或-错误-报告	非证实型
EXPIRY	期满终止	提供者发起型

5.2 支持设定的服务

馆际互借协议可用于存储转发与面向连接两种模式。在应用上下文定义和功能文件中，提供了对特定支持服务映象的说明。附录 F 描述了一些与所支持的服务之间的可能的对映。

5.3 模型

抽象地说，馆际互借协议的操作由馆际互借协议机(ILLPM)的相互作用模拟完成。ILLPM 在低层接口上使用抽象服务“发送 APDU”和“接收 APDU”来交换馆际互借 APDU，从而实现通信。在高层接口上，ILLPM 提供 GB/T 23269 中所定义的服务。

ILLPM 由接收输入事件来驱动，这些输入事件来自馆际互借客户、支持服务供方或内部定时器。来自馆际互借客户的输入事件是请求原语；来自馆际互借支持服务的是接收的 APDU；来自内部定时器的输入事件是定时器的期满终止。

ILLPM 通过向支持服务或馆际互借客户发出输出事件来应答输入事件。发向支持服务的输出事件是馆际互借 APDU 的发送；发向馆际互借客户的输出事件是馆际互借指示原语。

输入事件的接收、从属行动的产生以及最终结果的输出事件都认为是不可见的行动。

逻辑上讲，每个馆际互借事务分别调用一组 ILLPM。这些调用保留指定馆际互借事务的状态信息。ILLPM调用的生命周期与完成相关馆际互借事务所需时间一样长。在所有使用支持服务的实例中,状态信息都必须保存,它必须与基本应用-联合的状态信息分开。许多馆际互借事务可能同时存在,ILLPM也如此。

ILLPM希望APDU能可靠传递,不丢失、改变或增加任何信息。它允许重复的APDU。该协议允许客户重发服务请求,以恢复丢失、错序或残缺的APDU,但这些错误的检测以及通知客户的机理不在标准的本部分范围之内。

6 馆际互借应用协议数据单元(ILL APDU)

ILL APDU是在馆际互借事务的两个对等馆际互借应用服务元之间发送的信息单元。本章列出了馆际互借应用中使用的APDU,并描述了这些APDU的用法和意义。

表2 馆际互借应用协议数据单元

ILL-REQUEST	馆际互借请求	请求方使用。请求出借、查找或复制文献,或预计图书馆某项服务的费用
FORWARD-NOTIFICATION	转发通知	服务供方使用。通知请求方请求已转发给谁
SHIPPED	传递	应答方使用。表示文献已被传递
ILL-ANSWER	馆际互借回答	应答方使用。向请求方发送应答(可能的应答是:CONDITIONAL,RETRY,UNFILLED,LOCATIONS-PROVIDED,WILL-SUPPLY,HOLD PLACED和ESTIMATE)
CONDITIONAL-REPLY	有条件的-答复	请求方使用。用状态CONDITIONAL来应答ILL-ANSWER。可能的应答为"YES"(我们将满足该条件)和"NO"(我们不同意该条件)
CANCEL	取消	请求方使用。要求取消某个馆际互借事务
CANCEL-REPLY	取消-答复	应答方使用。应答CANCEL请求
RECEIVED	接收	请求方使用。表示文献已经收到
RECALL	催还	应答方使用。要求立即归还文献
RETURNED	归还	请求方使用。表示已经归还所借文献
CHECKED-IN	收登	应答方使用。承认所借文献的归还
OVERDUE	逾期	应答方使用。通知请求方文献已过期
RENEW	续借	请求方使用。请求续借所借的文献
RENEW-ANSWER	续借-回答	应答方使用。应答RENEW请求
LOSTED	遗失	请求方或应答方使用。通知对方文献已经遗失
DAMAGED	损坏	请求方或应答方使用。通知对方文献已被损坏
MESSAGE	消息	请求方或应答方使用。在不影响馆际互借事务状态的情况下,与对方通信
STATUS-QUERY	状态-查询	请求方或应答方使用。询问远程馆际互借事务的状态
STATUS-OR-ERROR-REPORT	状态-或-错误-报告	请求方或应答方使用。报告馆际互借事务的当前状态和其他任何可能得到的错误报告相关信息,或报告某种错误状态
EXPIRED	期满终止	应答方系统使用。通知请求方馆际互借事务期满终止。该APDU由馆际互借服务供方而不是客户发送

7 事务信息

一个馆际互借系统必须为每个馆际互借事务维护以下信息：

——事务标识符；

——协议状态；

——协议变量；

——期满终止定时器；

——请求信息；

——历史信息。

7.1 事务标识符

一个 ILL APDU 或服务原语通过事务标识符与馆际互借事务相关。

事务标识符满足以下要求：

a) 链接和分区时的唯一性；

b) 允许子事务与母事务相关联；

c) 允许多个相关的馆际互借事务组成一个逻辑组。如：当请求方把一个馆际互借请求依次提交给多个应答方时，或重试与初始馆际互借请求相关联时。

它包含以下各部分：

——初始请求方标识符(可选的)：表示馆际互借事务的发起者

——事务组限定语　(必备的)：区分与同一初始请求方相关的各个馆际互借事务组

——事务限定语　(必备的)：区分同一馆际互借事务组中各个馆际互借事务

——子事务限定语　(可选的)：区分中介产生的各个子事务

表 3 概述了事务标识符中各部分的作用。

表 3 事务标识符的构成

事务	初始请求方标识符	事务组限定语	事务限定语	子事务限定语
简单事务	可选的	必备的	必备的	未用
	由请求方赋值	由请求方赋值	由请求方赋值	
链接或分区的事务	必备的	必备的	必备的	必备的
	由中介赋值	由请求方赋值	由请求方赋值	由中介赋值

初始请求方标识符表示馆际互借事务的发起者。它可以采用 7.5.1 中定义的系统标识符的各种表示法。但如果使用了个人或机构代码，那么该馆际互借事务仅限于在有明确代码的范围内发生，比如在某个国家。如果中介给初始请求方标识符赋了值，则该值就与原始 ILL-REQUEST 中的“请求方标识符”相同。

注：初始请求方标识符的内部成分可能需要在应用轮廓的定义中进一步定义。

对于简单的双边馆际互借事务来说，事务标识符中不必包括原始请求方标识符，因为该信息可在 ILL-REQUEST APDU 的请求方标识符类型中得到。但是，如果 ILL-REQUEST APDU 中含有原始请求方标识符，那它必须在与馆际互借事务相关的其他所有消息中赋予相同的值。事务标识符中不必包括子事务限定语。

事务组限定语是事务标识符中必备的组成部分。在初始请求方范围内，它是唯一的。初始请求方负责按此规则给限定语赋值。仅当一个事务组中没有激活的馆际互借事务并且不可能产生新的相关事务时，这个事务组限定语才能被再次使用。事务组限定语能用来相关多个馆际互借事务，比如，在引用的情况下或重试的情况下，希望将重试与初始馆际互借事务区分开来。

事务限定语唯一表示事务组中的一个馆际互借事务。它是事务标识符中必备的组成部分。

对于一个子事务来说,上述各个部分都是需要的。初始请求方标识符同事务组限定语和事务限定语一起,保证馆际互借事务在初始请求方标识符的单值范围内是唯一的。子事务限定语与子事务 ILL-REQUEST APDU 中的初始请求方标识符信息一起,保证子事务的唯一性。

在链接的馆际互借事务情况下,可能有一个链在一起的子事务序列。在此情形下,每个子事务被看作初始馆际互借事务的子事务。于是,每个发起新的子事务的中介就用一个新的限定语来代替当前的子事务限定语,新的限定语在中介范围内是唯一的。这样,在事务标识符与请求方标识符的共同标识符下,某个特定馆际互借事务中的所有子事务都能被区分开来。

7.2 协议状态

馆际互借协议状态与馆际互借服务定义中定义的馆际互借事务状态相同。

7.2.1 请求方状态

请求方状态是请求方处理馆际互借事务的状态。它可能是以下状态之一:

——IDLE(空闲):馆际互借事务尚未开始。

——PENDING(等待):已发出请求且将从应答方得到所需文献;或者已收到消息,表示将提供或已经预约所需文献;或者请求已被转发给另一机构。

——NOT-SUPPLIED(不提供):事务已进行到某一阶段,在此应答方不能完成请求。

——CONDITIONAL(有条件的):馆际互借事务已进行到某一阶段,在此仅当请求方接受特定的条件才能完成其请求。

——CANCEL-PENDING(取消-等待):请求方已发出取消馆际互借事务的要求,但尚未得到来自应答方的应答。

——CANCEL(取消):馆际互借事务被应答方取消。

——SHIPPED(传递):文献已传递给请求方。

——RECEIVED(接收):已收到应答方发出的文献。

——RENEW/PENDING(续借/等待):已发出续借文献的请求。

——RENEW/OVERDUE(续借/逾期):已发出续借某逾期文献的请求。

——OVERDUE(逾期):通知请求方文献已经逾期。

——NOT-RECEIVED/OVERDUE(未收到/逾期):应答方对尚未收到的文献发出文献逾期的通知。

——RECALL(催还);应答方已催还文献。

——RETURNED(归还):文献已被传递,发送回应答方。

——LOST(遗失):文献已遗失。

7.2.2 应答方状态

应答方状态是应答方处理馆际互借事务的状态。它可能是以下状态之一:

——IDLE(空闲):应答方还未收到请求。

——IN-PROCESS(处理中):应答方已收到请求并正在进行处理,文献尚未传递。

——FORWARD(转发):请求已被转发给另一机构。

——NOT-SUPPLIED(不提供):应答方已经用"RETRY"、"UNFILLED"、"LOCATIONS-PROVIDED"或"ESTIMATE"ILL-ANSWER 应答请求方;或馆际互借事务已经期满终止。

——CONDITIONAL(有条件的):仅当请求方接受特定的条件才能完成请求。

——CANCEL-PENDING(取消-等待);请求方已发出取消馆际互借事务的要求,但应答方尚未作出应答。

——CANCEL(取消):馆际互借事务已被应答方取消。

——SHIPPED(传递):文献已传递给请求方。

——RENEW/PENDING(续借/等待):已发出续借文献的请求。

——RENEW/OVERDUE(续借/逾期):已发出续借某逾期文献的请求。

——OVERDUE(逾期):应答方通知请求方某文献已逾期。

——RECALL(催还):应答方已催还某文献。

——CHECKED-IN(收登):文献已从请求方收回。

——LOST(遗失):文献已遗失。

7.2.3 终结状态

对于请求方、应答方和中介来说,都存在着称为终结状态的某些状态。处于终结状态时,对于给定的馆际互借事务将不会产生进一步的事务,除非是转向另一终结状态的事务。

在参与事务的各方不能访问馆际互借事务信息或馆际互借事务信息删除之前,通常馆际互借事务会保持一段时间的终结状态。时间的长短根据本地的管理决定或由实施者协商决定。但是要注意,由于应答状态查询的需要以及转发消息的需要,建议该段时间应足够长,以便在最长的出借时间加上续借和传递时间之内都能访问馆际互借事务信息。对于不返还的文献,这段时间之内,应能允许请求方判定能否收到所需文献并调用状态查询或遗失服务。

请求方可能的终结状态是:

——NOT-SUPPLIED(不提供);

——CANCEL(取消);

——RECEIVED(接收)(如果收到不返还的文献);

——RETURNED(归还);

——LOST(遗失)。

应答方可能的终结状态是:

——NOT-SUPPLIED(不提供);

——CANCEL(取消);

——FORWARD(转发);

——SHIPPED(传递)(如果已传递不返还的文献);

——CHECKED-IN(收登);

——LOST(遗失)。

一个具体的馆际互借事务的终结状态由其所处的状态决定。例如,当提供复印件时,SHIPPED 是应答方的终结状态,而 RECEIVED 是请求方的终结状态。

中介可能的终结状态是:

——NOT-SUPPLIED(不提供);

——FORWARD(转发);

——CANCEL(取消);

——SHIPPED(传递)。

7.2.4 中介状态

一个链接或分区事务中的中介既充当应答方的角色(当它与请求方交互时),又充当请求方的角色(当它与应答方交互时)。它保存交互中每一个单独的状态信息。

在不成功的子事务中,中间请求方的终结状态是 NOT-SUPPLIED 和 CANCEL,中间应答方的终结状态是 NOT-SUPPLIED、CANCEL 和 FORWARD。

在成功的馆际互借事务中,中介作为请求方和应答方两个角色的终结状态都是 SHIPPED。

7.3 协议变量

以下协议变量影响馆际互借协议行为。这些变量由 ILLPM 维护,根据服务原语的参照或接收到的 APDU 来赋值。中介分别保存它作为请求方和应答方角色所相应的协议变量。

——RETURN(返还):用来表示传递的文献是否需要返还给应答方。取值为 TRUE(真)或

FALSE(假)。

——FWD(转发):用来表示应答方是否转发了请求。取值为 TRUE 或 FALSE。

——PART(分区):中介用来表示馆际互借事务能否或已经分区。取值为 TRUE 或 FALSE。

——CHAIN(链接):中介用来表示馆际互借事务能否或已经链接。取值为 TRUE 或 FALSE。

——SEQUENCE-TIME-STAMP(序列时间标志):用来保存最近收到的 APDU 的时间标志。接收到的 APDU 中的“date-time-of-this-service”类型的值赋给该变量,用它来检测无序的 APDU。

——REPEAT-TIME-STAMP(重复时间标志):用来保存最近收到的引起状态改变的 APDU 的时间标志。“date-time-of-this-service”类型的值赋给该变量;或者,如果接收到的 APDU 是重复的,则该协议变量的值取为“原服务日期时间”类型的值。

——CURRENT-PARTNER-ID(当前合作者标识符):用来保存馆际互借事务当前合作者的标识符,以确认 APDU 序列。对请求方来说,初值是 ILL-REQUEST 服务原语中“应答方标识符”参照的值,当接收到的 APDU 中“应答方标识符”的值与“CURRENT-PARTNER-ID”不同,而且它也不是 PREVIOUS-PARTNER-IDS 中的一个值时,就把它赋给当前合作者标识符。同样,对应答方来说,初值是接收到的 ILL-REQUEST 中“请求方标识符”参数的值,并把 APDU 子序列中同样参数的值赋给该变量。

——PREVIOUS-PARTNER-IDS(先前合作者标识符):用来保存馆际互借事务先前合作者的标识符,只要 CURRENT-PARTNER-ID 的值改变,前一个值就添加到这个协议变量中。由于在馆际互借事务过程中,当前合作者标识符可能不止改变一次(比如多次转发),该协议变量可能包括一系列值。

7.4 期满终止定时器

应答方要支持 EXPIRY 服务就必须运用以下定时器:

——EXPIRY:说明馆际互借事务期满终止的日期。

该信息由请求方在 ILL-REQUEST 中提供。

7.5 请求信息

必须保存原始 ILL-REQUEST 的全部内容,以支持馆际互借事务的转发、分区和链接。但转发或产生子事务时,中介可能会改变 ILL-REQUEST 的内容。比如,它可能修正所提供的书目信息,或者当原始 ILL-REQUEST 中允许链接的值为 TRUE 时,它可能把子事务中该变量的值改为 FALSE。

产生子事务时,中介总是应该把请求方标识符改为自己。注意初始请求方的标识符保存在事务标识符中。

7.5.1 系统标识符

ILL-REQUEST 信息包括辨认请求方与应答方,这就是系统标识符类型,系统标识符包括以下一个或多个部分:

——个人或机构代码(person-or-institution-symbol):用缩略的格式明确表示参与馆际互借事务的个人或机构的数字、字母或代码。

——个人或机构名称(name-of-person-or-institution):标识个人、图书馆、机构或公司的单词、短语或缩略语。

个人或机构代码可以含有内部结构,比如,表示对一个机构有某个特定用处、合作等的下属机构,或表示机构中独立的工作站(即应用进程)。这样的结构超出了标准的本部分的范围,由相应的标准负责。

因为个人或机构代码的范围有限,所以仅用它作为系统标识符的馆际互借事务只能在有限的代码范围内使用,而那些含有代码范围之外的个人或机构的馆际互借事务,就必须包括“个人或机构名称”作为系统标识符的一部分。

个人或机构名称是个人或机构称谓自由格式的描述。

请求方和应答方在整个馆际互借事务中，需一直使用固定不变的系统标识符。这样，只要请求方给个人或机构代码赋了初值，以后就只能使用这个代码，而且它的值也不会改变。如果请求方同时给个人或机构代码和个人或机构名称赋了初值，那么以后就要同时使用代码和名称，而且代码和名称都不能改变。

7.6 历史信息

以下附加历史信息是一个正在进行的馆际互借事务 STATUS-OR-ERROR-REPORT 中的一部分，它必须一直保存于整个馆际互借事务的生命周期中。

——上次转换日期(date-of-last-transition)；

——最近服务(most-recent-service)；

——最近服务日期(date-of-most-recent-service)；

——最近服务的发起者(initiator-of-most-recent-service)；

——传递服务类型(shipped-service-type)；

——事务结果(transaction-results)；

——最近服务注释(most-recent-service-note)。

"最近服务"表示馆际互借客户最后调用哪个馆际互借服务原语或最后收到哪个 APDU(指示)。无序服务指示被看作是为历史报告中"最近服务"部分所作的有效服务表示。例外的情况是当应答 STATUS-QUERY 而发送 STATUS-OR-ERROR-REPORT 时，最近服务是 STATUS-QUERY 之前的服务。

"最近服务日期"表示"最近服务"的日期。

"最近服务的发起者"表示发起最近服务的请求方或应答方。

"传递服务类型"应反映来自 SHIPPED 或 RECEIVED 服务或来自 SHIPPED 或 RECEIVED APDU的"传递服务类型"参数的最新信息。比如，如果请求方收到一个 SHIPPED APDU，然后调用 RECEIVED 请求，于是就使用 RECEIVED 请求的值。并非所有的馆际互借事务都有该项信息。

"transaction-results"应反映 ILL-ANSWER 中"transaction-results"参数的值，并非所有的馆际互借事务都有该项信息。

"最近服务注释"提供最近服务原语中注释参照的内容。

如果询问已期满终止的馆际互借事务的状态信息，那么将得不到任何历史信息。

8 过程元

8.1 事件和行动

本条描述单个馆际互借事务所允许的事件和行动。请求方、应答方和中介必须采取特定的行动来反应各种事件。一个事件定义为收到来自另一个馆际互借 ASE 的 APDU，或收到来自本地馆际互借客户的服务原语。一个行动可能表现为向本地馆际互借客户发出服务原语或向远程馆际互借 ASE 发送一个或多个 APDU。

以下各条指出了对于请求方、应答方和中介，采取哪些事件和行动是允许的，哪些是不允许的。

8.1.1 请求方事件

下面是有关请求方事件的描述。

与来自馆际互借客户的服务原语请求有关的事件：

——ILL-REQUEST. request

——CONDITIONAL-REPLY. request:answer=YES

——CONDITIONAL-REPLY. request:answer=NO

——CANCEL. request

——RECEIVED. request

——RETURNED. request
——RENEW. request
——STATUS-QUERY. request
——STATUS-OR-ERROR-REPORT. request

与从远程馆际互借 ASE 接收到的馆际互借 APDU 有关的事件:

——FORWARD-NOTIFICATION
——SHIPPED
——ILL-ANSWER:Request-result=CONDITIONAL
——ILL-ANSWER:Request-result=RETRY
——ILL-ANSWER:Request-result=UNFILLED
——ILL-ANSWER:Request-result=LOCATIONS-PROVIDED
——ILL-ANSWER:Request-result=WILL-SUPPLY
——ILL-ANSWER:Request-result=HOLD-PLACED
——ILL-ANSWER:Request-result=ESTIMATE
——CANCEL-REPLY
——RECALL
——CHECKED-IN
——OVERDUE
——RENEW-ANSWER:answer=YES
——RENEW-ANSWER:answer=NO
——LOST
——DAMAGED
——MESSAGE
——STATUS-QUERY
——STATUS-OR-ERROR-REPORT
——EXPIRED

8.1.2 请求方行动

可以发给馆际互借客户的服务原语:

——FORWARD-NOTIFICATION. indication
——SHIPPED. indication
——ILL-ANSWER. indication:Request-result=CONDITIONAL
——ILL-ANSWER. indication:Request-result=RETRY
——ILL-ANSWER. indication:Request-result=UNFILLED
——ILL-ANSWER. indication:Request-result=LOCATIONS-PROVIDED
——ILL-ANSWER. indication:Request-result=WILL-SUPPLY
——ILL-ANSWER. indication:Request-result=HOLD-PLACED
——ILL-ANSWER. indication:Request-result=ESTIMATE
——CANCEL-REPLY. indication
——RECALL. indication
——CHECKED-IN. indication
——OVERDUE. indication
——RENEW-ANSWER. indication:answer=YES
——RENEW-ANSWER. indication:answer=NO

——LOST. indication
——DAMAGED. indication
——MESSAGE. indication
——STATUS-QUERY. indication
——STATUS-OR-ERROR-REPORT. indication
——EXPIRED. indication

可以发送到远程馆际互借 ASE 的馆际互借 APDU：

——ILL-REQUEST
——CONDITIONAL-REPLY：answer=YES
——CONDITIONAL-REPLY：answer=NO
——CANCEL
——RECEIVED- 可选的
——RETURNED- 可选的
——RENEW
——LOST
——DAMAGED
——MESSAGE
——STATUS-QUERY
——STATUS-OR-ERROR-REPORT

8.1.3 应答方事件

本条描述应答方方面允许的事件。

与馆际互借客户的服务原语请求有关的事件：

——FORWARD. request
——SHIPPED. request
——ILL-ANSWER. request：Request-result=CONDITIONAL
——ILL-ANSWER. request：Request-result=RETRY
——ILL-ANSWER. request：Request-result=UNFILLED
——ILL-ANSWER. request：Request-result=LOCATIONS-PROVIDED
——ILL-ANSWER. request：Request-result=WILL-SUPPLY
——ILL-ANSWER. request：Request-result=HOLD-PLACED
——ILL-ANSWER. request：Request-result=ESTIMATE
——CANCEL-REPLY. request
——RECALL. request
——CHECKED-IN. request
——OVERDUE. request
——RENEW-ANSWER. request：answer=YES
——RENEW-ANSWER. request：answer=NO
——LOST. request
——DAMAGED. request
——MESSAGE. request
——STATUS-QUERY. request
——STATUS-OR-ERROR-REPORT. request

从远程馆际互借 ASE 接收到的与馆际互借 APDU 有关的事件：

——ILL-REQUEST
——CONDITIONAL-REPLY:answer=YES
——CONDITIONAL-REPLY:answer=NO
——CANCEL
——RECEIVED
——RETURNED
——RENEW
——LOST
——DAMAGED
——MESSAGE
——STATUS-QUERY
——STATUS-OR-ERROR-REPORT

在馆际互借服务供方范围内,可能发生下面的本地事件:

——EXPIRY TIMEOUT

8.1.4 应答方行动

可以发送给馆际互借客户的馆际互借服务原语:

——ILL-REQUEST. indication
——CONDITIONAL-REPLY. indication:answer=YES
——CONDITIONAL-REPLY. indication:answer=NO
——CANCEL. indication
——RECEIVED. indication
——RETURNED. indication
——RENEW. indication
——LOST. indication
——DAMAGED. indication
——MESSAGE. indication
——STATUS-QUERY. indication
——STATUS-OR-ERROR-REPORT. indication
——EXPIRED. indication

可以发送到远程馆际互借 ASE 的馆际互借 APDU:

——ILL-REQUEST
——SHIPPED- 可选的
——FORWARD-NOTIFICATION
——ILL-ANSWER:Request-result=CONDITIONAL
——ILL-ANSWER:Request-result=RETRY
——ILL-ANSWER:Request-result=UNFILLED
——ILL-ANSWER:Request-result=LOCATIONS-PROVIDED
——ILL-ANSWER:Request-result=WILL-SUPPLY
——ILL-ANSWER:Request-result=HOLD-PLACED
——ILL-ANSWER:Request-result=ESTIMATE
——CANCEL-REPLY
——RECALL
——CHECKED-IN-可选的

——OVERDUE

——RENEW-ANSWER:answer=YES

——RENEW-ANSWER:answer=NO

——LOST

——DAMAGED

——MESSAGE

——STATUS-QUERY

——STATUS-OR-ERROR-REPORT

——EXPIRED

8.1.5　中介事件和行动

本条描述了对于中介所允许的事件。参与某一链接或分区馆际互借事务的中介在其中充当请求方和应答方两个角色。

作为请求方时,中介事件和行动与请求方一样,但状态可能不同。

作为应答方时,中介事件和行动与应答方一样,但状态可能不同。有一个区别是 SHIPPED APDU 是必备的。

8.2　各方的过程规则

8.2.1　发送和接收 APDU

除 FORWARD 服务外,每一个请求服务原语都会产生和发送相应名称的 APDU。

在 FORWARD. request 情况下,将产生两个 APDU:一个 ILL-REQUEST APDU 发送给新的应答方,一个 FORWARD-NOTIFICATION APDU 发送给请求方。

接收到一个有效的 APDU 后会产生一个相应的指示服务原语。

仅在馆际互借客户的确切请求下才产生和发送 APDU,但定时器期满终止情况例外,这时应答方系统将发送 EXPIRED APDU。

8.2.2　事务阶段

一个馆际互借事务可包括两个阶段:处理阶段和跟踪阶段。前者是所有馆际互借事务必备的阶段,而后者仅当馆际互借事务包含有返还文献(如一本专著)时才适用。

请求方的处理阶段包括上文提到的所有事件和行动以及接收所需文献,通常以 RECEIVED 状态结束。

应答方的处理阶段包括上文提到的所有事件和行动以及传递所需文献,通常以 SHIPPED 状态结束。

对中间请求方来说,处理阶段包括上文提到的所有事件和行动以及接收 SHIPPED 指示;对中间应答方来说,处理阶段包括上文提到的所有事件和行动以及发送 SHIPPED 请求;对中间请求方和中间应答方来说,处理阶段通常都以 SHIPPED 状态结束。

跟踪阶段包括传递之后的所有事件和行动和接收返还文献、文献续借、逾期、归还等。

协议变量 RETURN 指示馆际互借事务跟踪阶段的存在。值为 TRUE 时,表示存在跟踪阶段,而且必须有相关的程序。值为 FALSE 时,表示不要求跟踪阶段,也不允许相关的事件。包含不返还文献(如复制品)的馆际互借事务都没有跟踪阶段。

当输入事件是 SHIPPED. request 时,应答方给 RETURN 变量赋值。如果服务数据元的传递服务类型是出借,RETURN 的值为 TRUE;如果服务数据元的传递服务类型是 COPY/NON-RETURNABLE,RETURN 的值为 FALSE。

当输入事件是 RECEIVED. request 时,请求方给 RETURN 变量赋值。如果服务数据元的传递服务类型是出借,RETURN 的值为 TRUE;如果服务数据元的传递服务类型是 COPY/NON-RETURNABLE,RETURN 的值为 FALSE。

8.2.3 可选消息

8.2.3.1 简单事务

对一个简单馆际互借事务来说,以下 4 个馆际互借协议行动是可选的。

——发送 SHIPPED APDU;

——发送 RECEIVED APDU;

——发送 RETURNED APDU;

——发送 CHECKED-IN APDU。

应用实体调用可在任何时候发送可选的 APDU,但在某些情况下它必须发送这些 APDU。

馆际互借事务的发起者,可以在 ILL-REQUEST 范围内应用可选消息来通知应答方能提供什么以及需要什么。

ILL-REQUEST 能确定:

a) 请求方能否发送 RECEIVED;

b) 请求方能否发送 RETURNED;

c) 请求方是否要求 SHIPPED;

d) 请求方是否要求 CHECKED-IN;

e) 请求方是否希望 RECEIVED(仅当第 c)项为否时该项才有意义);

f) 请求方是否希望 CHECKED-IN(仅当第 d)项为否时该项才有意义)。

ILL-ANSWER 和 SHIPPED 能确定:

a) 应答方能否发送 SHIPPED;

b) 应答方能否发送 RETURNED;

c) 应答方是否要求 RECEIVED;

d) 应答方是否要求 RETURNED;

e) 应答方是否希望 RECEIVED(仅当第 c)项为否时该项才有意义);

f) 应答方是否希望 RETURNED(仅当第 d)项为否时该项才有意义)。

当应答方收到的 ILL-REQUEST 表示请求方不能发送应答方要求的消息或请求方要求的消息应答方不能发送时,应答方可以发送 ILL-ANSWER-UNFILLED。如果应答方准备提供所需文献,则不发送 RECEIVED 和 RETURNED 消息。

在不要求消息的任何情况下,无论是否希望,既可以发送消息,也可以不发送。接收未请求的可选 APDU 不是协议错误,且除了 SHIPPED APDU,不会引起状态变化。

8.2.3.2 链接与分区事务

对于链接与分区事务,在应答方与中介之间、中介与请求方之间,SHIPPED APDU 是必备的。

RECEIVED、RETURNED 和 CHECKED-IN APDU 是可选的。但是,当中介作为请求方时,如果应答方要求,它就必须能够产生 RECEIVED 和/或 RETURNED;当中介作为应答方时,如果请求方要求,那么它就必须能够产生 CHECKED-IN。

8.2.4 发送清单

"发送清单"表示转发、链接或分区的潜在目的对象。清单中每一个款目都有一个应答方标识符,还可选择使用帐号和系统地址。馆际互借事务发起者,可以经常向清单中提供款目,也可以从来不去填它,或者,还可以依靠中介去增加款目。本协议没有限制发送清单中款目的数量,也不反对使用重复的款目,但有一个条件:转发时不能使用这些重复的款目(见 8.2.5)。

如果"permission-to-change-send-to-list(允许改变发送清单)"是 TRUE,中介可以改变该清单。改变清单的形式是增加或删除。

清单的解释由"preferrence(优先级)"类型控制。

"优先级"类型值为"order(有序的)"时,转发等的优先级按发送清单中规定的顺序。允许对清单进行的修改只能是在清单末尾添加。

值为“unordered(无序的)”时,不按优先级任意选择清单中的款目。允许对清单进行任何形式的修改。

8.2.5 已试清单

该清单表示馆际互借请求已经发送到的机构。以后的转发必须排除这些机构,也就是说,不允许转发了馆际互借请求的应答方再接收到具有相同事务标识符的馆际互借请求。该清单对馆际互借事务处理没有别的限制。

只要转发了一个馆际互借请求,或产生了一个链接或分区馆际互借事务的子事务,就要把应答方的系统标识符赋值给该清单。在初始 ILL-REQUEST 中,数据可能存储于已试清单之中。对清单的添加只能在尾部进行。

8.2.6 续借控制

具有相同事务标识符的 SHIPPED、OVERDUE 和 RENEW-ANSWER APDU 均指明一项借阅是否可以续借。该信息提供给请求方,请求方只有在文献是可续借的情况下才可以发起 RENEW. request。如果在文献是不可续借时发起 RENEW. request,也并不错误。

8.2.7 APDU 序列确认

除 MESSAGE、STATUS-QUERY、STATUS-OR-ERROR-REPORT 和 DAMAGED,接收者根据每一 APDU 中“date-time-of-this-service”类型的值,确认所接收的、来自同一发起者的、有相同事务标识符的所有 APDU 的正确序列。对于同一方(请求方、应答方、中介)为某一特定的事务发起的每一项服务请求,“service date and time”参数的值必须是确定的。

将该参数的值与协议变量“SEQUENCE-TIME-STAMP”值相比较。如果“SEQUENCE-TIME-STAMP”的值等于或大于收到的 APDU 中的值,收到的 APDU 不会引起状态改变,“SEQUENCE-TIME-STAMP”就不被更新,并且将指示服务原语发给客户。对于重复的 APDU(见 8.2.8)无需核对。如果“SEQUENCE-TIME-STAMP”的值小于收到的 APDU 中的值,APDU 就被接受,适当时状态会改变,同时“SEQUENCE-TIME-STAMP”被更新。序列确认在系统确认之后和接收 ILLPM 处理之前执行。

只有对来自相同发起者的 APDU 才执行序列确认。对于请求方和中间请求方,通过协议变量“CURRENT-PARTNET-ID(当前合作者标识符)”和所接收的一些或全部 APDU 中的字段相比较来确定。在简单事务中,是与每一个收到的 APDU 的“responder-id(应答方标识符)”字段进行比较,但在转发通知 APDU 中,是与“中介标识符”字段进行比较。在链接或分区事务中,是与任何收到的 FORWARD-NOTIFICATION 或 SHIPPED APDU 的“中介标识符”字段进行比较。如 7.3 条所述,协议变量“CURRENT-PARTNER-ID(当前合作者标识符)”被指定了一个初始值。当 APDU 来自于某一不同的应答方时,例如来自于某一机构的 SHIPPED 指示,表明馆际互借请求已被转发,就不执行序列确认,且协议变量“PREVIOUS-PARTNER-IDS(先前合作者标识符)”被核对以判定 APDU 是否来自于参与到馆际互借事务中的机构。如果收到的 APDU 来自于某一新的应答方,那么:

a) 收到的 APDU 被视为一个有序的消息,并作相应处理;

b) 协议变量“CEQUENCE-TIME-STAMP”被设置为所接收的 APDU 的时间标志;

c) “CURRENT-PARTNER-ID”的值被添加到“PREVIOUS-PARTNER-IDS”中且被更新,以反映所接收的 APDU 的“responder-id”的值。

如果应答方是原来就有的,则所接收的 APDU 就被视为一个无序的消息,以相同的方式处理,“SEQUENCE-TIME-STAMP”、“CURRENT-PARTNER-ID”和“PREVIUS-PARTNER-IDS”均不更新。

对于应答方及中间应答方,通过将每一个所接收的 APDU“requester-id”字段的值与协议变量“CURRENT-PARTNER-ID”比较来执行序列确认。当 APDU 来自某一不同的请求方时,例如来自某一机构的RECEIVED指示，表明馆际互借请求已被分区，就不执行序列确认，而且协议变量"PREVIOUS-PARTNER-IDS"被核对以判定APDU是否来自于参与到馆际互借事务中的机构。如果收到的APDU来自某一新的请求方，那么

a) 收到的APDU被视为一个有序的消息，并作相应处理；

b) 协议变量"SEQUENCE-TIME-STAMP"被设置为所接收的APDU的时间标志；

c) "CURRENT-PARTNER-ID"的值被添加到"PREVIOUS-PARTNER-IDS先前合作者标识符"中且被更新，以反映所接收的APDU"requester-id"的值。

如果请求方是原来就有的，则所接收的APDU就被视为一个无序的消息，以相同的方式处理，"SEQUENCE-TIME-STAMP"、"CURRENT-PARTNER-ID"和"PREVIOUS-PARTNER-IDS"均不更新。

注：除(ILL-REQUEST，CANCEL)序列以外，对所有无序的组合，馆际互借协议都是弹性的。也就是说，即使序列中第二个(无序的)APDU首先被接收，它也将被协议所接受。只要收到的第二个APDU没有引起状态改变，就不必对每一可能情况都作特殊规定。

8.2.8 重复的APDU

一次或多次重复一项特定的服务请求而不引起协议错误是可能的。一项服务请求可能需要重复的情况包括：

——OVERDUE请求，在采取行动之前发送多次逾期通知；

——ILL-REQUEST、CANCEL、RENEW或CONDITIONAL请求，在没有收到对先前请求的应答时；

——ILL-REQUEST或任何其他请求，当使用的通信服务出现问题，可能阻止相应APDU的发送时。

只有最近发起的在初始系统中引起状态改变的服务请求才能被重复。不可重复从未引起状态改变的服务请求，如MESSAGE、STATUS-QUERY、STATUS-OR-ERROR-REPORT和DAMAGED；每一服务请求均为一项新请求。

如果ILL-ANSWER(CONDITIONAL)后接CONDITIONAL-REPLY(YES)，应答方可以与附加条件一起发出另一个ILL-ANSWER(CONDITIONAL)，不可将它视为一项重复的服务请求。

在发起一项重复的服务请求时，通过为"date-time-of-original-service"类型提供一个值来确认该项请求。该日期和时间就是原始请求被重复的日期和时间。当重复一项服务请求时，只有"服务日期时间"和"注释"两个参数可以有不同的值。在发起重复请求的系统中不产生状态改变。

根据是否已经收到原始的或前一个重复的APDU，重复的APDU的接收者对其做出不同的处理。

如果还未收到前一个APDU，这可以通过"date-time-of-original-service"和"REPEAT-TIME-STAMP"值的不同来指示，APDU就被作为具有相应状态改变和服务指示的原始APDU来处理。同时也更新"REPEAT-TIME-STAMP"使之等于"date-time-of-original-service"的值。如果已经收到前一个APDU，这可以通过"date-time-of original-service"和"REPEAT-TIME-STAMP"的值相等来指示，则不发生状态改变。但是，因为"note(注释)"字段可能有新的信息，所以发给客户一个指示服务原语。重复的服务指示的接收者将重复其以前已经做出的应答。

决定重复一项服务请求的机理在标准的本部分范围之外。

注：因为EXPIRY服务是一项提供者发起型的服务，所以它不可被重复。

8.2.9 重试

当前一个馆际互借事务或子事务以"RETRY"、"UNFILLED"、"LOCATIONS-PROVIDED"或"ESTIMATE"的事务结果期满终止时，很可能在以后某日会发起一项新事务作为一次明显的重试。当馆际互借事务是一项先前事务的重试时，ILL-REQUEST APDU的"Retry-Flag(重试标志)"就设置为TRUE。

对原始请求方来说，重试是一项新事务，因此馆际互借事务限定语必须不同于原始请求中的限定

语，但是馆际互借事务组限定语必须相同（以使应答方或中介将重试事务与先前的馆际互借事务联系起来）。

对中介来说，重试是一项新的子事务，因此子事务限定语必须不同于原始请求中的限定语，但馆际互借事务组限定语和馆际互借事务限定语都必须是相同的（以使应答方或下一个中介将重试事务与先前的子事务联系起来）。

8.2.10 **事务期满终止**

请求方在 ILL-REQUEST 时，可以选择设置馆际互借事务的时限。该时限以下面两种方式之一来指明：

a) 通过为"need-before-date"类型提供一个值和设置"expiry-flag（期满终止标志）"为"NEED-BEFORE-DATE"；

b) 通过为"expiry-date"类型提供一个值和设置"expiry-flag"为"OTHER-DATE"。

如果两个条件满足一个，在收到 ILL-REQUEST APDU 时，应答方就将"EXPIRY"定时器设置为指定的期满终止日期。

如果没有为馆际互借事务期满终止设置时限，那么"expiry-flag"就被赋值为"NO EXPIRY"。

如果在"EXPIRY"定时器的值与当前日历日期相等之前还没有提供应答（以馆际互借回答或传递服务的形式），应答方就给请求方发送 EXPIRY APDU，并同时给请求方和应答方提供 EXPIRED. indication 服务原语，馆际互借事务进入 NOT-SUPPLIED 状态。

注 1：为一项馆际互借事务设置期满终止日期的这两种可能性给请求方提供了使期满终止与"need-before-date"联系或不联系的机动性。使用期满终止日期而不是"need-before-date"的一个例子是：允许较短的答复时间以便可以在"需求终止日期"之前联系上其他潜在的应答方。

注 2：在将"expiry-flag"设置为"OTHER-DATE"的情况下，仍可能为"need-before-date"提供一个值，但是它不具有期满终止含义。

注 3：为防止一项 EXPIRY APDU 丢失，请求方也可以运行期满终止定时器。如果定时器应该期满终止了，它就会触发客户给应答方发送 STATUS-QUERY。请求方定时器期满终止不会引起馆际互借事务的自动终止，因为对应答方来说，实际上可能并未超时（例如 SHIPPED 消息可能正在发送中或可能已丢失）。

如果应答方发出结果为"CONDITIONAL"的 ILL-ANSWER. request，EXPIRY 定时器就被重新设置为类型"date-for-reply"的值。如果该定时器期满终止，则发生与上面描述相同的行动。如果该类型目前没有值存在，EXPIRY 时间不受影响，即若以前不适用则不适用，以前被设置则保留原值。

注：ILL-ANSWER(CONDITIONAL)中的类型"date-for-reply（答复日期）"可能早于最初请求方为期满终止设置的日期。

如果应答方收到回答为 YES 的 CONDITIONAL-REPLY，EXPIRY 定时器就被重新设置为其初始值。应答方的下列事件不适用 EXPIRY 定时器：

——ILL-ANSWER. request，其结果不等于"CONDITIONAL"；

——SHIPPED. request；

——FORWARD. request；

——接收 CANCEL APDU。

注：如果收到结果为"WILL-SUPPLY"或"HOLD-PLACED"ILL-ANSWER 的日期晚于原始 ILL-REQUEST 所指示的"need-before-date"或"expiry-date"，由请求方决定等待或取消请求。

8.2.11 **事务取消**

在 PENDING 状态的任何时候，请求方都可发起取消一项馆际互借事务。

一旦应答方收到 CANCEL. indication，它就必须以 CANCEL-REPLY. request 来应答，下列情况是例外：

a) 如果应答方已经发出 SHIPPED. request、FORWARD. request 或结果为"RETRY"、"UNFILLED"、"LOCATIONS-PROVIDED"或"ESTIMATE"的 ILL-ANSWER. request，或者应

答方已经收到 EXPIRED. indication,那么就忽略 CANCEL. indication,不发出 CANCEL-REPLY. request。

b) 如果应答方发出回答为“YES”的 CANCEL-REPLY. request,则随后发送 CANCEL-REPLY APDU,应答方进入终结状态 CANCELLED。收到 CANCEL-REPLY APDU 时,请求方发出 CANCEL-REPLY. indication 并进入终结状态 CANCELLED。

c) 如果应答方发出回答为“NO”的 CANCEL-REPLY. requst,则随后发送 CANCEL-REPLY APDU,应答方进入 IN-PROCESS 状态。收到 CANCEL-REPLY APDU 时,请求方发出取消答复.指示并进入 PENDING 状态。

8.2.12 馆际互借事务信息的生命周期

一旦馆际互借事务到了终结状态,系统维护馆际互借事务信息的时间长短就是一个本地问题,这一问题在标准的本部分范围之外。该信息不可提供的过程称为事务关闭或事务清除。

系统必须应答所有的状态查询、请求。如果得不到相关的馆际互借事务信息,STATUS-OR-ERROR-REPORT 将指明下列两个原因之一:

——“信息不可提供-暂时”;

——“信息不可提供-永久”。

第一种情况用于发送信息暂时不可提供信号,例如由于存贮系统故障。一旦馆际互借事务被关闭,就应用第二种情况。

8.2.13 协议错误

没有列入附录 A 的协议表中的任何事件均无效,且被视为协议错误。除了 8.2.14 所规定的情况,没有正确格式化的 APDU 或带有无效数据的 APDU 也被视为协议错误。

发现协议错误时,不发生状态改变,ILLPM 会发送描述错误性质的 STATUS-OR-ERROR-REPORT APDU。

如果以协议错误来应答原始 ILL-Request APDU,请求方可以迫使事务进入终结状态,如 CANCELLED 或 NOT-SUPPLIED,也可以采取不同的形式再发出 APDU。

8.2.14 扩展项规则

除了已知参照(非协议版本)的未知值,收到的 APDU 中的所有语法错误都被视为协议错误。

协议版本的未知值也会引起协议错误。

8.2.15 应答方特定信息

馆际互借协议允许发送应答方特定信息以描述一项被请求的服务或馆际互借请求的结果。

可以提供应答方特定信息以补充标准的本部分所定义的馆际互借服务类型和结果解释的标准值。在这些情况下,任意标准值而非“应答方特定”值用于馆际互借服务类型或结果原因,相应地,分别在“应答方特定服务”或“应答方特定结果”中提供补充的应答方特定信息。

或者,也可以提供应答方特定信息以取代标准的本部分所定义的馆际互借服务类型和结果解释的标准值。在这些情况下,标准值“应答方特定”用于馆际互借服务类型或结果原因,相应地,必须分别在“应答方特定服务”或“应答方特定结果”中提供应答方特定信息。附录 D 描述了采用 ASN.1 EXTRNAL 类型对应答方特定信息进行定义。

8.2.16 帐号信息

一项请求被转发、链接或分区时,费用信息类型中的帐号被请求机构的帐号所取代,与此同时,该请求被发送到下一个机构,这一机构包含在发送清单的相应款目中。如果没有这样的款目可提供,则该字段置空。

8.2.17 补编说明

除了标准的本部分所确定的文献标识符信息之外,也可能提供性质或格式不同的补充信息。例如,信息可以用 ISO 2709 格式提供,或者用条形码形式提供以快速确认文献。补编说明可以在 ILL-RE-

QUEST、SHIPPED、ILL-ANSWER、RECEIVED 和 RETURNED 请求中提供。

该信息可以由原始请求方提供，或以后由应答方或中介添加（如作为书目核对的结果）。

8.2.18 发送消息

该参数是抽象的服务参数，它不会产生相应的协议参数。

8.3 中介的程序规则

所有的馆际互借事务最初都是简单的。得到请求方允许时，应答方可以选择转发、链接或分区一项馆际互借事务，或者可以建立另外的馆际互借事务。

除了前面条款中指定的规则，中介还受此条款中规则的制约。

8.3.1 事务转发

馆际互借协议支持馆际互借请求的无限转发，仅有的制约是：在同一馆际互借事务组中，不能将一项请求两次转发给同一应答方。

在转发 ILL-REQUEST 时，应答方可以提供两种不同类型的注释：转发的 ILL-REQUEST 中的转发注释以及 FORWARD-NOTIFICATION 中的通知注释。

一旦发生转发，应答方就不再参与馆际互借事务。从这一点出发，应答方只能调用 FORWARD、STATUS-QUERY、STATUS-OR-ERROR-REPORT 和 MESSAGE 服务。如果处于 PENDING 时，请求方将重复的 ILL-REQUEST、CANCEL、MESSAGE 或 STATUS-QUERY APDU 发送给应答方，且应答方已经将请求转发至某一新的应答方，那么中介（第一个应答方）就会将“错误报告”参数值为“Already-Forwarded”的 STATUS-OR-ERROR-REPORT 与注释字段中的信息一起发送至请求被转发的地方。

应答方用布尔协议变量 FWD 指明请求是否可以被转发。根据接收的馆际互借请求 APDU，将该变量设置为由“permission-to-forward”类型发送的值。FWD 值为 TRUE，则允许转发；FWD 值为 FALSE，则不允许转发。

当请求被转发时，如果希望限制进一步的转发，“permission-to-forward”类型也可以设置为 FALSE。

转发可以与馆际互借事务的链接和分区混合在一起。

注：当所请求的文献预计将来可提供时，不能使用转发。这时，确切的应答是：一个值为“RETRY”的 ILL-ANSWER 和特定的重试日期。

8.3.2 事务链接

馆际互借协议支持馆际互借事务的无限链接。

链接的馆际互借事务由 ILL-REQUEST APDU 中的“transaction-type”的值确认。

当馆际互借事务链接发生时，应答方就成为中介，并发起与新应答方相连的子事务。在发起子事务时，变量 CHAIN 仍为 TRUE，而变量 PART 则设置为 FALSE。

对子事务来说，中介扮演请求方的角色，而对主馆际互借事务来说它保持应答方的角色。将子事务从主馆际互借事务中区分出来，使得前者可以不成功，但并不影响后者。

馆际互借服务的中间客户负责主事务和子事务中的对等事件。从概念上理解，链接是用服务原语来表示：一项馆际互借事务的服务原语指示被映射到另一项事务中的相应服务原语请求，如 SHIPPED. indication 的接收被映射为 SHIPPED. request 并发送给请求方。

除特殊规定之处，中介在完成主事务与子事务间的映射时，可以改变服务参数的值。如果它改变了期满终止定时器的值，子事务的期满终止日期必须等于或小于原始请求的期满终止日期。

主事务和子事务之间的链接就是主馆际互借事务事件总是被映射到相应的子事务事件。同样，除了值为“RETRY”、“UNFILLED”或“LOCATIONS-PROVIDED”的 ILL-ANSWER. indication、EXPIRED. indication 和 FORWARD-NOTIFICATION. indication，所有的子事务事件均被映射到相应的主事务事件。

具有上述特定值之一的 ILL-ANSWER. indication,可以被映射到一个主馆际互借事务事件的 ILL-ANSWER. request,或者可以不考虑中介意见。后者的例子是:根据所接收的来自某一应答方的否定答复,中介选择发起与另一应答方相连的新的子事务,而不是马上将否定的答复通报给主馆际互借事务的请求方。

值为“CONDITIONAL”的 ILL-ANSWER. indication 将被映射到主馆际互借事务的 ILL-ANSWER. request。

随后值为 NO 的 CONDITIONAL-REPLY 将被映射到子事务。注意,在这种情况下,中介可以不发起与另一应答方相连的新的子事务。

对于 FORWARD-NOTIFICATION. indication 和 EXPIRED. indication,对任何主馆际互借事务事件都不执行映射。这些服务原语仅对子事务有意义。如果处于 CANCEL-PENDING 状态的中间请求方收到来自应答方的 FORWARD-NOTIFICATION. indication,并回到 PENDING 状态,它必须给新的应答方发出 CANCEL. request。

在整个事务的生命周期内,中介都参与到主事务和子事务中,但在馆际互借事务的跟踪阶段中,它不执行状态转换,即中介以通过模式工作。中介范围内,成功的主馆际互借事务和成功的子事务,其终结状态都是 SHIPPED。只有请求方和应答方才发生后续的状态转换。中介的状态转换规则不同于请求方和应答方在某些状态中的规则。附录 A 的各个表格反映了这些中介特殊规则。

布尔协议变量 CHAIN 用来指明馆际互借事务是否可以链接。根据接收的 ILL-REQUEST APDU,可以将它设置为由“permission-to-chain”类型发送的值。CHAIN 为 TRUE,则允许链接。中介发起一项子事务时,它可以选择修改“permission-to-chain(允许链接)”类型的值。

中介发起一项子事务时,它总是在 ILL-REQUEST 服务的参数“requester-optional-messages”中,指示需要 SHIPPED 消息。该参数其他部分的值与原始 ILL-REQUEST 中提供的值相同。

中介以 SHIPPED APDU 应答请求方时,参数“responder-optional-messages”必须采用应答方 SHIPPED APDU 中提供的值。

8.3.3 事务分区

馆际互借协议支持馆际互借事务的无限分区。

分区的馆际互借事务由 ILL-REQUEST APDU 中的“transaction-type”的值确认。

馆际互借事务发生分区时,应答方就成为中介,并发起与新应答方相连的子事务。在发起子事务时,变量 PART 保持为 TRUE,而变量 CHAIN 则设置为 FALSE。

仅仅在处理阶段中,即直到从应答方那里收到 SHIPPED APDU 并发送给请求方,中介才参与到主馆际互借事务中。子事务只具有处理阶段。在中介范围内,成功的主馆际互借事务和成功的子事务,其终结状态都是 SHIPPED。

跟踪阶段一般包含请求方与应答方之间的直接联系,而越过中介。但是,如果中介在处于终结状态后收到 MESSAGE、STATUS-QUERY 或 STATUS-OR-ERROR-REPORT APDU,那么中介不应答但发送 APDU。

主事务和子事务标识符的区别仅在于子事务限定语的存在。处理阶段结束时,应答方从馆际互借事务标识符(见 7.1)中除去子事务限定语,并在与请求方相互联系时使用余下的部分。

在处理阶段,采用与链接的馆际互借事务相同的方式将主事务和子事务连接起来。布尔协议变量 PART 用来指明馆际互借事务是否可以分区。根据接收的 ILL-REQUEST APDU,将它设置为由“permission-t-partition”类型发送的值。PART 为 TRUE,则允许分区。

中介发起子事务时,它总是在 ILL-REQUEST 服务参数“requester-optional-messages”中,指示需要 SHIPPED 消息。该参数其他部分的值与原始 ILL-REQUEST 中提供的值相同。

当中介以 SHIPPED APDU 应答请求方时,参数“responder-optional-messages”必须采用应答方 SHIPPED APDU 中提供的值。请求方将任何这样请求的 APDU 直接发送给应答方,而不是中介。

8.3.4 转发、链接和分区的组合

馆际互借事务的转发、链接和分区可以用任何方式组合，其规则根据所采用的特定组合而不同。

可以区分为以下几种情况：

a) 链接后转发

在馆际互借事务中，转发的 ILL-REQUEST 的接收者与中介相互作用，中介由收到的 ILL-REQUEST 的参数“requester-id”确认。

b) 转发后链接

链接子事务的发起者收到转发的 ILL-REQUEST 后直接与原始请求方相互作用。链接 ILL-REQUEST 的接收者与链接的中介相互作用，与一般链接的馆际互借事务相同。

c) 分区后转发

在处理阶段，转发的 ILL-REQUEST 的接收者与中介相互作用，中介由收到的 ILL-REQUEST 的参数“requester-id”确认。在跟踪阶段，则直接与原始请求方相互作用。

d) 转发后分区

收到转发的 ILL-REQUEST 之后，转发子事务的发起者，在处理阶段直接与原始请求方相互作用。分区的 ILL-REQUEST 的接收者在处理阶段与分区的中介相互作用，以及在跟踪阶段与原始请求方相互作用，与一般链接的馆际互借事务相同。

e) 链接后分区

先链接后分区时，分区规则支配链接规则。分区的 ILL-REQUEST 的接收者在处理阶段与中介相互作用，中介由收到的 ILL-REQUEST 的参数“requester-id”确认。如果该阶段以发送 SHIPPED APDU 结束，必须返回原始请求方参数“transaction type”值为“partitioned”而不是“chained”。参数“responder-id”的值是得到分区请求的应答方标识符。在跟踪阶段，原始请求方直接与应答方相互作用。

f) 分区后链接

与上一种情况不同，链接的 ILL-REQUEST 的接收者不知道分区状况，不能相应地修正其行为。因此，它决不会直接与原始请求方相互作用。除了处理 SHIPPED APDU，处理阶段正常进行。一个链接的中介，当 ILL-REQUEST 被分区给它时，在发送之前从最终应答方那里接收 SHIPPED. indication，若参数“supplier-id”的值为空，中介就将它设置为“responder-id”的值，并将“responder-id”设置为中介的身份标识符。参数“transaction-type”被设置为“partitioned”。以这种方式，原始请求方收到的 SHIPPED. indication 会指明在跟踪阶段后续的相互作用将直接与链接的中介进行。然而，“supplier-id”会标识文献的实际供方。链接的中介仍然对链接原始请求方与最终应答方之间的所有相互作用负有责任，反之亦然。

只有在参数“transaction-type”的值已不是“partitioned”时，参数“transaction-type”、“supplier-id”和“responder-id”才得以改变。该规则保证，在分区序列中，原始请求方总是能确认最终中介。

g) 转发、链接和分区

不再采用其他规则。任何给定组合的行为均由上述成对组合规则的重复运用来决定。

8.3.5 另外的馆际互借事务

在系统建立另外的馆际互借事务作为替代物而充当中介时，标准的本部分对连接的步骤没有特殊规定。

但是需注意：像这样具有双重作用的系统必须使用一些机制跟踪两项事务的进程，以保证它们到达终结状态。这一过程可以用各种不同的方式完成，例如：

a) 对所有文献来说，或者由应答方提供 SHIPPED APDU，或者通过中介传递文献。

b) 对返还的文献来说，或者由应答方提供 CHECKED-IN APDU，或者通过中介归还文献。

由于这种类型的操作涉及另外的简单馆际互借事务，因而没有协议关系，标准的本部分不作进一步描述。

9 抽象语法

9.1 馆际互借应用协议数据单元(ILL APDU)的 ASN.1 规范

本条款描述第 6 章中列出的馆际互借协议所定义的馆际互借 APDU 的抽象语法。采用 GB/T 16262 中所定义的 ASN.1 表示法对馆际互借 APDU 进行定义。

每一项 APDU 均被定义为一个结构类型，而类型是值的有名集合。结构类型通过参考一种或几种其他类型来定义，这些类型本身可以是结构类型或简单类型。简单类型通过直接指定值的集合来定义。

在定义结构类型时，ASN.1 指定组成结构类型的哪些分量类型是可选的，哪些是必备的，以及类型许可的值。

同时也提供其他信息，如字符串是定长还是变长、缺省值等。

包含在 ASN.1 规范范围内的内容构成本标准的一部分。

一些可选的类型被赋予了缺省值。如果在编码的 APDU 中不存在类型的值，就设定其为缺省值。如果一个类型没有缺省值，并且在编码的 APDU 中不存在该类型的值，则没有值与该类型相关。

如果结构类型为必备的，但是仅由可选的分量类型组成，那么必须至少出现一个可选的类型，如系统书目标识符。

如果结构类型为可选的，但是由必备的类型构成，那么，只有出现结构类型，如供应介质信息类型，分量类型才是必备的。

在 9.1.1 中，馆际互借 APDU 被定义为结构类型。子条款 9.1.2 列出了由这些结构类型构成的类型和未在 9.1.1 中定义的类型。

9.1.1 馆际互借应用协议数据单元(ILL APDUs)

```
--参数和类型的使用与第 3 章中的定义相一致
ISO-10161-ILL-1 DEFINITIONS EXPLICIT TAGS::=
BEGIN
--本标准参照了 ISO 10161
--及 ISO 10161 的修改单 1

ILL-APDU::=CHOICE {
    ILL-Request,
    Forward-Notification,
    Shipped,
    ILL-Answer,
    Conditional-Reply,
    Cancel,
    Cancel-Reply,
    Received,
    Recall,
    Returned,
    Checked-In,
    Overdue,
    Renew,
    Renew-Answer,
```

```
    Lost,
    Damaged,
    Message,
    Status-Query,
    Status-Or-Error-Report,
    Expired
    }

--APDU 定义中采用的标记方法如下：
--一个 APDU 定义的分量类型的每个指定类型均被赋予一个不同的标记。
--该标记在 APDU 定义集合中是唯一的。如果这些分量类型本身具有结构，
--这种类型定义的标记仅在局部使用。

ILL-Request::=［APPLICATION 1］SEQUENCE {
    Protocol-version-num              ［0］ IMPLICIT INTEGER {
                                            version-1 (1),
                                            version-2 (2)
                                            },
    transaction-id                    ［1］ IMPLICIT Transaction-Id,
    service-date-time                 ［2］ IMPLICIT Serivice-Date-Time,
    requester-id                      ［3］ IMPLICIT System-Id OPTIONAL,
                                      --在使用存贮和转发通信时为必备的,
                                      --在使用连接-定向通信时为可选的
    responder-id                      ［4］ IMPLICIT System-Id OPTIONAL,
                                      --在使用存贮和转发通信时为必备的,
                                      --在使用连接-定向通信时为可选的
    transaction-type                  ［5］ IMPLICIT Transaction-Type DEFAULT 1,
    delivery-address                  ［6］ IMPLICIT Delivery-Address OPTIONAL,
    delivery-service                  Delivery-Service OPTIONAL,
    billing-address                   ［8］ IMPLICIT Delivery-Address OPTIONAL,
    iLL-service-type                  ［9］ IMPLICIT SEQUENCE SIZE (1..5) OF
                                      ILL-Service-Type,
                                      --该序列为列表,按优先级
    responder-specific-service        ［10］ EXTERNAL OPTIONAL
                                      --采用直接参照模式
    requester-optional-messages       ［11］ IMPLICIT
                                            requester-Optional-Messages-Type,
    search-type                       ［12］ IMPLICIT Search-Type OPTIONAL,
    supply-medium-info-type           ［13］ IMPLICIT SEQUENCE SIZE (1..7) OF
                                            Supply-Medium-Info-Type OPTIONAL,
                                      --该序列为列表,按优先级,
                                      --最大数值为 7 条
    place-on-hold                     ［14］ IMPLICIT Place-One-Hold-Type DEFAULT 3,
```

```
    client-id                           [15]  IMPLICIT Client-Id OPTIONAL,
    item-id                             [16]  IMPLICIT Item-Id,
    supplemental-item-description       [17]  IMPLICIT Supplemental-Item-Description
                                              OPTIONAL,
    cost-info-type                      [18]  IMPLICIT Cost-Info-Type OPTIONAL,
    copyright-compliance                [19]  ILL-String OPTIONAL,
    third-party-info-type               [20]  IMPLICIT Third-Party-Info-Type
                                              OPTIONAL
                                        --在对分区的馆际互借子事务发起 FORWARD 服务
                                        --或 ILL-REQUEST 服务时;或者,在收到的馆际互
                                        --借请求中包含“already-tried-list”,而对某一馆际互
                                        --借子事务发起 ILL-REQUEST 服务时,其为必备;
                                        --否则为可选的
    retry-flag                          [21]  IMPLICIT BOOLEAN DEFAULT FALSE,
    forward-flag                        [22]  IMPLICIT BOOLEAN DEFAULT FALSE,
    requester-note                      [46]  ILL-String OPTIONAL,
    forward-note                        [47]  ILL-String OPTIONAL,
    iLL-request-extensions              [49]  IMPLICIT SEQUENCE OF Extension OPTIONAL
    }

Forward-Notification::=[APPLICATION 2] SEQUENCE {
    protocol-version-num                [0]   IMPLICIT INTEGER {
                                              version-1 (1),
                                              version-2 (2)
                                              },
    transaction-id                      [1]   IMPLICIT Transaction-Id,
    service-date-time                   [2]   IMPLICIT Service-Date-Time,
    requester-id                        [3]   IMPLICIT System-Id OPTIONAL,
                                        --在使用存贮和转发通信时为必备的,
                                        --在使用连接-定向通信时为可选的
    responder-id                        [4]   IMPLICIT System-Id,
                                        --在该 APDU 中为必备的
    responder-address                   [24]  IMPLICIT System-Address OPTIONAL,
    intermediary-id                     [25]  IMPLICIT System-Id,
    notification-note                   [48]  ILL-String OPTIONAL,
    forward-notification-extensions     [49]  IMPLICIT SEQUENCE OF Extension
                                              OPTIONAL
    }

Shipped::=[APPLICATION 3]SEQUENCE {
    protocol-version-num                [0]   IMPLICIT INTEGER {
                                              version-1 (1),
                                              version-2 (2)
```

```
                                            },
    transaction-id                          [1]  IMPLICIT Transaction-Id,
    service-date-time                       [2]  IMPLICIT Service-Date-Time,
    requester-id                            [3]  IMPLICIT System-Id OPTIONAL,
                                            --在使用存贮和转发通信时为必备的,
                                            --在使用连接-定向通信时为可选的
    responder-id                            [4]  IMPLICIT System-Id, OPTIONAL,
                                            --在使用存贮和转发通信时为必备的,
                                            --在使用连接-定向通信时为可选的
    responder-address                       [24] IMPLICIT System-Address OPTIONAL,
    intermediary-id                         [25] IMPLICIT System-Id, OPTIONAL,
    supplier-id                             [26] IMPLICIT System-Id, OPTIONAL,
    client-id                               [15] IMPLICIT Client-Id OPTIONAL,
    transaction-type                        [5]  IMPLICIT Transaction-Type DEFFAULT 1,
    supplemental-item-description           [17] IMPLICIT Supplemental-Item-Description
                                                 OPTIONAL,
    shipped-service-type                    [27] IMPLICIT Shipped-Service-Type,
    responder-optional-messages             [28] IMPLICIT
                                            Responder-Optional-Messages-Type OPTIONAL,
    supply-details                          [29] IMPLICIT Supply-Details,
    return-to-address                       [30] IMPLICIT Postal-Address OPTIONAL,
    responder-note                          [46] ILL-String OPTIONAL,
    shipped-extensions                      [49] IMPLICIT SEQUENCE OF Extension OPTIONAL
    }

ILL-Answer::=[APPLICATION 4]SEQUENCE {
    protocol-version-num                    [0]  IMPLICIT INTEGER {
                                                 version-1 (1),
                                                 version-2 (2),
                                                 },
    transaction-id                          [1]  IMPLICIT Transaction-Id,
    service-date-time                       [2]  IMPLICIT Service-Date-Time,
    requester-id                            [3]  IMPLICIT System-Id OPTIONAL,
                                            --在使用存贮和转发通信时为必备的,
                                            --在使用连接-定向通信时为可选的
    responder-id                            [4]  IMPLICIT System-Id, OPTIONAL,
                                            --在使用存贮和转发通信时为必备的,
                                            --在使用连接-定向通信时为可选的
    transaction-results                     [31] IMPLICIT Transaction-Results,
    results-explanation                     [32] CHOICE {
                                   conditional-results    [1]  onditional-Results,
                                   --若 transaction-results="CONDITIONAL"则被选
                                   retry-results          [2]  Retry-Results,
```

```
                                        --若 transaction-results＝"RETRY"则被选
                                        unfilled-results      [3]  Unfilled-Results,
                                        --若 transaction-results＝"UNFILLED"则被选
                                        locations-results     [4]  Locations-Results,
                                        --若 transaction-results＝"LOCATIONS-PROVIDED"则被选
                                        will-supply-results   [5]  Will-Supply-Results,
                                        --若 transaction-results＝"WILL-SUPPLY"则被选
                                        hold-placed-results   [6]  Hold-Placed-Results,
                                        --若 transaction-results＝"HOLD-PLACED"则被选
                                        estimate-results      [7]  Estimate-Results
                                        --若 transaction-results＝"ESTIMATE"则被选
                                        } OPTIONAL,
                                          --若 transaction-results 等于"RETRY"、"UNFILLED"、
                              --"WILL-SUPPLY"或"HOLD-PLACED"则可选的,若 transaction-results
                              --等于"CONDITIONAL"、"LOCATIONS-PROVIDED"或"ESTIMATE" 则
                                          --要求
    responder-specific-results          [33]  EXTERNAL OPTIONAL,
                                          --如果任意"results-explanation"的值均为
                                          --"responder-specific",
                                          --该类型是必备的。
    supplemental-item-description       [17]  IMPLICIT Supplemental-Item-Description
                                              OPTIONAL,
    send-to-list                        [23]  IMPLICIT Send-To-List-Type OPTIONAL,
    already-tried-list                  [34]  IMPLICIT Already-Tried-List-Type
                                              OPTIONAL,
    responder-optional-messages         [28]  IMPLICIT
                                          Responder-Optional-Messages-Type OPTIONAL,
    Responder-note                      [46]  ILL-String OPTIONAL,
    ill-answer-extensions               [49]  IMPLICIT SEQUENCE OF Extension OPTIONAL
    }

Conditional-Reply ::= [APPLICATION 5]SEQUENCE {
    protocol-version-num                [0]IMPLICIT INTEGER {
                                              version-1 (1),
                                              version-2 (2)
                                              },
    transaction-id                      [1]  IMPLICIT Transaction-Id,
    service-date-time                   [2]  IMPLICIT Service-Date-Time,
    requester-id                        [3]  IMPLICIT System-Id OPTIONAL,
                                        --在使用存贮和转发通信时为必备的,
                                        --在使用连接-定向通信时为可选的
    responder-id                        [4]  IMPLICIT System-Id, OPTIONAL,
                                        --在使用存贮和转发通信时为必备的,
```

```
                                            --在使用连接-定向通信时为可选的
    answer                                  [35]  IMPLICIT BOOLEAN,
    requester-note                          [46]  ILL-String OPTIONAL,
    conditional-reply-extensions            [49]  IMPLICIT SEQUENCE OF Extension OPTIONAL
    }

    Cancel ::= [APPLICATION 6]SEQUENCE {
    protocol-version-num                    [0]  IMPLICIT INTEGER {
                                                   version-1 (1),
                                                   version-2 (2)
                                                   },
    transaction-id                          [1]  IMPLICIT Transaction-Id,
    service-date-time                       [2]  IMPLICIT Service-Date-Time,
    requester-id                            [3]  IMPLICIT System-Id OPTIONAL,
                                            --在使用存贮和转发通信时为必备的,
                                            --在使用连接-定向通信时为可选的
    responder-id                            [4]  IMPLICIT System-Id OPTIONAL,
                                            --在使用存贮和转发通信时为必备的,
                                            --在使用连接-定向通信时为可选的
    requester-note                          [46]  ILL-String OPTIONAL,
    cancel-extensions                       [49]  IMPLICIT SEQUENCE OF Extension OPTIONAL
    }

    Cancel-Reply::= [APPLICATION 7]SEQUENCE {
    protocol-version-num                    [0]  IMPLICIT INTEGER {
                                                   version-1 (1),
                                                   version-2 (2)
                                                   },
    transaction-id                          [1]  IMPLICIT Transaction-Id,
    service-date-time                       [2]  IMPLICIT Service-Date-Time,
    requester-id                            [3]  IMPLICIT System-Id OPTIONAL,
                                            --在使用存贮和转发通信时为必备的,
                                            --在使用连接-定向通信时为可选的
    responder-id                            [4]  IMPLICIT System-Id OPTIONAL,
                                            --在使用存贮和转发通信时为必备的,
                                            --在使用连接-定向通信时为可选的
    answer                                  [35]  IMPLICIT BOOLEAN,
    responder-note                          [46]  ILL-String OPTIONAL,
    cancel-reply-extensions                 [49]  IMPLICIT SEQUENCE OF Extension OPTIONAL
    }

Received::= [APPLICATION 8]SEQUENCE {
    protocol-version-num                    [0]  IMPLICIT INTEGER {
```

```
                                                  version-1 (1),
                                                  version-2 (2)
                                                  },
    transaction-id                           [1]  IMPLICIT Transaction-Id,
    service-date-time                        [2]  IMPLICIT Service-Date-Time,
    requester-id                             [3]  IMPLICIT System-Id OPTIONAL,
                                             --在使用存贮和转发通信时为必备的,
                                             --在使用连接-定向通信时为可选的
    responder-id                             [4]  IMPLICIT System-Id OPTIONAL,
                                             --在使用存贮和转发通信时为必备的,
                                             --在使用连接-定向通信时为可选的
    supplier-id                              [26] IMPLICIT System-Id OPTIONAL,
    supplemental-item-description            [17] IMPLICIT Supplemental-Item-Description
                                                  OPTIONAL,
    date-received                            [36] IMPLICIT ISO-Date,
    shipped-service-type                     [27] IMPLICIT Shipped-Service-Type,
    requester-note                           [46] ILL-String OPTIONAL,
    received-extensions                      [49] IMPLICIT SEQUENCE OF Extension OPTIONAL
    }

Recall::=[APPLICATION 9]SEQUENCE[
    protocol-version-num                     [0]  IMPLICIT INTEGER {
                                                  version-1 (1),
                                                  version-2 (2)
                                                  },
    transaction-id                           [1]  IMPLICIT Transaction-Id,
    service-date-time                        [2]  IMPLICIT Service-Date-Time,
    requester-id                             [3]  IMPLICIT System-Id OPTIONAL,
                                             --在使用存贮和转发通信时为必备的,
                                             --在使用连接-定向通信时为可选的
    responder-id                             [4]  IMPLICIT System-Id OPTIONAL,
                                             --在使用存贮和转发通信时为必备的,
                                             --在使用连接-定向通信时为可选的
    responder-note                           [46] ILL-String OPTIONAL,
    recall-extensions                        [49] IMPLICIT SEQUENCE OF Extension OPTIONAL
    }

Returned::=[APPLICATION 10]SEQUENCE {
    protocol-version-num                     [0]  IMPLICIT INTEGER {
                                                  version-1 (1),
                                                  version-2 (2)
                                                  },
    transaction-id                           [1]  IMPLICIT Transaction-Id,
```

```
    service-date-time               [2]  IMPLICIT Service-Date-Time,
    requester-id                    [3]  IMPLICIT System-Id OPTIONAL,
                                    --在使用存贮和转发通信时为必备的,
                                    --在使用连接-定向通信时为可选的
    responder-id                    [4]  IMPLICIT System-Id OPTIONAL,
                                    --在使用存贮和转发通信时为必备的,
                                    --在使用连接-定向通信时为可选的
    supplemental-item-description   [17]  IMPLICIT Supplemental-Item-Description
                                          OPTIONAL,
    date-returned                   [37]  IMPLICIT ISO-Date,
    returned-via                    [38]  Transportation-Mode OPTIONAL,
    insured-for                     [39]  IMPLICIT Amount OPTIONAL,
    requester-note                  [46]  ILL-String OPTIONAL,
    returned-extensions             [49]  IMPLICIT SEQUENCE OF Extension OPTIONAL
    }

Checked-In::=[APPLICATION 11]SEQUENCE {
    protocol-version-num            [0]  IMPLICIT INTEGER {
                                          version-1 (1),
                                          version-2 (2)
                                          },
    transaction-id                  [1]  IMPLICIT Transaction-Id,
    service-date-time               [2]  IMPLICIT Service-Date-Time,
    requester-id                    [3]  IMPLICIT System-Id OPTIONAL,
                                    --在使用存贮和转发通信时为必备的,
                                    --在使用连接-定向通信时为可选的
    responder-id                    [4]  IMPLICIT System-Id OPTIONAL,
                                    --在使用存贮和转发通信时为必备的,
                                    --在使用连接-定向通信时为可选的
    date-checked-in                 [40]  IMPLICIT ISO-Date,
    responder-note                  [46]  ILL-String OPTIONAL,
    checked-in-extensions           [49]  IMPLICIT SEQUENCE OF Extension OPTIONAL
    }

Overdue::=[APPLICATION 12]SEQUENCE {
    protocol-version-num            [0]  IMPLICIT INTEGER {
                                          version-1 (1),
                                          version-2 (2)
                                          },
    transaction-id                  [1]  IMPLICIT Transaction-Id,
    service-date-time               [2]  IMPLICIT Service-Date-Time,
    requester-id                    [3]  IMPLICIT System-Id OPTIONAL,
                                    --在使用存贮和转发通信时为必备的,
```

```
                                          --在使用连接-定向通信时为可选的
      responder-id                        [4]  IMPLICIT System-Id OPTIONAL,
                                          --在使用存贮和转发通信时为必备的,
                                          --在使用连接-定向通信时为可选的
      date-due                            [41]  IMPLICIT Date-Due,
      responder-note                      [46]  ILL-String OPTIONAL,
      overdue-extensions                  [49]  SEQUENCE OF Extension OPTIONAL
      }

   Renew::=[APPLICATION 13]  SEQUENCE {
      protocol-version-num                [0]  IMPLICIT INTEGER {
                                                version-1 (1),
                                                version-2 (2)
                                                },
      transaction-id                      [1]  IMPLICIT Transaction-Id,
      service-date-time                   [2]  IMPLICIT Service-Date-Time,
      requester-id                        [3]  IMPLICIT System-Id OPTIONIAL,
                                          --在使用存贮和转发通信时为必备的,
                                          --在使用连接-定向通信时为可选的
      responder-id                        [4]  IMPLICIT System-Id OPTIONAL,
                                          --在使用存贮和转发通信时为必备的,
                                          --在使用连接-定向通信时为可选的
      desired-due-date                    [42]  IMPLICIT ISO-Date OPTIONAL,
      requester-note                      [46]  ILL-String OPTIONAL,
      renew-extensions                    [49]  IMPLICIT SEQUENCE OF Extension OPTIONAL
      }

   Renew-Answer::=[APPLICATION 14]  SEQUENCE {
      protocol-version-num                [0]  IMPLICIT INTEGER {
                                                version-1 (1),
                                                version-2 (2)
                                                },
      transaction-id                      [1]  IMPLICIT Transaction-Id,
      service-date-time                   [2]  IMPLICIT Service-Date-Time,
      requester-id                        [3]  IMPLICIT System-Id OPTIONAL,
                                          --在使用存贮和转发通信时为必备的,
                                          --在使用连接-定向通信时为可选的
      responder-id                        [4]  IMPLICIT System-Id OPTIONAL,
                                          --在使用存贮和转发通信时为必备的,
                                          --在使用连接-定向通信时为可选的
      answer                              [35]  IMPLICIT BOOLEAN,
      date-due                            [41]  IMPLICIT Date-Due OPTIONAL,
      responder-note                      [46]  ILL-String OPTIONAL,
```

```
    renew-answer-extensions         [49]  IMPLICIT SEQUENCE OF Extension OPTIONAL
    }

Lost::=[APPLICATION 15]   SEQUENCE {
    protocol-version-num            [0]  IMPLICIT INTEGER {
                                          version-1 (1),
                                          version-2 (2)
                                          },
    transaction-id                  [1]  IMPLICIT Transaction-Id,
    service-date-time               [2]  IMPLCIIT Service-Date-Time,
    requester-id                    [3]  IMPLICIT System-Id OPTIONAL,
                                    --在使用存贮和转发通信时为必备的,
                                    --在使用连接-定向通信时为可选的
    responder-id                    [4]  IMPLICIT System-Id OPTIONAL,
                                    --在使用存贮和转发通信时为必备的,
                                    --在使用连接-定向通信时为可选的
    note                            [46]  ILL-String OPTIONAL,
    lost- extensions                [49]  IMPLICIT SEQUENCE OF Extension OPTIONAL
    }

Damaged::=[APPLICATION 16]   SEQUENCE {
    protocol-version-num            [0]  IMPLICIT INTEGER {
                                          version-1 (1),
                                          version-2 (2)
                                          },
    transaction-id                  [1]  IMPLICIT Transaction-Id,
    service-date-time               [2]  IMPLCIIT Service-Date-Time,
    requester-id                    [3]  IMPLICIT System-Id OPTIONAL,
                                    --在使用存贮和转发通信时为必备的,
                                    --在使用连接-定向通信时为可选的
    responder-id                    [4]  IMPLICIT System-Id OPTIONAL,
                                    --在使用存贮和转发通信时为必备的,
                                    --在使用连接-定向通信时为可选的
    damaged-details                 [51]  IMPLICIT Damaged-Details OPTIONAL,
                                    --该参照只出现于协议版本号的值为 2
                                    --或更大的 APDU 中
    note                            [46]  ILL-String OPTIONAL,
    damaged- extensions             [49]  IMPLICIT SEQUENCE OF Extension OPTIONAL
    }

Message::=[APPLICATION 17]   SEQUENCE {
    protocol-version-num            [0]  IMPLICIT INTEGER {
                                          version-1 (1),
```

```
                                             version-2 (2)
                                             },
    transaction-id                       [1]  IMPLICIT Transaction-Id,
    service-date-time                    [2]  IMPLCIIT Service-Date-Time,
    requester-id                         [3]  IMPLICIT System-Id OPTIONAL,
                                         --在使用存贮和转发通信时为必备的,
                                         --在使用连接-定向通信时为可选的
    responder-id                         [4]  IMPLICIT System-Id OPTIONAL,
                                         --在使用存贮和转发通信时为必备的,
                                         --在使用连接-定向通信时为可选的
    note                                 [46]  ILL-String OPTIONAL,
    message-extensions                   [49]  IMPLICIT SEQUENCE OF Extension OPTIONAL
    }

Status-Query::=[APPLICATION 18]  SEQUENCE {
    protocol-version-num                 [0]  IMPLICIT INTEGER {
                                             version-1 (1),
                                             version-2 (2)
                                             },
    transaction-id                       [1]  IMPLICIT Transaction-Id,
    service-date-time                    [2]  IMPLCIIT Service-Date-Time,
    requester-id                         [3]  IMPLICIT System-Id OPTIONAL,
                                         --在使用存贮和转发通信时为必备的,
                                         --在使用连接-定向通信时为可选的
    responder-id                         [4]  IMPLICIT System-Id OPTIONAL,
                                         --在使用存贮和转发通信时为必备的,
                                         --在使用连接-定向通信时为可选的
    note                                 [46]  ILL-String OPTIONAL,
    status-query-extensions              [49]  IMPLICIT SEQUENCE OF Extension OPTIONAL
    }

Status-Or-Error-Report::=[APPLICATION 19]  SEQUENCE {
    protocol-version-num                 [0]  IMPLICIT INTEGER {
                                             version-1 (1),
                                             version-2 (2)
                                             },
    transaction-id                       [1]  IMPLICIT Transaction-Id,
    service-date-time                    [2]  IMPLCIIT Service-Date-Time,
    requester-id                         [3]  IMPLICIT System-Id OPTIONAL,
                                         --在使用存贮和转发通信时为必备的,
                                         --在使用连接-定向通信时为可选的
    responder-id                         [4]  IMPLICIT System-Id OPTIONAL,
                                         --在使用存贮和转发通信时为必备的,
```

```
                                        --在使用连接-定向通信时为可选的
    reason-no-report                    [43] IMPLICIT Reason-No-Report OPTIONAL,
                                        --若无报告存在则为必备的;
                                        --否则不出现
    status-report                       [44] IMPLICIT Status-Report OPTIONAL,
    error-report                        [45] IMPLICIT Error-Report OPTIONAL,
    note                                [46] ILL-String OPTIONAL,
    status-or-error-report-extensions        [49] IMPLICIT SEQUENCE OF Extension
                                             OPTIONAL
    }

Expired::=[APPLICATION 20]  SEQUENCE {
    protocol-version-num                [0] IMPLICIT INTEGER {
                                            version-1 (1),
                                            version-2 (2)
                                            },
    transaction-id                      [1] IMPLICIT Transaction-Id,
    service-date-time                   [2] IMPLCIIT Service-Date-Time,
    requester-id                        [3] IMPLICIT System-Id OPTIONAL,
                                        --在使用存贮和转发通信时为必备的,
                                        --在使用连接-定向通信时为可选的
    responder-id                        [4] IMPLICIT System-Id OPTIONAL,
                                        --在使用存贮和转发通信时为必备的,
                                        --在使用连接-定向通信时为可选的
    expired-extensions                  [49] IMPLICIT SEQUENCE OF Extension OPTIONAL
    }
```

9.1.2 类型

```
Account-Number::= ILL-String

Already-Forwarded::= SEQUENCE {
    responder-id                        [0] IMPLICIT System-Id,
    responder-address                   [1] MPLICIT System-Address OPTIONAL
    }

Already-Tried-List-Type::= SEQUENCE OF System-Id

Amount::= SEQUENCE {
    currency-code                       [0] IMPLICIT PrintableString (SIZE (3))
                                            OPTIONAL,
                                        --值定义于 GB/T 12406—2008
    monetary-value                      [1] IMPLICIT AmountString (SIZE (1..10))
    }
```

```
AmountString::=PrintableString(FROM "1"|"2"|"3"|"4"|"5"|"6"|"7"|"8"|"9"|"0"|""|"."|","|)

Client-Id::=SEQUENCE {
    client-name                    [0]  ILL-String OPTIONAL,
    client-status                  [1]  ILL-String OPTIONAL,
    client-identifier              [2]  ILL-String OPTIONAL
    }

Conditional-Results::= SEQUENCE {
    conditions                     [0]  IMPLICIT ENUMERATED {
                                          cost-exceeds-limit                          (13),
                                          charges                                     (14),
                                          prepayment-required                         (15),
                                          lacks-copyright-compliance                  (16),
                                          library-use-only                            (22),
                                          no-reproduction                             (23),
                                          client-signature-required                   (24),
                                          special-collections-supervision-required    (25),
                                          other                                       (27),
                                          responder-specific                          (28),
                                          proposed-delivery-service                   (30)
                                          },
    date-for-reply                 [1]  IMPLICIT ISO-Date OPTIONAL,
    locations                      [2]  IMPLICIT SEQUENCE OF Location-Info OPTIONAL,
    proposed-delivery-service           Delivery-Service OPTIONAL
                                   --该参照指定被建议的发送服务,
                                   --提供的条件是该服务得到认可。
                                   --它可以是物理服务或电子服务。
                                   --该参照只存在于协议版本号的
                                   --值为 2 或更大的 APDU 中
    }

Cost-Info-Type::= SEQUENCE {
    account-number                 [0]  Account-Number OPTIONAL,
    maximum-cost                   [1]  IMPLICIT Amount OPTIONAL,]
    reciprocal-agreement           [2]  IMPLICIT BOOLEAN DEFAULT FALSE,
    will-pay-fee                   [3]  IMPLICIT BOOLEAN DEFAULT FALSE,
    payment-provided               [4]  IMPLICIT BOOLEAN DEFAULT FALSE
    }

Current-State::= ENUMERATED {
    nOT-SUPPLIED                   (1),
```

```
    pending                    (2),
    iN-PROCESS                 (3),
    fORWARD                    (4),
    cONDITIONAL                (5),
    cANCEL-PENDING             (6),
    cANCELLED                  (7),
    sHIPPED                    (8),
    rECEIVED                   (9),
    rENEW-PENDING              (10),
    nOT-RECEIVED-OVERDUE       (11),
    rENEW-OVERDUE              (12),
    oVERDUE                    (13),
    rETURNED                   (14),
    cHECKED-IN                 (15),
    rECALL                     (16),
    lOST                       (17),
    uNKNOWN                    (18)
    }

Damaged-Details::= SEQUENCE {
    document-type-id           [0]  IMPLICIT OBJECT IDENTIFIER OPTIONAL,
                               --确认依据 ISO9834-2 注册的 OSI 文献
                               --类型,在自动化环境中使用
    damaged-portion                 CHOICE {
                                    complete-document  [1]  IMPLICIT NUL,
                                    specific-units     [2]  IMPLICIT SEQUENCE
                                                            OF INTEGER
                               --如果某一"unit"被提供,其性质和范围隐含在
                               --文献类型标识中
                               }
    }

Date-Due::=SEQUENCE {
    date-due=field             [0]  IMPLICIT ISO-Date,
    renewable                  [1]  IMPLICIT BOOLEAN DEFAULT TRUE
    }

Delivery-Address::=SEQUENCE {
    postal-address             [0]  IMPLICIT Postal-Address OPTIONAL,
    electronic-address         [1]  IMPLICIT System-Address OPTIONAL
    }

Delivery-Service::=CHOICE {
```

```
    Physical-delivery           [7]  Transportation-Mode,
    electronic-delivery         [50]  IMPLICIT SEQUENCE OF Electronic-Delivery-Service
                                --电子传递只存在于协议版本数字的值为 2
                                --或更大的 APDU 中
    }

Electronic-Delivery-Service::=SEQUENCE {
                                --前四个参数用于自动化环境
    e-delivery-service          [0]  IMPLICIT SEQUENCE {
                                --为诸如{joint-iso-ccit mhs-motis ipms}
                                --的标准使用指定的
                                --对象标识符
                                --确定电子传递服务的种类,
                                --如 MOTIS IPM, FTAM 等
                            e-delivery-mode         [0]  IMPLICIT OBJECT IDENTIFIER,
                            e-delivery-parameters   [1]  ANY DEFINED BY e-delivery-mode
                            } OPTIONAL,
    document-type               [1]  IMPLICIT SEQUENCE {
                            document-type-id        [2]  IMPLICIT OBJECT IDENTIFIER,
                                --确认依据 ISO 9834-2 注册的
                                --OSI 文献类型
                            document-type-parameters[3]  ANY DEFINED BY
                            document-type-id } OPTIONAL,
                                --与注册文献类型相关的任何参数
    e-delivery-description      [4]  ILL-String OPTIONAL,
                                --对被请求的电子传递服务和文献类型
                                --保存一人可读解的名称或描述;
                                --该参数也可以用于
                                --确认没有对象标识的电子传递服务。
                                --该参数可以取代或附加前 4 个参数。

    e-delivery-details          [5]  CHOICE {
                                    e-delivery-address  [0]  IMPLICIT System-Address,
                                    e-delivery-id           [1]  IMPLICIT System-Id
                                    },
    name-or-code                [6]  ILL-String OPTIONAL,
                                --为文献传递保存人可读的标识符或相关的信息,
                                --例如目录和/或文件名或消息-标识符
    delivery-time               [7]  IMPLICIT ISO-Time OPTIONAL
                                --保存请求方优选的传递时间
                                --或应答方建议的或实际的传递时间
    }
```

```
Error-Report::=SEQUENCE {
    correlation-information         [0]  ILL-String,
    report-source                   [1]  IMPLICIT Report-Source,
    user-error-report               [2]  User-Error-Report OPTIONAL,
                                    --若报告来源为“客户”则必备的;否则不出现
    provider-error-report           [3]  Provider-Error-Report OPTIONAL
                                    --若报告来源为“供方”则必备的; 否则不出现
    }

Estimate-Results::=SEQUENCE {
    cost-estimate                   [0]  ILL-String,
    locations                       [1]  IMPLICIT SEQUENCE OF Location-Info OPTIONAL
    }

Extension::=SEQUENCE {
    identifier                      [0]  IMPLICIT INTEGER,
                                    --value 1=implementor extensions
    critical                        [1]  IMPLICIT BOOLEAN DEFAULT FALSE,
    item                            [2]  ANY DEFINED BY identifier
                                    --if identifier=1 then item ::== EXTERNAL
    }

General-Problem::=ENUMERATED {
    unrecognized-APDU               (1),
    mistyped-APDU                   (2),
    badly-structured-APDU           (3),
    protocol-version-not-supported  (4),
    other                           (5),
    Critical-extension-not-recognized  (6)
    }

History-Report::=SEQUENCE {
    date-requested                  [0]  IMPLICIT ISO-Date OPTIONAL,
    author                          [1]  ILL-String OPTIONAL,
    title                           [2]  ILL-String OPTIONAL,
    author-of-article               [3]  ILL-String OPTIONAL,
    title-of-article                [4]  ILL-String OPTIONAL,
    date-of-last-transition         [5]  IMPLICIT ISO-Date,
    most-recent-service             [6]  IMPLICIT ENUMERATED {
                                         iLL-REQUEST               (1),
                                         fORWARD                   (21),
                                         fORWARD-NOTIFICATION(2),
                                         sHIPPED                   (3),
```

```
                                        iLL-ANSWER                  (4),
                                        cONDITIONAL-REPLY           (5),
                                        cANCEL                      (6),
                                        cANCEL-REPLY                (7),
                                        rECEIVED                    (8),
                                        rECALL                      (9),
                                        rETURNED                    (10),
                                        cHECKED-IN                  (11),
                                        oVERDUE                     (12),
                                        rENEW                       (13),
                                        rENEW-ANSWER                (14),
                                        lOST                        (15),
                                        dAMAGED                     (16),
                                        mESSAGE                     (17),
                                        sTATUS-QUERY                (18),
                                        sTATUS-OR-ERROR-REPORT (19),
                                        eXPIRED                     (20)
                                        },
    date-of-most-recent-service     [7] IMPLICIT ISO-Date,
    initiator-of-most-recent-service    [8] IMPLICIT System-Id,
    shipped-service-type            [9] IMPLICIT Shipped-Service-Type OPTIONAL,
                                    --如果信息可以得到，即若 SHIPPED 或
                                    --RECEIVED APDU 已被发送或接收，
                                    --那么该参数的值就会被提供。
                                    --值必须包含最近的信息，
                                    --例如某请求方已接收了
                                    --SHIPPED APDU 并调用了 RECEIVED. 请求，
                                    --那么就使用来自 RECEIVED. 请求的值
    transaction-results             [10] IMPLICIT Transaction-Results OPTIONAL,
                                    --如果信息可以得到，即若已发送或接收
                                    --ILL-ANSWER APDU，
                                    --那么该参照中就会有值被提供。
    most-recent-service-note        [11] ILL-String OPTIONAL
                                    --如果有信息可以得到，
                                    --即若在最近服务原语中提供了注释，
                                    --那么该参照中就会有值被提供。
    }

Hold-Placed-Results::=SEQUENCE {
    Estimated-date-available        [0] IMPLICITG ISO-Date,
    hold-placed-medium-type         [1] IMPLICIT Medium-Type OPTOINAL,
    locations                       [2] IMPLICIT SEQUENCE OF Location-Info OPTIONAL
    }
```

```
ILL-APDU-Type::=ENUMERATED {
    iLL-REQUEST                 (1),
    fORWARD-NOTIFICATION        (2),
    sHIPPED                     (3),
    iLL-ANSWER                  (4),
    cONDITIONAL-REPLY           (5),
    cANCEL                      (6),
    cANCEL-REPLY                (7),
    rECEIVED                    (8),
    rECALL                      (9),
    rETURNED                    (10),
    cHECKED-IN                  (11),
    oVERDUE                     (12),
    rENEW                       (13),
    rENEW-ANSWER                (14),
    lOST                        (15),
    dAMAGED                     (16),
    mESSAGE                     (17),
    sTATUS-QUERY                (18),
    sTATUS-OR-ERROR-REPORT(19),
    eXPIRED                     (20)
    }

    ILL-Service-Type::=ENUMERATED {
    loan                        (1),
    copy-non-returnable.        (2),
    locations                   (3),
    estimate                    (4),
    responder-specific          (5)
    }

ILL-String::=CHOICE {
    GeneralString,
    --可以包含任何 ISO 注册的 G(图表)
    --或 C(控制)字符集
    EDIFACTString
    }
    --可不包括前导或尾加空格
    --可不仅仅包括空格(" ")或不打印字符

Intermediary-Problem::=ENUMERATED {
    cannot-send-onward          (1),
```

```
        critical-extension-not-supported(2)
        }

ISO-Date::=VisibleString
        --依照 GB/T 7408
        --长度=8
        --固定的
        --YYYYMMDD

ISO-Time::=VisibleString
        --依照 GB/T 7408
        --长度=6
        --固定的
        --HHMMSS
        --个人或机构发起服务的
        --本地时间

Item-Id::=SEQUENCE {
        item-type                         [0]  IMPLICIT ENUMERATED {
                                            monograph           (1),
                                            serial              (2),
                                            other               (3)
                                            } OPTIONAL,
        held-medium-type                  [1]  IMPLICIT Medium-Type OPTIONAL,
        call-number                       [2]  ILL-String OPTIONAL,
        author                            [3]  ILL-String OPTIONAL,
        title                             [4]  ILL-String OPTIONAL,
        sub-title                         [5]  ILL-String OPTIONAL,
        sponsoring-body                   [6]  ILL-String OPTIONAL,
        place-of-publication              [7]  ILL-String OPTIONAL,
        publisher                         [8]  ILL-String OPTIONAL,
        series-title-number               [9]  ILL-String OPTIONAL,
        volume-issue                      [10] ILL-String OPTIONAL,
        edition                           [11] ILL-String OPTIONAL,
        publication-date                  [12] ILL-String OPTIONAL,
        publication-date-of-component     [13] ILL-String OPTIONAL,
        author-of-article                 [14] ILL-String OPTIONAL,
        title-of-article                  [15] ILL-String OPTIONAL,
        pagination                        [16] ILL-String OPTIONAL,
        national-bibliography-no          [17] EXTERNAL OPTIONAL,
        ISBN                              [18] ILL-String(SIZE(10)) OPTIONAL,
                                          --须遵守 GB/T 5795—2006
        ISSN                              [19] ILL-String(SIZE(8)) OPTIONAL,
```

```
                                                --须遵守 GB/T 9999—2001
        system-no                               [20] EXTERNAL OPTIONAL,
        additional-no-letters                   [21] ILL-String OPTIONAL,
        verification-reference-source           [22] ILL-String OPTIONAL,
        }

        Location-Info::=SEQUENCE {
        location-id                             [0] IMPLICIT System-Id,
        location-address                        [1] IMPLICIT System-Address OPTIONAL,
        location-note                           [2] ILL-String OPTIONAL
        }

        Locations-Results::=SEQUENCE {
        reason-locs-provided                    [0] IMPLICIT Reason-Locs-Provided OPTIONAL,
        locations                               [1] IMPLICIT SEQUENCE OF Location-Into
        }

    Medium-Type::=ENUMERATED {
        printed                                 (1),
        microform                               (3),
        film-or-video-recording                 (4),
        audio-recording                         (5),
        machine-readable                        (6),
        other                                   (7),
        }

    Name-Of-Person-Or-Institution::=CHOICE {
        name-of-person                          [0] ILL-String,
        name-of-institution                     [1] ILL-String
        }

    Person-Or-Institution-Symbol::=CHOICE {
        person-symbol                           [0] ILL-String,
        institution-symbol                      [1] ILL-String
        }

    Place-On-Hold-Type::=ENUMERATED {
        yes                                     (1),
    no                                          (2),
        according-to-responder-policy           (3),
        }

    Postal-Address::=SEQUENCE {
```

```
    name-of-person-or-institution  [0]  Name-Of-Person-Or-Institution OPTIONAL,
    extended-postal-delivery-address   [1]  ILL-String OPTIONAL,
    street-and-number              [2]  ILL-String OPTIONAL,
    post-office-box                [3]  ILL-String OPTIONAL,
    city                           [4]  ILL-String OPTIONAL,
    region                         [5]  ILL-String OPTIONAL,
    country                        [6]  ILL-String OPTIONAL,
    postal-code                    [7]  ILL-String OPTIONAL,
    }

Provider-Error-Report::=CHOICE {
    general-problem                [0]  IMPLICIT General-Problem,
    transaction-id-problem         [1]  IMPLICIT Transaction-Id-Problem,
    state-transition-prohibited    [2]  IMPLICIT State-Transition-Prohibited
    }

Reason-Locs-Provided::=ENUMERATED {
    in-use-on-loan                 (1),
    in-process                     (2),
    lost                           (3),
    non-circulating                (4),
    not-owned                      (5),
    on-order                       (6),
    volume-issue-not-yet-available (7),
    at-bindery                     (8),
    lacking                        (9),
    not-on-shelf                   (10),
    on-reserve                     (11),
    poor-condition                 (12),
    cost-exceeds-limi              (13),
    on-hold                        (19),
    other                          (27),
    responder-specific             (28)
    }

Reason-No-Report::=ENUMERATED {
    temporary                      (1),
    permanent                      (2)
    }

Reason-Unfilled::=ENUMERATED {
    in-use-on-loan7                (1),
    in-process                     (2),
```

```
    lost                            (3),
    non-circulating                 (4),
    not-owned                       (5),
    on-order                        (6),
    volume-issue-not-yet-available  (7),
    at-bindery                      (8),
    lacking                         (9),
    not-on-shelf                    (10),
    on-reserve                      (11),
    poor-condition                  (12),
    cost-exceeds-limit              (13),
    charges                         (14),
    prepayment-required             (15),
    lacks-copyright-compliance      (16),
    not-found-as-cited              (17),
    locations-not-found             (18),
    on-hold                         (19),
    policy-problem                  (20),
    mandatory-messaging-not-supported        (21),
    expiry-not-supported            (22),
    requested-delivery-services-not-supported        (23),
    preferred-delivery-time-not-possible     (24),
    critical-extension-not-supported      (25),
    other                           (27),
    responder-specific              (28)
    }

Report-Source::=ENUMERATED {
    user                            (1),
    Provider                        (2),
    }

Requester-Optional-Messages-Type::=SEQUENCE {
    can-send-RECEIVED               [0] IMPLICIT BOOLEAN,
    can-send-RETURNED               [1] IMPLICIT BOOLEAN,
    requester-SHIPPED               [2] IMPLICIT ENUMERATED {
                                        requires        (1),
                                        desires         (2),
                                        neither         (3),
                                        },
    requester-CHECKED-IN            [3] IMPLICIT ENUMERATED {
                                        requires        (1),
                                        desires         (2),
```

```
                                         neither            (3),
                                         }
     }

Responder-Optional-Messages-Type::=SEQUENCE {
     can-send-SHIPPED                   [0] IMPLICIT BOOLEAN,
     can-send-CHECKED-IN                [1] IMPLICIT BOOLEAN,
     responder-RECEIVED                 [2] IMPLICIT ENUMERATED {
                                         requires           (1),
                                         desires            (2),
                                         neither            (3)
                                         },
     responder-RETURNED                 [3] IMPLICIT ENUMERATED {
                                         requires           (1),
                                         desires            (2),
                                         neither            (3)
                                         }
     }

Retry-Results::=SEQUENCE {
     reason-not-available               [0] IMPLICIT ENUMERATED {
                                         in-use-on-loan     (1),
                                         in-process         (2),
                                         on-order           (6),
                                         volume-issue-not-yet-available (7),
                                         at-bindery                     (8),
                                         cost-exceeds-limit             (13),
                                         charges                        (14),
                                         prepayment-required            (15),
                                         lacks-copyright-compliance     (16),
                                         not-found-as-cited             (17),
                                         on-hold                        (19),
                                         other                          (27),
                                         responder-specific             (28)
                                         }OPTIONAL,
     retry-date                         [1] IMPLICIT ISO-Date OPTIONAL,
     locations                          [2] IMPLICIT SEQUENCE OF Location-Info OPTIONAL
     }

Search-Type::=SEQUENCE {
     level-of-service                   [0] ILL-String (SIZE (1)) OPTIONAL,
     need-before-date                   [1] IMPLICIT ISO-Date OPTIONAL,
     expiry-flag                        [2] IMPLICIT ENUMERATED {
```

```
                          need-Before-Date    (1),
                          other-Date          (2),
                          no-Expiry           (3)
                          } DEFAULT 3,
                        --"need-Before-Date"的值表示"need-before-date"
                        --也可指定事务期满终止日期

    expiry-date         [3]  IMPLICIT ISO-Date OPTIONAL
                        --只有当期满终止标志设置为"Other-Date"时,
                        --才可以使用可替换的期满终止日期
    }

Security-Problem::=ILL-String

Send-To-List-Type::=SEQUENCE OF SEQUENCE {
    system-id           [0]  IMPLICIT System-Id,
    account-number      [1]  Account-Number OPTIONAL,
    system-address      [2]  IMPLICIT System-Address OPTIONAL
    }

Service-Date-Time::=SEQUENCE {
    date-time-of-this-service   [0]  IMPLICIT SEQUENCE {
                          date     [0]  IMPLICIT ISO-Date,
                          time     [1]  IMPLICIT ISO-Time OPTIONAL
                          --对在同一天为某一特定的馆际互借事务
                          --发起的第二项或后续服务来说,
                          --为必备的
                          },
    date-time-of-original-service  [1]  IMPLICIT SEQUENCE {
                          date     [0]  IMPLICIT ISO-Date,
                          time     [1]  IMPLICIT ISO-Time OPTIONAL
                          } OPTIONAL
    }

Shipped-Service-Type::=ILL-Service-Type (Loan | copy-non-returnable)
    --馆际互借服务类型的子类型

State-Transition-Prohibited::= SEQUENCE {
    aPDU-type           [0]  IMPLICIT ILL-APDU-Type,
    current-state       [1]  IMPLICIT Current-State
    }

Status-Report::= SEQUENCE {
```

```
    user-status-report              [0]  IMPLICIT History-Report,
    provider-status-report          [1]  IMPLICIT Current-State
    }

Supplemental-Item-Description::= SEQUENCE OF EXTERNAL
    --补编说明信息的语法定义在本标准之外

Supply-Details::=SEQUENCE {
    date-shipped                    [0]  IMPLICIT ISO-Date OPTIONAL,
    date-due                        [1]  IMPLICIT Date-Due OPTIONAL,
    chargeable-units                [2]  IMPLICIT INTEGER (1..9999)OPTIONAL,
    cost                            [3]  IMPLICIT Amount OPTIONAL,
    shipped-conditions              [4]  IMPLICIT ENUMERATED{
                                      library-use-only          (22)
                                      no-reproduction           (23)
                                      client-signature-required (24)
                                      special-collections-supervision-required     (25)
                                      other                     (27)
                                      }OPTIONAL,
    shipped-via                       CHOICE{
                                      physical-delivery        [5]  Transportation-Mode,
                                      electronic-delivery      [50]  IMPLICIT
                                                 electronic-Delivery-Service
                                      }OPTIONAL,
                                    --电子传递只在协议版本号的值为 2
                                    —或更大的 APDU 中存在
    insured-for                     [6]  IMPLICIT Amount OPTIONAL,
    return-insurance-require        [7]  IMPLICIT Amount OPTIONAL,
    no-of-units-per-medium          [8]  IMPLICIT SEQUENCE OF Units-Per-Medium-Type
                                      OPTIONAL
    }

Supply-Medium-info-Type::=SEQUENCE{
    Supply-medium-type              [0]  IMPLICIT Supply-Medium-Type,
    Medium-characteristics          [1]  ILL-String OPTIONAL
    }

Supply-Medium-Type::=ENUMERATED{
    printed                         (1),
    photocopy                       (2),
    microform                       (3),
    film-or-video-recording         (4),
    audio-recording                 (5),
```

```
    machine-readable               (6),
    other                          (7)
    }

System-Address::=SQEUENCE{
    telecom-service-identifier     [0]  ILL-String OPTIONAL,
    telecom-service-address        [1]  ILL-String OPTIONAL
    }

System-Id::=SQEUENCE{
    --至少下列之一必须存在
    person-or-institution-symbol   [0]  Person-Or-Institution-Symbol OPTIONAL,
    name-of-person-or-institution  [1]  Name-Of-Person-Or-Institution OPTIONAL
    }

Third-Party-Info-Type::=SEQUENCE{
    permission-to-forward          [0]  IMPLICIT BOOLEAN DEFAULT FALSE,
    permission-to-chain            [1]  IMPLICIT BOOLEAN DEFAULT FALSE,
    permission-to-partition        [2]  IMPLICIT BOOLEAN DEFAULT FALSE,
    permission-to-change-send-to-list   [3]  IMPLICIT BOOLEAN DEFAULT FALSE,
    initial-requester-address      [4]  IMPLICIT System-Address OPTIONAL,
                                   --在为分区的馆际互借子事务发起 FORWARD 或
                                   --ILL-REQUEST 服务时为必备的；
                                   --否则为可选的
    preference                     [5]  IMPLICIT ENUMERATED{
                                     ordered              (1),
                                     unordered            (2)
                                     }DEFAULT 2,
    send-to-list                   [6]  IMPLICIT Send-To-List-Type OPTIONAL,
    already-tried-list             [7]  IMPLICIT Already-Tried-List-Type OPTIONAL
                                   --在为某一分区的馆际互借子事务发起一项 FORWARD
                                   --服务，或发起 ILL-REQUEST 服务时，如果收到的
                                   --馆际互借请求包括"already-tried-list"则为必备的；
                                   --否则为可选的
    }

Transaction-Id ::= SEQUENCE{
    Initial-requester-id           [0]  IMPLICIT System-Id OPTIONAL,
                                   --对子事务是必备的；如果子事务存在请求方，
                                   --为了区分子事务请求方标识符与原始请求方
                                   --标识符，不称为"请求方标识符"
    transaction-group-qualifier    [1]  ILL-String.
    transaction-qualifier          [2]  ILL-String.
```

```
    sub-transaction-qualifier           [3]  ILL-String OPTIONAL
                                        --对子事务是必备的
    }

Transaction-Id-Problem ::= ENUMERATED {
    duplicate-transaction-id            (1),
    invalid-transaction-id              (2),
    unknown-transaction-id              (3)
    }

Transaction-Results ::= ENUMERATED {
    conditional                         (1),
    retry                               (2),
    unfilled                            (3),
    locations-provided                  (4),
    will-supply                         (5),
    hold-placed                         (6),
    estimate                            (7),
    }

Transaction-Type ::= ENUMERATED {
    simple                              (1),
    chained                             (2),
    partitioned                         (3)
    }

Transportation-Mode ::=ILL-String

Unable-To-Perform ::= ENUMERATED {
    not-available                       (1),
    resource-limitation                 (2),
    other                               (3),
    critical-extension-not-supported                (4)
    }

Unfilled-Results ::= SEQUENCE {
    reason-unfilled                     [0]  IMPLICIT Reason-Unfilled,
    locations                           [1]  IMPLICIT SEQUENCE OF Location-Info OPTIONAL
    }

Units-Per-Medium-Type ::= SEQUENCE {
    medium                              [0]  Supply-Medium-Type,
    no-of-units                         [1]  INTEGER (1..9999)
```

```
}

User-Error-Report ::= CHOICE {
  already-forwarded              [0]  IMPLICIT Already-Forwarded,
  intermediary-problem           [1]  IMPLICIT Intermediary-Problem,
  security-problem               [2]  Security-Problem,
  unable-to-perform              [3]  IMPLICIT Unable-To-Perform
  }

Will-Supply-Results::=SEQUENCE{
  Reason-will-supply             [0]  ENUMERATED{
                                    in-use-on-loan              (1)
                                    in-process                  (2),
                                    on-order                    (6),
                                    at-bindery                  (8),
                                    on-hold                     (19),
                                    being-processed-for-supply      (26),
                                    other                       (27),
                                    responder-specific          (28),
                                    electronic-delivery         (30)
                                    },
  supply-date                    [1]  ISO-Date OPTIONAL,
  return-to-address              [2]  Postal-Address OPTIONAL,
  locations                      [3]  IMPLICIT SEQUENCE OF Location-info OPTIONAL,
  electronic-delivery-service    [4]  Electronic-Delivery-Service OPTIONAL
                                 --若存在，
                                 --必为请求方建议的服务之一
  }

EDIFACTString::=Visible String(FROM      (“A”|“B”|“C”|“D”|“E”|“F”|“G”|“H”|
  “I”|“J”|“K”|“L”|“M”|“N”|“O”|“P”|“Q”|“R”|“S”|“T”|“U”|
  “V”|“W”|“X”|“Y”|“Z”|“a”|“b”|“c”|“d”|“e”|“f”|“g”|“h”|
  “i”|“j”|“k”|“l”|“m”|“n”|“o”|“p”|“q”|“r”|“s”|“t”|“u”|
  “v”|“w”|“|x”“y”|“z”|“1”|“2”|“3”|“4”|“5”|“6”|“7”|“8”|
  “9”|“0”|“”|“. ”|“，”|“-”|“ (”|“|)”|“/”|“=”|“!”|“”"|“%”|“&”|
  “ * ”|“;”|“<”|“>”|“’”|“+”|“:”|“?”))

END
```

10 一致性

10.1 静态的一致性

申明与标准的本部分保持一致，应该：

a） 遵守以下确定的几项程序之一：
   1） 请求方角色；
   2） 应答方角色；
   3） 中介角色；
   4） 以上角色的任意组合。
b） 请求方或应答方最低标准应支持简单事务，中介应至少支持链接和分区事务中的一种。
c） 至少支持“loan（出借）”和“copy/non-returnable（复制/不返还）”服务类型中的一种。
d） 请求方支持调用以下服务：支持任何服务类型时，ILL-REQUEST、CONDITIONAL-REPLY、RECEIVED、LOST 及 STATUS-OR-ERROR-REPORT 是必备的；支持“loan”服务类型时 RETURNED 是有条件的（见注 1）。
e） 应答方支持调用以下服务：支持任何服务类型时，SHIPPED、ILL-ANSWER、CANCEL-REPLY、LOST 及 STATUS-OR-ERROR-REPORT 是必备的；支持“loan”服务类型时，RECALL、CHECKED-IN、OVERDUE、RENEW-ANSWER 是有条件的（见注 1）。
f） 中介支持调用以下服务：支持任何服务类型时，ILL-REQUEST、CONDITIONAL-REPLY、STATUS-QUERY、STATUS-OR-ERROR-REPORT、SHIPPED、RECEIVED、ILL-ANSWER、CANCEL、CANCEL-REPLY、LOST、DAMAGED 及 MESSAGE 是必备的；支持“loan”服务类型时，RECALL、CHECKED-IN、OVERDUE、RENEW、RENEW-ANSWER 及 RETURNED 是有条件的（见注 1）。
g） 接收带有第 9 章定义的所有类型数据的 APDU。
h） 支持第 9 章定义的传输 APDU 的所有必备的类型（见注 2）。
i） 为支持的可选类型定义数据（见注 3）。

注 1：请求方和应答方的可选服务包括 DAMAGED、MESSAGE 及 STATUS-QUERY 服务，当不支持可选服务时，尽管可能不能发送与服务相关的 APDU，但能接收与之相连的 APDU；当不支持条件服务时，可不发送或接收与服务相关的 APDU。

注 2：支持某一类型时，总是为这种类型定义数据。如果一种结构类型是必备的，但仅由可选类型构成，那么，至少应该出现一种可选类型；如果一种结构类型是可选的，但由一种必备的类型构成，那么，只有当这种结构类型出现时，这种类型才是必备的。

注 3：支持可选类型是指在传递 APDU 时，对所支持类型定义数据的能力。可选类型的数据不必总是出现。可选类型数据出现的条件是本地问题。不支持可选类型表明无法提供定义该类型的数据。注意仍可能接收不支持的可选类型。

10.2 动态的一致性

申明与标准的本部分保持一致，其外部行为应该与以下情况一致：
a） 已实施了标准的本部分第 8 章定义的一个馆际互借 ASE；
b） 有关可选消息的能力及要求，如 ILL-REQUEST、CANCEL-REPLY 及 SHIPPED APDU 所示；
c） 作为中介，总是能够发送和接收 SHIPPED、RECEIVED、RETURNED 及 CHECKED-IN APDU；
d） 能按标准的本部分第 9 章的定义对 APDU 进行编码。对于使用 ASN.1 定义的数据类型的值，可以应用多种编码系统。必备的编码系统是在 GB/T 16263 中所定义的抽象语法符号 1 的基本编码规则。另一种可能性是由 GB/T 14805 的 EDIFACT 标准及附录 B 所定义的编码系统。

10.3 协议实施一致性声明需求

协议的每一次执行必须提供协议实施一致性声明（Protocol Implementation Conformance Statemen，简称 PICS）。PICS 必须声明：

a) 所支持的角色;

b) 所支持的服务类型;

c) 所支持的事务类型;

d) 所支持的服务;

e) 所支持的 APDU

f) 所支持的 APDU 数据类型;

g) 允许其他系统交互作用所需考虑的 APDU 的需求,例如,当与其他系统交互时,一个系统可能要求其他系统必须支持所有可选的 APDU;

h) 所支持的编码规则;

i) 所支持协议的版本。

附 录 A
（规范性附录）
馆际互借状态表

A.1 概要

馆际互借协议定义了一系列状态，这些状态表示一个馆际互借事务的进展情况。

本附录状态表分别按请求方、应答方和中介列出。这些表格显示了 ILLPM 状态、协议中发生的输入事件、所采取的行动以及 ILLPM 的最终结果状态之间的相互关系。

本附录包含以下表格：

a) 表 A.1 规定每个输入事件的缩写名称和描述。

b) 表 A.2 规定每个输出事件的缩写名称和描述。

c) 表 A.3 规定谓语。

d) 表 A.4 规定请求方在馆际互借事务处理阶段的状态表。本表充分描述了一个涉及不返还文献如影印件的互借事务的所有状态。

e) 表 A.5 规定请求方在馆际互借事务追踪阶段的状态表。本表仅应用于涉及返还文献如专著的馆际互借事务。

注：为表达上的方便，本表分作两个部分：表 5a 和 5b。这一划分没有特别的意义。

f) 表 A.6 规定应答方处理阶段的状态表。本表应用于所有馆际互借服务类型，包括对返还型和不返还型文献的请求。

g) 表 A.7 规定应答方追踪阶段的状态表。本表应用于所有馆际互借服务类型，包括对返还型和不返还型文献的请求。

h) 表 A.8 规定充当请求方角色的中介状态表。

i) 表 A.9 规定充当应答方角色的中介状态表。

A.2 约定

一个输入事件（行）与一个状态（列）构成一个单元。

在状态表中，一个空白单元表示一个馆际互借协议未定义的输入事件和状态的组合。

一个不空白单元表示馆际互借协议已定义的输入事件和状态。这样的单元包含一个行动列表。行动列表既可以是必备的，也可以是有条件的。

一个必备的行动列表包含：

a) 输出事件；

b) 本地协议变量或定时器的变化（可选的）；以及

c) 结果状态。

一个有条件的行动列表包含：

a) 包括谓词和布尔算符(^代表布尔算符“非”)的谓语表达式；

b) 必备的行动列表。该表只有在谓语表达式为 TRUE 时才被用到。

原始事件和重复事件各为一行，以区分可能不同的行动列表。注意对于与 MESSAGE、STATUS QUERY、STATUS-OR-ERROR-REPORT、DAMAGED 服务及 APDU 关联的重复事件，不提供分别的行，因为它们是不可重复的；每当这一情况出现时即认为是原始事件。

根据下列原则区分原始服务请求事件和重复服务请求事件：

a) 对于请求方或应答方，原始服务请求不对“date-time-of-original-service（原服务日期时间）”字段赋值,重复事件则对该字段定义值;重复服务请求只有自原始服务请求事件以后,在原始的应用实体调用中没有状态改变时才能被调用。

b) 对于中介,只要不是立刻有相同类型的优先服务请求,原始服务请求就可有"date-time-of-original-service"值。重复服务请求有"date-time-of-original-service"定义的值,并且迅速优先于带有相同日期和时间值的同样类型的服务请求,其日期和时间值定义在"date-time-of-original-service"或"date-time-of-this-service"字段中。某些输入事件,可能会调用与原始请求状态不同的重复服务请求。

注:当一项服务请求后面跟随着一个或多个 MESSAGE、STATUS QUERY、STATUS-OR-ERROR-REPORT、DAMAGED,且又跟随着与前一个同样类型的服务请求时,即被认为迅速优先于同样服务的第二事件。

原始的和重复的 APDU 事件是在一个重复的 APDU 满足下列原则的基础上加以区分的:

a) 对"date-time-of-original-service"类型和"date-time-of-this-service"结构类型赋值;且

b) 该值与"REPEAT-TIME-STAMP(重复时间标志)"协议变量相同。

A.3 馆际互借协议采取的行动

馆际互借协议状态表定义了 ILLPM 根据输出事件、本地协议变量或定时器的改变以及 ILLPM 的结果状态所采取的行动。

A.3.1 无效的交集

空白单元表示输入事件和状态的无效交集。当这样的交集出现时,即被认为是协议错误。ILLPM 不对输入事件作处理,而发送一个 STATUS-OR-ERROR-REPORT APDU,通知发送方协议错误,并且不发生状态变化。也可以采取附加的本地行动,例如通知客户,但标准的本部分未作出规定。

A.3.2 有效的交集

如果状态和输入事件的交集是有效的,将采取下列行动之一:

a) 如果一个单元包含一个必备的行动列表,ILLPM 执行规定的行动;

b) 如果一个单元包含一个有条件的行动列表,并且谓语表达式为 TRUE,则 ILLPM 执行规定的行动。如果谓语表达式非 TRUE,则不执行该单元所规定的行动和状态变化。

注:对于状态和输入事件的某些组合,根据谓词的值,可能有不同的行动和状态的改变。这种情况下,在状态表中用分别的行反映两种可能性。

A.4 与支持服务的关系

本附录所定义的状态表没有考虑与支持服务的交互,因为这些取决于标准的本部分之外所定义的映射。对于所定义的每个映射,可能要求附加的状态和状态变化。

表 A.1 输入事件列表

名称缩写	描述
ILLreq	ILL-REQUEST. request
FWDreq	FORWARD. request
ANSreq-CO	ILL-ANSWER. request:result=CONDITIONAL
ANSreq-RY	ILL-ANSWER. request:result=RETRY
ANSreq-UN	ILL-ANSWER. request:result=UNFILLED
ANSreq-LP	ILL-ANSWER. request:result=LOCATIONS-PROVIDED
ANSreq-WS	ILL-ANSWER. request:result=WILL-SUPPLY
ANSreq-HP	ILL-ANSWER. request:result=HOLD PLACED

表 A.1(续)

名称缩写	描述
ANSreq-ES	ILL-ANSWER. request:result=ESTIMATE
C-REPreq+	CONDITIONAL-REPLY. request:answer=yes
C-REPreq-	CONDITIONAL-REPLY. request:answer=no
CANreq	CANCEL. request
CARreq+	CANCEL-REPLY. request:answer=yes
CARreq-	CANCEL-REPLY. request:answer=no
SHIreq	SHIPPED. request
RCVreq	RECEIVED. request
RCLreq	RECALL. request
DUEreq	OVERDUE. request
RETreq	RETURNED. request
RENreq	RENEW. request
REAreq+	RENEW-ANSWER. request:应答=yes
REAreq-	RENEW-ANSWER. request:应答=no
CHKreq	CHECKED-IN. request
LSTreq	LOST. request
DAMreq	DAMAGED. request
MSGreq	MESSAGE. request
STQreq	STATUS-QUERY. request
STRreq	STATUS-OR-ERROR-REPORT. request
ILL	接收 ILL-REQUEST APDU
FWD	接收 FORWARD-NOTIFICATION APDU
ANS-CO	接收 ILL-ANSWER APDU:result=CONDITIONAL
ANS-RY	接收 ILL-ANSWER APDU:result=RETRY
ANS-UN	接收 ILL-ANSWER APDU:result=UNFILLED
ANS-LP	接收 ILL-ANSWER APDU:result=LOCATIONS-PROVIDED
ANS-WS	接收 ILL-ANSWER APDU:result=WILL-SUPPLY
ANS-HP	接收 ILL-ANSWER APDU:result=HOLD PLACED
ANS-ES	接收 ILL-ANSWER APDU:result=ESTIMATE
C-REP+	接收 CONDITIONAL-REPLY APDU:answer=yes
C-REP-	接收 CONDITIONAL-REPLY APDU:answer=no
CAN	接收 CANCEL APDU
CAR+	接收 CANCEL-REPLY APDU:answer=yes
CAR-	接收 CANCEL-REPLY APDU:answer=no

表 A.1（续）

名称缩写	描述
SHI	接收 SHIPPED APDU
RCV	接收 RECEIVED APDU
RCL	接收 RECALL APDU
DUE	接收 OVERDUE APDU
RET	接收 RETURNEDAPDU
REN	接收 RENEW APDU
REA+	接收 RENEW-ANSWER APDU:answer=yes
REA-	接收 RENEW-ANSWER APDU:answer=no
CHK	接收 CHECKED-IN APDU
LST	接收 LOST APDU
DAM	接收 DAMAGED APDU
MSG	接收 MESSAGE APDU
STQ	接收 STATUE-QUERY APDU
STR	接收 STATUS-OR-ERROR-REPORT APDU
EXP	接收 EXPIRY APDU
EXPIRY timeout	事务定时器期满终止

表 A.2　输出事件列表

名称缩写	描述
ILLind	ILL-REQUEST. indication
FWDind	FORWARD. indication
ANSind-CO	ILL-ANSWER. indication:result=CONDITIONAL
ANSind-RY	ILL-ANSWER. indication:result=RETRY
ANSind-UN	ILL-ANSWER. indication:result=UNFILLED
ANSind-LP	ILL-ANSWER. indication:result=LOCATIONS-PROVIDED
ANSind-WS	ILL-ANSWER. indication:result=WILL-SUPPLY
ANSind-HP	ILL-ANSWER. indication:result=HOLD PLACED
ANSind-ES	ILL-ANSWER. indication:result=ESTIMATE
C-REPind+	CONDITIONAL-REPLY. indication:answer=yes
C-REPind-	CONDITIONAL-REPLY. indication:answer=no
CANind	CANCEL. indication
CARind+	CANCEL-REPLY. indication:answer=yes
CARind-	CANCEL-REPLY. indication:answer=no
SHIind	SHIPPED. indication
RCVind	RECEIVED. indication
RCLind	RECALL. indication

表 A.2(续)

名称缩写	描述
DUEind	OVERDUE. indication
RETind	RETURNED. indication
RENind	RENEW. indication
REAind+	RENEW-ANSWER. indication:answer=yes
REAind-	RENEW-ANWSER. indication:answer=no
CHKind	CHECKED-IN. indication
LSTind	LOST. indication
DAMind	DAMAGED. indication
MSGind	MESSAGE. indication
STQind	STATUS-QUERY. indication
STRind	STATUS-OR-ERROR-REPORT. indication
ILL	发送 ILL-REQUEST APDU
FWD	发送 FORWARD-NOTIFICATION APDU
ANS-CO	发送 ILL-ANSWER APDU:result=CONDITIONAL
ANS-RY	发送 ILL-ANSWER APDU:result=RETRY
ANS-UN	发送 ILL-ANSWER APDU:result=UNFILLED
ANS-LP	发送 ILL-ANSWER APDU:result=LOCATIONS-PROVIDED
ANS-WS	发送 ILL-ANSWER APDU:result=WILL-SUPPLY
ANS-HP	发送 ILL-ANSWER APDU:result=HOLD PLACED
ANS-ES	发送 ILL-ANSWER APDU:result=ESTIMATE
C-REP+	发送 CONDITIONAL-REPLY APDU:answer=yes
C-REP-	发送 CONDITIONAL-REPLY APDU:answer=no
CAN	发送 CANCEL APDU
CAR+	发送 CANCEL-REPLY APDU:answer=yes
CAR-	发送 CANCEL-REPLY APDU:answer=no
SHI	发送 SHIPPED APDU
RCV	发送 RECEIVED APDU
RCL	发送 RECALL APDU
DUE	发送 OVERDUE APDU
RET	发送 RETURNED APDU
REN	发送 RENEW APDU
REA+	发送 RENEW-ANSWER APDU:answer=yes
REA-	发送 RENEW-ANSWER APDU:answer=no
CHK	发送 CHECKED-IN APDU

表 A.2（续）

名称缩写	描述
LST	发送 LOST APDU
DAM	发送 DAMAGED APDU
MSG	发送 MESSAGE APDU
STQ	发送 STATUE-QUERY APDU
STR	发送 STATUS-OR-ERROR-REPORT APDU
EXP	发送 EXPIRY APDU

表 A.3 谓词

代码	意义
p1	如果 ILL-REQUEST 服务的事务类型参数是“simple”，则返回 TRUE
p2	如果 ILL-REQUEST 服务的事务类型参数是链接的，CHAIN 协议变量是 TRUE 而且事务标识符对于子事务是有效的，则返回 TRUE
p3	如果 ILL-REQUEST 服务的事务类型参数是分区的，PART 协议变量是 TRUE 而且事务标识符对于子事务是有效的，则返回 TRUE
p4	如果 FWD 协议变量是 TRUE，则返回 TRUE
p5	如果 RETURN 协议变量是 TRUE，则返回 TRUE
p6	如果 CHAIN 协议变量是 TRUE，则返回 TRUE
p7	如果接收的 APDU 是有序的，则返回 TRUE
p8	如果引起状态改变的最近事件是 NOT(DUEreq,DUE)，则返回 TRUE
注：对于重复事件，无论一项请求或一个触发的 APDU，状态表都不包括谓词，因为谓词只用于原始事件。	

表 A.4 请求方状态表——处理阶段

	IDLE（空闲）	PENDING（等待）	NOT-SUPPLIED（不提供）	CONDITIONAL（有条件的）	CANCEL-PENDING（取消等待）	CANCELLED（取消）	SHIPPED（传递）
ILLreq	P1 ILL PENDING						
ILLreq repeat		ILL PENDING					
C-REPreq+				C-REP+ PENDING			
C-REPreq+ repeat		C-REP+ PENDING					
C-REPreq-				C-REP- NOT-SUPPLIED			

表 A.4(续)

	IDLE (空闲)	PENDING (等待)	NOT-SUPPLIED (不提供)	CONDITIONAL (有条件的)	CANCEL-PENDING (取消等待)	CANCELLED (取消)	SHIPPED (传递)
C-REPreq-repeat			C-REP- NOT-SUPPLIED				
CANreq		CAN CANCEL-PENDING					
CANreq repeat					CAN CANCEL-PENDING		
RCVreq		RCV(opt) Set RETURN var RECEIVED			RCV(opt) Set RETURN var RECEIVED		RCV(opt) Set RETURN var RECEIVED
RCVreq repeat							
LSTreq		LST LOST			LST LOST		LST LOST
LSTreq repeat							
MSGreq		MSG PENDING	MSG NOT-SUPPLIED	MSG CONDITIONAL	MSG CANCEL-PENDING	MSG CANCELLED	MSG SHIPPED
STQreq		STQ PENDING	STQ NOT-SUPPLIED	STQ CONDITONAL	STQ CANCEL-PENDING	STQ CANCELLED	STQ SHIPPED
STRreq		STR PENDING	STR NOT-SUPPLIED	STR CONDITONAL	STR CANCEL-PENDING	STR CANCELLED	STR SHIPPED
FWD		FWDind PENDING			FWDind PENDING		
FWD repeat		FWDind PENDING					
ANS-CO		p7 ANSind-CO CONDITI-ONAL	ANSind-CO NOT-SUPPLIED	ANSind-CO CONDITIONAL	p7 ANSind-CO CANCEL-PENDING	ANSind-CO CANCELLED	
ANS-CO		ˆp7 ANSind-CO PENDING	ANSind-CO NOT-SUPPLIED	ANSind-CO CONDITIONAL	ˆp7 ANSind-CO CANCEL-PENDING	ANSind-CO CANCELLED	

表 A.4(续)

	IDLE(空闲)	PENDING(等待)	NOT-SUPPLIED(不提供)	CONDITIONAL(有条件的)	CANCEL-PENDING(取消等待)	CANCELLED(取消)	SHIPPED(传递)
ANS-CO repeat		ANSind-CO PENDING	ANSind-CO NOT-SUPPLIED	ANSind-CO CONDITIONAL	ANSind-CO CANCEL-PENDING	ANSind-CO CANCELLED	
ANS-RY		ANSind-RY NOT-SUPPLIED	ANSind-RY NOT-SUPPLIED		ANSind-RY NOT-SUPPLIED		
ANS-RY repeat			ANSind-RY NOT-SUPPLIED				
ANS-UN		ANSind-UN NOT-SUPPLIED	ANSind-UN NOT-SUPPLIED		ANSind-UN NOT-SUPPLIED		
ANS-UN repeat			ANSind-UN NOT-SUPPLIED				
ANS-LP		ANSind-LP NOT-SUPPLIED	ANSind-LP NOT-SUPPLIED		ANSind-LP NOT-SUPPLIED		
ANS-LP repeat			ANSind-LP NOT-SUPPLIED				
ANS-WS		ANSind-WS PENDING	ANSind-WS NOT-SUPPLIED	ANSind-WS CONDITIONAL	ANSind-WS CANCEL-PENDING		ANSind-WS SHIPPED
ANS-WS		ANSind-WS PENDING	ANSind-WS NOT-SUPPLIED	ANSind-WS CONDITIONAL	ANSind-WS CANCEL-PENDING		ANSind-WS SHIPPED
ANS-HP		ANSind-HP PENDING	ANSind-HP NOT-SUPPLIED	ANSind-HP CONDITIONAL	ANSind-HP CANCEL-PENDING		ANSind-HP SHIPPED
ANS-HP repeat		ANSind-HP PENDING	ANSind-HP NOT-UPPLIED	ANSind-HP CONDITIONAL	ANSind-HP CANCEL-PENDING		ANSind-HP SHIPPED
ANS-ES		ANSind-ES NOT-SUPPLIED	ANSind-ES NOT-SUPPLIED		ANSind-ES NOT-SUPPLIED		
ANS-ES repeat			ANSind-ES NOT-SUPPLIED				
CAR+					CARind+ CANCELLED	CARind+ CANCELLED	
CAR+ repeat						CARind+ CANCELLED	

表 A.4（续）

	IDLE （空闲）	PENDING （等待）	NOT-SUPPLIED （不提供）	CONDITIONAL （有条件的）	CANCEL-PENDING （取消等待）	CANCELLED （取消）	SHIPPED （传递）
CAR-repeat		CARind- PENDING					Carind- SHIPPED
CAR-		CARind- PENDING			CARind- PENDING		CARind- SHIPPED
SHI		SHIind SHIPPED			SHIind SHIPPED		SHIind SHIPPED
SHI repeat							SHIind SHIPPED
MSG		MSGind PENDING	MSGind NOT-SUPPLIED	MSGind CONDITIONAL	MSGind CANCEL-PENDING	MSGind CANCELLED	MSGind SHIPPED
STQ		STQind PENDING	STQind NOT-SUPPLIED	STQind CONDITIONAL	STQind CANCEL-PENDING	STQind CANCELLED	STQind SHIPPED
STR		STRind PENDING	STRind NOT-SUPPLIED	STRind CONDITIONAL	STRind CANCEL-PENDING	STRind CANCELLED	STRind SHIPPED
EXP		EXPind NOT-SUPPLIED	EXPind NOT-SUPPLIED	EXPind NOT-SUPPLIED	EXPind NOT-SUPPLIED		
LST		LSTind LOST			LSTind LOST		LSTind LOST
LST repeat							

表 A.5a　请求方状态表——追踪阶段（第一部分）

	PENDING （等待）	CANCEL PENDING （取消-等待）	RECEIVED （接收）	RENEW/ PENDING （续借/等待）	RENEW/ OVERDUE （续借/逾期）	SHIPPED （传递）
RCVreq	RCV (opt) Set RETURN var RECEIVED	RCV (opt) Set RETURN var RECEIVED				RCV (opt) Set RETURN var RECEIVED
RCVreq repeat			RCV(opt) RECEIVED			

表 A.5a（续）

	PENDING （等待）	CANCEL PENDING （取消-等待）	RECEIVED （接收）	RENEW/ PENDING （续借/等待）	RENEW/ OVERDUE （续借/逾期）	SHIPPED （传递）
RETreq			p5 RET(opt) RETURNED	RET (opt) RETURNED	RET (opt) RETURNED	
RET req repeat						
RENreq			p5 REN RENEW/ PENDING		RENRENEW/ OVERDUE	
RENreq Repeat				REN RENEW/ PENDING	REN RENEW/ OVERDUE	
LSTreq	LST LOST	LST LOST	p5 LST LOST	LST LOST	LST LOST	LST LOST
LSTreq repeat						
DAM req			DAM RECEIVED	DAM RENEW/ PENDING	DAM RENEW/ OVERDUE	
MSG req	MSG PENDING	MSG CANCEL- PENDING	MSG RECEIVED	MSG RENEW/ PENDING	MSG RENEW/ OVERDUE	MSG SHIPPED
STQreq	STQ PENDING	STQ CANCEL- PENDING	STQ RECEIVED	STQ RENEW/ PENDING	STQ RENEW/ OVERDUE	STQ SHIPPED
STRreq	STR PENDING	STR CANCEL- PENDING	STR RECEIVED	STR RENEW/ PENDING	STR RENEW/ OVERDUE	STR SHIPPED
ANS-WS	ANSind-WS PENDING	ANSind-WS CANCEL- PENDING	ANSind-WS RECEIVED	ANSind-WS RENEW/ PENDING	ANSind-WS RENEW/ OVERDUE	ANSind-WS SHIPPED

表 A.5a(续)

	PENDING (等待)	CANCEL PENDING (取消-等待)	RECEIVED (接收)	RENEW/ PENDING (续借/等待)	RENEW/ OVERDUE (续借/逾期)	SHIPPED (传递)
ANS-WS repeat	ANSind-WS PENDING	ANSind-WS CANCEL- PENDING	ANSind-WS RECEIVED	ANSind-WS RENEW/ PENDING	ANSind-WS RENEW/ OVERDUE	ANSind-WS SHIPPED
ANS-HP	ANSind-HP PENDING	ANSind-HP CANCEL- PENDING	ANSind-HP RECEIVED	ANSind-HP RENEW/ PENDING	ANSind-HP RENEW/ OVERDUE	ANSind-HP SHIPPED
ANS-HP repeat	ANSind-HP PENDING	ANSind-HP CANCEL- PENDING	ANSind-HP RECEIVED	ANSind-HP RENEW/ PENDING	ANSind-HP RENEW/ OVERDUE	ANSind-HP SHIPPED
CAR-	CARind- PENDING	CARind- PENDING	CARind- RECEIVED	CARind- RENEW/ PENDING	CARind- RENEW/ OVERDUE	CARind-SHIPPED
CAR- repeat	CARind- PENDING		CARind- RECEIVED	CARind- RENEW/ PENDING	CARind- RENEW/ OVERDUE	CARind-SHIPPED
SHI	SHIind SHIPPED	SHIind SHIPPED	SHIind RECEIVED	SHIind RENEW/ PENDING	SHIind RENEW/ OVERDUE	SHIind SHIPPED
SHI repeat			SHIind RECEIVED	SHIind RENEW/ PENDING	SHIind RENEW/ OVERDUE	SHIind SHIPPED
RCL	RCLind RECALL	RCLind RECALL	p5 RCLind RECALL	RCLind RECALL	RCLind RECALL	p5 RCLind RECALL
RCL repeat						
DUE	DUEind NOT-RCVD/ OVERDUE	DUEind NOT-RCVD/ OVERDUE	p5 DUEind OVERDUE	DUEind RENEW/ PENDING	p7 and p8 DUEind OVERDUE	p5 DUEind NOT-RCVD/ OVERDUE
DUE	DUEind NOT-RCVD/ OVERDUE	DUEind NOT-RCVD/ OVERDUE	p5 DUEind OVERDUE	DUEind RENEW/ PENDING	p7 DUEind RENEW/ OVERDUE	p5 DUEind NOT-RCVD/ OVERDUE

表 A.5a（续）

	PENDING（等待）	CANCEL PENDING（取消-等待）	RECEIVED（接收）	RENEW/PENDING（续借/等待）	RENEW/OVERDUE（续借/逾期）	SHIPPED（传递）
DUE repeat					DUEind RENEW/OVERDUE	
LST	LSTind LOST	LSTind LOST				LSTind LOST
LST repeat						
DAM						
MSG	MSGind PENDING	MSGind CANCEL-PENDING	MSGind RECEIVED	MSGind RENEW/PENDING	MSGind RENEW/OVERDUE	MSGind SHIPPED
STQ	STQind PENDING	STQind CANCEL-PENDING	STQind RECEIVED	STQind RENEW/PENDING	STQind RENEW/OVERDUE	STQind SHIPPED
STR	STRind PENDING	STRind CANCEL-PENDING	STRind RECEIVED	STRind RENEW/PENDING	STRind RENEW/OVERDUE	STRind SHIPPED
REA+			p5 REAind RECEIVED+	REAind+ RECEIVED	REAind+ RECEIVED	
REA+ repeat			REAind+ RECEIVED			
REA-			p5 REAind- RECEIVED	REAind- ECEIVED	REAind- OVERDUE	
REA- repeat			REAind- RECEIVED			
CHK	CHKind RETURNED	CHKind RETURNED	p5 CHKind RETURNED	CHKind RETURNED	CHKind RETURNED	CHKind RETURNED
CHK repeat						

表 A.5b 请求方状态表——追踪阶段(第二部分)

	NOT-RCVD/OVERDUE (未收到/逾期)	OVERDUE (逾期)	RETURNED (归还)	LOST (遗失)	RECALL (催还)
RCVreq	RCV(opt) Set RETURN var OVERDUE				RCV (opt) RECALL
RCVreq repeat					
RETreq		RET (opt) RETURNED	RET (opt) RETURNED		RET (opt) RETURNED
RETreq repeat			RET (opt) RETURNED		
RENreq		REN RENEW/ OVERDUE			
RENreq repeat					
LSTreq	LST LOST	LST LOST	LST LOST	LST LOST	LST LOST
LSTreq repeat				LST LOST	
DAMreq		DAM OVERDUE	DAM RETURNED		DAM RECALL
MSGreq	MSG NOT-RCVD/OVERDUE	MSG OVERDUE	MSG RETURNED	MSG LOST	MSG RECALL
STQreq	STQ NOT-RCVD/OVERDUE	STQ OVERDUE	STQ RETURNED	STQ LOST	STQ RECALL
STRreq	STR NOT-RCVD/OVERDUE	STR OVERDUE	STR RETURNED	STR LOST	STR RECALL
ANS-WS	ANSind-WS NOT-RCVD/OVERDUE	ANSind-WS OVERDUE	ANSind-WS RETURNED	ANSind-WS LOST	ANSind-WS RECALL
ANS-WS repeat	ANSind-WS NOT-RCVD/OVERDUE	ANSind-WS OVERDUE	ANSind-WS RETURNED	ANSind-WS LOST	ANSind-WS RECALL
ANS-HP	ANSind-HP NOT-RCVD/OVERDUE	ANSind-HP OVERDUE	ANSind-HP RETURNED	ANSind-HP LOST	ANSind-HP RECALL
ANS-HP repeak	ANSind-HP NOT-RCVD/OVERDUE	ANSind-HP OVERDUE	ANSind-HP RETURNED	ANSind-HP LOST	ANSind-HP RECALL

表 A.5b（续）

	NOT-RCVD/OVERDUE（未收到/逾期）	OVERDUE（逾期）	RETURNED（归还）	LOST（遗失）	RECALL（催还）
CAR-	CARind-NOT-RCVD/OVERDUE	CARind-OVERDUE	CARind-RETURNED	CARind-LOST	CARind-RECALL
CAR-repeat	CARind-NOT-RCVD/OVERDUE	CARind-OVERDUE	CARind-RETURNED	CARind-LOST	CARind-RECALL
SHI	SHIind NOT-RCVD/OVERDUE	SHIind OVERDUE	SHIind RETURNED	SHIind LOST	SHIind RECALL
SHI repeat	SHIind NOT-RCVD/OVERDUE	SHIind OVERDUE	SHIind RETURNED	SHIind LOST	SHIind RECALL
RCL	RCLind RECALL	RCLind RECALL	RCLind RETURNED	RCLind LOST	RLCind RECALL
RCL repeat			RCLind RETURNED	RCLind LOST	RLCind RECALL
DUE		DUEind OVERDUE	DUEind RETURNED	DUEind LOST	DUEind RECALL
DUE Repeat	DUEind NOT-RCVD/OVERDUE	DUEind OVERDUE	DUEind RETURNED	DUEind LOST	DUEind RECALL
LST	LSTind LOST		LSTind LOST	LSTind LOST	LSTind LOST
LST Repeat				LSTind LOST	
DAM			DAMind RETURNED		
MSG	MSGind NOT-RCVD/OVERDUE	MSGind OVERDUE	MSGind RETURNED	MSGind LOST	MSGind RECALL
STQ	STQind NOT-RCVD/OVERDUE	STQind OVERDUE	STQind RETURNED	STQind LOST	STQind RECALL
STR	STRind NOT-RCVD/OVERDUE	STRind OVERDUE	STRind RETURNED	STRind LOST	STRind RECALL
REA+			REAind+ RETURNED	REAind+ LOST	REAind+ RECALL
REA+ repeat			REAind+ RETURNED	REAind+ LOST	REAind+ RECALL
REA−		REAind-OVERDUE	REAind-RETURNED	REAind-LOST	REAind-RECALL

表 A.5b(续)

	NOT-RCVD/OVERDUE（未收到/逾期）	OVERDUE（逾期）	RETURNED（归还）	LOST（遗失）	RECALL（催还）
REA-repeat		REAind-OVERDUE	REAind-RETURNED	REAind-LOST	REAind-RECALL
CHK	CHKind RETURNED	CHKind RETURNED	CHKind RETURNED	CHKind RETURNED	CHKind RETURNED
CHK Repeat			CHKind RETURNED		

表 A.6 应答方状态表——处理阶段

	IDLE（空闲）	IN-PROCESS（处理中）	NOT-SUPPLIED（不提供）	CONDITIONAL（有条件的）	CANCEL-PENDING（取消-等待）	CANCELLED（取消）	FORWARD（转发）
ILL	ILLind set FWD var set CHAIN var set PART var set EXPIRY timer IN-PROCESS	ILLind IN-PROCESS	ILLind NOT-SUPPLIED	ILLind CONDITIONAL			ILLind FORWARD
ILL repeat		ILLind IN-PROCESS	ILLind NOT-SUPPLIED	ILLind CONDITIONAL			ILLind FORWARD
FWDreq		p4 ILL FWD disable EXPIRY timer FORWARD					
FWDreq repeat							ILL FWD FORWARD
ANS-COreq		ANS-CO reset EXPIRY timer CONDITIONAL					
ANS-COreq repeat				ANS-CO CONDITIONAL			

表 A.6（续）

	IDLE（空闲）	IN-PROCESS（处理中）	NOT-SUPPLIED（不提供）	CONDITIONAL（有条件的）	CANCEL-PENDING（取消-等待）	CANCELLED（取消）	FORWARD（转发）
ANS-RYreq		ANS-RY disable EXPIRY time NOT-SUPPLIED					
ANS-RYreq repeat			ANS-RY NOT-SUPPLIED				
ANS-UNreq		ANS-UN disable EXPIRY time NOT-SUPPLIED					
ANS-UNreq repeat			ANS-UN NOT-SUPPLIED				
ANS-LPreq		ANS-LP disable EXPIRY time NOT-SUPPLIED					
ANS-LPreq repeat			ANS-LP NOT-SUPPLIED				
ANS-WSreq		ANS-WS disable EXPIRY timer IN-PROCESS					
ANS-WSreq repeat		ANS-WS IN-PROCESS					
ANS-HPreq		ANS-HP disable EXPIRY timer IN-PROCESS					
ANS-HPreq repeat		ANS-HP IN-PROCESS					

表 A.6(续)

	IDLE (空闲)	IN-PROCESS (处理中)	NOT-SUPPLIED (不提供)	CONDITIONAL (有条件的)	CANCEL-PENDING (取消-等待)	CANCELLED (取消)	FORWARD (转发)
ANS-ESreq		ANS-ES disable EXPIRY timer NOT-SUPPLIED					
ANS-Esreq repeat			ANS-ES NOT-SUPPLIED				
CARreq+					CAR+ CANCEL-LED		
CARreq+ repeat						CAR+ CANCELLED	
CARreq-					CAR- IN-PROCESS		
CARreq- repeat		CAR- IN-PROCESS					
SHIreq		SHI (opt) set RETURN var disable EXPIRY timer SHIPPED					
SHIreq repeat							
MSGreq		MSG IN-PROCESS	MSG NOT-SUPPLIED	MSG CONDITIONAL	MSG CANCEL-PENDING	MSG CANCELLED	MSG FORWARD
STQreq		STQ IN-PROCESS	STQ NOT-SUPPLIED	STQ CONDITIONAL	STQ CANCEL-PENDING	STQ CANCELLED	STQ FORWARD
STRreq		STR IN-PROCESS	STR NOT-SUPPLIED	STR CONDITIONAL	STR CANCEL-PENDING	STR CANCELLED	STR FORWARD

表 A.6（续）

	IDLE（空闲）	IN-PROCESS（处理中）	NOT-SUPPLIED（不提供）	CONDITIONAL（有条件的）	CANCEL-PENDING（取消-等待）	CANCELLED（取消）	FORWARD（转发）
C-REP+		C-REPind+ IN-PROCESS	C-REPind+ NOT-SUPPLIED	CREPind+ reset EXPIRY time IN-PROCESSr			
C-REP+ repeat		C-REPind+ IN-PROCESS	C-REPind+ NOT-SUPPLIED				
C-REP-			C-REPind- NOT-SUPPLIED	C-REPind- NOT-SUPPLIED			
C-REP- repeat			C-REPind- NOT-SUPPLIED				
CAN		p7 CANind CANCEL-PENDING	CANind NOT-SUPPLIED	CANind CANCEL-PENDING	CANind CANCEL-PENDING	CANind CANCELLED	CANind FOR WARD
CAN		p7 CANin IN-PROCESS	CANind NOT-SUPPLIED	CANind CANCEL-PENDING	CANind CANCEL-PENDING	CANind CANCELLED	CANind FOR WARD
CAN Repeat		CANind IN-PROCESS	CANind NOT-SUPPLIED	CANind CANCEL-PENDING	CANind CANCEL-PENDING	CANind CANCELLED	CANind FOR WARD
MSG		MSGind IN-PROCESS	MSGind NOT-SUPPLIED	MSGind CONDITIONAL	MSGind CANCEL-PENDING	MSGind CANCELLED	MSGind FOR WARD
STQ		STQind IN-PROCESS	STQind NOT-SUPPLIED	STQind CONDITIONAL	STQind CANCEL-PENDING	STQind CANCELLED	STQind FOR WARD
STR		STRind IN-PROCESS	STRind NOT-SUPPLIED	STRind CONDITIONAL	STRind CANCEL-PENDING	STRind CANCELLED	STRind FOR WARD
EXPIRY Timeout		EXPind EXP NOT-SUPPLIED		EXPind EXP NOT-SUPPLIED			

表 A.7 应答方状态表——追踪阶段

	SHIPPED (传递)	RENEW/PENDING (续借/等待)	RENEW/OVERDUE (续借/逾期)	OVERDUE (逾期)	RECALL (催还)	CHECKED-IN (收登)	LOST (遗失)
SHIreq							
SHIreq repeat	SHI SHIPPED						
CHKreq	p5 CHK(opt) CHECKED-IN	CHK(opt) CHECKED-IN	CHK(opt) CHECKED-IN	CHK(opt) CHECKED-IN	CHK(opt) CHECKED-IN		
CHKreq repeat						CHK(opt) CHECKED-IN	
RCLreq	p5 RCL RECALL	RCL RECALL	RCL RECALL	RCL RECALL			
RCLreq repeat					RCL RECALL		
DUEreq	p5 DUE OVERDUE	DUE RENEW/OVERDUE		p8 DUE OVERDUE			
DUEreq repeat			DUE RENEW/OVERDUE	DUE OVERDUE			
LSTreq	LST LOST	LST LOST	LST LOST	LST LOST	LST LOST		LST LOST
LSTreq repeat							LST LOST
DAMreq						DAM CHECKED-IN	
MSGreq	MSG SHIPPED	MSG RENEW/OVERDUE	MSG RENEW/OVERDUE	MSG OVERDUE	MSG RECALL	MSG CHECKED-IN	MSG LOST
STQreq	STQ SHIPPED	STQ RENEW/PENDING	STQ RENEW/OVERDUE	STQ OVERDUE	STQ RECALL	STQ CHECKED-IN	STQ LOST
STRreq	STR SHIPPED	STR RENEW/PENDING	STR RENEW/OVERDUE	STR OVERDUE	STR RECALL	STR CHECKED-IN	STR LOST

表 A.7(续)

	SHIPPED (传递)	RENEW/PENDING (续借/等待)	RENEW/OVERDUE (续借/逾期)	OVERDUE (逾期)	RECALL (催还)	CHECKED-IN (收登)	LOST (遗失)
REAreq+		REA+ SHIPPED	REA+ SHIPPED				
REAreq+ repeat	REA+ SHIPPED						
REAreq-		REA- SHIPPED	REA- RECALL				
REAreq- repeat	REA- SHIPPED			REA- OVERDUE			
ILL	ILLind SHIPPED			ILLind OVERDUE	ILLind RECALL	ILLind CHECKED-IN	ILLind LOST
ILL repeat	ILLind SHIPPED			ILLind OVERDUE	ILLind RECALL	ILLind CHECKED-IN	ILLind LOST
CAN	CANind SHIPPED	CANind RENEW/PENDING	CANind RENEW/OVERDUE	CANind OVERDUE	CANind RECALL	CANind CHECKED-IN	CANind LOST
CAN repeat	CANind SHIPPED	CANind RENEW/PENDING	CANind RENEW/OVERDUE	CANind OVERDUE	CANind RECALL	CANind CHECKED-IN	CANind LOST
RCV	RCVind SHIPPED	RCVind RENEW/PENDING	RCVind RENEW/OVERDUE	RCVind OVERDUE	RCVind RECALL	RCVind CHECKED-IN	RCVind LOST
RCV repeat	RCVind SHIPPED	RCVind RENEW/PENDING	RCVind RENEW/OVERDUE	RCVind OVERDUE	RCVind RECALL	RCVind CHECKED-IN	RCVind LOST
RET	RETind SHIPPED	RETind RENEW/PENDING	RETind RENEW/OVERDUE	RETind OVERDUE	RETind RECALL	RETind CHECKED-IN	RETind LOST
RET repeat	RETind SHIPPED	RETind RENEW/PENDING	RETind RENEW/OVERDUE	RETind OVERDUE	RETind RECALL	RETind CHECKED-IN	RETind LOST
REN	p7 RENind RENEW/PENDING	RENind RENEW/PENDING	RENind RENEW/OVERDUE	RENind OVERDUE	RENind RECALL	RENind CHECKED-IN	RENind LOST

表 A.7（续）

	SHIPPED（传递）	RENEW/PENDING（续借/等待）	RENEW/OVERDUE（续借/逾期）	OVERDUE（逾期）	RECALL（催还）	CHECKED-IN（收登）	LOST（遗失）
REN	^p7 RENind SHIPPED	RENind RENEW/ PENDING	RENind RENEW/ OVERDUE	RENind OVERDUE	RENind RECALL	RENind CHECKED-IN	RENind LOST
REN repeat	RENind SHIPPED	RENind RENEW/ PENDING	RENind RENEW/ OVERDUE	RENind OVERDUE	RENind RECALL	RENind CHECKED-IN	RENind LOST
LST	LSTind LOST	LSTind LOST	LSTind LOST	LSTind LOST	LSTind LOST	LSTind CHECKED-IN	LSTind LOST
LST repeat						LSTind CHECKED-IN	LSTind LOST
DAM	DAMind SHIPPED	DAM ind RENEW/ PENDING	DAM ind RENEW/ OVERDUE	DAM ind OVERDUE	DAM ind RECALL	DAM ind CHECKED-IN	DAMind LOST
MSG	MSGind SHIPPED	MSGind RENEW/ PENDING	MSGind RENEW/ OVERDUE	MSGind OVERDUE	MSGind RECALL	MSGind CHECKED-IN	MSGind LOST
STQ	STQind SHIPPED	STQind RENEW/ PENDING	STQind RENEW/ OVERDUE	STQind OVERDUE	STQind RECALL	STQind CHECKED-IN	STQind LOST
STR	STRind SHIPPED	STRind RENEW/ PENDING	STRind RENEW/ OVERDUE	STRind OVERDUE	STRind RECALL	STRind CHECKED-IN	STRind LOST

表 A.8 中介状态表——请求方角色

	IDLE（空闲）	PENDING（等待）	NOT-SUPPLIED（不提供）	CONDITIONAL（有条件的）	CANCEL-PENDING（取消-等待）	CANCELLED（取消）	SHIPPED（传递）
ILLreq	p2 or p3 ILL update CHAIN var update PART var PENDING						
ILLreq repeat		ILL PENDING	ILL NOT-SUPPLIED	ILL CONDITIONAL			ILL SHIPPED

表 A.8（续）

	IDLE （空闲）	PENDING （等待）	NOT-SUPPLIED （不提供）	CONDITIONAL （有条件的）	CANCEL-PENDING （取消-等待）	CANCELLED （取消）	SHIPPED （传递）
C-REPreq+			C-REP+ NOT-SUPPLIED	C-REP+ PENDING			
C-REPreq+ repeat		C-REP+ PENDING	C-REP+ NOT-SUPPLIED				
C-REPreq-			C-REP- NOT-SUPPLIED	C-REP- NOT- SUPPLIED			
C-REPreq- repeat			C-REP- NOT-SUPPLIED				
CANreq		CAN CANCEL- PENDING	CAN NOT-SUPPLIED	CAN CANCEL- PENDING			CAN SHIPPED
CANreq Repeat		CAN PENDING	CAN NOT-SUPPLIED		CAN CANCEL- PENDING	CAN CANCELLED	CAN SHIPPED
RCVreq		RCV(opt) set RETURN var SHIPPED			RCV(opt) set RETURN var SHIPPED		p6 RCV(opt) set ETURN var SHIPPED
RCVreq Repeat							RCV(opt) SHIPPED
RETreq		RET SHIPPED					p6 RET SHIPPED
RETreq repeat							RET SHIPPED
RENreq		REN SHIPPED					p6 REN SHIPPED
RENreq repeat							REN SHIPPED
LSTreq		LST SHIPPED					p6 LST SHIPPED

表 A.8（续）

	IDLE（空闲）	PENDING（等待）	NOT-SUPPLIED（不提供）	CONDITIONAL（有条件的）	CANCEL-PENDING（取消-等待）	CANCELLED（取消）	SHIPPED（传递）
LSTreq repeat							LST SHIPPED
DAMreq		DAM SHIPPED			DAM SHIPPED		p6 DAM SHIPPED
MSGreq		MSG PENDING	MSG NOT-SUPPLIED	MSG CONDITIONAL	MSG CANCEL-PENDING	MSG CANCELLED	MSG SHIPPED
STQreq		STQ PENDING	STQ NOT-SUPPLIED	STQ CONDITIONAL	STQ CANCEL-PENDING	STQ CANCELLED	STQ SHIPPED
STRreq		STR PENDING	STR NOT-SUPPLIED	STR CONDITIONAL	STR CANCEL-PENDING	STR CANCELLED	STR SHIPPED
FWD		FWDind PENDING			FWDind PENDING		
FWD repeat		FWDind PENDING					
ANS-CO		p7 ANSind-CO CONDITIONAL	ANSind-CO NOT-SUPPLIED	ANSind-CO CONDITIONAL	ANSind-CO CANCEL-PENDING	ANSind-CO CANCELLED	
ANS-CO		p7 ANSind-CO PENDING	ANSind-CO NOT-SUPPLIED	ANSind-CO CONDITIONAL	ANSind-CO CANCEL-PENDING	ANSind-CO CANCELLED	
ANS-CO repeat		ANSind-CO PENDING	ANSind-CO NOT-SUPPLIED	ANSind-CO CONDITIONAL	ANSind-CO CANCEL-PENDING	ANSind-CO CANCELLED	
ANS-RY		ANS-RY NOT-SUPPLIED	ANSind-RY NOT-SUPPLIED		ANSind-RY NOT-SUPPLIED		
ANS-RY repeat			ANSind-RY NOT-SUPPLIED				

表 A.8（续）

	IDLE（空闲）	PENDING（等待）	NOT-SUPPLIED（不提供）	CONDITIONAL（有条件的）	CANCEL-PENDING（取消-等待）	CANCELLED（取消）	SHIPPED（传递）
ANS-UN		ANSind-UN NOT-SUPPLIED	ANSind-UN NOT-SUPPLIED		ANSind-UN NOT-SUPPLIED		
ANS-UN repeat			ANSind-UN NOT-SUPPLIED				
ANS-LP		ANSind-LP NOT-SUPPLIED	ANSind-LP NOT-SUPPLIED		ANSind-LP NOT-SUPPLIED		
ANS-LP repeat			ANSind-LP NOT-SUPPLIED				
ANS-WS		ANSind-WS PENDING	ANSind-WS NOT-SUPPLIED	ANSind-WS CONDITIONAL	ANSind-WS CANCEL-PENDING	ANSind-WS CANCELLED	ANSind-WS SHIPPED
ANS-WS repeat		ANSind-WS PENDING	ANSind-WS NOT-SUPPLIED	ANSind-WS CONDITIONAL	ANSind-WS CANCEL-PENDING	ANSind-WS CANCELLED	ANSind-WS SHIPPED
ANS-HP		ANSind-HP PENDING	ANSind-HP NOT-SUPPLIED	ANSind-HP CONDITIONAL	ANSind-HP CANCEL-PENDING	ANSind-HP CANCELLED	ANSind-HP SHIPPED
ANS-HP repeat		ANSind-HP PENDING	ANSind-HP NOT-SUPPLIED	ANSind-HP CONDITIONAL	ANSind-HP CANCEL-PENDING	ANSind-HP CANCELLED	ANSind-HP SHIPPED
ANS-ES		ANSind-ES NOT-SUPPLIED	ANSind-ES NOT-SUPPLIED		ANSind-ES NOT-SUPPLIED		
ANS-ES repeat			ANSind-ES NOT-SUPPLIED				
CAR+					CARind+ CANCELLED	CARind+ CANCELLED	
CAR+ repeat						CARind+ CANCELLED	
CAR-		CARind-PENDING			CARind-PENDING		CARind-SHIPPED

表 A.8（续）

	IDLE（空闲）	PENDING（等待）	NOT-SUPPLIED（不提供）	CONDITIONAL（有条件的）	CANCEL-PENDING（取消-等待）	CANCELLED（取消）	SHIPPED（传递）
CAR-repeat		CARind-PENDING					CARind-SHIPPED
SHI		SHIind SHIPPED			SHIind SHIPPED		SHIind SHIPPED
SHI repeat		SHIind SHIPPED					SHIind SHIPPED
DUE		DUEind SHIPPED					p6 DUEind SHIPPED
DUE repeat							DUEind SHIPPED
REA+							p6 REAind+ SHIPPED
REA+ repeat							REAind+ SHIPPED
REA-							p6 REAind- SHIPPED
REA- repeat							REAind- SHIPPED
LST		LSTind SHIPPED			LSTind SHIPPED		p6 LSTind SHIPPED
LST repeat							LSTind SHIPPED
DAM							p6 DAMind SHIPPED
RCL		RCLind SHIPPED					p6 RCLind SHIPPED

表 A.8（续）

	IDLE（空闲）	PENDING（等待）	NOT-SUPPLIED（不提供）	CONDITIONAL（有条件的）	CANCEL-PENDING（取消-等待）	CANCELLED（取消）	SHIPPED（传递）
RCL repeat							RCLind SHIPPED
MSG		MSGind PENDING	MSGind NOT-SUPPLIED	MSGind CONDITIONAL	MSGind CANCEL-PENDING	MSGind CANCELLED	MSGind SHIPPED
STQ		STQind PENDING	STQind NOT-SUPPLIED	STQind CONDITIONAL	STQind CANCEL-PENDING	STQind CANCELLED	STQind SHIPPED
STR		STRind PENDING	STRind NOT-SUPPLIED	STRind CONDITIONAL	STRind CANCEL-PENDING	STRind CANCELLED	STRind SHIPPED
EXP		EXPind NOT-SUPPLIED	EXPind NOT-SUPPLIED	EXPind NOT-SUPPLIED	EXPind NOT-SUPPLIED		
CHK		CHKind SHIPPED			CHKind SHIPPED		p6 CHKind SHIPPED
CHK repeat							CHKind SHIPPED

表 A.9　中介状态表——应答方角色

	IDLE（空闲）	IN-PROCESS（处理中）	NOT-SUPPLIED（不提供）	CONDITIONAL（有条件的）	CANCEL-PENDING（取消-等待）	CANCELLED（取消）	FORWARD（转发）	SHIPPED（传递）
ILL	ILLind set FWD var set CHAIN var set PART var set EXPIRY timer IN-PROCESS	ILLind IN-PROCESS	ILLind NOT-SUPPLIED	ILLind CONDITIONAL			ILLind FORWARD	ILLind SHIPPED
ILL repeat		ILLind IN-PROCESS	ILLind NOT-SUPPLIED	ILLind CONDITIONAL			ILLind FORWARD	

表 A.9（续）

	IDLE（空闲）	IN-PROCESS（处理中）	NOT-SUPPLIED（不提供）	CONDITIONAL（有条件的）	CANCEL-PENDING（取消-等待）	CANCELLED（取消）	FORWARD（转发）	SHIPPED（传递）
FWD req		p4 ILL FWD disable EXPIRY time FORWARD						
FWD req repeat							ILL FWD FORWARD	
ANS-CO req		ANS-CO reset EXPIRY timer CONDITI-ONAL			ANS-CO CANCEL-PENDING	ANS-CO CANCELLED		
ANS-CO req repeat		ANS-CO Disable EXPIRY timer IN-PROCESS	ANS-CO NOT-SUPPLIED	ANS-CO CONDITIONAL	ANS-CO CANCEL-PENDING	ANS-CO CANCELLED		
ANS-RYreq		ANS-RY Disable EXPIRY timer NOT-SUPPLIED			ANS-RY disable EXPIRY timer NOT-SUPPLIED			
ANS-RYreq repeat			ANS-RY NOT-SUPPLIED					
ANS-UNReq		ANS-UN diable EXPIRY timer NOT-SUPPLIED			ANS-UN disable EXPIRY timer NOT-SUPPLIED			

表 A.9(续)

	IDLE (空闲)	IN-PROCESS (处理中)	NOT-SUPPLIED (不提供)	CONDITIONAL (有条件的)	CANCEL-PENDING (取消-等待)	CANCELLED (取消)	FORWARD (转发)	SHIPPED (传递)
ANS-UNreq repeat			ANS-UN NOT-SUPPLIED					
ANS-LPreq		ANS-LP disable EXPIRY timer NOT-SUPPLIED			ANS-LP disable EXPIRY timer NOT-SUPPLIED			
ANS-LP req repeat			ANS-LP NOT-SUPPLIED					ANS-WS SHIPPED
ANS-WSreq		ANS-WS disable EXPIRY timer IN-PROCESS	ANS-WS NOT-SUPPLIED	ANS-WS CONDITIONAL	ANS-WS CANCEL-PENDING	ANS-WS CANCELLED		ANS-WS SHIPPED
ANS-WSreq repeat		ANS-WS IN-PROCESS	ANS-WS NOT-SUPPLIED	ANS-WS CONDITIONAL	ANS-WS CANCEL-PENDING	ANS-WS CANCELLED		ANS-HP SHIPPED
ANS-HPreq		ANS-HP disable EXPIRY timer IN-PROCESS	ANS-HP NOT-SUPPLIED	ANS-HP CONDITIONAL	ANS-HP CANCEL-PENDING	ANS-HP CANCELLED		ANS-HP SHIPPED
ANS-HPreq repeat		ANS-HP IN-PROCESS	ANS-HP NOT-SUPPLIED	ANS-HP CONDITIONAL	ANS-HP CANCEL-PENDING	ANS-HP CANCELLED		
ANS-ESreq		ANS-ES disable EXPIRY timer NOT-SUPPLIED			ANS-ES Disable EXPIRY timer NOT-SUPPLIED			

表 A.9(续)

	IDLE (空闲)	IN-PROCESS (处理中)	NOT-SUPPLIED (不提供)	CONDITIONAL (有条件的)	CANCEL-PENDING (取消-等待)	CANCELLED (取消)	FORWARD (转发)	SHIPPED (传递)
ANS-ESreq repeat			ANS-ES NOT-SUPPLIED					
CAR req+					CAR+ CANCELLED			
CARreq+ repeat						CAR+ CANCELLED		CAR-SHIPPED
CARreq-					CAR-IN-PROCESS			CAR-SHIPPED
CARreq-repeat		CAR-IN-PROCESS						SHI SHIPPED
SHIreq		SHI set RETURN var disable EXPIRY timer SHIPPED			SHI Set RETURN Variable disable EXPIRY timer SHIPPED			SHI SHIPPED
SHIreq repeat								MSG SHIPPED
MSGreq		MSG IN-PROCESS	MSG NOT-SUPPLIED	MSG CONDITIONAL	MSG CANCEL-PENDING	MSG CANCELLED	MSG FORWARD	STR SHIPPED
STQreq		STQ IN-PROCESS	STQ NOT-SUPPLIED	STR CONDITIONAL	STR CANCEL-PENDING	STR CANCELLED	STR FORWARD	STR SHIPPED
STRreq		STR IN-PROCESS	STR NOT-SUPPLIED	STR CONDITIONAL	STR CANCEL-PENDING	STR CANCELLED	STR FORWARD	p6 CHK (opt) SHIPPED
CHKreq		CHK (opt) SHIPPED			CHK (opt) SHIPPED			CHK (opt) SHIPPED

表 A.9（续）

	IDLE （空闲）	IN-PROCESS （处理中）	NOT-SUPPLIED （不提供）	CONDITIONAL （有条件的）	CANCEL-PENDING （取消-等待）	CANCELLED （取消）	FORWARD （转发）	SHIPPED （传递）
CHKreq repeat								p6 DUE SHIPPED
DUEreq		DUE SHIPPED						DUE SHIPPED
DUEreq Repeat								p6 REA+ SHIPPED
REAreq+								REA+ SHIPPED
REAreq+ repeat								p6 REA- SHIPPED
REAreq-								REA- SHIPPED
REAreq+ repeat								p6 RCL SHIPPED
RCLreq		RCL SHIPPED						RCL SHIPPED
RCLreq repeat								p6 LST SHIPPED
LSTreq		LST SHIPPED			LST SHIPPED			LST SHIPPED
LSTreq repeat								p6 DAM SHIPPED
DAMreq								MSG SHIPPED
C-REP+		C-REPind+ IN-PROCESS	C-REPind NOT-SUPPLIED	C-REPind+ reset EXPIRY timer IN-PROCESS				

表 A.9（续）

	IDLE（空闲）	IN-PROCESS（处理中）	NOT-SUPPLIED（不提供）	CONDITIONAL（有条件的）	CANCEL-PENDING（取消-等待）	CANCELLED（取消）	FORWARD（转发）	SHIPPED（传递）
C-REP+ repeat		C-REPind+ IN-PROCESS	C-REPind+ NOT-SUPPLIED					
C-REP-			C-REPind- NOT-SUPPLIED	C-REPind- NOT-SUPPLIED				
C-REP- repeat			C-REPind- NOT-SUPPLIED					CANind SHIPPED
CAN		P7 CANind CANCEL-PENDING	CANind NOT-SUPPLIED	CANind CANCEL-PENDING	CANind CANCEL-PENDING	CANind CANCELLED	CANind FORWARD	CANind SHIPPED
CAN		¬P7 CANind IN-PROCESS	CANind NOT-SUPPLIED	CANind CANCEL-PENDING	CANind CANCEL-PENDING	CANind CANCELLED	CANind FORWARD	CANind SHIPPED
CAN repeat		CANind IN-PROCESS	CANind NOT-SUPPLIED	CANind CANCEL-PENDING	CANind CANCEL-PENDING	CANind CANCELLED	CANind FORWARD	MSGind SHIPPED
MSG		MSGind IN-PRCOESS	MSGind NOT-SUPPLIED	MSGind CONDITIONAL	MSGind CANCEL-PENDING	MSGind CANCELLED	MSGind FORWARD	STQind SHIPPED
STQ		STQind IN-PROCESS	STQind NOT-SUPPLIED	STQind CONDITIONAL	STQind CANCEL-PENDING	STQind CANCELLED	STQind FORWARD	STRind SHIPPED
STR		STRind IN-PROCESS	STRind NOT-SUPPLIED	STRind CONDITIONAL	STRind CANCEL-PENDING	STRind CANCELLED	STRind FORWARD	p6 RCVind SHIPPED
RCV		RCVind SHIPPED			RCVind SHIPPED			RCVind SHIPPED
RCV repeat								p6 RETind SHIPPED
RET		RETind SHIPPED						RETind SHIPPED

表 A.9(续)

	IDLE (空闲)	IN-PROCESS (处理中)	NOT-SUPPLIED (不提供)	CONDITIONAL (有条件的)	CANCEL-PENDING (取消-等待)	CANCELLED (取消)	FORWARD (转发)	SHIPPED (传递)
RET repeat								p6 PENind SHIPPED
REN		RENind SHIPPED						RENind SHIPPED
REN repeat								p6 LSTind SHIPPED
LST		LSTind SHIPPED						LSTind SHIPPED
LST repeat								p6 DAMind SHIPPED
DAM		DAMind SHIPPED			DAMind SHIPPED			
EXPIRY Time out		EXPind EXP NOT-SUPPLIED		EXPind EXP NOT-SUPPLIED				ILLind SHIPPED

附 录 B
(规范性附录)
传 输 语 法

使用ASN.1定义的数据类型的值,可以应用多种编码系统。必备的编码系统是在GB/T 16263中所定义的抽象语法记法一的基本编码规则。另一种可能性是由EDIFACT标准(即GB/T 14805标准)所定义的编码系统。

本附录定义了采用EDIFACT对ILL APDU进行编码的规则。如果使用EDIFACT编码作为ILL传输语法(即作为ASN.1的补充),必须应用本附录所提供的编码规则。

一次在两点之间的数据传递是一个交互。一个交互由一条或多条消息有序组成。每个被传递的馆际互借应用协议数据单元(ILL APDU)将作为一个独立的EDIFACT消息被编码;每个EDIFACT消息只包括一个馆际互借应用协议数据单元(ILL APDU)。

B.1 不支持的EDIFACT特征

以下EDIFACT特征不支持,在交换中不能使用。

——使用功能组

注:功能组用来传递相同类型的消息组。它是非必要特征,与单个传输中包括不同类型消息的可能性截然不同。后者是可能的,并且可以被使用。

——明确的段嵌套指示

B.2 字符集与语法级

在GB/T 14805定义的两种语法级中,级B应与相应的字符集一起使用,但级A所定义的分隔符号"+':?"可以使用。在第9章定义的ILL-String的两种选择中,只有EDIFACT字符串可以与EDIFACT编码一起使用。

B.3 EDIFACT交换

EDIFACT交换的定义是在两点之间传输的数据单元,ILL APDU编码后作为EDIFACT交换的一部分。

一个交换由若干个段组成,每一个段以三个字符的段码开始,后面依次排列段码分隔符号、段内容、段结束分隔符号。段结束分隔符号定义为"'",段码分隔符号定义为"+"。

段内容由一个或多个数据元组成。数据元之间用"+"隔开。一个数据元由一串EDIFACT字符串字符组成,或者由两个或多个子数据元组成。一个段中数据元和子数据元的次序是固定的。

当不含数据的可选数据元作为一个段的最后一个数据元时,可不必传输。例如,一个段码为"ABC"的段,由三个数据元组成,第一个数据元包含数据"12345",第二个和第三个数据元都是可选的、空的,则该段可以采取以下三种形式的任一种传输:

——ABC+12345++'

——ABC+12345+'

——ABC+12345'

子数据元之间用字符":"隔开。一个子数据元由一串EDIFACT字符串字符组成,在数据元范围内子数据元可以重复,重复的次数根据第9条中相应的ASN.1规范的规定。

当不含数据的可选子数据元作为一个数据元的最后一个子数据元时,可不必传输。例如,一个优先数据元,后接相同段的数据元,它由两个子数据元组成,第一个子数据元包含数据"12345",第二个子数据元是可选的、空的，则该数据元可以采取以下任一种形式传输：

——…+12345:+…

——…+12345+…

字符“?”是一个引导字符。如果数据元或子数据元含有特定字符“+’:?”中的一个，在特定字符前必须有一个“?”。

以下是 Bacchus-Naur 形式的交换定义(所有文字字符用双引号标记)。

Interchange∷=segment_list

segment_list∷= segment | segment segment_list

segment ∷= segment_code “+” segment_content “’”

segment_code ∷=alpha alpha alpha

segment_content ∷=data_element | data element “+” segment_content

data_element ∷=content_string | content_string “:” data element

content_string ∷=string_part | string_part content_string

string_part ∷=normal_string | special_character

special_character ∷= “??”|“? +”|“?:”|“?”

normal_string ∷={除“? +:’”外的由 0 或更多 EDIFACTString 组成的可变长字符串}

alpha ∷={any character a-z or A-Z}

每个交换都包含一个 Service String Advice 段(段码 UNA)和一个 Interchange Header 段(段码 UNB)，它们分别是交换的第一和第二个段。

在 Service String Advice 段和 Interchange Header 段之后，交换含有一个或多个消息。每个消息都包含一个 Message Header 段(段码 UNH)，它是消息的第一个段。

消息还含有一个 Message Trailer 段(段码 UNT)，它是消息的最后一个段。

Message Header 段、Message Trailer 段及两者之间的所有段构成一条单独的消息。

定义为 SEQUENCE 数据类型的 ASN.1 数据类型，包括 APDU，被映射到 EDIFACT 段的序列。段的顺序是非常重要的。

最后一个消息后面必须是 Interchange Trailer 段(段码 UNZ)，每个交换必须有一个 Interchange Trailer 段，而且必须是最后一个。

B.4 段

组成交换的段分为控制段和数据段。

控制段有：Service String Advice、Interchange Header、Message Header、Message Trailer 和 Interchange Trailer。这些段不包含任何第 9 条所规定的 ILL APDU 内容的信息。B.5 列出了这些段的结构。

数据段是处于 Message Header 与 Message Trailer 之间的消息段。通过将 B.6 的规则应用于第 9 条的 ASN.1 规范，来创造数据段的结构。

ILL APDU 的值完全包含在单条消息的数据段范围内。

B.5 控制段编码

B.5.1 控制段结构

本条定义控制段的结构。给每个段指定一个名字和一个三字符的段码，以便在 EDIFACT 交换中内确认它们。提供了对段的描述及段所包含的数据元列表。数据元在 B.5.2 中描述。控制段的所有数据元都是必备的。

段名：　　　　Service String Advice　服务串建议

段码：　UNA

描述：　定义了在一个交换中所选择的分隔符以及指示符。必须出现在第一个段中，后面紧跟交换报头 Interchange Header(UNB)。

表示法：　其表达形式必须为：:

UNA:+.？(space)'

段名：　Interchange Header　交换头

段码：　UNB

描述：　标志交换的开始。必须是交换段中的第二个段。

数据元：　语法标识符 Syntax Identifier

交换发送方 Interchange Sender

交换接收方 Interchange Recipient

准备日期/时间 Date/Time of Preparation

交换控制参考 Interchange Control Reference

通信协定 ID Communications Agreement ID

段名：　Interchange Trailer　交换尾

段码：　UNZ

描述：　标志交换的结束。必须是交换的最后一个段。

数据元：　交换控制计数 Interchange Control Count

交换控制参考 Interchange Control Reference

段名：　Message Header　消息头

段码：　UNH

描述：　标志消息的开始。

数据元：　消息参考 Message Reference

数字消息标识符 Number Message Identifier

段名：　Message Trailer　消息尾

段码：　UNT

描述：　标志消息的结束。

数据元：　消息中的段数 Number Of Segments In The Message

消息参考号 Message Reference Number

B.5.2　控制段的数据元

数据元：　Syntax Identifier　语法标识符

描述：　标识语法规则。包括两个子数据元：

　　标识符　Identifier

　　版本号　Version Number.

两个子数据元均为必备。

表示法：　标识符 Identifier 由四个字符表示：如"UNOB"

版本号 Version Number 由单字符表示：如"1"

数据元：　　Interchange Sender 交换发送方
描述：　　标识交换的发送方。包含 ASN.1 system-id 类型组件之一。
表示法：　　长度为 35 的可变 EDIFACT 字符串

数据元：　　Interchange Recipient 交换接收方
描述：　　标识交换的接收方。包含 ASN.1 system-id 类型组件之一。
表示法：　　长度为 35 的可变 EDIFACT 字符串

数据元：　　Date/Time of Preparation 准备日期/时间
描述：　　交换准备的日期和时间。包括两个子数据元：日期和时间。日期为六位字符，格式为 YYMMDD，时间为四位字符，格式 HHMM。
表示法：　　日期 Date：固定的 6 位数值型字符串。时间 Time：固定的 4 位数值型字符串。

数据元：　　Interchange Control Reference 交换控制参考
描述：　　分配给发送方的唯一参考
表示法：　　长度为 14 的可变 EDIFACT 字符串

数据元：　　Communications Agreement ID 通信协定 ID
描述：　　标识管理交换信息内容的通信协定。具有 ISO 10161-ILL-1 的值，在此处 10161 提出了 ILL 协议标准的 ISO 号。此标识符与标准的本部分第 9 章指定的 ILL APDU 定义相对应。

数据元：　　Interchange Control Count 交换控制计数
描述：　　交换的消息总数 Total number of messages in the interchange.
表示法：　　长度为 6 位的可变数值型字符串。

数据元：　　Message Identifier 消息标识符
描述：　　标识消息中包含的的 ILL APDU 的类型和版本。APDU 类型为 B.6.1 中定义的 6 位字符串。版本号为三位数值型字符串。
表示法：　　类型：6 位固定的 EDIFACT 字符串。版本号：3 位可变的 EDIFACT 字符串。

数据元：　　Message Reference Number 消息参考号
描述：　　提供唯一的消息参考。与任何 ILL APDU 类型无关，因此，是 EDIFACT 特有的。
表示法：　　14 位可变 EDIFACT 字符串

数据元：　　Number Of Segments In The Message 消息中的段数
描述：　　消息中段的总数，包括消息头和消息尾。
表示法：　　6 位可变数值型字符串

B.6 使用 EDIFACT 编码 ILL APDU

B.6.1 映射 ASN.1 数据类型到消息

每一个 EDIFACT 交换中的消息对应一个单独的 ILLAPDU。下表列出了映射到 EDIFACT 消息

(即 ILL APDU)的 ASN.1 类型及所对应的消息标识符的值。

表 B.1 映射 ASN.1 数据类型及所对应的消息标识符的值

ASN.1 类型	EDIFACT 消息标识符值
Ill-Request	ILLREQ
Forward-Notification	FORNOT
Shipped	SHIPPED
ILL-Answer	IILANS
Conditional-Reply	CONREP
Cancel	CANCEL
Cancel-Reply	CNLREP
Received	RCEIVD
Recall	RECALL
Returned	RETRND
Checked-In	CHKDIN
Overdue	OVERDU
Renew	RENEWL
Renew-Answer	RENANS
Lost	LOSTIT
Damaged	DAMAGE
Message	MESSAG
Status-Query	STATQY
Status-Or-Error-Report	STATRP
Expired	EXPIRD

B.6.2 映射 ASN.1 数据类型到 EDIFACT 段

本条提供了从 ASN.1 类型到 EDIFACT 段、数据元、子数据元的映射。该映射使用隐含的嵌套和隐含的重复段。

指定所对应的 ASN.1 类型标识符作为每一个 EDIFACT 段的名字。即:如果本条将第 9 条ASN.1 规范中的类型标识符定义为段名,则对应的 ASN.1 类型在 EDIFACT 中代表一个段。如果 ASN.1 规范中对应的类型是可选的,则段是可选的。

段名后是由三个字符组成的段码,用于在 EDIFACT 交换中确认段。

段码后是组成段的数据元列表。这些数据元的名字与 ASN.1 值类型的标识符相对应,即:如果第 9条的 ASN.1 类型标识符在本条的数据元列表中出现,则在 EDIFACT 中编码作为一个 EDIFACT 数据元。如果 ASN.1 规范中对应的类型是可选的,则数据元是可选的。

一个 ASN.1 类型映射到一个 EDIFACT 数据元,或者对应一个 ASN.1 简单类型(ENUMERATED、INTEGER、EDIFACT-String、BOOLEAN、或 OBJECT IDENTIFIER),或者包含 EDIFACT 子数据元。

如果一个 EDIFACT 数据元由子数据元组成,则将这些子数据元列在数据元后面,并加上大括号({}),但当数据元被定义为 EXTERNAL 时,需要从外部定义结构。EDIFACT 子数据元的名字与 ASN.1 类型标识符相对应,即:如果 ASN.1 类型标识符在子数据元列表中出现,则在 EDIFACT 中编码作为一个 EDIFACT 子数据元。如果 ASN.1 规范中对应的类型是可选的,则子数据元是可选的。

一个 ASN.1 类型映射到一个 EDIFACT 子数据元,必须对应一个 ASN.1 简单类型(枚举 ENUMERATED、整型 INTEGER、EDIFACT 字符串 EDIFACT-String、布尔 BOOLEAN、或对象标识符 OBJECT IDENTIFIER)。

数据元的列表顺序与它们在段中出现的顺序相对应。

子数据元的列表顺序与它们在数据元中出现的顺序相对应。

如果不存在数据元或子数据元,ASN.1 规范给出了任意的缺省值。

定义为 EXTERNAL 的 ASN.1 类型映射到第一个子数据元被定义为对象标识符的 EDIFACT 数据元。其他子数据元在外部定义,但必须与本规范所支持的 ASN.1 简单类型相对应。

段名: account-number
段码: ACN
数据元: account-number

段名: already-tried-list
段码: ATL
数据元: --无;本段包括在列表中每个条目都重复的子段 system-id

段名: answer
段码: ANS
数据元: answer

段名: billing-address
段码: BAD
数据元: --无;本段包含其他段而非实际的数据元。主要包括下列段:
postal-address
system-address

段名: client-id
段码: CID
数据元: client-name
client-status
client-identifier

段名: conditional-results
段码: CRE
数据元: --无;本段包含其他段而非实际数据元。主要包括下列段:
conditions
date-for-reply
location-info
--最后的子段可重复

段名: conditions
段码: CON

数据元：　　conditions

段名：　　copyright-compliance
段码：　　COC
数据元：　　copyright-compliance

段名：　　copyright-information
段码：　　COI
数据元：　　copyright-information

段名：　　cost-estimate
段码：　　CST
数据元：　　cost-estimate

段名：　　cost-info-type
段码：　　CIT
数据元：　　account-number
　　maximum-cost
　　{
　　currency-code
　　monetary-value
　　}
　　reciprocal-agreement
　　will-pay-fee
　　payment-provided

段名：　　current-state
段码：　　CUS
数据元：　　current-state

段名：　　date-checked-in
段码：　　DCI
数据元：　　date-checked-in

段名：　　date-due
段码：　　DUE
数据元：　　date-due-field
　　renewable

段名：　　date-for-reply
段码：　　DFR
数据元：　　date-for-reply

段名：　　date-received
段码：　　DRC
数据元：　date-received

段名：　　date-returned
段码：　　DRT
数据元：　date-returned

段名：　　delivery-address
段码：　　DAD
数据元：　--无；本段包含其他段而非实际数据元。主要包括下列段：
　　postal-address
　　system-address

段名：　　[delivery-service]
　　--注意此段已被重新命名为 physical-delivery。为在现有系统中保持兼容
　　--性，此段码保留了 DLS. APDU 需要进行物理传递 physical-delivery 或者
　　--电子传递服务 electronic-delivery-service 的选择的地方，将使用一个 DLS
　　--或(重复的)EDY 段。

段名：　　desired-due-date
段码：　　DDD
数据元：　desired-due-date

段名：　　electronic-delivery-service
段码：　　EDY
数据元：　e-delivery-mode
　　e-delivery-parameters
　　document-type-id
　　document-type-parameters
　　e-delivery-description
　　--下面的三个数据元共同构成 e-delivery-details，
　　--e-delivery-address 或 e-delivery-id 仅出现其中之一
　　e-delivery-address
　　{
　　telecom-service-identifier
　　telecom-service-address
　　}
　　--下面的两个数据元共同构成 e-delivery-id
　　person-or-institution-symbol
　　{
　　person-symbol
　　institution-symbol

--仅出现其中之一
}
name-of-person-or-institution
{
name-of-person
name-of-institution
--仅出现其中之一
}
name-or-code
delivery-time
--此段可重复

段名： error-report
段码： ERR
数据元： --无;本段包含其他段而非实际数据元。主要包括下列段：
correlation-information
report-source
user-error-report
provider-error-report

段名： estimate-results
段码： ESR
数据元： --无;本段包含其他段而非实际数据元。主要包括下列段：
cost-estimate
location-into
--最后的子段可重复

段名： estimated-date-available
段码： EDA
数据元： estimated-date-available

段名： extension
段码： EXT
数据元： --无;本段包含其他段而非实际数据元。主要包括下列段：
extension-identifier
extension-critical
extension-item-external-start
extension-item-external-finish
--本段也可以包含一个或以上为协议扩展的数据元进行编码的其他段,
--例如,“item”类型中,还可能包括了“extension-identifier”的值
--所定义的段。

段名： extension-critical

段码：　　ECR
数据元：　　critical

段名：　　extension-identifier
段码：　　EID
数据元：　　identifier

段名：　　extension-item-external-start
段码：　　EXS
数据元：　　syntax
--对象语法的对象标识符号包含在下面的段中(直到 EXF)
--本段后面紧跟其他承载了语法元标识的外部定义对象的编码的段(此处
--未定义)

段名：　　extension-item-external-finish
段码：　　EXF
数据元：　　--无;本段用于标识对外部定义对象进行编码的段的结束

段名：　　forward-flag
段码：　　FWD
数据元：　　forward-flag

段名：　　forward-note
段码：　　FWN
数据元：　　forward-note

段名：　　history-report
段码：　　HRP
数据元：　　date-requested
author
title
author-of-article
title-of-article
date-of-last-transition
most-recent-service
date-of-recent-service
--下面的两个数据元共同构成 initiator-of-recent-service:
person-or-institution-symbol
{
person-symbol
institution-symbol
--仅出现其中之一
}

name-of-person-or-institution
{
name-or-person
name-of-institution
--仅出现其中之一
}
shipped-service-type
transaction-results
most-recent-service-note

egment Name: hold-placed-medium-type
段码: HPM
数据元: hold-placed-medium-type

段名: hold-placed-results
段码: HPR
数据元: --无;本段包含其他段而非实际数据元。主要包括下列段:
estimated-date-available
hold-placed-medium-type
location-info
--最后的子段可重复

段名: ILL-service-type
段码: ISV
数据元: ILL-service-type
--可包括重复的子数据元

段名: insured-for
段码: ISF
数据元: amount
{
current-code
monetary-value
}

段名: intermediary-id
段码: INT
数据元: person-or-institution-symbol
{
person-symbol
institution-symbol
--仅出现其中之一
}

name-of-person-or-institution
{
name-of-person
name-of-institution
--仅出现其中之一
}

段名：　item-id
段码：　IID
数据元：　item-type
held-medium-type
call-number
author
title
sub-title
sponsoring-body
place-of-publication
publisher
series-title-number
volume-issue
edition
publication-date
publication-date-of-component
author-of-article
title-of-article
pagination national-bibliography-no
ISBN
ISSN
system-no
additional-no-letters
verification-reference-source

段名：　location-info
段码：　LOC
数据元：　--下面的两个数据元共同构成 location-id
person-or-institution-symbol
{
person-symbol
institution-symbol
--仅出现其中之一
}
name-of-person-or-institution
{

name-of-person
name-of-institution
--仅出现其中之一
}
location-address
{
telecom-service-identifier
telecom-service-address
}
location-note

段名： locations-results
段码： LRE
数据元 --无;本段包含其他段而非实际数据元。主要包括下列段：
reason-locs-provided
location-info
--最后的子段可重复

段名： note
段码： NOT
数据元： note

段名： notification-note
段码： NNO
数据元： notification-note

段名： permission-to-forward
段码： PTF
数据元： permission-to-forward

段名： permission-to-chain
段码： PTC
数据元： permission-to-chain

段名： permission-to-partition
段码： PTP
数据元： permission-to-partition

段名： permission-to-change-send-to-list
段码： PCL
数据元： permission-to-change-send-to-list

段名： physical-delivery

段码：　　DLS
　　--注意：由于历史原因，本段编码为 DLS(Delivery-service)
数据元：　　transportation-mode

段名：　　place-on-hold
段码：　　POH
数据元：　　place-on-hold-type

段名：　　postal-address
段码：　　PAD
数据元：　　name-of-person-or-institution
{
name-of-person
name-of-institution
--仅出现其中之一
}.
extended-postal-delivery-address
street-and-number
post-office-box
city
region
country
postal-code

段名：　　preference
段码：　　PRF
数据元：　　preference

段名：　　protocol-version-num
段码：　　PVN
数据元：　　protocol-version-num

段名：　　provider-error-report
段码：　　PER
数据元：　　general-problem
transaction-id-problem
state-transition-prohibited
{
ILL-APDU-type
current-state:
}
--仅出现其中之一

段名：　　　　reason-locs-provided
段码：　　　　RLP
数据元：　　　reason-locs-provided

段名：　　　　reason-no-report
段码：　　　　RNR
数据元：　　　reason-no-report

段名：　　　　reason-not-available
段码：　　　　RNA
数据元：　　　reason-not-available

段名：　　　　reason-unfilled
段码：　　　　RUF
数据元：　　　reason-unfilled

段名：　　　　reason-will-supply
段码：　　　　RWI
数据元：　　　reason-will-supply

段名：　　　　report-source
段码：　　　　RES
数据元：　　　report-source

段名：　　　　requester-id
段码：　　　　RQI
数据元：　　　person-or-institution-symbol

{
person-symbol
institution-symbol
--仅出现其中之一
}
name-of-person-or-institution
{
name-of-person
name-of-institution
--仅出现其中之一
}

段名：　　　　requester-note
段码：　　　　RQN
数据元：　　　requester-note

段名：　requester-optional-messages
段码：　ROM
数据元：　can-send-RECEIVED
　　can-send-RETURNED
　　requester-SHIPPED
　　requester-CHECKED-IN

段名：　responder-address
段码：　RSA
数据元：　telecom-service-identifier
　　telecom-service-address

段名：　responder-id
段码：　RSI
数据元：　person-or-institution-symbol
　　{
　　person-symbol
　　institution-symbol
　　--仅出现其中之一
　　}
　　name-of-person-or-institution
　　{
　　name-of-person
　　name-of-institution
　　--仅出现其中之一
　　}

段名：　responder-note
段码：　RSN
数据元：　responder-note

段名：　responder-optional-messages
段码：　ROP
数据元：　can-seed-SHIPPED
　　can-seed-CHECKED-IN
　　responder-RECEIVED
　　responder-RETURNED

段名：　responder-specific-results
段码：　RSR
数据元：　--object-identifier 的其余部分在外部指定

段名：　responder-specific-service

段码： RSS
数据元： --object-identifier 的其余部分在外部指定

段名： retry-date
段码： RYD
数据元： retry-date

段名： retry-flag
段码： RYF
数据元： retry-flag

段名： retry-results
段码： RYR
数据元：
---无;本段包含其他段而非实际数据元。主要包括下列段：
reason-not-available
retry-date
location-info
--最后的子段可重复

段名： returned-via
段码： RTV
数据元： transportation-mode

段名： return-to-address
段码： RTA
数据元： name-of-person-or-institution
{
name-of-person
name-of-institution
--仅出现其中之一
}
extended-postal-delivery-address
street-and-number
post-office-box
city
region
country
postal-code

段名： search-type
段码： SCH
数据元：
level-of-service
need-before-date

expiry-flag
expiry-date

段名：　　send-to-list
段码：　　STL
数据元：　--无；本段包含其他段而非实际数据元。主要包括下列段：
system-id,
account-number,
system-address.
--这些段在列表的每个条目中重复

段名：　　service-date-time
段码：　　SDT
数据元：　date-time-of-this-service
{
date
time
}
date-time-of-original-service
{
date
time
}

段名：　　shipped-service-type
段码：　　SST
数据元：　shipped-service-type

段名：　　status-report
段码：　　SRP
数据元：　--无；本段包含其他段而非实际数据元。主要包括下列段：
history-report
current-state

段名：　　supplemental-item-description
段码：　　SDE
数据元：　--object-identifier 其余部分由外部指定
--本段可在其他类型的描述中重复

段名：　　supplier-id
段码：　　SID
数据元：　person-or-institution-symbol
{

person-symbol
institution-symbol
--仅出现其中之一
}
name-of-person-or-institution
{
name-of-person
name-of-institution
--仅出现其中之一
}

段名：　supply-date
段码：　SUD
数据元：　supply-date

段名：　supply-details-version-1
段码：　SUP
数据元：　--本段仅在协议版本号为1的APDU中出现。
date-shipped
--下面的两个数据元共同构成 date-due
date-due-field
renewable
chargeable-units
cost
{
currency-code
monetary-value
}
shipped-conditions
transportation-mode
insured-for
{
currency-code
monetary-value
}
return-insurance-required
{
currency-code
monetary-value
}
no-of-units-per-medium
{
medium-type

no-of-units
}
--此数据元可重复

段名：　supply-details-version-2
段码：　SPD
数据元：　--本段仅在协议版本号为 2 或更高的 APDU 中出现。
date-shipped
--下面的两个数据元共同构成 date-due
date-due-field
renewable
chargeable-units
cost
{
currency-code
monetary-value
}
transportation-mode
--下面的十个数据元共同构成 electronic-delivery-service
e-delivery-mode
e-delivery-parameters
document-type-id
document-type-parameters
e-delivery-description
--下面的三个数据元共同构成 e-delivery-details，
--e-delivery-address 或 e-delivery-id 仅出现其中之一
e-delivery-address
{
telecom-service-identifier telecom-service-sddress
}
--下面的两个数据元共同构成 e-delivery-id：
person-or-institution-symbol
{
person-symbol
institution-symbol
--仅出现其中之一
}
name-of-person-or-institution
{
name-of-person
name-of-institution
--仅出现其中之一
}

name-or-code
delivery-time
--电子传递服务结束
insured-for
{
currency-code
monetary-value
}
return-insurance-required
{
currency-code
monetary-value
}
no-of-units-per-medium
{
medium-type
no-of-units
}
--本数据元可重复

段名：　supply-medium-info-type
段码：　SMI
数据元：　supply-medium-info-type
{
supply-medium-type
medium-characteristics
}
--本数据元可重复

段名：　system-address
段码：　SYA
数据元：　telecom-service-identifier
telecom-service-address

段名：　system-id
段码：　SYI
数据元：　person-or-institution-symbol
{
person-symbol
institution-symbol
--仅出现其中之一
}
name-of-person-or-institution
{

name-of-person
name-of-institution
--仅出现其中之一
}

段名：　third-party-info-type
段码：　TPI
数据元：　--无；本段包含其他段而非实际数据元。主要包括下列段：
permission-to-forward
permission-to-chain
permission-to-partition
permission-to-change-send-to-list
system-address preference
send-to-list
already-tried-list

段名：　transaction-id
段码：　TRI
数据元：　--前两个数据元共同构成 initial-requester-id
person-or-institution-symbol
{
person-symbol
institution-symbol
--仅出现其中之一
}
name-of-person-institution
{
name-of-person
name-of-institution
--仅出现其中之一
}
transaction-group-qualifier
transaction-qualifier
sub-transaction-qualifier

段名：　transaction-results
段码：　TRE
数据元：　transaction-results

段名：　transaction-type
段码：　TRT
数据元：　transaction-type

段名：　unfilled-results
段码：　URE
数据元：　--无；本段包含其他段而非实际数据元。主要包括下列段：
reason-unfilled
location-info
--最后的子段可重复

段名：　user-error-report
段码：　UER
数据元：　--前三个数据元共同构成"already-forwarded"
person-or-institution-symbol
{
person-symbol
institution-symbol
--only one these sub-elements may be present
}
name-of-person-or-institution
{
name-of-person
name-of-institution
--仅出现其中之一
}
responder-address
{
telecom-service-identifier
telecom-service-address
}
intermediary-problem
security-problem
unable-to-perform
--"already-forwarded"(包括前三个元素)、intermediary-problem、
--security-problem 或 unable-to-perform 仅出现其中之一

段名：　will-supply-results
段码：　WSR
数据元：　--无；本段包含其他段而非实际数据元。主要包括下列段：
reason-will-supply
supply-date
return-to-address
location-info
--此子段可重复
electronic-delivery-service
--electronic-delivery-service 段仅出现一个

B.6.3 映射 ASN.1 数据类型到内容字符串

所有不含子数据元的 EDIFACT 数据元和所有 EDIFACT 子数据元与以下一个 ASN.1 简单类型相对应:ENUMERATED、INTEGER、BOOLEAN、OBJECT IDENTIFIER 或 EDIFACT-String。

B.6.3.1 对 EDIFACT 字符串进行编码

EDIFACT 字符串(EDIFACTString)包含第 9 章定义的任意字符。根据 GB/T 1988—1998 的编码规则对每一个字符(字符"?:'+" @ ＃除外)进行编码,作为一个单独的八位字节,每个八位字节的字节 8 都等于 0,字节 1-7 等于 GB/T 1988 规定的 b1 至 b7 的值。字符"?:'+"必须放在引导字符"?"前面,采用以下方式用两个八位字节进行编码:

? 03/15,03/15

: 03/15,03/10

' 03/15,02/07

+ 03/15,02/11

B.6.3.2 对整数和列举类型进行编码

采用 GB/T 1988 的字符"0"至"9"对整数(Integer)或列举(Enumerated)类型值进行编码,作为一个数字字符串。采用 GB/T 1988 规定的编码规则,在 EDIFACT 中对每一个字符进行编码,作为一个单独的八位字节。每个八位字节的字节 8 都是 0,字节 1-7 等于 GB/T 1988 规定的 b1 至 b7 的值。这样字符"0"至"9"可以编码为"03/00"至"03/09"。首位的"0"可以忽略。

B.6.3.3 对布尔类型进行编码

采用 GB/T 1988 的字符"0"和"1"对布尔(Boolean)类型进行编码。布尔值 FALSE 编码为"0",布尔值 TRUE 编码为"1",每个值编为一个单独的八位字节,FALSE 对应字符串"03/00",TRUE 对应字符串"03/01"。

B.6.3.4 对对象标识符进行编码

对象标识符(object identifier)归纳为整数的顺序列表。该列表采用 B.6.3.2 整数的编码规则进行编码,用 EDIFACTString " "(空格)隔开。注意,GB/T 16263 规定:如前两个子标识符是"NOT",将放在一个单独的整数中。

附 录 C
（规范性附录）
标准的本部分指定的对象标识符和注册要求

C.1 标准的本部分指定的对象标识符

根据GB/T 17969.1规定的程序，标准的本部分指定了以下对象标识符。

C.1.1 GB/T 23270的本部分

GB/T 23270

C.1.2 定义了ILL APDU的包含在本标准本部分9.1.1中的ASN.1模块

GB/T 23270 抽象语法(2) ILL-APDUs(1)

C.1.3 附录B定义的ILL APDU的传输语法

GB/T 23270 传输语法(3) EDIFACT-encoding(1)

注：对采用ASN.1的基本编码规则(GB/T 16263)而产生的ILL APDUs的传输语法没有指定对象标识符。为了协调一致地陈述上下文的目的，采用以下两个标识符来确定其传输语法，一个用于抽象语法，另一个用于基本编码规则：

——{GB/T 23270.1 abstract-syntax(2) ILL-APDUs(1) }

——{ joint-iso-ccitt-asn1(1) basic-encoding(1) }

C.2 注册要求

GB/T 17969.1和ISO/IEC 9834-2中列出了标准的本部分的下列注册要求。

a) Application-contexts (见GB/T 17969.1和ISO/IEC 9834-2)

b) Application-entity-titles (GB/T 17969.1和ISO/IEC 9834-2)

c) System-titles (GB/T 17969.1和ISO/IEC 9834-2)

另外，可能还需要注册外部数据类型(见附录D)。

附　录　D
（规范性附录）
ILL EXTERNAL 数据类型定义的注册程序

D.1　注册 ILL EXTERNAL 数据类型的条件

ILL 协议包括以下 EXTERNAL 类型：

——应答方特定服务(ILL-REQUEST 内)

——应答方特定结果(ILL-ANSWER)

——国家书目号(文献标识的一部分)

——系统号(文献标识的一部分)

——补编说明

标准的本部分没有定义这些外部类型的结构。任何希望使用这些类型的用户都必须在 ASN.1 中定义这些类型允许的成分，作为抽象语法，并按照本附录的程序进行注册。

D.2　ILL EXTERNAL 数据类型定义的应用范围及领域

ILL EXTERNAL 数据类型定义可应用于标准的本部分所定义的 ILL 协议的使用。ISO TC 46/SC 4/WG 是 ISO 的一个小组，负责解释 ILL EXTERNAL 数据类型的构成与 ILL EXTERNAL 数据类型的定义。

D.3　ILL EXTERNAL 数据类型的参照形式

GB/T 16262 第 32 条描述了 ILL EXTERNAL 数据类型的结构。应该使用直接参照模式确认外部信息，然后使用 ASN.1 的对象标识符唯一确认外部类型。应该使用对象标识符的整数形式，如 GB/T 17969.1“registration-authority-structured-names”的规定。

D.4　ILL EXTERNAL 数据类型定义注册实体的必备内容

ILL EXTERNAL 数据类型定义的注册实体至少应包括：

a)　ILL EXTERNAL 数据类型注册的参照，以 GB/T 17969.1—2000 第 5 章的对象标识符的整数形式；

b)　负责创建与维护定义的主办者名称；

c)　递交日期和注册日期；

d)　ILL EXTERNAL 数据类型正式的 ASN.1 抽象语法定义，与 GB/T 16262:2006 的 32.4 一致。

除了数据类型的 ASN.1 定义，如果支持编码，则必须提供到 EDIFACT 编码的相应映射。

D.5　注册实体建议的格式

附录 E 包含一个 ILL EXTERNAL 数据类型定义实体的例子。

D.6　取自 GB/T 17969.1 的程序

运用创建对象标识符的整数形式的 registration-authority-structured-names 的程序来创建 ILL EXTERNAL 数据类型定义的名称。

标准范围内的注册可按照 GB/T 17969.1 执行。

单独国家范围内组织作为注册机构的注册按照 GB/T 17969.1—2000 的 5.7 执行。

D.7 完成注册 ILL EXTERNAL 数据类型定义的程序

D.7.1 确定接受或拒绝一个拟议的条目的方法

有待进一步研究。

D.7.2 解决争议的方法

有待进一步研究。

D.7.3 实体的修正

可以扩展 ILL EXTERNAL 数据类型的抽象语法，但不能修正注册数据类型定义中已存在的单元。

分配给 ILL EXTERNAL 数据类型定义的对象标识符不能再用作其他的对象标识符。

D.8 ILL EXTERNAL 数据类型定义的印刷要求

有待进一步研究。

附 录 E
（资料性附录）
ILL 外部数据类型定义注册实体的实例

注册实体名称：iso(1) canada(302) ill(9) responder-specific-service(1) nlc-service(1)
主办者： National Library of Canada
提交日： 890717
注册日： 890724
抽象语法定义：

```
EXTERNAL ::=[UNIVERSAL 8] IMPLICIT SEQUENCE {
  direct-reference OBJECT IDENTIFIER,
  --value is that specified above
  encoding CHOICE {
                  single-ASN1-type  [0]  ANY DEFINED BY NLC-Responder-Specific-Service
                  }
    }

NLC-Responder-Specific-Services ::=ENUMERATED{
  Urgent Action                 [1]
  Delivery by Facsimile         [2]
  Abstract Acceptable           [3]
    }
```

附 录 F
（资料性附录）
支持服务的使用

对于标准的本部分所规定的 ILL ASE，较低的接口采用抽象服务术语“发送 APDU”和“接收 APDU”来定义。运用这种方法区分 peer-to-peer 规则与映射到支持服务的相关规则，并且允许以不同的方式操作协议。

实际操作 ILL 协议时，必须根据所希望的操作模式，说明协议到特定支持服务的映射。该映射可能要求附加程序和状态信息的定义，以便补充标准的本部分正文所定义的协议规则。期待在应用上下文定义(application-context-definitions)中提供对这些映射的说明。

已经确定了两种支持馆际互借协议的交流服务的类型：

a） 存储-与-转发(store-and-forward)消息处理系统(MHS)，如 MOTIS 标准 GB/T 16284.4 的定义所示；

b） GB/T 15695 所定义的采用 P-DATA 服务的直接服务，在已经建立的应用联合基础上，与 ACSE、GB/T 16688 以及其他可能的 ACEs。

F.1 存储-与-转发映射

存储-与-转发环境下，馆际互借 ASE 与 MHS 的相互作用如图 F.1 所示。该环境下有两种支持馆际互借协议的方法：

a） 由一类新的客户代理支持馆际互借协议，替代 X.400 Interpersonal Messaging 客户代理，即：ILL UA 替代了 IPM UA。每个 ILL APDU 将采用 GB/T 16284.4 中说明的消息传输系统 MTS(Message Transfer System)中的操作 MessageSubmission、MessageDelivery 和 Report-Delivery 来传输。

b） ILL APDU 作为 Interpersonal Messaging 消息的主体进行传输，即：保留 IPM UA，ILL ASE 应用 IPM 服务，而不是直接应用方法 a)中的 MTS。

采用以上任一种方法，ILL ASE 提供 MTS 所有必备的参数，包括目标地址信息。它提供了一种 ILL 系统之间相互作用的消息传递服务模式。可以采取任意的方式传输与带有多重远程系统的多重 ILL 事务相关的 ILL APDU，但必须与每一个单独 ILL 事务的序列规则相一致。

在 ILL 协议映射到存储-与-转发消息服务的说明书中，应该包括处理消息提交问题或非-传递报告的程序。

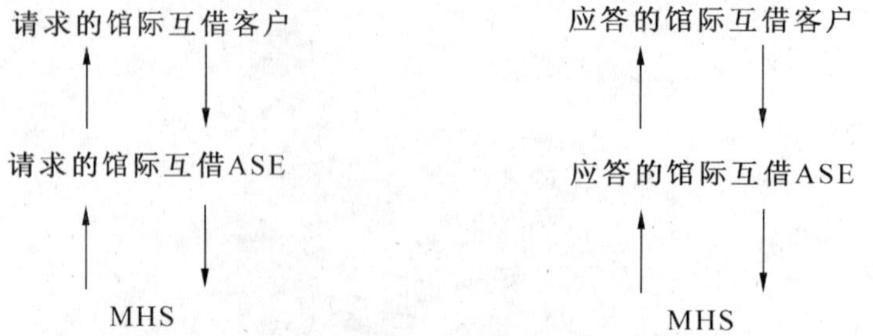

图 F.1 馆际互借协议的存储-与-转发映射

F.2 联接-模式映射

在联接-模式(connection-mode)环境下，ILL ASE 必须与参加 ILL 事务的远程 ILL 系统建立应用联合,如图 F.2 所示。然后 ILL ASE(可能与 ROSE、FTAM、SR 等其他 ASE 联合起来)直接采用 GB/T 15695 所定义的 P-DATA 服务传输 ILL APDU,由此提供了一种 ILL 系统之间相互作用的直接模式。单个应用联合可以用来发送与分离的 ILL 事务相关的一系列 ILL APDU。使用事务标识符,以便根据所接收的 ILL APDU,正确地调用 ILL ASE。单个系统可能同时参加带有多重远程系统的多重应用联合。由于 ILL ASE 调用的生命周期可能很长(几天、几周甚至几年),因此可以建立和释放一系列的应用联合及表示联接,以支持所给定的 ILL ASE。

从协议到环境的映射将说明联合的建立、释放、APDU 分批操作以及交流失败时如何处理的程序。

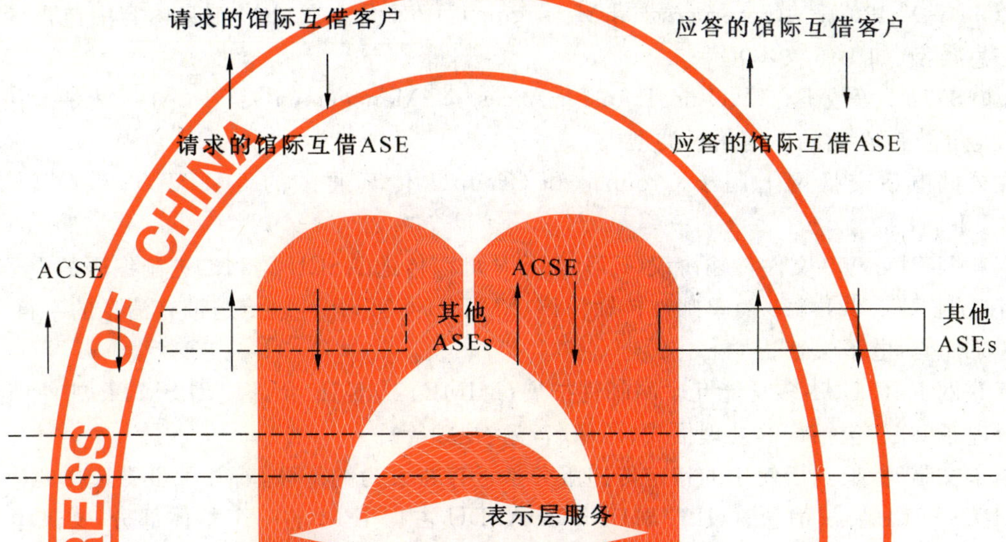

图 F.2 ILL 协议的联接-模式映射

附 录 G
（资料性附录）
外部文献传递服务的调用

对电子文献的ILL请求一般要求调用电子文献传递服务。在ILL请求中可以对传递服务提供建议，以下列出几种基于OSI和非OSI协议的可能的传递服务（但并不限于这些）：

——CCITT X.400 IPM(Interpersonal Messaging)：IPM允许在IPM消息内容中包含各种编码的信息类型（如IA5文本）。

——ISO 8571-1等或FTAM(File Transfer Access & Management)：FTAM可清楚地传送包括复合电子文献在内的任何信息类型。

——在公共电话交换网上用于Group 3和Group 4传真通讯的CCITT T.4、CCITT T.5和CCITT T.30。

——互联网RFC 959文件传输协议(FTP)：FTP可以传送ASCII码和二进制编码的电子文献。

——互联网RFC 821/822简单邮件传输协议(SMTP)：SMTP可以传送带有消息的字符编码（7位ASCII码）电子文献。

——互联网RFC 1341多功能互联网邮件扩展(MIME)：MIME允许应用SMTP邮件消息发送复合电子文献，包括词的处理格式、图像、音频、视频等。

传递请求文献时，根据所使用的特定传递服务是否存在人为的干涉，有几种可供选择的办法。采用X.400 IPM发送ILL协议消息时，ILL SHIPPED APDU占据IPM的一个整体部分，文献本身占据同一IPM的一个或多个主体部分。IPM每个主体部分的编码可以不同——文本、图形、声音、G4传真模式、加密等。

另外，可以采用调用X.400 IPM服务或另一种批数据传输服务如FTAM或FTP的方法来传递请求文献。由于传递是不同步的，因此与所完成的ILL事务相关的文献必须是明确的。

每个电子传递服务采用独特的方法，对其运载的批客户信息的结构与编码进行处理。FTAM文献类型、X.400 IPM主体部分类型等的说明与登记，是OSI批运载器客户数据处理方式的一种反映。ILL协议提供恰当的参数，以便传送参照至这些批数据类型。

以上这些服务是否真正被调用（自动或人为干涉），取决于请求方和应答方在他们对应的系统中是否已经实施了相应的协议。全自动环境下，在一个恰当的ASO(Application Service Object)的说明书中，必须包含：上文的一项服务如何/何时在完成一项ILL请求的过程中被调用的准确细节。如果ASO的控制功能(Control Function)进行了准确定义，则可以对协议的联合使用和传递服务的映射进行调整。

一个或多个这种ASO的说明书将促进ILL文献传递应用的实施一致性和协同工作的能力。但ASO的说明书在ILL标准范围之外。

参 考 文 献

[1] GB/T 19688.1—2005 文献工作 书目数据元目录 第一部分:互借应用

[2] ISO/TR 8509:1987 信息处理系统 开放系统互连 服务协议

[3] ISO 8571-1:1988 信息处理系统 开放系统互连 文件输送-存取和管理 第1部分:概述

[4] GB/T 16688—2008 信息技术 开放系统互连 联系控制服务元素服务定义

[5] ISO 8650:1988 信息处理系统 开放系统互连 联合控制服务元服务规范

[6] GB/T 17176—1997 信息技术 开放系统互连 应用层结构

[7] ISO 10163-1:1993 信息与文献 开放系统互连 检索和追溯应用协议规范 第1部分:协议规范

[8] ISO 23950 信息与文献 信息检索(Z39.50) 应用服务定义与协议规范

ICS 35.240.30
A 14

中华人民共和国国家标准

GB/T 23270.2—2009/ISO 10161-2:1997

信息与文献　开放系统互连 馆际互借应用协议规范　第2部分：协议实施一致性声明(PICS)条文

Information and documentation—Open systems interconnection—Interlibrary loan application protocol specification—Part 2:Protocol implementation conformance statement (PICS) proforma

(ISO 10161-2:1997,IDT)

2009-03-13 发布　　2009-09-01 实施

中华人民共和国国家质量监督检验检疫总局
中国国家标准化管理委员会　发布

前　言

GB/T 23270 分为两个部分,分别是:

a)　信息与文献　开放系统互连　馆际互借应用协议规范　第1部分:协议说明书;

b)　信息与文献　开放系统互连　馆际互借应用协议规范　第2部分:协议实施一致性声明(PICS)条文。

本部分为 GB/T 23270 的第2部分。

本部分等同采用国际标准 ISO 10161-2:1997(第二版《信息与文献　开放系统互连　馆际互借应用协议规范,第2部分:协议实施一致性声明(PICS)条文》。

本部分的内容在考虑我国国情的基础上,对国际标准 ISO 10161-2(第二版及其修改单 Amd.1:2002(E)的中译文做了编辑性修改,技术内容未作变动。

本部分的附录A是规范性附录。

本部分由全国信息与文献标准化技术委员会提出并归口。

本部分起草单位:中国科学技术信息研究所、中国化工信息中心。

本部分主要起草人:白海燕、姚长青、蔡志勇、王盛发、孙伯庆、揭玉斌。

信息与文献　开放系统互连 馆际互借应用协议规范　第2部分：协议实施一致性声明(PICS)条文

1　范围

本部分依照有关要求以及ISO/IEC 9646-2给出的与PICS条文有关的指南，规定了GB/T 23270.1中指定的馆际互借协议的PICS条文。凡声明与GB/T 23270.1保持一致的实施者，都应完成这一条文，并将其作为一致性要求的一部分。

2　规范性引用文件

下列文件中的条款通过GB/T 23270的本部分的引用而成为本部分的条款。凡是注日期的引用文件，其随后所有的修改单(不包括勘误的内容)或修订版均不适用于本部分，然而，鼓励根据本部分达成协议的各方研究是否可使用这些文件的最新版本。凡是不注日期的引用文件，其最新版本适用于本部分。

GB/T 14805—1993　用于行政、商业和运输业电子数据交换的应用级语法规则

GB/T 16263.1—2006　信息技术　ASN.1编码规则　第1部分：基本编码规则(BER)、正则编码规则(CER)和非典型编码规则(DER)规范

GB/T 17178.1—1997　信息技术　开放系统互连　一致性测试方法和框架　第1部分：基本概念

GB/T 23270.1—2009　信息与文献　开放系统互连　馆际互借应用协议规范　第1部分：协议说明书

ISO/IEC 9646-2:1994　信息技术　开放系统互连　一致性测试方法和框架　第2部分：抽象测试配套说明书

3　术语和定义

GB/T 17178.1—1997确立的下列术语和定义适用于本部分。

3.1

PICS条文　PICS proforma

一种问卷形式的文献，由协议说明人或一致性测试组合说明人设计，用于开放系统互连实施或系统实现，完成时成为PICS条文。

3.2

PICS　protocal implementation conformance statement

由开放系统互连实施或系统实现的供方指定的声明，对给定的开放系统互连协议，陈述已实施的各种功能。

4　缩略语

本标准中使用了下列缩略语：

APDU	应用协议数据单元
ASN.1	抽象语法记法一
EDIFACT	行政、商业和运输业中的电子数据交换

IEC	国际电工委员会
ILL	馆际互借
ISO	国际标准化组织
OSI	开放系统互连
PICS	协议实施一致性声明
TC	技术委员会

5 内容布局

附录 A 包含了表明与 GB/T 23270.1 保持一致的实施者所要填写的实际条文。为便于测试和改进,PICS 中已包含该部分。

6 一致性

一个符合要求的 PICS 应当做到:

a) 技术上等同于 ISO 出版的 PICS 条文,而且应保留 ISO PICS 条文中文献的号码和顺序。

b) 包含能唯一标识供方和该实施的必要信息。

供方应依据第 7 章和第 9 章的内容完成 PICS 条文。

7 预定义符号

为了缩小条文中的表格尺寸,引入了一些符号,定义如下:

列标记:

'D': GB/T 23270.1 规定,该列表明与 GB/T 23270.1 保持一致所要求的支持程度;

'I': 实施指示符,该列显示已经或尚未实施的参数或其他细节。

7.1 'D'列

'm': 必备的
若要与 GB/T 23270.1 保持一致,必须支持这种特征;

'o': 可选的
若要与 GB/T 23270.1 保持一致,允许支持这种特征,但非必须。如果实施这种特征,它必须与 GB/T 23270.1 所含的规范和制约相一致,这些制约也许会影响到其他特征的选择;

'c': 有条件的
如果满足 GB/T 23270.1 中指定的某些条件,必须支持这种特征。这些条件由一个整数指定,该整数可参照每部分结尾处的条件列表;

'cc': 有条件支持通讯设备
如果所支持的通讯设备是存储转发设备,必须支持这种特征;如果所支持的通讯设备是面向连接的,支持这种特征则是可选的;

'': 不适用

7.2 'I'列

由供方或实施者完成,指出实施每项特征的程度,根据原有设计,条文中 I 列的选项仅有:

'Y': 已实施

'N' 未实施

'' 不适用

7.3 '参照、用法或取值范围'列

本列要求说明实施某一特征值的用法或取值范围,其中含有 GB/T 23270.1 中所没有的实施制约

因素。

如果限于篇幅/容量,无法完整描述某一特征值的用法或范围,可在此另附一页,并注参照号。

8 PICS 编号

在要求提供实施细节的 PICS 条文中,均在每一行的左边编号,编号是在条文中唯一识别所有可能的实施细节的办法。这种编号已经由测试者标出。对个别应答进行参照,应指定最小子款目,它包含相关条目和应答出现行的参照号。

9 PICS 的完备化

实施者应完成条文中所有带"[ ]"的款目,此外,还应完成其他特别标明的章节。某些条目含有用于完成条文的进一步的指南,这些指南是对该条目中已有指南的补充,其范围仅限于它出现的条目中。

必要时,实施者还应提供其他特别标识信息。

除按照要求增加应答外,条文中不应做任何变动。考虑到有些情况下要求的详细程度超过了应答的可用空间,实施者可另附页(在另外提供的空间加以指示)继续应答,并提供一个参照号(见第 8 章)。

附 录 A
（规范性附录）
协议实施一致性声明(PICS)馆际互借协议条文

A.1 实施细则

A.1.1 声明日期

表 A.1 声明日期

1	Date of Statement(YYYYMMDD):(声明日期)	

A.1.2 实施标识

表 A.2 实施标识

1	Implementation Supplier:实施供方	
2	Implementation Name:实施名称	
3	Implementation Version Number:实施版本号	
4	Machine Name:机器名称	
5	Machine Version Number:机器版本号	
6	Operatiing System Name:操作系统名称	
7	Operating System Version Number:操作系统版本号	
8	Other Operating Systems:其他操作系统	
9	Other Hardware:其他硬件	
10	System Name(if different):系统名称(若有不同)	
11	Resources Required:必备资源	
12	Contact Name 联系人	
13	Contact Address 联系地址	
14	Contact Telephone 联系电话	

A.2 一致性总体声明

表 A.3 一致性总体声明

1	Are all mandatory features of GB/T 23270.1 implemented? 所有 GB/T 23270.1 的必备特征都实施了吗?	[ ]

A.3 GB/T 23270.1 细则

表 A.4 GB/T 23270.1 细则

1	Protocal Version Number(s) that this PICS describes:描述的协议版本号	
2	Other Version Number(s) supported:支持的其他版本号	
3	Defect Report Numver(s) implemented:实施的故障报告号	
4	Amendment(s)实施的修订	

A.4 应用上下文名称

列出由本实施识别或提供的应用上下文名称和对象标识。

表 A.5 应用上下文名称和对象标识

参照号	应用上下文名称	对象标识

A.5 支持的职能

表 A.6 支持的职能

参照号		D	I
1	Requester 请求方	o	[ ]
2	Responder 应答方	o	[ ]
3	Intermediary 中介	o	[ ]
注：必须至少支持一种职能。			

A.6 支持的馆际互借服务类型

表 A.7 支持的馆际互借服务类型

参照号	服务类型	请求方		应答方		中介	
		D	I	D	I	D	I
1	Loan 出借	o	[ ]	o	[ ]	o	[ ]
2	Copy/Non-returnable 复制/非返还	o	[ ]	o	[ ]	o	[ ]
3	Location 定位	o	[ ]	o	[ ]	o	[ ]
4	Estimate 预计	o	[ ]	o	[ ]	o	[ ]
5	Responder-specific 应答方特定	o	[ ]	o	[ ]	o	[ ]

A.7 支持的事务类型

表 A.8 支持的事务类型

参照号	事务类型	请求方		应答方		中介	
		D	I	D	I	D	I
1	Simple 简单的	m	[ ]	m	[ ]	—	[ ]
2	Chained 链式的	o	[ ]	o	[ ]	o	[ ]
3	Partitioned 分区的	o	[ ]	o	[ ]	o	[ ]

注 1：对链式事务而言，请求方支持是指允许链式事务的能力；应答方支持是指发送传递消息的能力；中介支持是指启动链式子事务的能力。

注 2：对分区事务而言，请求方支持是指允许分区事务的能力，以及与事务处理和追踪阶段的不同方面交互的能力；应答方支持是指发送传递消息的能力，以及在事务追踪阶段直接与请求方交互的能力；中介支持是指启动分区子事务的能力。

注 3：中介作用的实施是指至少支持链式或分区事务中的一种。

A.8 语法

这一节标明与ILL协议有关的各种可能的语法的支持条件。支持某一语法是指实施能够产生和接收这种语法定义的信息。

A.8.1 所支持的抽象语法

表A.9列出所支持的抽象语法。已注册的语法可通过引用所分配的对象标识符进行标识;如果合适,其他语法应采用ASN.1的符号在附件中全面定义。

表A.9 所支持的抽象语法

参照号	参数	D	I	抽象语法名称	对象标识符
1	ILLAPDU	m	[ ]	ill-apdu	1 0 10161 2 1
2	responder-specific-service 应答方特定服务	o	[ ]		
3	National-bibliography-no 国家书目号	o	[ ]		
4	System-no 系统号	o	[ ]		
5	Responder-specific-results(for reason-unfilled) 应答方特定结果(原因未满足)	o	[ ]		
6	Responder-specific-results(for reason-locs-provided) 应答方特定结果(原因定位提供)	o	[ ]		
7	Responder-specific-results(for reason-not-available)应答方特定结果(原因不可用)	o	[ ]		
8	Responder-specific-results(for conditions)应答方特定结果(有条件的)	o	[ ]		
9	Responder-specific-results(for reason-will-supply)应答方特定结果(原因将提供)	o	[ ]		
10	Supplemental-item-description 补编说明	o	[ ]		

A.8.2 传输语法

A.8.1中标明的每一种抽象语法,都可能有多种传输语法。在GB/T 23270.1中已经对馆际互借APDU的两种传输语法进行了说明,一种依据ASN.1基本编码规则(GB/T 16263,"基本编码"),另一种依据EDIFACT语法(GB/T 14805)。

A.8.1中的每一种抽象语法名称,都要在下表中说明所支持的传输语法。

表A.10 传输语法

参照号	抽象语法	对象标识符	传输语法	对象标识符	D	I
1.1	ill-apdus	1 0 10161 2 1	Basic-encoding 基本编码	2 1 1	m	[ ]
1.2	ill-apdus	1 0 10161 2 1	EDIFACT-encoding EDIFACT-编码	1 1 10161 3 1	o	[ ]

A.9 馆际互借应用服务

对一项馆际互借服务的支持是指支持恰当地发送或接收与之对应的 APDUs，但 A.9.2 中提到的可选 APDUs 例外。

注：这一部分的主要内容为服务术语而不是 APDU，因为许多必备的服务并不一定传输 APDU。比如，对应答方来说，必须支持传递服务，但发送传递 APDU 是可选的。协议允许通过状态查询、状态或错误报告 APDUs 在任意时刻确定最近的服务和当前状态。

A.9.1 所支持的服务

表 A.11 所支持的服务

参照号	服务	请求方		应答方		中介	
		D	I	D	I	D	I
1	ILL-REQUEST ILL 请求	m	[ ]	m	[ ]	m	[ ]
2	FORWARD 转发	—	—	o	[ ]	o	[ ]
3	FORWARD-NOTIFICATION 转发通知	c	[ ]	—	—	c1	[ ]
4	SHIPPED 传递	m	[ ]	m	[ ]	m	[ ]
5	ILL-ANSWER ILL 回答	m	[ ]	m	[ ]	m	[ ]
6	CONDTIONAL-REPLY 有条件的答复	m	[ ]	c2	[ ]	m	[ ]
7	CANCEL 取消	o	[ ]	m	[ ]	m	[ ]
8	CANCER-REPLAY 取消答复	c3	[ ]	m	[ ]	m	[ ]
9	RECEIVED 接收	m	[ ]	m	[ ]	m	[ ]
10	RECALL 催还	c4	[ ]	c4	[ ]	c4	[ ]
11	RETURNED 归还	c4	[ ]	c4	[ ]	c4	[ ]
12	CHECKED-IN 收登	c4	[ ]	c4	[ ]	c4	[ ]
13	OVERDUE 逾期	c4	[ ]	c4	[ ]	c4	[ ]
14	RENEW 续借	c5	[ ]	c4	[ ]	c4	[ ]
15	RENEW-ANSWER 续借回答	c6	[ ]	c4	[ ]	c4	[ ]
16	LOST 丢失	m	[ ]	m	[ ]	m	[ ]
17	DAMAGED 损坏	o	[ ]	o	[ ]	m	[ ]
18	MESSAGE 消息	o	[ ]	o	[ ]	m	[ ]
19	STATUS-QUERY 状态查询	o	[ ]	o	[ ]	m	[ ]
20	STATUS-OR-ERROR-REPORT 状态或错误报告	m	[ ]	m	[ ]	m	[ ]

表 A.11(续)

参照号	服　务	请求方		应答方		中介	
		D	I	D	I	D	I
21	EXPIRY 期满	o	[ ]	o	[ ]	m	[ ]

c1　支持允许转发取值为“真”,请求方和中介必须支持转发通知服务,其他情况不适用。参见 A.10.1 中的参照号 21.1。

c2　支持事务结果取值为“有条件的”,应答方必须支持有条件的答复服务,其他情况不适用。

c3　支持取消服务,请求方必须支持取消答复指示服务,其他情况不适用。

c4　支持“出借”服务类型,必须支持催还、归还、收登、逾期和续借回答服务;其他情况不适用,参见 A.6。

c5　支持“出借”服务类型,请求方可选的支持续借服务;其他情况不适用,参见 A.6。

c6　支持续借服务,请求方必须支持续借回答服务,其他情况不适用。

注 1:应答方启用转发服务导致传送一个 ILL 请求 APDU 至新的应答方,其转发标识为“真”,同时还传送一个转发通知 APDU 至请求方。转发通知服务只是一个指示服务,只有请求方支持。

注 2:传递、接收、归还和收登 APDU 都是可选的,即使启用相应服务也不必发送,参见 A.9.2。

A.9.2　可选 APDU

这一节所要求的信息,一方面包括可选 APDU 被传送的程度,另一方面包括要求接收可选 APDU 的程度。

注:发送可选 APDU 是绝不会错的,而且总能够接收它,关键在于能够发送它的程度以及要求接收它的程度。

A.9.2.1　请求方作用

A.9.2.1.1　传送功能

指出“请求方可选消息类型”数据类型的每一种参数的传送值。

表 A.12　传送功能

参照号	参　数	取　值
1	can-send-RECEIVED 能发送接收	TURE/FALSE 真/假
2	can-send-RETURNED 能发送归还	TURE/FALSE 真/假
3	request-SHIPPED 请求方传递	
3.1	-requires 要求	[ ]
3.2	-desires 希望	[ ]
3.3	-neither 都不是	[ ]
4	requester-CHECKED-IN 请求方收登	
4.1	-requires 要求	[ ]
4.2	-desires 希望	[ ]
4.3	-neither 都不是	[ ]

A.9.2.1.2　接收要求

指出“应答方可选消息类型” 数据类型的每一种参数的接收值。

表 A.13 接收要求

参照号	参　　数	取　　值
1	can-send-SHIPPED 能发送传递	TURE/FALSE 真/假
2	can-send-CHECKED-IN 能发送收登	TURE/FALSE 真/假
3	responder-RECEIVED 应答方接收	
3.1	-requires 要求	[ ]
3.2	-desires 希望	[ ]
3.3	-neither 都不是	[ ]
4	responder-RETURNED 应答方归还	
4.1	-requires 要求	[ ]
4.2	-desires 希望	[ ]
4.3	-neither 都不是	[ ]

A.9.2.2 应答方作用

A.9.2.2.1 传送功能

指出“应答方可选消息类型”数据类型的每一种参数的传送值。

表 A.14 传送功能

参照号	参　　数	取　　值
1	can-send-SHIPPED 能发送传递	TURE/FALSE 真/假
2	can-send-CHECKED-IN 能发送收登	TURE/FALSE 真/假
3	responder-RECEIVED 应答方接收	
3.1	-requires 要求	[ ]
3.2	-desires 希望	[ ]
3.3	-neither 都不是	[ ]
4	responder-RETURNED 应答方归还	
4.1	-requires 要求	[ ]
4.2	-desires 希望	[ ]
4.3	-neither 都不是	[ ]

A.9.2.2.2 接收要求

指出“请求方可选消息类型”数据类型的每一种参数的接收值。

表 A.15 接收要求

参照号	参　　数	取　　值
1	can-send-RECEIVED 能发送接收	TURE/FALSE 真/假
2	can-send-RETURNED 能发送归还	TURE/FALSE 真/假
3	requester-SHIPPED 请求方传递	
3.1	-requires 要求	[ ]
3.2	-desires 希望	[ ]
3.3	-neither 都不是	[ ]

表 A.15(续)

参照号	参　数	取　值
4	requester-CHECKED-IN 请求方收登	
4.1	-requires 要求	[ ]
4.2	-desires 希望	[ ]
4.3	-neither 都不是	[ ]

A.10　对 APDU 参数的支持

GB/T 23270.1(条目 10.1 g))要求对于所有参数都能接收带有数据的 APDU,本节说明发送 APDUs 对参数支持的要求。

注:这既不意味一切参数都必须发挥作用,也不意味必须实施一种参数的不同值中所包含的各种功能。比如,所有的实施在接收 ILL 请求 APDU 时,一定已准备好接收允许链接参数的所有值,但并不意味所有的实施都必须支持链接。与协议中规定了时钟和变量的维护不同,GB/T 23270.1 中没有标明实施和用户在应答某种参数某个值时所采取的本地行为。

因此,必须支持某个参数要求总是能够为这一参数发送数据,而且如果已经存在或能够为这一参数生成数据,那么将一直发送它。比如,事务标识参数在所有 APDU 中是必备的,应当一直发送这一参数中的数据;在传递 APDU 中,客户标识参数也是必备的。但如果在初始 ILL 请求服务中提供了客户标识参数,那么数据只能在这个参数中发送。也就是说,一旦提供数据,就必须发送参数。

表 A.16 指出了支持程度或 GB/T 23270.1 第 9 章定义的 APDU 参数,对于不同的作用,如果实施支持不同的值(或有不同的约束),应当明确指出。

A.10.1　ILL 请求 APDU

表 A.16　ILL 请求 APDU

参照号	参　数	D	I	参照、用法或取值范围
1	protocol-version-num 协议版本号	m	[ ]	
2	transaction-id 事务标识	m	[ ]	见 A.11,参照号 1
3	service-date-time 服务日期时间	m	[ ]	见 A.11,参照号 2
4	requester-id 请求方标识	cc	[ ]	见 A.11,参照号 3
5	responder-id 应答方标识	cc	[ ]	见 A.11,参照号 4
6	transaction-type 事务类型	cl	[ ]	见 A.7
7	delivery-address 传递地址	o	[ ]	
7.1	-postal-address 邮政地址	o	[ ]	
7.1.1	--name-of-person-or-institution 个人或机构名称	o	[ ]	见 A.12,参照号 5
7.1.2	--extended-postal-delivery-address 扩展的邮政传递地址	o	[ ]	
7.1.3	--street-and-number 街道及号码	o	[ ]	
7.1.4	--post-office-box 邮政信箱	o	[ ]	
7.1.5	--city 城市	o	[ ]	
7.1.6	--region 地区	o	[ ]	
7.1.7	--country 国家	o	[ ]	
7.1.8	--postal-code 邮政编码	o	[ ]	

表 A.16（续）

参照号	参　数	D	I	参照、用法或取值范围
7.2	-electronid-address 电子的地址	o	[ ]	
7.2.1	--telcom-service-identifier 电讯服务标识	o	[ ]	
7.2.2	--telecom-service-address 电讯服务地址	o	[ ]	
8	delivery-service 传递服务	o	[ ]	见 A.12,参照号 8
9	billing-address 付帐地址	o	[ ]	
9.1	-postal-address 邮政地址	o	[ ]	
9.1.1	--name-of-person-or-institution 个人或机构名称	o	[ ]	见 A.12,参照号 5
9.1.2	--extended-postal-delivery-address 扩展的邮政传递地址	o	[ ]	
9.1.3	--street-and-number 街道及号码	o	[ ]	
9.1.4	--post-office-box 邮政信箱	o	[ ]	
9.1.5	--city 城市	o	[ ]	
9.1.6	--region 地区	o	[ ]	
9.1.7	--country 国家	o	[ ]	
9.1.8	--postal code 邮政编码	o	[ ]	
9.2	-electronic-address 电子的地址	o	[ ]	
9.2.1	--telecom-service-identifier 电讯服务标识	o	[ ]	
9.2.2	--telecom-service-address 电讯服务地址	o	[ ]	
10	ill-servicep-type ill 服务类型	m	[ ]	见 A.6
11	responder-specific-service 应答方特定服务	o	[ ]	见 A.8.1,参照号 2
12	requester-optional-messages 请求方可选消息	m	[ ]	见 A.9.2
13	search-type 查找类型	o	[ ]	
13.1	-level-of-service 服务级别	o	[ ]	
13.2	-need-before-date 某日期前需要	o	[ ]	
13.3	-expiry-flag 终止标志	o	[ ]	见 A.13,参照号 20
13.4	-expiry-date 终止日期	o	[ ]	
14	supply-medium-info-type 供应介质信息类型	o	[ ]	
14.1	-supply-medium-type 供应介质类型	m	[ ]	见 A.13,参照号 22
14.2	-medium-characteristics 介质特征	o	[ ]	
15	place-on-hold-type 预约类型	o	[ ]	见 A.13,参照号 10
16	client-id 客户标识	o	[ ]	见 A.11,参照号 7
17	item-id 资料标识	m	[ ]	
17.1	-item-type 资料类型	o	[ ]	见 A.13,参照号 8
17.2	-held-medium-type 馆藏介质类型	o	[ ]	见 A.13,参照号 9

表 A.16(续)

参照号	参　数	D	I	参照、用法或取值范围
17.3	-call-number 索取号	o	[ ]	
17.4	-author 著者	o	[ ]	
17.5	-title 题名	o	[ ]	
17.6	-sub-title 副题名	o	[ ]	
17.7	-sponsoring-body 主办者	o	[ ]	
17.8	-place-of-publication 出版地	o	[ ]	
17.9	-publisher 出版者	o	[ ]	
17.10	-series-title-number 丛书号	o	[ ]	
17.11	-volume-issue 卷期	o	[ ]	
17.12	-edition 版本	o	[ ]	
17.13	-publication-date 出版日期	o	[ ]	
17.14	-author-of-date-of-component 分卷(册)出版日期	o	[ ]	
17.15	-author-of-article 论文著者	o	[ ]	
17.16	-title-of-article 论文题名	o	[ ]	
17.17	-pagination 页数	o	[ ]	
17.18	-national-bibliography-no 国家书目号	o	[ ]	见 A.8.1,参照号 3
17.19	-ISBN ISBN	o	[ ]	
17.20	-ISSN ISSN	o	[ ]	
17.21	-system-no 系统号	o	[ ]	见 A.8.1,参照号 4
17.22	-additional-no-letters 附加号字母	o	[ ]	
17.23	-verification-reference-source 校验参照号来源	o	[ ]	
18	supplemental-item-description 补编说明	o	[ ]	见 A.8.1,参照号 10
19	cost-info-type 费用信息类型	o	[ ]	
19.1	-account-number 帐号	o	[ ]	
19.2	-maximum-cost 最高费用	o	[ ]	
19.2.1	--currency-code 货币代码	o	[ ]	
19.2.2	--monetary-value 金额	m	[ ]	
19.3	-reciprocal-agreement 互惠协议	o	[ ]	
19.4	-will-pay-fee 拟付费	o	[ ]	
19.5	-payment-provided 已付费	o	[ ]	
20	copyright-compliance 版权许可	o	[ ]	
21	third-party-info-type 第三方信息类型	c2	[ ]	
21.1	-permission-to-forward 允许转发	o	[ ]	
21.2	-permission-to-chain 允许链式	o	[ ]	

表 A.16（续）

参照号	参　　数	D	I	参照、用法或取值范围
21.3	-permission-to-partition 允许分区	o	[ ]	
21.4	-permission-to-change-send-to-list 允许改变发送清单	o	[ ]	
21.5	-initial-requester-address 初始请求方地址	c3	[ ]	
21.5.1	-telecom-service-identifier 电讯服务标识	o	[ ]	
21.5.2	-telecom-service-address 电讯服务地址	o	[ ]	
21.6	-preference 优先权	o	[ ]	见 A.13,参照号 23
21.7	-send-to-list 发送清单	o	[ ]	见 A.11,参照号 5
21.8	-already-tried-list 已试清单	c4	[ ]	见 A.11,参照号 6
22	retry-flag 重试标志	o	[ ]	
23	forward-flag 转发标志	c5	[ ]	
24	requester-nost 请求方注释	o	[ ]	
25	forward-note 转发注释	c6	[ ]	
26	ill-request-extensions ill 请求扩展项	o	[ ]	
26.1	-identifier 标识符	m	[ ]	
26.2	-critical 重点	o	[ ]	
26.3	-item 资料	m	[ ]	

c1　支持链式或分区，必须支持发送事务类型参数，其他情况是可选的；

c2　允许或支持转发、链式或分区，必须支持发送第三方信息类型参数，其他情况是可选的；

c3　支持转发的应答方和支持分区的中介，必须支持发送第三方信息的初始请求方地址参数，其他情况是可选的；

c4　支持转发的应答方和所有中介，必须支持发送第三方信息的已试清单参数，其他情况是可选的；

c5　支持转发的应答方，必须支持发送取值为“真”的转发标志参数，其他情况是可选的；

c6　支持转发的应答方，必须支持发送转发注释参数，其他情况是可选的。

注：为第三方信息类型参数的允许转发、允许链式和允许分区发送值“真”，是指在请求实施中的某些功能。比如，允许转发是指从新的应答方那里接受转发通知 APDU、将后继消息指向新的应答方以及从新的应答方那里接收后继消息的三种能力。

A.10.2　转发通知 APDU

表 A.17　转发通知 APDU

参照号	参　　数	D	I	参照、用法或取值范围
1	protocol-version-num 协议版本号	m	[ ]	
2	transaction-id 事务标识	m	[ ]	见 A.11,参照号 1
3	service-date-time 服务日期时间	m	[ ]	见 A.11,参照号 2
4	requester-id 请求方标识	cc	[ ]	见 A.11,参照号 3
5	responder-id 应答方标识	m	[ ]	见 A.11,参照号 4
6	responder-address 应答方地址	o	[ ]	见 A.11,参照号 9
7	intermediary-id 中介标识	m	[ ]	见 A.11,参照号 8

表 A.17（续）

参照号	参　数	D	I	参照、用法或取值范围
8	notification-node 通知注释	o	[ ]	
9	forward-notification-extensions 转发通知扩展项	o	[ ]	
9.1	-identifier 标识符	m	[ ]	
9.2	-critical 重点	o	[ ]	
9.3	-item 资料	m	[ ]	

A.10.3 传递 APDU

表 A.18 传递 APDU

参照号	参　数	D	I	参照、用法或取值范围
1	protocol-version-num 协议版本号	m	[ ]	
2	transaction-id 事务标识	m	[ ]	见 A.11,参照号 1
3	service-date-time 服务日期时间	m	[ ]	见 A.11,参照号 2
4	requester-id 请求方标识	cc	[ ]	见 A.11,参照号 3
5	responder-id 应答方标识	cc	[ ]	见 A.11,参照号 4
6	responder-address 应答方地址	c1	[ ]	见 A.11,参照号 9
7	intermediary-id 中介标识	c1	[ ]	见 A.11,参照号 8
8	supplier-id 供方标识	c2	[ ]	见 A.11,参照号 10
9	client-id 客户标识	m	[ ]	见 A.11,参照号 7
10	transaction-type 事务类型	c1	[ ]	见 A.7
11	supplemental-item-description 补编说明	o	[ ]	见 A.8.1,参照号 10
12	shipped-service-type 传递服务类型	m	[ ]	见 A.6
13	responder-optional-messages 应答方可选消息	o	[ ]	见 A.9.2
14	supply-details 供应细节	m	[ ]	
14.1	-date-shipped 传递日期	o	[ ]	
14.2	-date-due 应还日期	c3	[ ]	见 A.11,参照号 12
14.3	-chargeable-units 应付费单元	o	[ ]	
14.4	-cost 费用	o	[ ]	
14.4.1	--currency-code 货币代码	o	[ ]	
14.4.2	--monetary-value 金额	m	[ ]	
14.5	-shippe-conditions 传递条件	o	[ ]	见 A.13,参照号 21
14.6	-shipped-via 传递工具	o	[ ]	见 A.12,参照号 10
14.7	-insured-for 保险	o	[ ]	
14.7.1	--currency-code 货币代码	o	[ ]	
14.7.2	--monetary-valu 金额	m	[ ]	
14.8	-return-insurance-required 要求归还保险	o	[ ]	
14.8.1	-currency-code 货币代码	o	[ ]	

表 A.18（续）

参照号	参　　数	D	I	参照、用法或取值范围
14.8.2	--monetary-value 金额	m	[ ]	
14.9	-no-of-units-per-medium 每种介质单位数量	o	[ ]	
14.9.1	--medium 介质类型	m	[ ]	见 A.13，参照号 22
14.9.2	--no-of-units 单位数量	m	[ ]	
15	return-to-address 归还地址	o	[ ]	见 A.11，参照号 13
16	responder-note 应答方注释	o	[ ]	
17	shipped-extensions 传递扩展项	o	[ ]	
17.1	-identifier 标识符	m	[ ]	
17.2	-critical 重点	o	[ ]	
17.3	-item 资料	m	[ ]	
c1　支持分区或链式，必须支持应答方地址、中介地址及事务类型参数，其他情况是可选的。 c2　如果允许资料供方与最终的应答方不同，例如支持其他供方（如非自动化的）作为代理，必须支持发送供方标识参数。 c3　支持"出借"服务类型，支持发送应还日期参数是可选的，其他情况不适用。				

A.10.4　ILL 回答 APDU

表 A.19　ILL 回答 APDU

参照号	参　　数	D	I	参照、用法或取值范围
1	protocal-version-num 协议版本号	m	[ ]	
2	transactin-id 事务标识	m	[ ]	见 A.11，参照号 1
3	service-date-time 服务日期时间	m	[ ]	见 A.11，参照号 2
4	requester-id 请求方标识	cc	[ ]	见 A.11，参照号 3
5	responder-id 应答方标识	cc	[ ]	见 A.11，参照号 4
6	transacation-results 事务结果	m	[ ]	见 A.13，参照号 25
7	results-explanation 结果解释	cl	[ ]	见 A.12，参照号 7
8	responder-specific-results 应答方特定结果	o	[ ]	见 A.8.1
9	supplemental-item-description 补编说明	o	[ ]	见 A.8.1，参照号 10
10	send-to-list 发送清单	o	[ ]	见 A.11，参照号 5
11	already-tried-list 已试清单	o	[ ]	见 A.11，参照号 6
12	responder-optional-messages 应答方可选消息	o	[ ]	见 A.9.2
13	responder-note 应答方注释	o	[ ]	
14	ill-answer-extensions ill 回答扩展项	o	[ ]	
14.1	-identifier 标识符	m	[ ]	
14.2	-critical 重点	o	[ ]	
14.3	-item 资料	m	[ ]	
注：支持传送事务结果参数值为"有条件的"、"定位提供"或"预计"，应答方必须支持结果解释参数，其他情况是可选的。				

A.10.5 有条件的答复 APDU

表 A.20 有条件的答复 APDU

参照号	参　数	D	I	参照、用法或取值范围
1	protocol-version-no 协议版本号	m	[ ]	
2	transaction-id 事务标识	m	[ ]	见 A.11,参照号 1
3	service-date-time 服务日期时间	m	[ ]	见 A.11,参照号 2
4	requester-id 请求方标识	cc	[ ]	见 A.11,参照号 3
5	responder-id 应答方标识	cc	[ ]	见 A.11,参照号 4
6	answer 回答	m	[ ]	
7	requester-not 请求方注释	o	[ ]	
8	conditional-reply-extension 有条件的答复扩展项	o	[ ]	
8.1	-identifier 标识符	m	[ ]	
8.2	-critical 重点	o	[ ]	
8.3	-item 资料	m	[ ]	

A.10.6 取消 APDU

表 A.21 取消 APDU

参照号	参　数	D	I	参照、用法或取值范围
1	protocol-version-num 协议版本号	m	[ ]	
2	transaction-id 事务标识	m	[ ]	见 A.11,参照号 1
3	service-date-time 服务日期时间	m	[ ]	见 A.11,参照号 2
4	requester-id 请求方标识	cc	[ ]	见 A.11,参照号 3
5	responder-id 应答方标识	cc	[ ]	见 A.11,参照号 4
6	request-note 请求方注释	o	[ ]	
7	cance-extension 取消扩展项	o	[ ]	
7.1	-identifier 标识符	m	[ ]	
7.2	-critical 重点	o	[ ]	
7.3	-item 资料	m	[ ]	

A.10.7 取消答复 APDU

表 A.22 取消答复 APDU

参照号	参　数	D	I	参照、用法或取值范围
1	transaction-version-num 协议版本号	m	[ ]	
2	transaction-id 事务标识	m	[ ]	见 A.11,参照号 1
3	service-date-tiem 服务日期时间	m	[ ]	见 A.11,参照号 2
4	requester-id 请求方标识	cc	[ ]	见 A.11,参照号 3
5	responder-id 应答方标识	cc	[ ]	见 A.11,参照号 4
6	answer 回答	m	[ ]	
7	requester-note 请求方注释	o	[ ]	

表 A.22(续)

参照号	参　　数	D	I	参照、用法或取值范围
8	cancel-reply-extension 取消答复扩展项	o	[ ]	
8.1	-identifier 标识符	m	[ ]	
8.2	-critical 重点	o	[ ]	
8.3	-item 资料	m	[ ]	

A.10.8 接收 APDU

表 A.23 接收 APDU

参照号	参　　数	D	I	参照、用法或取值范围
1	transaction-version-num 协议版本号	m	[ ]	
2	transaction-id 事务标识	m	[ ]	见 A.11,参照号 1
3	service-date-time 服务日期时间	m	[ ]	见 A.11,参照号 2
4	requester-id 请求方标识	cc	[ ]	见 A.11,参照号 3
5	responder-id 应答方标识	cc	[ ]	见 A.11,参照号 4
6	supplier-id 供方标识	cl	[ ]	见 A.11,参照号 10
7	supplemental-item-id 补编标识	o	[ ]	见 A.8.1,参照号 10
8	date-received 接收日期	m	[ ]	
9	shipped-service-type 传递服务类型	m	[ ]	见 A.6
10	requester-note 请求方注释	o	[ ]	
11	received-extensions 接收扩展项	o	[ ]	
11.1	-identifier 标识符	m	[ ]	
11.2	-critical 重点	o	[ ]	
11.3	-item 资料	m	[ ]	
c1 如果允许资料供方与最终的应答方不同,例如支持其他供方(如非自动化的)作为代理,必须支持发送供方标识参数。				

A.10.9 催还 APDU

表 A.24 催还 APDU

参照号	参　　数	D	I	参照、用法或取值范围
1	transaction-version-num 协议版本号	m	[ ]	
2	transaction-id 事务标识	m	[ ]	见 A.11,参照号 1
3	service-date-time 服务日期时间	m	[ ]	见 A.11,参照号 2
4	requester-id 请求方标识	cc	[ ]	见 A.11,参照号 3
5	responder-id 应答方标识	cc	[ ]	见 A.11,参照号 4
6	responder-note 应答方注释	o	[ ]	
7	recall-extensions 催还扩展项	o	[ ]	
7.1	-identifier 标识符	m	[ ]	
7.2	-critical 重点	o	[ ]	
7.3	-item 资料	m	[ ]	

A.10.10 归还 APDU

表 A.25 归还 APDU

参照号	参 数	D	I	参照、用法或取值范围
1	transaction-version-num 协议版本号	m	[ ]	
2	transaction-id 事务标识	m	[ ]	见 A.11,参照号 1
3	service-date-time 服务日期时间	m	[ ]	见 A.11,参照号 2
4	requester-id 请求方标识	vv	[ ]	见 A.11,参照号 3
5	responder-id 应答方标识	vv	[ ]	见 A.11,参照号 4
6	supplemental-item-description 补编说明	o	[ ]	见 A.8.1,参照号 10
7	date-returned 归还日期	m	[ ]	
8	returned-via 归还方式	o	[ ]	
9	insured-for 保险	o	[ ]	见 A.6
9.1	-currency-code 货币代码	o	[ ]	
9.2	-monetary-value 金额	m	[ ]	
10	requester-note 请求方注释	o	[ ]	
11	returned-extensions 归还扩展项	o	[ ]	
11.1	-identifier 标识符	m	[ ]	
11.2	-critical 重点	o	[ ]	
11.3	-item 资料	m	[ ]	

A.10.11 收登 APDU

表 A.26 收登 APDU

参照号	参 数	D	I	参照、用法或取值范围
1	transaction-version-num 协议版本号	m	[ ]	
2	transaction-id 事务标识	m	[ ]	见 A.11,参照号 1
3	service-date-time 服务日期时间	m	[ ]	见 A.11,参照号 2
4	requester-id 请求方标识	cc	[ ]	见 A.11,参照号 3
5	responder-id 应答方标识	cc	[ ]	见 A.11,参照号 4
6	date-checked-in 收登日期	m	[ ]	
7	responder-note 应答方注释	o	[ ]	
8	checked-in-extensions 收登扩展项	o	[ ]	
8.1	-identifier 标识符	m	[ ]	
8.2	-critical 重点	o	[ ]	
8.3	-item 资料	m	[ ]	

A.10.12 逾期 APDU

表 A.27 逾期 APDU

参照号	参　　数	D	I	参照、用法或取值范围
1	transaction-version-num 协议版本号	m	[ ]	
2	transaction-id 事务标识	m	[ ]	见 A.11,参照号 1
3	service-date-time 服务日期时间	m	[ ]	见 A.11,参照号 2
4	requester-id 请求方标识	cc	[ ]	见 A.11,参照号 3
5	responder-id 应答方标识	cc	[ ]	见 A.11,参照号 4
6	date-due 应还日期	m	[ ]	
7	responder-note 应答方注释	o	[ ]	
8	overdue-extensions 逾期扩展项	o	[ ]	
8.1	-identifier 标识符	m	[ ]	
8.2	-critical 重点	o	[ ]	
8.3	-item 资料	m	[ ]	

A.10.13 续借 APDU

表 A.28 续借 APDU

参照号	参　　数	D	I	参照、用法或取值范围
1	transaction-version-num 协议版本号	m	[ ]	
2	transaction-id 事务标识	m	[ ]	见 A.11,参照号 1
3	service-date-time 服务日期时间	m	[ ]	见 A.11,参照号 2
4	requester-id 请求方标识	cc	[ ]	见 A.11,参照号 3
5	responder-id 应答方标识	cc	[ ]	见 A.11,参照号 4
6	desired-date-due 希望归还日期	o	[ ]	
7	requester-note 请求方注释	o	[ ]	
8	renew-extensions 续借扩展项	o	[ ]	
8.1	-identifier 标识符	m	[ ]	
8.2	-critical 重点	o	[ ]	
8.3	-item 资料	m	[ ]	

A.10.14 续借回答 APDU

表 A.29 续借回答 APDU

参照号	参　　数	D	I	参照、用法或取值范围
1	transaction-version-num 协议版本号	m	[ ]	
2	transaction-id 事务标识	m	[ ]	见 A.11,参照号 1
3	service-date-time 服务日期时间	m	[ ]	见 A.11,参照号 2

表 A.29（续）

参照号	参　　数	D	I	参照、用法或取值范围
4	requester-id 请求方标识	cc	[ ]	见 A.11，参照号 3
5	responder-id 应答方标识	cc	[ ]	见 A.11，参照号 4
6	answer 回答	m	[ ]	
7	date-due 应还日期	cl	[ ]	见 A.11，参照号 12
8	responder-note 应答方注释	o	[ ]	
9	renew-answer-extensions 续借回答扩展项	o	[ ]	
9.1	-identifier 标识符	m	[ ]	
9.2	-critical 重点	o	[ ]	
9.3	-item 资料	m	[ ]	
c1 支持回答参数取值为“是”，应答方支持应还日期参数是可选的，其他情况不适用。				

A.10.15 丢失 APDU

表 A.30 丢失 APDU

参照号	参　　数	D	I	参照、用法或取值范围
1	transaction-version-num 协议版本号	m	[ ]	
2	transaction-id 事务标识	m	[ ]	见 A.11，参照号 1
3	service-date-time 服务日期时间	m	[ ]	见 A.11，参照号 2
4	requester-id 请求方标识	cc	[ ]	见 A.11，参照号 3
5	responder-id 应答方标识	cc	[ ]	见 A.11，参照号 4
6	requester-note 请求方注释	o	[ ]	
7	lost-extensions 丢失扩展项	o	[ ]	
7.1	-identifier 标识符	m	[ ]	
7.2	-critical 重点	o	[ ]	
7.3	-item 资料	m	[ ]	

A.10.16 损坏 APDU

表 A.31 损坏 APDU

参照号	参　　数	D	I	参照、用法或取值范围
1	transaction-version-num 协议版本号	m	[ ]	
2	transaction-id 事务标识	m	[ ]	见 A.11，参照号 1
3	service-date-tiem 服务日期时间	m	[ ]	见 A.11，参照号 2
4	requester-id 请求方标识	cc	[ ]	见 A.11，参照号 3
5	responder-id 应答方标识	cc	[ ]	见 A.11，参照号 4
6	damaged-details 损坏细节	o	[ ]	

表 A.31(续)

参照号	参　　数	D	I	参照、用法或取值范围
6.1	-document-type-id 文献类型标识	o	[ ]	
6.2	-damaged portion 损坏部分	m	[ ]	
6	Note 注释	o	[ ]	
7	damaged-extensions 损坏扩展项	o	[ ]	
7.1	-identifier 标识符	m	[ ]	
7.2	-critical 重点	o	[ ]	
7.3	-item 资料	m	[ ]	

A.10.17 消息 APDU

表 A.32 消息 APDU

参照号	参　　数	D	I	参照、用法或取值范围
1	transaction-version-num 协议版本号	m	[ ]	
2	transaction-id 事务标识	m	[ ]	见 A.11,参照号 1
3	service-date-time 服务日期时间	m	[ ]	见 A.11,参照号 2
4	requester-id 请求方标识	cc	[ ]	见 A.11,参照号 3
5	responder-id 应答方标识	cc	[ ]	见 A.11,参照号 4
6	note 注释	m	[ ]	
7	message-extensions 消息扩展项	o	[ ]	
7.1	-identifier 标识符	m	[ ]	
7.2	-critical 重点	o	[ ]	
7.3	-item 资料	m	[ ]	

A.10.18 状态查询 APDU

表 A.33 状态查询 APDU

参照号	参　　数	D	I	参照、用法或取值范围
1	transaction-version-num 协议版本号	m	[ ]	
2	transaction-id 事务标识	m	[ ]	见 A.11,参照号 1
3	service-date-time 服务日期时间	m	[ ]	见 A.11,参照号 2
4	requester-id 请求方标识	cc	[ ]	见 A.11,参照号 3
5	responder-id 应答方标识	cc	[ ]	见 A.11,参照号 4
6	note 注释	o	[ ]	
7	status-query-extensions 状态查询扩展项	o	[ ]	
7.1	-identifier 标识符	m	[ ]	
7.2	-critical 重点	o	[ ]	
7.3	-item 资料	m	[ ]	

A.10.19 状态或错误报告 APDU

表 A.34 状态或错误报告 APDU

参照号	参 数	D	I	参照、用法或取值范围
1	transaction-version-num 协议版本号	m	[ ]	
2	transaction-id 事务标识	m	[ ]	见 A.11,参照号 1
3	service-date-tiem 服务日期时间	m	[ ]	见 A.11,参照号 2
4	requester-id 请求方标识	cc	[ ]	见 A.11,参照号 3
5	responder-id 应答方标识	cc	[ ]	见 A.11,参照号 4
6	reason-no-report 原因无报告	cl	[ ]	见 A.13,参照号 12
7	status-report 状态报告	o	[ ]	
7.1	-user-status-report 用户状态报告	m	[ ]	
7.1.1	--date-requested 请求日期	o	[ ]	
7.1.2	--author 著者	o	[ ]	
7.1.3	--title 题名	o	[ ]	
7.1.4	--author-of-article 文章著者	o	[ ]	
7.1.5	--title-of-article 文章题名	o	[ ]	
7.1.6	--date-of-last-transition 上次状态转换日期	m	[ ]	
7.1.7	--most-recent-service 最近服务	m	[ ]	见 A.13,参照号 4
7.1.8	--date-of-most-recent-service 最近服务日期	m	[ ]	
7.1.9	--initiator-of-most-recent-service 最近服务发起者	m	[ ]	
7.1.9.1	---person-or-insitution-symbol 个人或机构代码	o	[ ]	见 A.12,参照号 6
7.1.9.2	---name-of-person-or-institution 个人或机构名称	o	[ ]	见 A.12,参照号 5
7.1.10	--shipped-service-type 传递服务类型	o	[ ]	见 A.6 节
7.1.11	--transaction-results 事务结果	o	[ ]	见 A.13,参照号 25
7.1.12	--most-recent-service-note 最近服务注释	o	[ ]	
7.2	-provider-status-report 供方状态报告	m	[ ]	见 A.13,参照号 2
8	error-report 错误报告	c2	[ ]	
8.1	-correlation-information 修正信息	m	[ ]	
8.2	-report-source 报告来源	m	[ ]	见 A.13,参照号 14
8.3	-user-error-report 用户错误报告	c3	[ ]	见 A.12,参照号 3
8.4	-provider-error-report 供方错误报告	c4	[ ]	见 A.12,参照号 2
9	note 注释	o	[ ]	
10	status-or-error-report-extensions 状态或错误报告扩展项	o	[ ]	

表 A.34（续）

参照号	参　　数	D	I	参照、用法或取值范围
10.1	-identifier 标识符	m	[ ]	
10.2	-critical 重点	o	[ ]	
10.3	-item 资料	m	[ ]	

c1　应答方如果能发送没有状态报告和错误报告参数的 APDU，必须支持发送原因无报告参数，其他情况不适用。在 GB/T 23270.1 中没有规定不发送报告的情况。

c2　支持转发，必须支持发送错误报告参数，该参数带有“已转发”值的用户错误报告。

c3　支持发送报告来源参数的值为“用户”，必须支持发送用户错误报告参数，其他情况不适用。

c4　支持发送报告来源参数的值为“供方”，必须支持发送供方错误报告参数，其他情况不适用。

A.10.20　终止 APDU

表 A.35　终止 APDU

参照号	参　　数	D	I	参照、用法或取值范围
1	protocal-version-num 协议版本号	m	[ ]	
2	transaction-id 事务标识	m	[ ]	见 A.11，参照号 1
3	service-date-tiem 服务日期时间	m	[ ]	见 A.11，参照号 2
4	requester-id 请求方标识	cc	[ ]	见 A.11，参照号 3
5	responder-id 应答方标识	cc	[ ]	见 A.11，参照号 4
6	expired-extensions 终止扩展项	o	[ ]	
6.1	-identifier 标识符	m	[ ]	
6.2	-critical 重点	o	[ ]	
6.3	-item 资料	m	[ ]	

A.11　通用参数

表 A.36 包含对多个 APDU 通用参数的细节。

表 A.36　通用参数

参照号	参　　数	D	I	参照、用法或取值范围
1	transaction-id 事务标识		[ ]	
1.1	-initial-requester-id 初始请求方标识	c1	[ ]	
1.1.1	--person-or-institution-symbol 个人或机构代码	o	[ ]	见 A.12，参照号 6
1.1.2	--name-of-person-or-institution 个人或机构名称	o	[ ]	见 A.12，参照号 5
1.2	-transaction-group-qualifier 事务组限定语	m	[ ]	
1.3	-transaction-qualifier 事务限定语	m	[ ]	
1.4	-sub-transaction-qalifier 子事务限定语	c2	[ ]	
2	service-date-tiem 服务日期时间			

表 A.36(续)

参照号	参　数	D	I	参照、用法或取值范围
2.1	-date-time-of-this-service 此服务日期时间	m	[ ]	
2.1.1	--date 日期	m	[ ]	
2.1.2	--time 时间	c3	[ ]	
2.2	--date-time-of-original-service 原服务日期时间	c4	[ ]	
2.2.1	--date 日期	m	[ ]	
2.2.2	--tiem 时间	c3	[ ]	
3	requester-id 请求方标识			
3.1	-person-or-institution-symbol 个人或机构代码	o	[ ]	见 A.12,参照号 6
3.2	-name-of-person-or-institution 个人或机构名称	o	[ ]	见 A.12,参照号 5
4	responder-id 应答方标识			
4.1	-person-or-institution-symbol 个人或机构代码	o	[ ]	见 A.12,参照号 6
4.2	-name-of-person-or-institution 个人或机构名称	o	[ ]	见 A.12,参照号 5
5	send-to-list 发送清单			
5.1	-system-id 系统标识	m	[ ]	
5.1.1	--person-or-insititution-symbol 个人或机构代码	o	[ ]	见 A.12,参照号 6
5.1.2	--name-of-person-or-institution 个人或机构名称	o	[ ]	见 A.12,参照号 5
5.2	-account-number 帐号	o	[ ]	
5.3	-system-address 系统地址	o	[ ]	
5.3.1	--telecom-service-identifier 电讯服务标识	o	[ ]	
5.3.2	--telecom-service-address 电讯服务地址	o	[ ]	
6	already-tried-list 已试清单			
6.1	-person-or-institution-symbol 个人或机构代码	o	[ ]	见 A.12,参照号 6
6.2	-name-of-person-or-institution 个人或机构名称	o	[ ]	见 A.12,参照号 5
7	client-id 客户标识			
7.1	-client-name 客户姓名	o	[ ]	
7.2	-client-status 客户状态	o	[ ]	
7.3	-client-identifier 客户标识符	o	[ ]	
8	intermediary-id 中介标识			
8.1	-person-or-institution-symbol 个人或机构代码	o	[ ]	见 A.12,参照号 6
8.2	-name-of-person-or-institution 个人或机构名称	o	[ ]	见 A.12,参照号 5
9	responder-address 应答方地址			
9.1	-telecom-service-identifier 电讯服务标识	o	[ ]	

表 A.36（续）

参照号	参　数	D	I	参照、用法或取值范围
9.2	-telecom-service-address 电讯服务地址	o	[ ]	
10	supplier-id 供方标识			
10.1	-person-or-insitution-symbol 个人或机构代码	o	[ ]	
10.2	-name-of-person-or-institution 个人或机构名称	o	[ ]	
11	locations 定位			
11.1	-location-id 定位标识	m	[ ]	
11.1.1	--person-or-institution-symbol 个人或机构代码	o	[ ]	见 A.12,参照号 6
11.1.2	--name-of-person-or-institution 个人或机构名称	o	[ ]	见 A.12,参照号 5
11.2	-location-address 定位地址	o	[ ]	
11.2.1	--telecom-service-identifier 电讯服务标识	o	[ ]	
11.2.2	--telecom-service-address 电讯服务地址	o	[ ]	
11.3	-location-note 定位注释	o	[ ]	
12	date-due 应还日期			
12.1	-date-due-field 应还日期字段	m	[ ]	
12.2	-renewable 可续借	o	[ ]	
13	return-to-address 归还地址			
13.1	-name-of-person-or-institution 个人或机构名称	o	[ ]	见 A.12,参照号 5
13.2	-extended-postal-delivery-address 扩展的邮政传递地址	o	[ ]	
13.3	-street-and-number 街道及号码	o	[ ]	
13.4	-post-office-box 邮政信箱	o	[ ]	
13.5	-city 城市	o	[ ]	
13.6	-region 地区	o	[ ]	
13.7	-country 国家	o	[ ]	
13.8	-postal-code 邮政编码	o	[ ]	
14	Electronic-Delivery-Service 电子传递服务			
14.1	-e-delivery-service e 传递服务	o	[ ]	
14.1.1	--e-delivery-mode e 传递方式	o	[ ]	
14.1.2	--e-delivery-parameters e 传递参数	o	[ ]	
14.2	-document-type 文献类型	o	[ ]	
14.2.1	--document-type-id 文献类型标识	o	[ ]	
14.2.2	--document-type-parameters 文献类型参数	o	[ ]	
14.3	-e-delivery-description e 传递说明	o	[ ]	

表 A.36（续）

参照号	参　数	D	I	参照、用法或取值范围
14.4	-e-delivery-details e 传递细节	o	[ ]	
14.5	-name-or-code 名称或代码	o	[ ]	
14.6	-delivery-time 传递时间	o	[ ]	

c1　中介必须支持发送初始请求方参数，其他是可选的。

c2　中介必须支持发送子事务限定语参数，其他不适用。

c3　允许在同一天内对给定的一项 ILL 事务实施同一项服务，必须支持发送时间参数，其他情况是可选的。

c4　能够重复发送 APDUs，必须支持发送原服务日期时间参数，其他情况不适用。

A.12 "选择"类型参数

表 A.37 显示了 APDUs 抽象语法中规定的各种"选择"类型参数所支持的选项，以及构成参数所支持的值。

表 A.37 "选择"类型参数

参照号	参　数	D	I	参照、用法或取值范围
1	ILL-APDU			见 A.9
2	Provider-Error-Report 供方错误报告			
2.1	-General-Problem 通用问题	o	[ ]	见 A.13，参照号 3
2.2	-Transaction-Id-Problem 事务标识问题	o	[ ]	见 A.13，参照号 24
2.3	-State-Transition-Prohibited 禁止状态转换	o	[ ]	
2.3.1	--aPDU-type APDU 类型	m	[ ]	见 A.13，参照号 5
2.3.2	--current-state 当前状态	m	[ ]	见 A.13，参照号 2
3	User-Error-Report 用户错误报告			
3.1	-Aleady-Forwarded 已转发	o	[ ]	
3.1.1	--responder-id 应答方标识	m	[ ]	见 A.11，参照号 4
3.1.2	--responder-address 应答方地址	o	[ ]	见 A.11，参照号 9
3.2	-Intermediary-Problem 中介问题	o	[ ]	见 A.13，参照号 7
3.3	-Security-Problem 安全问题	o	[ ]	
3.4	-Unable-To-Perform 不可执行	o	[ ]	见 A.13，参照号 27
4	ILL-String ILL 字串			
4.1	-General String 一般字串	cl	[ ]	
4.2	-EDIFACT String EDIFACT 字串	o	[ ]	
5	Name-Of-Person-Or-Institution 个人或机构名称			
5.1	-name-of-person 个人姓名	o	[ ]	
5.2	-name-of-institution 机构名称	o	[ ]	

表 A.37（续）

参照号	参　数	D	I	参照、用法或取值范围
6	Person-Or-Institution-Symbol 个人或机构代码			
6.1	-person-symbol 个人代码	o	[ ]	
6.2	-institution-symbol 机构代码	o	[ ]	
7	results-explanatin 结果解释			
7.1	-conditional-results 有条件的	c2	[ ]	
7.1.1	--conditions 条件	m	[ ]	见 A.13，参照号 1
7.1.2	--date-for-reply 答复日期	o	[ ]	
7.1.3	--locations 定位	o	[ ]	见 A.11，参照号 11
7.1.4	--proposed-delivery-service 建议传递服务	o	[ ]	见 A.12，参照号 8
7.2	-retry-results 重试	o	[ ]	
7.2.1	--reson-not-available "原因"不可用	o	[ ]	见 A.13，参照号 9
7.2.2	--retry-date 重试日期	o	[ ]	
7.2.3	--locations 定位	o	[ ]	见 A.11，参照号 11
7.3	-unfilled-results 未满足	o	[ ]	
7.3.1	--reason-unfilled 原因未满足	m	[ ]	见 A.13，参照号 13
7.3.2	--locations 定位	o	[ ]	见 A.11，参照号 11
7.4	--locations-results 定位	c2	[ ]	
7.4.1	--reason-locs-provided 原因提供定位	o	[ ]	见 A.13，参照号 11
7.4.2	--locations 定位	m	[ ]	见 A.11，参照号 11
7.5	-will-supply-results 将提供	o	[ ]	
7.5.1	--reason-will-supply 原因将提供	m	[ ]	见 A.13，参照号 28
7.5.2	--supply-date 提供日期	o	[ ]	
7.5.3	--return-to-address 归还地址	o	[ ]	见 A.11，参照号 13
7.5.4	--locations 定位	o	[ ]	见 A.11，参照号 11
7.5.5	--electronic-delivery-service 电子传递服务	o	[ ]	见 A.11，参照号 14
7.6	-hold-placed-results 预约	o	[ ]	
7.6.1	--estimated-date-availabe 预约日期	m	[ ]	
7.6.2	--hold-placed-medium-type 预约介质类型	o	[ ]	见 A.13，参照号 9
7.6.3	--locations 定位	o	[ ]	见 A.11，参照号 11
7.7	-estimate-results 预计	c2	[ ]	
7.7.1	--cost-estimate 预计费用	m	[ ]	
7.7.2	--locations 定位	o	[ ]	见 A.11，参照号 11
8	Delivery-Service 传递服务			
8.1	-physical-delivery 有形传递	o	[ ]	
8.2	-electronic-delivery 电子传递	o	[ ]	见 A.11，参照号 14

表 A.37（续）

参照号	参　　数	D	I	参照、用法或取值范围
9	e-delivery-details 电子传递细节			
9.1	-e-delivery-address 电子传递地址	o	[ ]	
9.2	-e-delivery-id 电子传递标识	o	[ ]	
10	shipped-via 传递方式			
10.1	-physical-delivery 有形传递	o	[ ]	
10.2	-electronic-delivery 电子传递	o	[ ]	见 A.11，参照号 14
11	damaged-portion 损坏部分			
11.1	-complete-document 整个文献	o	[ ]	
11.2	-specific-units 特定部分	o	[ ]	

c1　使用 EDIFACT 编码作为传输语法，不支持一般字串。

c2　如果支持发送事务结果参数值为"有条件的"、"定位提供"或"预计"，相应地必须支持发送有条件的结果、定位结果或预计结果参数。

A.13　"列举"类型参数

表 A.38 显示了能否发送列举数据型参数的每个值。任何限制性说明均列入"其他"项。

表 A.38　"列举"类型参数

参照号	参　　数	D	I	参照、用法或制约因素
1	conditions 条件			
1.13	-cost-exceeds-limit 费用超限	o	[ ]	
1.14	-charges 需付费	o	[ ]	
1.15	-perpayment-required 需预付费	o	[ ]	
1.16	-lacks-copyright-compliance 未获版权许可	o	[ ]	
1.22	-library-use-only 仅图书馆使用	o	[ ]	
1.23	-no-reproduction 不可复制	o	[ ]	
1.24	-client-signature-required 需用户签字	o	[ ]	
1.25	-special-collections-supervision-required 特藏需监督管理	o	[ ]	
1.27	-other 其他	o	[ ]	
1.28	-responder-specific 应答方特定	o	[ ]	
1.30	-proposed-delivery-service 建议传递服务	o	[ ]	
2	Current-Stated 当前状态			必须能发送与其所支持的服务及馆际互借服务类型相一致的所有值：见 A.6 和 A.9.1
3	General-Problem 一般问题			
3.1	-unrecognized-APDU 不能识别的 APDU	o	[ ]	
3.2	-mistyped-APDU 参数错误的 APDU	o	[ ]	

表 A.38(续)

参照号	参数	D	I	参照、用法或制约因素
3.3	-badly-structured-APDU 结构错误的 APDU	o	[ ]	
3.4	-protocol-version-not-supported 不支持的协议版本	o	[ ]	
3.5	-other 其他	o	[ ]	
4	most-recent-service 最近服务			必须能发送与其所支持的服务及馆际互借类型服务相一致的所有值:见 A.6 和 A.9.1
5	ILL-APDU-TYPE ILLAPDU 类型	o		必须能发送与其所支持的服务及馆际互借类型服务相一致的所有值:见 A.6 和 A.9.1
6	ILL-Service-Type ILL 服务类型			见 A.6
7	intermediary-Problem 中介问题			
7.1	-cannot-send-forward 不能发送转发	o	[ ]	
8	item-type 资料类型			
8.1	-monograph 专著	o	[ ]	
8.2	-serial 连续出版物	o	[ ]	
8.3	-other 其他	o	[ ]	
9	Medium-type 介质类型			
9.1	-printed 印刷型	o	[ ]	
9.3	-cicroform 缩微型	o	[ ]	
9.4	-film-or-video-recording 电影或录像记录	o	[ ]	
9.5	-audio-recording 音频记录	o	[ ]	
9.6	-machine-readable 机读型	o	[ ]	
9.7	-other 其他	o	[ ]	
10	Place-On-Hold-Type 预约类型			
10.1	-yes 是	o	[ ]	
10.2	-no 否	o	[ ]	
10.3	-according-to-responder-policy 依照应答方规则	o	[ ]	
11	Reason-Locs-Provided 原因定位提供			
11.1	-in-use-on-loan 已出借	o	[ ]	
11.2	-in-process 处理中	o	[ ]	
11.3	-lost 丢失	o	[ ]	
11.4	-non-circulating 非流通	o	[ ]	
11.5	-not-owned 未收藏	o	[ ]	
11.6	-on-order 订购中	o	[ ]	
11.7	-volume-issue-not-yet-available 所需卷期未到	o	[ ]	

表 A.38（续）

参照号	参　　数	D	I	参照、用法或制约因素
11.8	-at-bindery 装订中	o	[ ]	
11.9	-lacking 缺期	o	[ ]	
11.10	-on-reserve 未上架	o	[ ]	
11.11	-on-reserve 已保留	o	[ ]	
11.12	-poor-condition 状况不好	o	[ ]	
11.13	-cost-exceeds-limit 费用超限	o	[ ]	
11.19	-on-hold 已预约	o	[ ]	
11.27	-other 其他	o	[ ]	
11.28	-responder specific 应答方特定	o	[ ]	
12	Reason-No-Report 原因无报告			
12.1	-temporary 暂时	o	[ ]	
12.2	-permanent 永久	o	[ ]	
13	Reason-Unfilled 原因未满足			
13.1	-in-use-on-loan 已出借	o	[ ]	
13.2	-in-process 处理中	o	[ ]	
13.3	-lost 丢失	o	[ ]	
13.4	-non-circulating 非流通	o	[ ]	
13.5	-non-owned 未收藏	o	[ ]	
13.6	-on-order 订购中	o	[ ]	
13.7	-volume-issue-not-yet-available 所需卷期未到	o	[ ]	
13.8	-at-bindery 装订中	o	[ ]	
13.9	-lacking 缺期	o	[ ]	
13.10	-not-on-shelf 未上架	o	[ ]	
13.11	-on-reserve 已保留	o	[ ]	
13.12	-poor-condtion 状况不好	o	[ ]	
13.13	-cost-exceeds-limit 费用超限	o	[ ]	
13.14	-charges 需付费	o	[ ]	
13.15	-prepayment-required 需预付费	o	[ ]	
13.16	-lacks-copyright-compliance 未获版权许可	o	[ ]	
13.17	-not-founds-as-cited 未查到指定资料	o	[ ]	
13.18	-locations-not-found 未找到定位	o	[ ]	
13.19	-on-hold 已预约	o	[ ]	
13.20	-policy-problem 规则问题	o	[ ]	

表 A.38（续）

参照号	参　　数	D	I	参照、用法或制约因素
13.21	-mandatory-messaging-not-supported 必备消息不支持	o	[ ]	
13.22	-expiry-not-supported 终止不支持	o	[ ]	
13.23	-requested-delivery-services-not-supported 请求的传递服务不支持	o	[ ]	
13.24	-preferred-delivery-time-not-supported 首选的传递时间不可能	o	[ ]	
13.27	-other 其他	o	[ ]	
13.28	-responder specific 应答方特定	o	[ ]	
14	Report-Source 报告来源	o		
14.1	-user 用户	o	[ ]	
14.2	-provider 供方	o	[ ]	
15	requester-SHIPPED 请求方传递			见 A.9.2
16	requester-CHECKED-IN 请求方收登			见 A.9.2
17	responder-RECEIVED 应答方接收			见 A.9.2
18	responder-RETURNED 应答方归还			
19	reason-not-available “原因”不可用			
19.1	-in-use-on-loan 已出借	o	[ ]	
19.2	-in-process 处理中	o	[ ]	
19.6	-on-order 订购中	o	[ ]	
19.7	-volume-issue-not-yet-available 所需卷期未到	o	[ ]	
19.8	-at-bindery 装订中	o	[ ]	
19.13	-cost-exceeds-limit 费用超限	o	[ ]	
19.14	-charges 需付费	o	[ ]	
19.15	-prepayment-required 需预付费	o	[ ]	
19.16	-lacks-copyright-compliance 未获版权许可	o	[ ]	
19.17	-not-found-as-cited 未查到指定资料	o	[ ]	
19.19	-on-hold 已预约	o	[ ]	
19.27	-other 其他	o	[ ]	
19.28	-responder specific 应答方特定		[ ]	
20	expiry-flag 终止标志			
20.1	-need-Before-Date 某日期前需要	o	[ ]	
20.2	-other-Date 其他日期	o	[ ]	
20.3	-no-Expiry 未终止	o	[ ]	
21	Shipped-conditions 传递条件			
21.22	-for-library-use-only 只图书馆使用	o	[ ]	

表 A.38（续）

参照号	参　数	D	I	参照、用法或制约因素
21.23	-on-reproduciton 不可复制	o	[ ]	
21.24	-client-signature-required 需用户签字	o	[ ]	
21.25	-special-collections-supervision-required 特藏需监督管理	o	[ ]	
21.27	-other 其他	o	[ ]	
22	Supply-Medium-Type 供应介质类型			
22.1	-printed 印刷型	o	[ ]	
22.2	-photocoty 影印型	o	[ ]	
22.3	-microform 缩微型	o	[ ]	
22.4	-film-or-video-recording 电影或录像记录	o	[ ]	
22.5	-audio-recording 音频记录	o	[ ]	
22.6	-machine-readable 机读型	o	[ ]	
22.7	-other 其他	o	[ ]	
23	preference 优先权			
23.1	-ordered 已订购	o	[ ]	
23.2	-unordered 未订购	o	[ ]	
24	Transaction-id-Problem 事务标识问题			
24.1	-duplicate-transaction-id 复制事务标识	o	[ ]	
24.2	-invalid-transaction-id 无效事务标识	o	[ ]	
24.3	-unknown-transaction-id 未知事务标识	o	[ ]	
25	Transaction-Results 事务结果			
25.1	-conditional 有条件的	o	[ ]	
25.2	-retry 重试	o	[ ]	
25.3	-unfilled 未满足	o	[ ]	
25.4	-locations-provided 定位提供	o	[ ]	
25.5	-will-supply 将提供	o	[ ]	
25.6	-hold-placed 预约	o	[ ]	
25.7	-estimate 预计	o	[ ]	
26	Transaction-type 事务类型			见 A.7
27	Unable-To-Perform 不可执行			
27.1	-not-available 不可用	o	[ ]	
27.2	-resource-limitation 资源限制	o	[ ]	
27.3	-other 其他	o	[ ]	
28	reason-will-supply 原因将提供			
28.1	-in-use-on-loan 已出借	o	[ ]	

表 A.38（续）

参照号	参　数	D	I	参照、用法或制约因素
28.2	-in-process 处理中	o	[ ]	
28.6	-on-order 订购中	o	[ ]	
28.8	-at-bindery 装订中	o	[ ]	
28.19	-on-hold 已预约	o	[ ]	
28.26	-being-processed-for-supply 处理中准备供应	o	[ ]	
28.27	-other 其他	o	[ ]	
28.28	-responder specific 应答方特定	o	[ ]	
28.30	-electronic-delivery 电子传递	o	[ ]	

参 考 文 献

[1] GB/T 5795—2006 中国标准书号(ISBN)
[2] GB/T 9999—2001 中国标准连续出版物号(ISSN)
[3] ISO/IEC 8824:1990 信息技术 开放系统互连 抽象语法记法一(ASN.1)
[4] GB/T 23269—2009 信息与文献 开放系统互连 馆际互借应用服务定义

ICS 77.160
H 70

中华人民共和国国家标准

GB/T 23271—2009

二硫化钼

Molybdenum disulfide

2009-01-05 发布 2009-11-01 实施

中华人民共和国国家质量监督检验检疫总局
中国国家标准化管理委员会 发布

前　言

本标准的附录A和附录B为资料性附录。

本标准由中国有色金属工业协会提出。

本标准由全国有色金属标准化技术委员会归口。

本标准由金堆城钼业集团有限公司负责起草。

本标准主要起草人：樊建军、王郭亮、程景峰、赵昱、张江峰。

二 硫 化 钼

1 范围

本标准规定了二硫化钼的要求、试验方法、检验规则、标志、包装、运输、贮存及订货单(或合同)内容。

本标准适用于天然法或合成法生产的二硫化钼产品。

分子式:MoS_2。

相对分子量:160.07(按2003国际原子量)。

2 规范性引用文件

下列文件中的条款通过本标准的引用而成为本标准的条款。凡是注日期的引用文件,其随后所有的修改单(不包括勘误的内容)或修订版均不适用于本标准,然而,鼓励根据本标准达成协议的各方研究是否可使用这些文件的最新版本。凡是不注日期的引用文件,其最新版本适用于本标准。

GB/T 3049 工业用化工产品铁含量测定的通用方法 1,10-菲啰啉分光光度法

ASTM D 974 酸碱中和法测定石油及润滑剂中酸和碱值

3 要求

3.1 产品分类

根据用途的不同,产品分为五个牌号:

$FMoS_2$-1:主要用于催化剂或催化剂原料。

$FMoS_2$-2、$FMoS_2$-3、$FMoS_2$-4、$FMoS_2$-5:主要用于固体润滑剂、润滑剂添加剂、摩擦改进剂及制造钼金属化合物等。

3.2 化学成分

产品的化学成分应符合表1规定。

表 1

%

牌号	主含量(质量分数)	杂质元素(质量分数)							
	MoS_2	总不溶物	Fe	Pb	MoO_3	SiO_2	H_2O	酸值 以KOH计/(mg/g)	含油量(丙酮萃取)
	不小于	不大于							
$FMoS_2$-1	99.50	—	0.01	0.02	—	0.001	0.10	0.50	—
$FMoS_2$-2	99.00	0.50	0.15	0.02	0.20	0.10	0.20	0.50	0.50
$FMoS_2$-3	98.50	0.50	0.15	0.02	0.20	0.10	0.20	0.50	0.50
$FMoS_2$-4	98.00	0.65	0.30	0.02	0.20	0.20	0.20	0.50	0.50
$FMoS_2$-5	96.00	2.50	0.70	0.02	0.20	—	0.20	1.00	0.50

3.3 粒度

产品的粒度应符合表2的规定。

表 2

粒　度	1#	2#	3#	4#
$D_{50}/\mu m$	$D_{50} \leqslant 1.5$	$1.5 < D_{50} \leqslant 5$	$5 < D_{50} \leqslant 10$	$D_{50} > 10$

3.4　外观

根据粒度的不同，产品为银灰色至蓝黑色粉末。

3.5　其他

用户如有特殊要求，供需双方另行协商。

4　试验方法

4.1　化学成分

产品的化学成分分析参照附录 A 的规定进行。仲裁分析方法由供需双方协商确定。

4.2　粒度

产品的粒度测定参照附录 B 的规定进行。仲裁分析方法由供需双方协商确定。

4.3　外观质量

产品的外观质量用目视检查。

5　检验规则

5.1　检查和验收

5.1.1　产品应由供方质量检验部门进行检验，产品应符合本标准（或订货合同）的规定，并填写质量证明书。

5.1.2　需方应对收到的产品按本标准的规定进行检验，如检验结果与本标准（或订货合同）的规定不符时，应在收到产品之日起 45 天内向供方提出，由供需双方协商解决。如需仲裁，仲裁物料应不少于该批产品的 60%，仲裁取样在货物存放地由供需双方共同进行，仲裁机构由供需双方共同商定。

5.2　组批

产品应成批提交验收，每批应由同一牌号、同一粒度规格组成。

5.3　检验项目

每批产品均应进行化学成分、粒度、外观质量的检验。

5.4　取样

5.4.1　取样件数

每批产品取样件数按表 3 规定进行。

表 3

产品件数	1～3	4～10	11～20	>20
取样件数	全取	3	5	30%

5.4.2　取样位置

在取样件上均匀布三点，用探针取出试样。

5.4.3　制样

将所取得的试样充分混匀，用四分法缩分至分析试样所需的质量。

5.5　检验结果判定

5.5.1　化学成分检验结果不符合本标准规定时，允许加倍取样进行重复试验，重复试验仍有一个结果不合格时，判该批产品不合格。

5.5.2　粒度不符合本标准规定时，允许加倍取样重复试验，重复试验仍有一个结果不合格时，判该批产品不合格。

5.5.3 外观质量不符合本标准规定时，判该批产品不合格。

6 标志、包装、运输、贮存

6.1 标志

产品外包装上应注明：供方名称、产品名称和牌号、批号、净重。

6.2 包装、运输和贮存

6.2.1 产品采用双层包装，内包装采用厚度不小于 0.05 mm 的聚乙烯塑料薄膜袋封装，每袋净重 5 kg 或 25 kg。外包装采用铁桶或纤维板桶包装，包装桶口应铅封，每桶净重 25 kg。

6.2.2 产品在运输过程中应有遮盖物，避免阳光直射，防止雨淋、受潮。

6.2.3 产品应贮存在通风、干燥的库房内，防止雨淋、受潮，避免露天存放。

6.3 质量证明书

每批产品应附有质量证明书，其上注明：

a) 供方名称、地址、电话、传真；
b) 产品名称；
c) 牌号和粒度；
d) 批号；
e) 净重和毛重；
f) 各项分析检验结果和质检部门印记；
g) 出厂日期(或包装日期)；
h) 本标准编号。

7 订货单(或合同)内容

本标准所列产品的订货单(或合同)应包括下列内容：

a) 产品名称；
b) 产品牌号和粒度；
c) 技术要求；
d) 产品净重；
e) 本标准编号。

附　录　A
（资料性附录）
二硫化钼化学分析方法

A.1　二硫化钼含量的测定

A.1.1　方法提要

二硫化钼试料经硝酸-氯酸钾饱和溶液分解，以氨水沉淀杂质，过滤分离。在pH5的乙酸-乙酸铵缓冲溶液中，用乙酸铅沉淀溶液中的钼酸根，钼酸铅沉淀经过过滤、灼烧、称量，然后换算二硫化钼含量。

A.1.2　试剂

A.1.2.1　盐酸（ρ1.19 g/mL）。

A.1.2.2　硝酸（ρ1.42 g/mL）。

A.1.2.3　氨水（ρ0.90 g/mL）。

A.1.2.4　硝酸-氯酸钾饱和溶液。

A.1.2.5　盐酸（1+1）。

A.1.2.6　氯化铵-氨水洗涤液：称取10 g氯化铵，溶于500 mL水中，加入10 mL氨水（A.1.2.3），混匀。

A.1.2.7　乙酸-乙酸铵缓冲溶液：称取250 g乙酸铵，溶于500 mL水中，加入150 mL冰乙酸（ρ1.05 g/mL），过滤后，以水稀释至1 000 mL，混匀。

A.1.2.8　乙酸铵洗涤液：移取25 mL乙酸-乙酸铵缓冲溶液（A.1.2.7），以水稀释至500 mL，混匀。

A.1.2.9　乙酸铅溶液：称取18 g乙酸铅〔$Pb(CH_3COO)_2 \cdot 3H_2O$〕，加入15 mL冰乙酸（$\rho$1.05 g/mL）和80 mL水溶解，过滤后稀释至1 000 mL，混匀。

A.1.2.10　滤纸浆：将定量滤纸撕成碎片，放入500 mL烧杯中，加水煮成糊状。

A.1.2.11　甲基橙指示剂（1 g/L）。

A.1.2.12　单宁溶液（10 g/L，作外指示剂用）。

A.1.3　试样

A.1.3.1　试样应预先脱去油和水分，其粒度应小于0.090 mm。

A.1.3.2　试样应在100 ℃～105 ℃烘1 h后，置于干燥器中，冷却至室温。

A.1.4　分析步骤

A.1.4.1　试料

称取0.200 0 g试样，精确至0.000 1 g。

独立地进行两次测定，取其平均值。

A.1.4.2　测定

A.1.4.2.1　将试料置于400 mL烧杯中，加入30 mL硝酸-氯酸钾饱和溶液（A.1.2.4），盖上表皿，低温加热分解，蒸至近干，取下稍冷。

A.1.4.2.2　加入10 mL盐酸（A.1.2.1），继续加热蒸至近干，取下稍冷，加入10 mL盐酸（A.1.2.1），用水冲洗表皿及杯壁，稀释至体积约80 mL，煮沸。

A.1.4.2.3　取下稍冷，在搅拌下慢慢加入氨水（A.1.2.3）使氢氧化物沉淀后再过量20 mL，煮沸5 min～6 min，取下，趁热用快速滤纸过滤于500 mL烧杯中，用热的氯化铵-氨水洗涤液（A.1.2.6）洗涤沉淀4次～5次，用15 mL盐酸（A.1.2.5）溶解沉淀于原烧杯中，用热水洗净滤纸至无黄色，再用热的氯化铵-氨水洗涤液（A.1.2.6）洗两次。

A.1.4.2.4　以水稀释至50 mL，加入25 mL氨水（A.1.2.3），煮沸5 min～6 min，用原滤纸过滤于第一

次滤液中，再用热的氯化铵-氨水洗涤液(A.1.2.6)洗涤沉淀4次～5次。保留残渣，必要时进行钼的光度法补正。

A.1.4.2.5　将溶液用水稀释至体积约300 mL，加入两滴甲基橙指示剂(A.1.2.11)，用盐酸(A.1.2.5)中和至橙红色，再过量10滴～12滴。加入50 mL乙酸-乙酸铵缓冲溶液(A.1.2.7)，加热至微沸，取下，在搅拌下用滴定管逐滴加入乙酸铅溶液(A.1.2.9)至与单宁外指示剂不呈黄色反应后，再过量2 mL～3 mL。加入少许滤纸浆，加热微沸后，在温热处静置30 min。

A.1.4.2.6　取下用中速定量滤纸过滤，粘附在烧杯壁和玻璃棒上的沉淀用一小片滤纸擦净，用热乙酸铵洗涤液(A.1.2.8)洗涤沉淀10次～12次。

A.1.4.2.7　将沉淀和滤纸移入已知质量的瓷坩埚中，烘干，灰化，置于550 ℃～600 ℃高温炉中灼烧至恒重。在干燥器中冷却至室温，称量。

A.1.5　结果计算

二硫化钼含量以二硫化钼(MoS_2)的质量分数 w_1 计，数值以%表示，按公式(A.1)计算：

$$w_1 = \frac{(m_1 - m_0) \times 0.4359}{m} \times 100 \quad \cdots\cdots\cdots\cdots\cdots\cdots (A.1)$$

式中：

m_1——钼酸铅和坩埚质量，单位为克(g)；

m_0——坩埚质量，单位为克(g)；

m——试料质量，单位为克(g)；

0.435 9——钼酸铅换算为二硫化钼的系数。

取平行测定结果的算术平均值为测定结果。平行测定结果的绝对差值不大于0.40%。

A.2　总不溶物含量的测定

A.2.1　方法提要

将试料溶于硝酸-氯酸钾饱和溶液中，用氨水将钼与总不溶物分离，过滤、洗涤后灼烧并称重。计算总不溶物含量。

A.2.2　试剂

A.2.2.1　盐酸(ρ1.19 g/mL)。

A.2.2.2　氨水(ρ0.90 g/mL)。

A.2.2.3　盐酸(1+1)。

A.2.2.4　硝酸-氯酸钾饱和溶液。

A.2.3　分析步骤

A.2.3.1　称取2.00 g试料，精确至0.000 1 g。置于400 mL高型烧杯中，用约1 mL水润湿试样，小心加入30 mL硝酸-氯酸钾饱和溶液(A.2.2.4)。待剧烈反应停止后，将烧杯放在电热板上慢慢加热直至溶液变成淡黄色或近于白色为止；再补加20 mL硝酸-氯酸钾饱和溶液(A.2.2.4)，继续加热至溶液变为白色。加15 mL盐酸(A.2.2.1)，煮沸至棕色烟雾消散为止。

A.2.3.2　溶液稍冷后，加水至50 mL，在搅拌下加40 mL氨水(A.2.2.2)，加热至沸，趁热用中速定量滤纸过滤，用少量(不超过50 mL)热水多次洗涤滤渣。将滤纸和滤渣放入烧杯中，加10 mL盐酸(A.2.2.3)，把滤纸打成纸浆，加水至50 mL，在搅拌下加入40 mL氨水(A.2.2.2)，加热至沸，趁热用中速定量滤纸过滤，用热水洗涤8次，每次25 mL。

A.2.3.3　将滤渣和滤纸置于预先灼烧至恒重的瓷坩埚中，灰化后置于550 ℃～600 ℃的高温炉中灼烧至恒重。取出放在干燥器中冷至室温，称量。

A.2.4　结果计算

总不溶物的质量分数以 w_2 计，数值以%表示，按公式(A.2)计算：

$$w_2 = \frac{m_1}{m} \times 100 \quad \cdots\cdots\cdots(A.2)$$

式中：

m_1——滤渣的质量，单位为克(g)；

m——试料质量，单位为克(g)。

取平行测定结果的算术平均值为测定结果，平行测定结果的绝对差值不大于0.05%。

A.3 铁含量的测定

按GB/T 3049的规定进行。

A.4 铅含量的测定

A.4.1 方法提要

将样品溶解并酸化，采用原子吸收分光光度法在283.3 nm波长下测定铅含量。

A.4.2 试剂

A.4.2.1 盐酸(ρ1.19 g/mL)。

A.4.2.2 硝酸(ρ1.42 g/mL)。

A.4.2.3 铅标准贮存溶液：称取0.100 0 g金属铅(质量分数99.99%以上)于250 mL烧杯中，盖上表皿，加入30 mL硝酸(A.4.2.2)，加热溶解后，冷却。将溶液移入1 000 mL容量瓶中，以水稀释至刻度，混匀。此溶液1 mL含0.1 mg铅。

A.4.2.4 铅标准溶液：移取5.00 mL铅标准贮存溶液(A.4.2.3)置于100 mL容量瓶中，用水稀释至刻度，摇匀。此溶液1 mL含5 μg铅。

A.4.3 仪器

原子吸收分光光度计，配有铅空心阴极灯。

在仪器最佳工作条件下，凡能达到下列指标者均可使用。

——精密度的最低要求：测量最高标准溶液的吸光度10次，其标准偏差应不超过平均吸光度的1.0%。测量最低标准溶液(不是“零”标准溶液)的吸光度10次，其标准偏差应不超过最高标准溶液平均吸光度的0.5%；

——特征浓度：在与测定试液的基体相一致的溶液中，铅的特征浓度应不大于0.16 μg/mL；

——工作曲线的线性：将工作曲线按浓度等分成五段，最高段的吸光度差值与最低段的吸光度差值之比，应不小于0.7。

A.4.4 分析步骤

A.4.4.1 工作曲线的绘制

分别移取0.00 mL、2.00 mL、4.00 mL、6.00 mL、8.00 mL铅标准溶液(A.4.2.4)，置于一组100 mL的容量瓶中，加入4 mL盐酸溶液(A.4.2.1)，用水稀释至刻度，摇匀。使用乙炔-空气火焰，在波长283.3 nm处将原子吸收分光光度计调至最佳工作状态，以水为参比，测量吸光度。从每个标准参比液的吸光度中减去试剂空白试液的吸光度，以铅的质量为横坐标，对应的吸光度为纵坐标，绘制工作曲线。

A.4.4.2 试样溶液的制备

称取约0.2 g试料，精确0.000 1 g。置于250 mL烧杯中，加入10 mL硝酸(A.4.2.2)、15 mL盐酸(A.4.2.1)，小心加热溶解，蒸发至近干。冷却后，加4 mL盐酸(A.4.2.1)、50 mL水，加热煮沸5 min，冷却。全部移入100 mL容量瓶中，用水稀释至刻度，摇匀(必要时干滤)。

A.4.4.3　空白溶液的配制

在制备试料溶液的同时，除不加试料外，其他操作和加入的试剂量与试料溶液相同。

A.4.4.4　测定

在工作曲线的绘制同时测定试料溶液和空白溶液的吸光度，从工作曲线上查出铅的质量。

A.4.5　结果计算

铅含量以铅(Pb)的质量分数 w_3 计，数值以%表示，按公式(A.3)计算：

$$w_3=\frac{m_1-m_0}{m\times 1\ 000}\times 100 \qquad \cdots\cdots(A.3)$$

式中：

m_1——从工作曲线上查出的试料溶液中铅的质量，单位为毫克(mg)；

m_0——从工作曲线上查出的空白溶液中铅的质量，单位为毫克(mg)；

m——试料的质量，单位为克(g)。

取平行测定结果的算术平均值为测定结果，两次平行测定结果的绝对差值不大于0.005%。

A.5　三氧化钼量的测定

A.5.1　方法提要

试料中的三氧化钼以稀氨水溶解，在1.80 mol/L H_2SO_4 介质中，用硫脲将钼(Ⅵ)还原为钼(Ⅴ)，与硫氰酸盐生成琥珀色配合物，于分光光度计波长455 nm处测量其吸光度。

A.5.2　试剂

A.5.2.1　氨水(1+1)。

A.5.2.2　硫酸-硫酸铜混合溶液：称取1 g硫酸铜($CuSO_4\cdot 5H_2O$)，溶于1 000 mL硫酸(1+1)中，混匀。

A.5.2.3　硫脲溶液(50 g/L)。

A.5.2.4　硫氰酸钾溶液(250 g/L)。

A.5.2.5　三氧化钼标准贮存溶液：称取0.150 0 g三氧化钼(高纯试剂)于250 mL烧杯中，加入5 mL氢氧化钠溶液(100 g/L)，摇动溶解后，移入1 000 mL容量瓶中，以水稀释至刻度，混匀。此溶液1 mL含150 μg三氧化钼。

A.5.2.6　三氧化钼标准溶液：移取10.00 mL三氧化钼标准贮存溶液(A.5.2.5)于100 mL容量瓶中，以水稀释至刻度，混匀。此溶液1 mL含15 μg三氧化钼。

A.5.3　仪器

分光光度计。

A.5.4　试样

A.5.4.1　试样应预先脱去油和水分，其粒度应小于0.090 mm。

A.5.4.2　试样应在100 ℃～105 ℃烘1 h后，置于干燥器中，冷却至室温。

A.5.5　分析步骤

A.5.5.1　试料

称取1.000 0 g试样，精确至0.000 1 g。

独立地进行两次测定，取其平均值。

A.5.5.2　空白试验

随同试料做空白试验。

A.5.6　测定

A.5.6.1　将试料置于300 mL烧杯中，加入20 mL氨水(A.5.2.1)，盖上表皿，加热微沸3 min，取下冷却，移入 100 mL 容量瓶中，以水稀释至刻度，混匀。干过滤。按表 A.1 移取滤液于 50 mL 容量瓶中。

表 A.1

三氧化钼含量/%	移取溶液体积/mL
≤0.24	5.00
>0.24～0.60	2.00

A.5.6.2 加入 10 mL 硫酸-硫酸铜混合溶液(A.5.2.2)，以水稀释至体积约 30 mL，摇匀，加入 5 mL 硫脲溶液(A.5.2.3)，5 mL 硫氰酸钾溶液(A.5.2.4)，以水稀释至刻度，混匀。放置 30 min。将部分试液移入 3 cm 吸收池中，以试剂空白为参比，于分光光度计波长 455 nm 处测量其吸光度。

A.5.6.3 减去随同试料的空白溶液的吸光度，从工作曲线上查得相应的三氧化钼量。

A.5.7 工作曲线

移取 0 mL、2.00 mL、4.00 mL、6.00 mL、8.00 mL 三氧化钼标准溶液(A.5.2.6)于一组 50 mL 容量瓶中。以下按 A.5.6.2 条进行。以三氧化钼量为横坐标，吸光度为纵坐标绘制工作曲线。

A.5.8 分析结果的表述

三氧化钼的含量以三氧化钼的质量分数 w_4 计，数值以%表示，按公式(A.4)计算：

$$w_4 = \frac{m_1 \times V_0 \times 10^{-6}}{m_0 \times V_1} \times 100 \qquad \cdots\cdots\cdots\cdots (A.4)$$

式中：

m_1——从工作曲线上查得的三氧化钼量，单位为微克(μg)；

V_0——溶液的总体积，单位为毫升(mL)；

V_1——移取溶液的体积，单位为毫升(mL)；

m_0——试料质量，单位为克(g)。

取平行测定结果的算术平均值为测定结果，两次平行测定结果的绝对差值不大于 0.02%。

A.6 硅含量的测定

A.6.1 方法提要

试料用酸分解，残渣以碱熔融，在弱酸性介质中硅与钼酸铵形成硅钼黄杂多酸。以硫酸、草酸和柠檬酸消除磷、砷的干扰，用抗坏血酸将硅钼黄还原为硅钼蓝。于分光光度计波长 660 nm 处测量其吸光度。

A.6.2 试剂

A.6.2.1 硝酸(ρ1.42 g/mL)。

A.6.2.2 硝酸(3+97)。

A.6.2.3 硫酸(1+1)。

A.6.2.4 饱和碳酸钠溶液。

A.6.2.5 混合溶剂：2 份无水碳酸钠和 1 份无水碳酸钾混匀。

A.6.2.6 钼酸铵溶液(100 g/L)。

A.6.2.7 混合络合剂：1 份硫酸溶液(1+2)，1 份柠檬酸(100 g/L)，2 份草酸(30 g/L)混匀。

A.6.2.8 抗坏血酸溶液(10 g/L)：将 10 g 抗坏血酸溶解于 1 000 mL 混合络合剂中，用时现配。

A.6.2.9 硅标准贮存溶液：称取 0.106 9 g 于 900 ℃灼烧至恒重的二氧化硅(基准试剂)，置于铂坩埚中，加入 3 g 无水碳酸钠(优级纯)，在 900 ℃熔融后，冷却，溶于水中，移入 500 mL 容量瓶中，以水稀释至刻度，混匀。贮于塑料瓶中。此溶液 1 mL 含 100 μg 硅。

A.6.2.10 硅标准溶液：移取 10.00 mL 硅标准贮存溶液(A.6.2.9)于 100 mL 容量瓶中，以水稀释至刻度，混匀，贮存在塑料瓶。此溶液 1 mL 含 10 μg 硅。

A.6.2.11 刚果红试纸。

A.6.3 仪器

分光光度计。

A.6.4 分析步骤

A.6.4.1 工作曲线的绘制

移取 0.00 mL、0.50 mL、1.00 mL、1.50 mL、2.00 mL、2.50 mL 硅标准溶液(A.6.2.10)置于一组 50 mL 容量瓶中,加入 10 mL 硝酸(A.6.2.2),加水稀释至 25 mL 左右,加 2 mL 钼酸铵溶液(A.6.2.6),混匀,放置约 20 min,加 10 mL 抗坏血酸溶液(A.6.2.8),用水稀释至刻度,混匀,放置 15 min。在波长 660 nm 处,以水为参比,用 1 cm 吸收池在分光光度计上测量其吸光度。

减去标准系列中零浓度溶液的吸光度,以硅量为横坐标,吸光度为纵坐标绘制工作曲线。

A.6.4.2 测定

A.6.4.2.1 称取 0.5 g 试料,精确至 0.01 g。置于 250 mL 高型烧杯中,用约 1 mL 水润湿,加入 20 mL 硝酸(A.6.2.1),加热至停止逸出大量的氮的氧化物,取下稍冷。加 10 mL 硫酸(A.6.2.3),继续加热至冒大量白烟,溶液变透明为止。

A.6.4.2.2 溶液稍冷后,小心加水至 50 mL,加热至沸,趁热用中速定量滤纸过滤,用热水多次洗涤滤渣。

A.6.4.2.3 将滤纸和滤渣放入铂坩埚中,灰化后,加 3 g 混合溶剂(A.6.2.5),搅匀后再以约 1 g 覆盖,于 1 000 ℃的高温炉中熔融 30 min。

A.6.4.2.4 取出冷却至室温,放入烧杯中,加 50 mL 热水和 5 mL 硫酸溶液(A.6.2.3)浸溶。用水冲洗坩埚,加饱和碳酸钠溶液(A.6.2.4)至使刚果红试纸变淡紫色,移入 250 mL 容量瓶中,加水至刻度,混匀。同时做空白试验溶液。

A.6.4.2.5 分别移取 25.00 mL 试验溶液的上层清液和空白试验溶液,置于两个 50 mL 容量瓶中,加 10 mL 硝酸(A.6.2.2),加 2 mL 钼酸铵溶液(A.6.2.6),混匀,放置约 20 min。加 10 mL 抗坏血酸溶液(A.6.2.8),用水稀释至刻度,混匀,放置 15 min。在波长 660 nm 处,以水为参比,用 2 cm 吸收池在分光光度计上测量其吸光度。

A.6.4.2.6 根据试验溶液和空白试验溶液的吸光度,从标准曲线上查出所测试验溶液和空白试验溶液的相应的硅含量。

A.6.5 分析结果的计算

硅含量以二氧化硅(SiO_2)的质量分数 w_5 计,数值以%表示,按公式(A.5)计算:

$$w_5 = \frac{(m_1 - m_0) \times k}{m \times 10^6} \times 100 \qquad \cdots\cdots(A.5)$$

式中:

m_1——从工作曲线上查出的试验溶液中硅的质量,单位为微克(μg);

m_0——从工作曲线上查出的空白试验溶液中硅的质量,单位为微克(μg);

m——试料的质量,单位为克(g);

k——硅换算为二氧化硅的系数,$k=2.143$。

取平行测定结果的算术平均值为测定结果,两次平行测定结果的绝对差值不大于 0.001%。报出结果换算为 SiO_2 形式报出。

A.7 水分测定

A.7.1 方法提要

试料经 105 ℃干燥至恒重,冷却,称量并计算水分含量。

A.7.2 仪器

A.7.2.1 称量瓶:ϕ30 mm×25 mm;

A.7.2.2 电热干燥箱：温度能控制在(105±2)℃。

A.7.3 分析步骤

称取约 2 g 试料，精确至 0.000 2 g。置于预先在(105±2)℃干燥至恒重的称量瓶中，在(105±2)℃的电热干燥箱中干燥 2 h，冷却，称量，直至恒重。

A.7.4 分析结果的计算

水分的质量分数以 w_6 计，数值以%表示，按公式(A.6)计算：

$$w_6 = \frac{m - m_1}{m} \times 100 \qquad \cdots\cdots(A.6)$$

式中：

m_1——干燥后试料的质量，单位为克(g)；

m——试料质量，单位为克(g)。

取平行测定结果的算术平均值为测定结果。平行测定结果的绝对差值不大于 0.02%。

A.8 非水酸值的测定

按照 ASTM D 974 的规定进行。

A.9 含油量的测定

A.9.1 方法提要

试料中的油分以丙酮溶出，过滤，加热滤液使丙酮和水分逸出，称量油分。

A.9.2 试剂

丙酮。

A.9.3 样品

将实验室样品装于 10 cm×15 cm 聚乙烯袋中，密封。

A.9.4 测定步骤

A.9.4.1 试料

称取 30.00 g 实验室样品，精确至 0.01 g。

A.9.4.2 分析步骤

将试料置于 250 mL 干锥形瓶中，加入 100 mL 丙酮，盖上胶塞，振荡溶解 5 min，静置 5 min。用双层慢速滤纸干过滤于已恒重的 100 mL 烧杯中，滤液体积至 50 mL，取下烧杯，放在低温的电热板上蒸发至约 10 mL，再置于 80 ℃水浴继续蒸发 20 min，取下，擦干烧杯外壁，冷却，称量。

注：为防止干过滤时丙酮挥发，锥形瓶、漏斗、烧杯均需封盖。

A.9.5 分析结果的表述

含油量的质量分数以 w_7 计，数值以%表示，按式(A.7)计算：

$$w_7 = \frac{(m_1 - m_2) \times V_0}{m_0 \times V_1} \times 100 \qquad \cdots\cdots(A.7)$$

式中：

m_1——烧杯与油分的质量，单位为克(g)；

m_2——烧杯的质量，单位为克(g)；

V_0——溶液总体积，单位为毫升(mL)；

V_1——分取试液体积，单位为毫升(mL)；

m_0——试料质量，单位为克(g)。

取平行测定结果的算术平均值为测定结果。平行测定结果的绝对差值不大于 0.05%。

附　录　B
（资料性附录）
粒度分析测定方法

B.1　方法提要

试料经分散剂分散均匀，用激光粒度测定仪测定。

B.2　试剂

六偏磷酸钠溶液(2 g/L)。

B.3　仪器

激光粒度测定仪。

B.4　分析步骤

B.4.1　试料溶液的制备

称取试料 0.1 g～0.2 g，置于预先加入约 80 mL 水的 200 mL 容器内，再加入约 0.50 mL 六偏磷酸钠溶液，在超声振荡器中振荡均匀。

B.4.2　测定

按仪器操作规定开启仪器，进行测定，其结果由计算机进行数据处理。

ICS 77.150
H 63

中华人民共和国国家标准

GB/T 23272—2009

照明及电子设备用钨丝

Tungsten wire for lighting and electronic equipments

2009-01-05 发布　　　　2009-11-01 实施

中华人民共和国国家质量监督检验检疫总局
中国国家标准化管理委员会　发布

前　言

本标准的附录 B 为规范性附录，附录 A 为资料性附录。

本标准由中国有色金属工业协会提出。

本标准由全国有色金属标准化技术委员会归口。

本标准由厦门虹鹭钨钼工业有限公司负责起草。

本标准主要起草人：彭福生、潘小峰、张衍诚。

照明及电子设备用钨丝

1 范围

本标准规定了钨丝的分类、要求、试验方法、检验规则、包装、标志、运输及贮存、订货单(或合同)内容。

本标准适用于制造各种照明灯丝、栅丝、支架、引线、电极、弹簧、真空镀膜加热子、炉体加热材料、高温构件等用钨丝。

2 规范性引用文件

下列文件中的条款通过本标准的引用而成为本标准的条款。凡是注日期的引用文件,其随后所有的修改单(不包括勘误的内容)或修订版均不适用于本标准,然而,鼓励根据本标准达成协议的各方研究是否可使用这些文件的最新版本。凡是不注日期的引用文件,其最新版本适用于本标准。

GB/T 2828.1 计数抽样检验程序 第1部分:按接收质量限(AQL)检索的逐批检验抽样计划

GB/T 4324.17 钨化学分析方法 原子吸收分光光度法测定钠量

GB/T 4324.18 钨化学分析方法 原子吸收分光光度法测定钾量

YS/T 515 钨丝下垂试验方法

YS/T 559 钨的发射光谱分析方法

3 要求

3.1 产品分类

3.1.1 产品牌号、加工状态和用途

钨丝按化学成分、力学性能和用途分为W91、W71、W61、W31、W41、W42和W11七个牌号,其加工状态和用途见表1。

表1 钨丝分类

牌　号	加工状态	用　　途
W91	拉制/矫直/退火/电解抛光/化学清洗	制造高色温灯灯丝,耐震灯丝,如卤素灯
W71	拉制/矫直/退火/电解抛光/化学清洗	制造高温抗震灯丝
W61	拉制/矫直/退火/电解抛光/化学清洗	制造双螺旋普灯,荧光灯节能灯灯丝
W31	拉制/矫直/退火/电解抛光/化学清洗	制造普灯灯丝,支架丝,栅丝,照明电极
W41	拉制/矫直/退火/电解抛光/化学清洗	制造钨加热子,引线,炉体加热材料
W42	拉制/矫直/退火/电解抛光/化学清洗	制造钨加热子,引线,高温构件
W11	拉制/矫直/退火/电解抛光/化学清洗	制造焊接电极,炉体加热材料,引线
注:经退火/电解抛光/化学清洗去除表面石墨、氧化层后的钨丝称为白钨丝,表面有石墨乳涂层的钨丝称为黑钨丝。		

3.1.2 钨丝标识

钨丝标识方法见表2。

表 2 钨丝标识方法

公差等级		加工状态	
分类	标识	分类	标识
超 0 级	00	拉制	D
0 级	0	矫直	S
Ⅰ级	Ⅰ	退火	H
Ⅱ级	不标识	电解抛光	E
—	—	化学清洗	C
注：钨丝的加工状态及等级标志在牌号后，如：W61ES/0。			

3.2 化学成分

钨丝的化学成分应符合表 3 规定。

表 3 钨丝化学成分

牌号	W(质量分数)/%不小于	K(质量分数)/%	杂质元素(质量分数)/%，不大于						
			Fe	Al	Mo	Co	As、Ca、Cr、Mg、Mn、Na、Ni、Ti、Si 中的每个	Bi、Cd、Cu、Pb、Sb 中的每个	Sn
W91	99.95	0.008 0～0.010 0	0.002	0.001 5	0.003	0.001	0.001	0.000 5	0.000 5
W71	99.90	0.006 5～0.010 0	0.002	0.001 5	0.003	0.020	0.001	0.000 5	0.002 0
W61	99.95	0.007 0～0.008 5	0.002	0.001 5	0.003	0.001	0.001	0.000 5	0.000 5
W31	99.95	0.006 0～0.007 5	0.002	0.001 5	0.003	0.001	0.001	0.000 5	0.000 5
W41	99.95	0.004 0～0.006 0	0.005	0.001 5	0.01	0.001	0.001	0.000 5	0.000 5
W42	99.95	0.006 0～0.010 0	0.005	0.001 5	0.01	0.001	0.001	0.000 5	0.000 5
W11	99.98	<0.001 5	0.005	0.001 5	0.01	0.001	0.001	0.000 5	0.000 5
注：W 含量=100%－K%－实测其他元素含量总和%。									

3.3 尺寸及其允许偏差

3.3.1 长度

钨丝的最短长度应符合表 4 规定。

表 4 钨丝的最短长度

钨丝直径/μm	钨丝 200 mm 丝段质量/mg	最短长度/m
$8 \leqslant d < 15$	$0.19 \leqslant m < 0.68$	3 000
$15 \leqslant d < 25$	$0.68 \leqslant m < 1.89$	2 000
$25 \leqslant d < 50$	$1.89 \leqslant m < 7.57$	1 000
$50 \leqslant d < 80$	$7.57 \leqslant m < 19.39$	800
$80 \leqslant d < 130$	$19.39 \leqslant m < 51.21$	300
$130 \leqslant d < 200$	$51.21 \leqslant m < 121.20$	200
$200 \leqslant d < 390$	$121.20 \leqslant m < 460.86$	100
$390 \leqslant d < 500$	—	相当于 400 g 重量的长度
$500 \leqslant d < 1\,800$	—	相当于 600 g 重量的长度

3.3.2 **尺寸及允许偏差**

3.3.2.1 钨丝的直径允许偏差应符合表 5 规定。

表 5 钨丝直径允许偏差

钨丝直径/μm	钨丝 200 mm 丝段质量/mg	200 mm 丝段质量偏差/%			直径偏差/%		
		0 级	Ⅰ级	Ⅱ级	0 级	Ⅰ级	Ⅱ级
8≤d<15	0.19≤m<0.68	±3.0	±4.0	±5.0	—	—	—
15≤d<25	0.68≤m<1.89	±2.0	±3.0	±4.0	—	—	—
25≤d<50	1.89≤m<7.57	±2.0	±2.5	±3.0	—	—	—
50≤d<80	7.57≤m<19.39	±1.5	±2.0	±2.5	—	—	—
80≤d<130	19.39≤m<51.21	±1.0	±1.5	±2.0	—	—	—
130≤d<200	51.21≤m<121.20	±1.0	±1.5	±2.0	—	—	—
200≤d<390	121.20≤m<460.86		±1.0	±1.5	—	—	—
390≤d<500	—	—			±1.0	±1.5	±2.0
500≤d<1 800	—	—			±0.5	±1.0	±1.5
注：超过 0 级公差要求由供需双方协商议定。							

3.3.2.2 钨丝两端 200 mm 丝段质量差不应超过同级公差的 1/2。

3.3.2.3 钨丝任意连续两段 200 mm 丝段质量差不应超过标称规格的 0.5%。

3.3.3 **椭圆度**

直径大于 150 μm 的钨丝的椭圆度不应超过 3%。

3.4 **室温力学性能及高温性能**

3.4.1 **室温力学性能**

钨丝的抗拉强度应符合表 6 规定。

表 6 钨丝抗拉强度

规格范围		C/D/E/S 状态抗拉强度/(N/mm²)	H 状态抗拉强度/(N/mm²)
钨丝直径/μm	200 mm 钨丝重量/mg		
8≤d<15	0.19≤m<0.68	3 200～4 600	2 500～3 800
15≤d<25	0.68≤m<1.89	3 000～4 400	2 300～3 500
25≤d<50	1.89≤m<7.57	2 800～4 100	2 200～3 400
50≤d<80	7.57≤m<19.39	2 500～3 800	2 000～3 200
80≤d<130	19.39≤m<51.21	2 200～3 500	1 800～3 000
130≤d<200	51.21≤m<121.20	2 000～3 200	1 600～2 800
200≤d<390	121.20≤m<460.86	1 800～3 000	1 400～2 600
注：直径大于等于 390 μm 钨丝的抗拉强度由供需双方协商议定。			

3.4.2 **高温性能**

3.4.2.1 钨丝高温性能应符合表 7 规定。

表 7 钨丝高温性能

牌号	W91	W71	W61	W31
ϕ0.39 高温下垂值 SAG/mm	≤2.0	≤2.0	≤3.0	≤4.0
起始再结晶温度 T_R/FC%	≥42	≥44	≥40	≥38
注：W41、W42、W11 钨丝，不用于照明，没有高温性能的具体要求。				

3.4.2.2 高温处理后，钨丝的金相组织应符合图 1～图 3 所示。

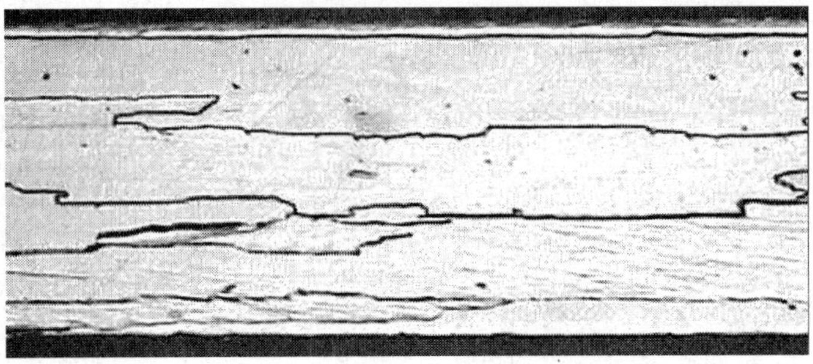

图 1 W91、W71 牌号 ϕ0.39 mm 钨丝金相组织（×100）

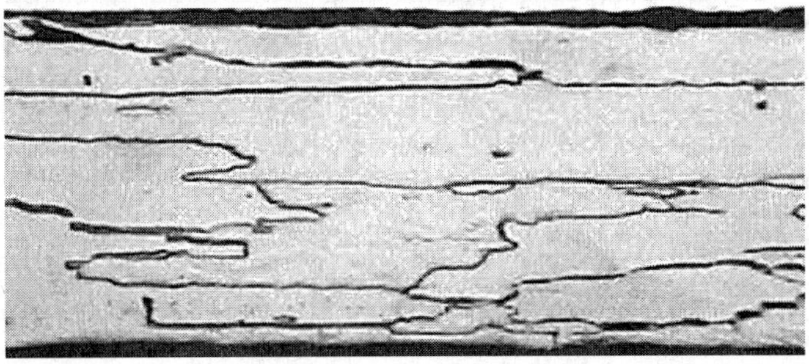

图 2 W61 牌号 ϕ0.39 mm 钨丝金相组织（×100）

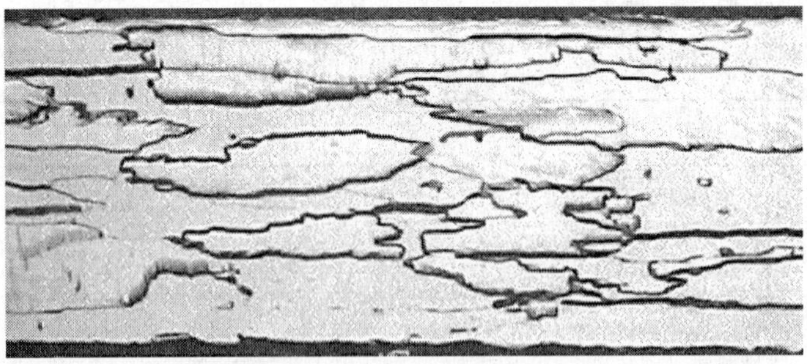

图 3 W31 牌号 ϕ0.39 mm 钨丝金相组织（×100）

3.5 绕丝性能

按 4.3.3 方法进行绕丝检验，钨丝不应出现断丝、开裂、毛刺等缺陷。

3.6 直线性

3.6.1 普通型钨丝应很容易从线轴上放出，允许单位长度（600 mm）的钨丝存在一个反圈，其波浪形态应符合图 4 中第（1）～（5）条的波浪形状。不允许存在（6）～（9）条的波浪形状。

图4 普通型钨丝直线性标准图谱

3.6.2 直径小于100 μm(30.3 mg)的矫直型钨丝,每500 mm 丝段的自然下垂高度应不少于450 mm。

3.6.3 直径大于等于100 μm 的矫直型钨丝,切取200 mm(L_1)长的丝段,弯曲状态下,每100 mm(L_2)弦长的最大高度(ΔH)不应超过10 mm。

3.7 线盘及复绕

3.7.1 每盘钨丝应是连续的一整根丝。直径小于750 μm 的钨丝,应绕在塑料线盘或胶木线盘上。直径大于等于750 μm,应绕成线卷,丝头应有明显的区分标志,不得扭结成"8"字形,每卷钨丝用软金属丝或塑料扎带捆扎3~4处,线盘及线卷规格应符合表8的规定。

3.7.2 复绕排线应紧密、整齐,不得压丝、堆丝、乱丝。

表8 钨丝复绕线盘/线卷尺寸

钨丝直径/μm	线盘或线卷规格/mm		
	线盘尺寸		线卷直径
	内径	宽	
8≤d<100	40	20~25	—
100≤d<390	85	15~40	—
390≤d<750	216	25~100	—
750≤d<1 250	—	—	380
1 250≤d≤1 800	—	—	500

3.8 外观质量

黑钨丝表面应光滑,呈均匀的黑色,允许有轻微发蓝;外观应无裂纹、毛刺、划痕、凹坑、脏乱、油污等不良缺陷。直径小于150 μm 的钨丝,手摸应无不平滑现象。

白钨丝表面应光滑、干净,呈均匀的银灰色,具有金属光泽;不应有划痕、毛刺、裂纹、凹坑、不平滑等现象。

3.9 特殊要求

对有特殊要求用途的钨丝可经供需双方协商另议。

4 试验方法

4.1 化学成分分析方法

钨丝的化学成分按GB/T 4324.17、GB/T 4324.18、YS/T 559进行分析。

4.2 尺寸检验方法

4.2.1 直径大于等于390 μm 的钨丝用Ⅰ级数显千分尺进行直径测量,在距离端部约1米处连续测量三点,取平均值作为钨丝直径。

4.2.2 直径小于 390 μm 的钨丝,使用专用量具取 200 mm 丝段,用天平测量 200 mm 丝段质量(mg)。连续测量两次,取平均值作为钨丝的直径。钨丝的直径(μm)与 200 mm 丝段质量(mg)的换算关系按附录 A 进行。

4.2.3 钨丝长度按复绕机的长度计数器读数或按公式(1)计算得出:

$$L = \frac{G}{m} \times 200 \quad \cdots\cdots(1)$$

式中:

L——钨丝长度,单位为米(m);

G——钨丝的净重,单位为克(g);

m——钨丝的规格,单位为毫克/200 毫米(mg/200 mm)。

4.2.4 钨丝的椭圆度用Ⅰ级数显千分尺测量,在同一截面上测得最大直径 ϕ_{max} 和最小直径 ϕ_{min},则钨丝的椭圆度 C(%)按公式(2)计算得出:

$$C(\%) = \frac{\phi_{max} - \phi_{min}}{\frac{\phi_{max} + \phi_{min}}{2}} \times 100 \quad \cdots\cdots(2)$$

4.3 性能试验方法

4.3.1 室温力学性能试验方法

钨丝抗拉强度的测定按附录 B 的规定进行。

4.3.2 高温性能试验方法

4.3.2.1 按 YS/T 515 的规定测试钨丝的高温抗下垂性能。采用下垂试验后的试样,检测钨丝的金相组织结构。

4.3.2.2 再结晶温度测试方法

4.3.2.2.1 试样:取直径为 0.39 mm 长度为 230 mm 的钨丝,制成 V 形(发夹形),并碱煮清除钨丝表面石墨乳保护层。

4.3.2.2.2 试验装置:下垂试验机。

4.3.2.2.3 试验步骤

a) 熔断电流试验:在下垂试验机中,在氢气保护条件下,按表 9 的试验条件,将钨丝通电加热直至钨丝熔断,记录钨丝熔断时对应的电流即为熔断电流 FC,单位:安培。

表 9 熔断电流测试及加热试验条件

熔断试验		加热试验			
氢气流量	升温速度	氢气流量	升温速度	FC%	保温时间
600 L/h	1 A/s	600 L/h	1 A/s	38,40,42,44,46 48,50,52,54,56	2 min

b) 加热试验:取 10 个钨丝试样,分别以 1 A/s 的升温速度升温到熔断电流的 38%、40%、42%、44%、46%、48%、50%、52%、54%、56%,并保温 2 min。

c) 金相观察:冷却后取出试样,在距 V 形中心 20 mm 处截取约 20 mm 钨丝制成金相试样,在 50 倍的金相显微镜下观察纵截面组织,把开始形成粗大晶粒组织所对应的温度称为起始再结晶温度,以 T_R 表示,单位 FC%。FC%与温度的参考对应关系见表 10。

表 10 FC%与温度的参考对应关系

FC%	38	40	42	44	46	48	50	52	54	56
温度/℃	1 800	1 850	1 910	1 960	2 020	2 070	2 120	2 180	2 230	2 290

4.3.3 绕丝试验方法

在2倍的芯线上紧密绕丝50圈，退去芯线后将螺旋丝拉伸3倍长度，检验钨丝是否开裂。

4.3.4 直线性试验方法

4.3.4.1 普通型钨丝直线性测试方法：取600 mm钨丝，手握钨丝两端并缓慢收缩两端距离，使钨丝下垂约25 mm，然后观察钨丝的波浪形态。

4.3.4.2 矫直型钨丝直线性测试方法：

4.3.4.2.1 直径小于等于100 μm的矫直型钨丝用下垂法测试直线性。即切取500 mm长钨丝，测量自然下垂高度。

4.3.4.2.2 直径大于100 μm的矫直型钨丝用弦弧法(如图5)测试直线性。即切取200 mm(L_1)长的钨丝，将钨丝置于光滑的平面上，测量在100 mm(L_2)弦长丝段间弧与弦的垂直高度(ΔH)。

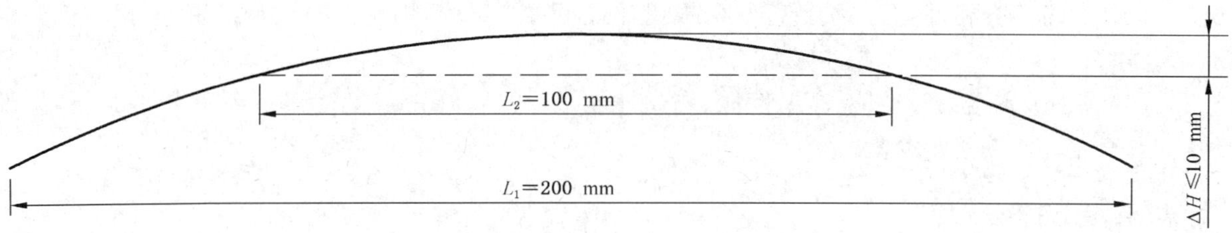

图5 弦弧法示意图

4.3.5 线盘及复绕

线盘及复绕排线质量采用目视检测。

4.3.6 外观质量

钨丝表面质量采用目视观察和手感检验，必要时去掉石墨乳后用显微镜观察。

5 检验规则

5.1 检查和验收

5.1.1 钨丝应由供方质量检验部门进行检验，保证产品质量符合本标准(或合同)的规定要求，并填写质量证明书。

5.1.2 需方应对收到的产品按本标准(或合同)规定进行检验。检验结果与本标准(或合同)的规定不符时，应在收到产品之日起一个月内向供方提出，由供需双方协商解决。如需仲裁，仲裁取样在需方由供需双方共同进行。

5.2 组批

钨丝应成批提交验收，每批应由同一牌号、同一粉末批号、同一生产方法、同一状态和同一规格的丝材组成。

5.3 检验项目

每批产品均应进行化学成分、尺寸、性能和外观质量的检验。

5.4 取样

钨丝取样应符合表11的规定。钨丝的椭圆度、室温力学性能、绕丝性能取样按GB/T 2828.1进行。

表11 钨丝取样规定

检验项目	取样规定	要求的章条号	试验方法的章条号
化学成分	每批任取一根	3.2	4.1
尺寸	每根	3.3.2	4.2
椭圆度	AQL=1.5，IL=Ⅱ	3.3.3	4.2.4

表 11（续）

检验项目	取样规定	要求的章条号	试验方法的章条号
室温力学性能	AQL=1.5，IL=Ⅱ	3.4.1	4.3.1
高温性能	每批任取三根	3.4.2	4.3.2
绕丝性能	AQL=1.5，IL=Ⅱ	3.5	4.3.3
直线性	每根	3.6	4.3.4
盘线及复绕	每根	3.7	4.3.5
外观质量	每根	3.8	4.3.6

5.5 检验结果的判定

5.5.1 化学成分不合格时，允许重新任取两根钨丝进行重复试验，仍有一根试验结果不合格，则判整批产品不合格。

5.5.2 产品尺寸、室温力学性能、高温性能、绕丝性能、直线性、线盘及复绕任一项不合格时，允许供方逐件检验，合格者重新组批交货。

6 标志、包装、运输及贮存

6.1 标志

每个线盘、线卷上均应附有标签或产品合格证，并标明：

a) 材料名称、牌号、生产批号；

b) 规格（200 mm 丝段重量或直径）；

c) 数量（长度或重量）；

d) 产品分类标志；

e) 生产日期；

f) 生产厂名称；

g) 每提交批应附一张质量证明书。

6.2 包装

直径小于 390 μm 的钨丝应复绕在干燥的塑料线盘、胶木线盘或金属线盘上，表面用蜡光纸封贴后装入塑料筒内。直径大于等于 390 μm 小于 750 μm 的钨丝，应绕在塑料线盘上，表面用牛皮纸封贴后装入纸箱。直径大于等于 750 μm 的钨丝绕成线卷后，用防潮纸或塑料布包扎严密。白钨丝应采用真空或充氮气包装。

6.3 运输

包装的钨丝应放在垫有防潮纸的木箱或纸箱内运输，箱上标有“勿抛掷”、“防潮湿”等字样，运输中严防酸碱性气体浸入及雨雪损坏。

6.4 贮存

钨丝按规定包装后应存放在干燥的相对湿度不大于 65% 和不含酸碱性气体的房间内。

6.5 质量证明书

每批产品应附有质量证明书，注明：

a) 供方名称、地址、电话、传真；

b) 产品名称；

c) 牌号、生产批号；

d) 加工状态；

e) 产品规格；

f) 产品数量或净重、根数或轴数；

g) 检验结果及质量检验部门的印记；

h) 本标准编号；

i) 包装日期。

7 订货单(或合同)内容

订购本标准所列产品的订货单(或合同)内容应包括以下内容：

a) 产品名称；

b) 牌号；

c) 供应状态、用途；

d) 加工状态；

e) 产品规格；

f) 数量；

g) 其他要求；

h) 本标准编号。

附　录　A
（资料性附录）
钨丝直径与 200 mm 丝段质量之间的换算关系

钨丝直径与 200 mm 丝段质量之间的换算按公式(A.1)进行：

$$d = 18.17\sqrt{m} \qquad \cdots\cdots\cdots\cdots (A.1)$$

式中：

d——钨丝直径，单位为微米（μm）；

m——钨丝 200 mm 丝段质量，单位为毫克/200 mm(mg/200 mm)。

附　录　B
（规范性附录）
钨丝抗拉强度测试方法

B.1　设备

10 N、30 N、200 N、2 500 N、10 000 N 电子拉力试验机。

B.2　测试方法

B.2.1　根据钨丝的直径选择不同的测量设备及测量范围。

B.2.2　拉力试验机上下夹头距离为 200 mm 长度。

B.2.3　测量速度应符合表 B.1 的规定。

表 B.1　测量速度

钨丝直径/μm	≤30	>30～100	>100～400	>400
测量速度/(mm/min)	50	60	90	60

B.2.4　钨丝在距夹头根部 5 mm 以内拉断时测试值无效，应重测。

B.2.5　原则上抗拉强度单位应使用国际单位 N/mm^2。但为了方便可使用单位 N/mg，即测得的抗拉力除以被测钨丝的 200 mm 丝段质量(mg)；或使用单位 gf/mg。

B.2.6　抗拉强度的换算关系：

$1\ N/mg = 3\ 860\ N/mm^2$

$1\ gf/mg = 37.828\ N/mm^2$

$1\ N/mg = 102.04\ gf/mg$

ICS 77.120.70
H 13

中华人民共和国国家标准

GB/T 23273.1—2009

草酸钴化学分析方法 第1部分：钴量的测定 电位滴定法

Methods for chemical analysis of cobalt oxalate—
Part 1: Determination of cobalt content—
Potentiometric titration method

2009-01-05 发布　　2009-11-01 实施

中华人民共和国国家质量监督检验检疫总局
中国国家标准化管理委员会　发布

前　　言

GB/T 23273《草酸钴化学分析方法》共8个部分：

——第1部分：钴量的测定　电位滴定法

——第2部分：铅量的测定　电热原子吸收光谱法

——第3部分：砷量的测定　氢化物发生—原子荧光光谱法

——第4部分：硅量的测定　钼蓝分光光度法

——第5部分：钙、镁、钠量的测定　火焰原子吸收光谱法

——第6部分：氯离子量的测定　离子选择性电极法

——第7部分：硫酸根离子量的测定　燃烧-碘量法

——第8部分：镍、铜、铁、锌、铝、锰、铅、砷、钙、镁、钠量的测定　电感耦合等离子体发射光谱法

本部分为第1部分。

本部分由中国有色金属工业协会提出。

本部分由全国有色金属标准化技术委员会归口。

本部分由金川集团有限公司负责起草。

本部分由北京矿冶研究总院、赣州钴钨有限公司参加起草。

本部分主要起草人：张发志、于乾勇、喻生洁、秦霞、吕庆成、林秀英、于力、汤淑芳、万建红、李能华、张秀香。

草酸钴化学分析方法
第1部分：钴量的测定 电位滴定法

1 范围

GB/T 23273的本部分规定了草酸钴中钴量的测定方法。

本部分适用于草酸钴中钴量的测定。测定范围：30%～33%。

2 方法提要

试料用稀硝酸分解，在柠檬酸盐氨性溶液中，铁氰化钾溶液将钴(Ⅱ)氧化为钴(Ⅲ)，过量的铁氰化钾采用电位滴定法用钴标准滴定溶液进行返滴定。

3 试剂

如无特殊说明，所用试剂均为分析纯试剂，所用水为一次蒸馏水或相当纯度的水。

3.1 硝酸(ρ1.42 g/mL)。

3.2 硝酸(1+1)。

3.3 柠檬酸铵氨性混合溶液：称取60 g氯化铵，120 g柠檬酸铵溶于500 mL水，加氨水(ρ0.90 g/mL)至1 000 mL，混匀。

3.4 钴标准滴定溶液：准确称取2.000 0 g金属钴(钴的质量分数≥99.98%)，加入20 mL硝酸(3.2)，低温加热至完全溶解，煮沸驱除氮的氧化物，取下冷至室温，用水冲洗表皿及杯壁，移入1 000 mL容量瓶中，以水定容。此溶液1 mL含2 mg钴。

3.5 铁氰化钾标准溶液($\rho[K_3Fe(CN)_6]=20$ g/L)：

3.5.1 配制：称取20 g铁氰化钾，加约250 mL水溶解，过滤后用水稀释至1 000 mL，摇匀，贮存于棕色瓶中，备用。

3.5.2 标定：移取15.00 mL钴标准滴定溶液(3.4)(V_0)，于150 mL烧杯中，加入50 mL柠檬酸铵氨性混合溶液(3.3)，准确加入15.00 mL铁氰化钾标准溶液(3.5.1)(V_2)，在自动电位滴定仪上(4.1)，插入电极(4.2)，在搅拌下，按仪器设定的滴定终点识别程序或设定的终点电位，用钴标准滴定溶液(3.4)滴定至终点电位(V_1)。

按式(1)计算铁氰化钾标准溶液对钴标准滴定溶液的滴定系数。

$$K=\frac{V_0+V_1}{V_2} \qquad \cdots\cdots(1)$$

式中：

K——滴定系数，单位体积的铁氰化钾标准溶液消耗钴标准滴定溶液的体积数；

V_0——移取钴标准溶液的体积，单位为毫升(mL)；

V_1——返滴定所消耗钴标准溶液的体积，单位为毫升(mL)；

V_2——加入铁氰化钾标准溶液的体积，单位为毫升(mL)。

取三个标定结果的平均值。滴定体积极差在0.05 mL范围内时，取其平均值，否则重新标定。

4 仪器

4.1 自动电位滴定仪，附搅拌装置。

4.2 与仪器匹配的氧化还原复合电极，或指示电极—铂电极，参比电极—钨电极或 Ag/AgCl 等其他电极。电极的选择遵照厂家指导说明书。

5 分析步骤

5.1 试料

称取 1.000 g(m)试样，精确至 0.000 1 g。

5.2 测定

5.2.1 将试料(5.1)置于 250 mL 烧杯中，以少量水润湿。加入 20 mL 硝酸(3.2)，加热溶解完全，取下，冷却。用水洗涤表皿及杯壁，煮沸，取下冷却。移入 100 mL(V)容量瓶中，以水定容。

5.2.2 分取 10.00 mL(V_3)试液(5.2.1)于 150 mL 烧杯中，加入 50 mL 柠檬酸铵氨性混合溶液(3.3)，加入 15.00 mL(V_2)铁氰化钾标准溶液(3.5)，于自动电位滴定仪上(4.1)，插入电极(4.2)，在搅拌下滴加(体积记录为 V_1)钴标准滴定溶液(3.4)，按仪器设定的程序，滴定至终点电位。

5.3 终点电位的确定

5.3.1 移取 15.00 mL 钴标准滴定溶液(3.4)于 150 mL 烧杯中，加入 50 mL 柠檬酸铵氨性混合溶液(3.3)，加入 15.00 mL 铁氰化钾标准溶液(3.5)，于自动电位滴定仪上(4.1)，插入电极(4.2)，在搅拌下滴加钴标准滴定溶液(3.4)，记录加入钴标准滴定溶液(3.4)的体积和相对应的电位值。当电位下降的变化较大时，减慢钴标准滴定溶液(3.4)滴加速度，应尽可能每次加入很小的量，继续滴加直至电位变化很小为止。

5.3.2 用加入的钴标准滴定溶液(3.4)体积为横坐标，对应的电位为纵坐标，绘制滴定曲线，以曲线突跃的中点处为终点电位。至少测定三次。建议在突跃点附近计算其一阶导数，可更精确地确定终点电位。

5.3.3 具有自动确定终点电位程序的自动电位滴定仪，可根据设定的程序自动滴定至终点。

6 分析结果的计算

按式(2)计算钴的质量分数 w_{Co}，数值以%表示：

$$w_{Co}=\frac{(V_2\cdot K-V_1)\cdot \rho_{Co}\cdot V\times 10^{-3}}{m\cdot V_3}\times 100 \qquad (2)$$

式中：

m——试料量，单位为克(g)；

ρ_{Co}——钴标准滴定溶液的质量浓度，单位为毫克每毫升(mg/mL)；

V——试液的总体积，单位为毫升(mL)；

V_1——返滴定所消耗钴标准滴定溶液的体积，单位为毫升(mL)；

V_2——加入铁氰化钾标准溶液的体积，单位为毫升(mL)；

V_3——分取试液的体积，单位为毫升(mL)；

K——滴定系数，单位体积的铁氰化钾标准溶液消耗钴标准滴定溶液的体积数。

所得结果表示至小数点后两位。

7 精密度

7.1 重复性

在重复性条件下获得的两次独立测试结果的测定值，在以下给出的平均值范围内，这两个测试结果的绝对差值不超过重复性限(r)，超过重复性限(r)的情况不超过 5%，重复性限(r)见表 1：

表 1　重复性限

%

钴的质量分数	30～33
r	0.30
注：重复性(r)为 2.8S_r，S_r 为重复性标准差。	

7.2　再现性

在再现性条件下获得的两次独立测试结果的测定值，在以下给出的平均值范围内，这两个测试结果的绝对差值不超过再现性限(R)，超过再现性限(R)的情况不超过 5%，再现性限(R)见表 2：

表 2　再现性限

%

钴的质量分数	30～33
R	0.35
注：再现性(R)为 2.8S_R，S_R 为再现性标准差。	

8　质量保证和控制

应用国家级标准样品或行业级标准样品(当两者没有时，也可用控制标样替代)，每周或每两周校核一次本分析方法标准的有效性。当过程失控时，应找出原因，纠正错误后，重新进行校核。

ICS 77.120.70
H 13

中华人民共和国国家标准

GB/T 23273.2—2009

草酸钴化学分析方法
第2部分：铅量的测定
电热原子吸收光谱法

**Methods for chemical analysis of cobalt oxalate—
Part 2: Determination of lead content—
Electrothermal atomic absorption spectrometry**

2009-01-05 发布　　2009-11-01 实施

中华人民共和国国家质量监督检验检疫总局
中国国家标准化管理委员会　发布

前言

GB/T 23273《草酸钴化学分析方法》共8个部分：

——第1部分：钴量的测定　电位滴定法

——第2部分：铅量的测定　电热原子吸收光谱法

——第3部分：砷量的测定　氢化物发生—原子荧光光谱法

——第4部分：硅量的测定　钼蓝分光光度法

——第5部分：钙、镁、钠量的测定　火焰原子吸收光谱法

——第6部分：氯离子量的测定　离子选择性电极法

——第7部分：硫酸根离子量的测定　燃烧-碘量法

——第8部分：镍、铜、铁、锌、铝、锰、铅、砷、钙、镁、钠量的测定　电感耦合等离子体发射光谱法

本部分为第2部分。

本部分由中国有色金属工业协会提出。

本部分由全国有色金属标准化技术委员会归口。

本部分由金川集团有限公司负责起草。

本部分由北京矿冶研究总院、广州有色金属研究院参加起草。

本部分主要起草人：张发志、于乾勇、杨媛媛、吕庆成、李希凯、林秀英、于力、汤淑芳、戴凤英、刘天平。

草酸钴化学分析方法
第2部分：铅量的测定
电热原子吸收光谱法

1 范围

GB/T 23273的本部分规定了草酸钴中铅量的测定方法。

本部分适用于草酸钴中铅量的测定。测定范围：0.001%～0.01%。

2 方法提要

试料用硝酸分解，在稀硝酸介质中，于石墨炉原子吸收光谱仪波长283.3 nm处，塞曼效应扣除背景，测量其吸收峰面积，按匹配钴基体的标准曲线法计算铅的含量。

3 试剂

分析用水均为二级水或相当纯度的水。实验所用器皿均用热的稀硝酸处理后，用水清洗干净。

3.1 硝酸（ρ 1.42 g/mL），优级纯。

3.2 硝酸（1+1）。

3.3 硝酸（2+3）。

3.4 硝酸（1+99）。

3.5 钴基体溶液：称取16.50 g金属钴（钴的质量分数≥99.98%，含铅＜0.000 5%）于1 000 mL烧杯中，加入40 mL硝酸（3.2），盖上表皿，低温加热至完全溶解，煮沸驱除氮的氧化物，取下冷至室温，用水冲洗表皿及杯壁，移入1 000 mL容量瓶中，以水定容。此溶液1 mL含16.5 mg钴。

3.6 铅标准贮存溶液：称取0.200 0 g金属铅（铅的质量分数≥99.95%），置于150 mL烧杯中，加入20 mL硝酸（3.3），盖上表皿，置于电热板低温处，加热至完全溶解，煮沸驱除氮的氧化物，冷却至室温，移入200 mL容量瓶中，加入20 mL硝酸（3.2），以水定容。此溶液1 mL含1 mg铅。

3.7 铅标准溶液A：移取10.00 mL铅标准贮存溶液（3.6），于1 000 mL容量瓶中，加入10 mL硝酸（3.2），以水定容。此溶液1 mL含10 μg铅。

3.8 铅标准溶液B：移取10.00 mL铅标准溶液A，于100 mL容量瓶中，加入10 mL硝酸（3.2），以水定容，此溶液1 mL含1 μg铅。

4 仪器

原子吸收光谱仪，配有石墨炉原子化器、具有塞曼效应扣除背景功能、自动进样器，附铅空心阴极灯。

在仪器最佳工作条件下，凡能达到下列指标者均可使用。

——灵敏度：在与测量试液基本一致的溶液中，铅的特征质量应不大于50 pg。

——精密度：用最高浓度的标准溶液测量10次吸光度，其标准偏差应不超过平均吸光度的1.0%；用最低浓度的标准溶液（不是“零”标准溶液）测量10次吸光度，其标准偏差应不超过最高浓度的标准溶液平均吸光度的0.5%。

——工作曲线线性：将工作曲线按浓度等分成五段，最高段的吸光度差值与最低段的吸光度差值之比，应不小于0.70。

使用PE-SIMAA6000型石墨炉原子吸收光谱仪测定铅量时的参考工作条件见表1：

表1　仪器工作条件

	波长	283.0 nm		灯电流		10 mA
原子化程序	阶段	步序	温度/℃	斜坡升温/s	保持时间/s	氩气流量 mL/min
	干燥	1	110	10	20	250
		2	130	15	20	250
	灰化	3	800	10	20	250
	原子化	4	1 650	—	3.0	—
	清除	5	2 450	—	3.0	250

5　分析步骤

5.1　试料

按表2称取试样，精确至0.000 1 g。

表2　试样的称取量和测定时试液的分取

铅的质量分数/%	试料量(m)/g	分取试液体积(V_1)/mL	试液稀释体积(V_2)/mL
0.001～0.002	0.500	—	—
>0.002～0.01	0.200	25.00	50.00

5.2　空白试验

随同试料做空白试验。

5.3　将试料(5.1)置于250 mL烧杯中，加入10 mL硝酸(3.2)，盖上表皿，低温加热至溶解完全，并蒸发至小体积(约3 mL～4 mL)，取下冷却，用硝酸(3.4)冲洗表皿及杯壁，低温加热煮沸，取下冷却，移入100 mL(V_0)容量瓶中，以水定容，空白试液加入10.0 mL钴基体溶液(3.5)。按表1分取试液并稀释后测定。

5.4　测定

5.4.1　调整仪器至最佳状态。

5.4.2　用选定的加热程序空烧石墨管两次。

5.4.3　将20 μL试液(5.3)注入原子化器中，按拟订程序于波长283.3 nm处测量铅的吸收峰面积，每份试液测定三次，取其平均值减去空白平均值，从工作曲线上查得相应的铅量。

5.5　工作曲线的绘制

5.5.1　移取0.00 mL、2.00 mL、4.00 mL、6.00 mL、8.00 mL、10.00 mL铅标准溶液(3.8)于一组100 mL容量瓶中，匹配以和样品测定体系中相同量的钴基体溶液(3.5)，加入4 mL硝酸(3.2)，以水定容。

5.5.2　与试液同时测定系列标准溶液的吸收峰面积，减去"零"浓度标准溶液的吸收峰面积，以铅浓度为横坐标，吸收峰面积为纵坐标，绘制工作曲线。

6　分析结果的计算

按下式计算铅的质量分数w_{Pb}，数值以%表示。

$$w_{Pb}=\frac{\rho\cdot V_0\cdot V_2\times10^{-9}}{m\cdot V_1}\times100 \qquad\cdots\cdots(1)$$

式中：

ρ——自工作曲线上查得的铅质量浓度，单位为纳克每毫升(ng/mL)；

V_0——试液总体积,单位为毫升(mL);
V_1——分取试液体积,单位为毫升(mL);
V_2——试液稀释体积,单位为毫升(mL);
m——试料的质量,单位为克(g)。

所得结果保留两位有效数字。

7 精密度

7.1 重复性

在重复性条件下获得的两次独立测试结果的测定值,在以下给出的平均值范围内,这两个测试结果的绝对差值不超过重复性限(r),超过重复性限(r)的情况不超过5%,重复性限(r)按表3数据采用线性内插法求得:

表3 重复性限

%

铅的质量分数	0.001	0.005	0.01
r	0.000 2	0.001	0.002
注:重复性(r)为 $2.8S_r$,S_r 为重复性标准差。			

7.2 再现性

在再现性条件下获得的两次独立测试结果的测定值,在以下给出的平均值范围内,这两个测试结果的绝对差值不超过再现性限(R),超过再现性限(R)的情况不超过5%,再现性限(R)按表4数据采用线性内插法求得:

表4 再现性限

%

铅的质量分数	0.001	0.005	0.01
R	0.000 3	0.001 5	0.003
注:再现性(R)为 $2.8S_R$,S_R 为再现性标准差。			

8 质量保证和控制

应用国家级标准样品或行业级标准样品(当两者没有时,也可用控制标样替代),每周或每两周校核一次本分析方法标准的有效性。当过程失控时,应找出原因,纠正错误后,重新进行校核。

ICS 77.120.70
H 13

中华人民共和国国家标准

GB/T 23273.3—2009

草酸钴化学分析方法 第3部分：砷量的测定 氢化物发生—原子荧光光谱法

Methods for chemical analysis of cobalt oxatate—
Part 3: Determination of arsenic content—
Hydride generation-atomic fluorescence spectrometry

2009-01-05 发布　　　　2009-11-01 实施

中华人民共和国国家质量监督检验检疫总局
中国国家标准化管理委员会　发布

前　　言

GB/T 23273《草酸钴化学分析方法》共8个部分：

——第1部分：钴量的测定　电位滴定法

——第2部分：铅量的测定　电热原子吸收光谱法

——第3部分：砷量的测定　氢化物发生—原子荧光光谱法

——第4部分：硅量的测定　钼蓝分光光度法

——第5部分：钙、镁、钠量的测定　火焰原子吸收光谱法

——第6部分：氯离子量的测定　离子选择性电极法

——第7部分：硫酸根离子量的测定　燃烧-碘量法

——第8部分：镍、铜、铁、锌、铝、锰、铅、砷、钙、镁、钠量的测定　电感耦合等离子体发射光谱法

本部分为第3部分。

本部分由中国有色金属工业协会提出。

本部分由全国有色金属标准化技术委员会归口。

本部分由金川集团有限公司负责起草。

本部分由北京矿冶研究总院、广州有色金属研究院参加起草。

本部分主要起草人：张发志、于乾勇、张喆文、秦霞、黄桂花、林秀英、汤淑芳、于力、刘天平、戴凤英。

草酸钴化学分析方法
第3部分：砷量的测定
氢化物发生—原子荧光光谱法

1 范围

GB/T 23273 的本部分规定了草酸钴中砷量的测定方法。

本部分适用于草酸钴中砷量的测定。测定范围：0.000 1%～0.004%。

2 方法提要

试料用盐酸分解，在盐酸介质中，用硫脲-抗坏血酸进行预还原，砷在氢化物发生器中，被硼氢化钾还原为氢化物，用氩气导入原子化器中，于原子荧光光谱仪上测量其荧光强度，按匹配钴基体的标准曲线法计算砷的含量。

3 试剂

分析用水均为二级水或相当纯度的水。实验所用器皿均用热的稀硝酸处理后，用水清洗干净。

3.1 盐酸（ρ1.19 g/mL）。

3.2 盐酸（1+1）。

3.3 盐酸（1+3）。

3.4 硝酸（ρ1.42 g/mL）。

3.5 硝酸（1+1）。

3.6 硫脲-抗坏血酸混合溶液（100 g/L）：称取 10.0 g 硫脲，加入约 80 mL 水加热溶解，冷却后加入 10.0 g 抗坏血酸，溶解后稀释至 100 mL，混匀，现用现配。

3.7 硼氢化钾溶液（20 g/L）：称取 2.0 g 硼氢化钾，加入 100 mL 氢氧化钠溶液（5 g/L）溶解，混匀。用时现配。

3.8 钴基体溶液（含钴 16 g/L）：称取 1.600 0 g 金属钴（钴的质量分数≥99.98%，其中砷的质量分数＜0.000 1%），加入 20 mL 硝酸（3.5）溶解，稍冷后，加入 10 mL 盐酸（3.1）溶解至小体积，取下冷却至室温，移入 100 mL 容量瓶中，以水定容。

3.9 砷标准贮存溶液：称取 0.132 0 g 三氧化二砷（三氧化二砷质量分数≥99.9%，预先置于硫酸干燥器中干燥至恒重）于 150 mL 烧杯中，加入 5 mL 氢氧化钠溶液（200 g/L），盖上表皿，低温溶解，加 5 mL 水，2 滴酚酞乙醇溶液（1 g/L），用盐酸（3.2）中和至红色刚消失后再过量 2 mL，移入 1 000 mL 容量瓶中，以水定容。此溶液 1 mL 含 100 μg 砷。

3.10 砷标准溶液：移取 10.00 mL 砷标准贮存溶液（3.9）于 1 000 mL 容量瓶中，加入 20 mL 盐酸（3.2），以水定容。此溶液 1 mL 含 1 μg 砷。

3.11 氩气（Ar≥99.99%）。

4 仪器

原子荧光光谱仪，附砷高强度空心阴极灯。

在仪器最佳工作条件下，凡达到下列指标者均可使用。

——检出极限：不大于 0.5 ng/mL。

——精密度：用 20 ng/mL 的砷标准溶液测量 10 次荧光强度，其标准偏差不应超过平均荧光强度的 2.0%。

——工作曲线线性：将工作曲线按浓度等分成五段，最高段的荧光强度差值与最低段的荧光强度差值之比，应不小于 0.80。

参考工作条件见表 1、表 2：

表 1　仪器工作条件

灯电流/mA	辅阴极电流/mA	负高压/V	载气(氩)流量/(L/min)	屏蔽气(氩)流量/(L/min)	读数时间/s	延迟时间/s	读数方式	观察高度/mm
60	25	280	0.4	0.8	12	0.5	峰面积	8

表 2　断续流动自动加液器参数设置

步骤	时间/s	转速/(r/min)	读数
1	6	0	NO
2	10	100	NO
3	6	0	NO
4	17	120	YES

5　分析步骤

5.1　试料

按表 3 称取试样，精确至 0.000 1 g。

表 3　称样量

砷的质量分数/%	称样量(m_0)/g
0.000 1～0.001	0.500
>0.001～0.004	0.200

5.2　空白实验

随同试料做空白实验。

5.3　测定

5.3.1　将试料(5.1)置于 250 mL 烧杯中，加入 10 mL 盐酸(3.2) 在约 80 ℃左右的温度下溶解完全，取下冷却，移入 100 mL 容量瓶中，加入 25 mL 盐酸(3.1)，加入 10 mL 硫脲—抗坏血酸溶液(3.6)，混匀，空白试液加入 10.00 mL 钴基体溶液(3.8)，以水定容(V_0)，放置 20 min。

5.3.2　用硼氢化钾溶液(3.7)作为还原剂，盐酸(3.3)作为载流，氩气(3.11)作为屏蔽气和载气，于原子荧光光谱仪上，与系列标准溶液平行测量试液(5.3.1)的荧光强度，减去空白试液的荧光强度，从工作曲线上查出相应的砷浓度(ρ)。

5.4　工作曲线的绘制

5.4.1　移取 0.00 mL，2.00 mL，4.00 mL，6.00 mL，8.00 mL，10.00 mL 砷标准溶液(3.10)于一组 100 mL 容量瓶中，匹配以和样品测定体系中相同量的钴基体溶液(3.8)，加入 25 mL～30 mL 盐酸(3.1)，加入 10 mL 硫脲-抗坏血酸混合溶液(3.6)，混匀，以水定容，放置 20 min。

5.4.2　在与测量试液(5.3.1)相同条件下，测量系列标准溶液的荧光强度，减去“零”浓度溶液的荧光强度。以砷浓度为横坐标，以荧光强度为纵坐标，绘制工作曲线。

6　分析结果的计算与表述

按下式计算砷的质量分数 w_{As}，数值以%表示：

$$w_{As} = \frac{\rho \cdot V_0 \times 10^{-9}}{m_0} \times 100 \quad \cdots\cdots (1)$$

式中：

ρ——自工作曲线上查得的砷质量浓度，单位为纳克每毫升(ng/mL)；

V_0——试液体积，单位为毫升(mL)；

m_0——试料的质量，单位为克(g)。

结果保留两位有效数字。

7 精密度

7.1 重复性

在重复性条件下获得的两次独立测试结果的测定值，在以下给出的平均值范围内，这两个测试结果的绝对差值不超过重复性限(r)，超过重复性限(r)的情况不超过5%，重复性限(r)按表4数据采用线性内插法求得：

表4 重复性限

%

砷的质量分数	0.000 1	0.001	0.004
r	0.000 03	0.000 2	0.000 8
注：重复性(r)为$2.8S_r$，S_r为重复性标准差。			

7.2 再现性

在再现性条件下获得的两次独立测试结果的测定值，在以下给出的平均值范围内，这两个测试结果的绝对差值不超过再现性限(R)，超过再现性限(R)的情况不超过5%，再现性限(R)按表5数据采用线性内插法求得：

表5 再现性限

%

砷的质量分数	0.000 1	0.001	0.004
R	0.000 07	0.000 3	0.001
注：再现性(R)为$2.8S_R$，S_R为再现性标准差。			

8 质量保证和控制

应用国家级标准样品或行业级标准样品(当前两者没有时，也可用控制标样替代)，每两周或必要时校核一次本分析方法标准的有效性。当过程失控时，应找出原因，纠正错误后，重新进行校核。

ICS 77.120.70
H 13

中华人民共和国国家标准

GB/T 23273.4—2009

草酸钴化学分析方法
第4部分:硅量的测定　钼蓝分光光度法

**Methods for chemical analysis of cobalt oxalate—
Part 4:Determination of silicon content—
Molybdenum blue spectrophotometry**

2009-01-15 发布　　2009-11-01 实施

中华人民共和国国家质量监督检验检疫总局
中国国家标准化管理委员会　发布

前　言

GB/T 23273《草酸钴化学分析方法》共 8 个部分：

——第 1 部分：钴量的测定　电位滴定法

——第 2 部分：铅量的测定　电热原子吸收光谱法

——第 3 部分：砷量的测定　氢化物发生—原子荧光光谱法

——第 4 部分：硅量的测定　钼蓝分光光度法

——第 5 部分：钙、镁、钠量的测定　火焰原子吸收光谱法

——第 6 部分：氯离子量的测定　离子选择性电极法

——第 7 部分：硫酸根离子量的测定　燃烧-碘量法

——第 8 部分：镍、铜、铁、锌、铝、锰、铅、砷、钙、镁、钠量的测定　电感耦合等离子体发射光谱法

本部分为第 4 部分。

本部分由中国有色金属工业协会提出。

本部分由全国有色金属标准化技术委员会归口。

本部分由金川集团有限公司负责起草。

本部分由株洲冶炼集团股份有限公司、北京矿冶研究总院参加起草。

本部分主要起草人：张发志、于乾勇、杨秀萍、董丽萍、张继红、林秀英、张毅、高颖剑。

草酸钴化学分析方法 第4部分:硅量的测定　钼蓝分光光度法

1　范围

GB/T 23273 的本部分规定了草酸钴中硅量的测定方法。

本部分适用于草酸钴中硅量的测定。测定范围:0.001%～0.01%。

2　方法提要

试料用高氯酸溶解并蒸至近干,其中不溶性硅加入氢氟酸溶解。在 pH1.0～pH1.5 时,硅与钼酸铵形成钼黄杂多酸,于硫酸介质中用正丁醇萃取,有机相用硫酸联胺和氯化亚锡还原成钼蓝,于分光光度计波长 630 nm 处测量其吸光度。

3　试剂

所用试剂除有特殊要求外其余均为优级纯,制备溶液和分析用水均为二次蒸馏水,试剂配制后均贮存于塑料瓶中。

3.1　硫酸(ρ1.84 g/mL)。

3.2　高氯酸(ρ1.67 g/mL)。

3.3　硫酸(1+3)。

3.4　硫酸(7+93)。

3.5　氢氟酸(1+1)。

3.6　盐酸(1+1)。

3.7　硼酸饱和溶液。

3.8　钼酸铵溶液(100 g/L):称取 10 g 高纯钼酸铵[$(NH_4)Mo_7O_{24}\cdot4H_2O$]溶于 80 mL 热水中,冷却,用水稀释至 100 mL,混匀,过滤后使用。

3.9　柠檬酸溶液(500 g/L)。

3.10　硫酸联胺溶液(2.5 g/L),用硫酸(1.5+98.5)配制。

3.11　氯化亚锡(100 g/L):称取 10 g 优级纯氯化亚锡溶于 100 mL 盐酸(3.6)中,混匀,现用现配。

3.12　氨水,用饱和法精制。

3.13　正丁醇,分析纯。

3.14　硅标准贮存溶液:称取 0.214 2 g 二氧化硅(二氧化硅质量分数≥99.9%)于铂金坩埚中,加入 5 g 优级纯无水碳酸钠,混匀,加盖,置于 400 ℃的马弗炉中,升温至 900 ℃,熔融 1 h,取出,用水洗净坩埚外壁,置于盛有 100 mL 热水的聚四氟乙烯杯中,低温溶解,取下,冷至室温。移入 1 000 mL 容量瓶中,用水稀释至刻度,混匀,立即移入干燥的塑料瓶中。此溶液 1 mL 含 100 μg 硅。

3.15　硅标准溶液:移取 50.00 mL 硅标准贮存溶液(3.14)于 1 000 mL 容量瓶中,用水稀释至刻度,混匀,立即移入干燥的塑料瓶中。此溶液 1 mL 含 5 μg 硅。

4　仪器

分光光度计。

5 分析步骤

5.1 试料

称取 0.250 g 试样(m_0),精确至 0.000 1 g。

5.2 空白试验

随同试料做空白试验。

5.3 测定

5.3.1 将试料(5.1)置于 50 mL 聚四氟乙烯坩埚中,加入 3 mL 高氯酸(3.2),加盖坩埚盖,加热溶解,将溶液蒸至近干,取下冷却。

5.3.2 加水至 10 mL 左右,加入 0.3 mL~0.5 mL 氢氟酸(3.5),混匀,放置 30 min。

5.3.3 加入 8 mL 硼酸饱和溶液(3.7),摇匀,放置 15 min。

5.3.4 用氨水(3.12)或硫酸(3.3)调节 pH 值至 1.0~1.5,加 5.0 mL 钼酸铵(3.8),混匀,在 20 ℃~30 ℃,放置 15 min。

5.3.5 加 5.0 mL 柠檬酸(3.9),用塑料棒搅匀。

5.3.6 将溶液移入 125 mL 分液漏斗中,用 15 mL 硫酸(3.3)冲洗坩埚并移入分液漏斗中,加入 14 mL 水,摇匀,加入 25.00 mL 正丁醇(3.13),振荡 1 min,静置分层,弃去水相。

5.3.7 向有机相中加入 15 mL 硫酸(3.4),振荡 30 s,静置分层后弃去水相,重复此操作一次。

5.3.8 向分液漏斗中加入 5 mL 硫酸联胺(3.10),0.5 mL 氯化亚锡(3.11),振荡 30 s,静置分层后弃去水相,有机相移入 25 mL 干燥的比色管中,加入少许无水硫酸钠,静置澄清。

5.3.9 移取部分溶液(5.3.8)于 1 cm 比色皿中,以随同试样的空白溶液为参比,于分光光度计波长 630 nm 处,测量其吸光度,从工作曲线上查出相应的硅量(m_1)。

5.4 工作曲线的绘制

5.4.1 移取 0.00 mL、1.00 mL、2.00 mL、3.00 mL、4.00 mL、5.00 mL 硅标准溶液(3.15)分别置于一组 50 mL 聚四氟乙烯坩埚中,以下按 5.3.2~5.3.8 进行。

5.4.2 移取部分溶液(5.4.1)于 1 cm 比色皿中,以试剂空白溶液为参比,于分光光度计波长 630 nm 处测量吸光度,以硅量为横坐标,吸光度为纵坐标,绘制工作曲线。

6 分析结果的计算

按下式计算硅的质量分数 w_{Si},数值以%表示:

$$w_{Si}=\frac{m_1\times 10^{-6}}{m_0}\times 100 \quad\cdots\cdots(1)$$

式中:

m_1——自工作曲线上查出的硅量,单位为微克(μg);

m_0——试样的质量,单位为克(g);

结果保留两位有效数字。

7 精密度

7.1 重复性

在重复性条件下获得的两次独立测试结果的测定值,在以下给出的平均值范围内,这两个测试结果的绝对差值不超过重复性限(r),超过重复性限(r)的情况不超过 5%,重复性限(r)按表 1 数据采用线性内插法求得:

表 1　重复性限　　%

硅的质量分数	0.001	0.005	0.01
r	0.000 2	0.001	0.002
注：重复性(r)为 $2.8S_r$，S_r 为重复性标准差。			

7.2　再现性

在再现性条件下获得的两次独立测试结果的测定值，在以下给出的平均值范围内，这两个测试结果的绝对差值不超过再现性限(R)，超过再现性限(R)的情况不超过5%，再现性限(R)按表2数据采用线性内插法求得：

表 2　再现性限　　%

硅的质量分数	0.001	0.005	0.01
R	0.000 3	0.001 5	0.003
注：再现性(R)为 $2.8S_R$，S_R 为再现性标准差。			

8　质量保证和控制

应用国家级标准样品或行业级标准样品(当两者没有时，也可用控制标样替代)，每周或每两周校核一次本分析方法标准的有效性。当过程失控时，应找出原因，纠正错误后，重新进行校核。

ICS 77.120.70
H 13

中华人民共和国国家标准

GB/T 23273.5—2009

草酸钴化学分析方法 第5部分：钙、镁、钠量的测定 火焰原子吸收光谱法

Methods for chemical analysis of cobalt oxalate—
Part 5：Determination of calcium，magnesium and sodium content—
Flame atomic absorption spectrometry

2009-01-15 发布

2009-11-01 实施

中华人民共和国国家质量监督检验检疫总局
中国国家标准化管理委员会 发布

前　言

GB/T 23273《草酸钴化学分析方法》共8个部分：

——第1部分：钴量的测定　电位滴定法

——第2部分：铅量的测定　电热原子吸收光谱法

——第3部分：砷量的测定　氢化物发生—原子荧光光谱法

——第4部分：硅量的测定　钼蓝分光光度法

——第5部分：钙、镁、钠量的测定　火焰原子吸收光谱法

——第6部分：氯离子量的测定　离子选择性电极法

——第7部分：硫酸根离子量的测定　燃烧-碘量法

——第8部分：镍、铜、铁、锌、铝、锰、铅、砷、钙、镁、钠量的测定　电感耦合等离子体发射光谱法

本部分为第5部分。

本部分由中国有色金属工业协会提出。

本部分由全国有色金属标准化技术委员会归口。

本部分由金川集团有限公司负责起草。

本部分由北京矿冶研究总院、长沙矿冶研究院参加起草。

本部分主要起草人：张发志、于乾勇、赵全民、吕庆成、李希凯、林秀英、姜求韬、杨林、李玉茹。

草酸钴化学分析方法
第5部分：钙、镁、钠量的测定
火焰原子吸收光谱法

1 范围

GB/T 23273 的本部分规定了草酸钴中钙、镁、钠量的测定方法。

本部分适用于草酸钴中钙、镁、钠量的测定。测定范围：钙 0.001%～0.01%；镁 0.001%～0.01%；钠 0.001%～0.01%。

2 方法提要

试料用硝酸分解，在稀硝酸介质中，用空气-乙炔火焰，于原子吸收光谱仪 422.7 nm 处测量钙的吸光度，于 285.2 nm 处测定镁的吸光度，于原子吸收光谱仪 589.0 nm 处测量钠的吸光度，按匹配钴基体的标准曲线法计算钙、镁、钠的量。

3 试剂

分析用水均为二级水或相当纯度的水。实验所用器皿均用热的稀硝酸充分洗涤后，用水清洗干净。

3.1 硝酸（ρ1.42 g/mL）。

3.2 硝酸（1＋1）。

3.3 氯化铯溶液（5 g/L）：以光谱纯氯化铯配制。

3.4 钴基体溶液：称取 2.500 g 金属钴（钴的质量分数≥99.98%，钙的质量分数＜0.000 5%，镁的质量分数＜0.000 5%，钠的质量分数＜0.000 5%），置于 500 mL 烧杯中，加入 40 mL 硝酸（3.2）完全溶解，煮沸驱除氮的氧化物。取下，冷至室温，移入 100 mL 容量瓶中，以水定容。此溶液 1 mL 含 25 mg 钴。

3.5 钙标准贮存溶液：称取 0.700 0 g 氧化钙（高纯，预先经过 800 ℃灼烧至恒重，并在干燥器中冷至室温）置于 250 mL 烧杯中，加入 20 mL 硝酸（3.2），低温溶解后，用水洗涤表皿及杯壁，移入 1 000 mL 容量瓶中，以水定容。此溶液 1 mL 含 0.5 mg 钙。

3.6 钙标准溶液：移取 10.00 mL 钙标准贮存溶液（3.5），于 100 mL 容量瓶中，以水定容。此溶液 1 mL 含 50 μg 钙。

3.7 镁标准贮存溶液：称取 0.165 8 g 氧化镁（高纯，预先经 800 ℃下灼烧至恒重，并在干燥器中冷至室温）置于 250 mL 烧杯中，加入 20 mL 硝酸（3.2），驱赶酸烟后取下，用水洗涤表皿及杯壁，冷却后，移入 1 000 mL 容量瓶中，以水定容，此溶液 1 mL 含有 0.1 mg 镁。

3.8 镁标准溶液：移取 5.00 mL 镁标准贮存溶液（3.7）于 100 mL 容量瓶中，以水定容。此溶液 1 mL 含 5 μg 镁。

3.9 钠标准贮存溶液：称取 0.254 2 g 氯化钠（基准试剂，预先经过 550 ℃灼烧至恒重，并在干燥器中冷至室温）置于 150 mL 烧杯中，加水溶解后移入 1 000 mL 容量瓶中，以水定容后移入塑料瓶中，此溶液 1 mL 含有 0.1 mg 钠。

3.10 钠标准溶液：移取 10.00 mL 钠标准贮存溶液（3.9）于 200 mL 容量瓶中，以水定容。此溶液 1 mL 含 5 μg 钠。

4 仪器

原子吸收光谱仪，附钙、镁、钠空心阴极灯。

在仪器最佳工作条件下，凡能达到下列指标者均可使用。

——灵敏度：在与测量试液基本一致的溶液中，钙的特征浓度应不大于0.05 μg/mL；镁的特征浓度应不大于0.005 μg/mL；钠的特征浓度应不大于0.01 μg/mL。

——精密度：用最高浓度的标准溶液测量10次吸光度，其标准偏差应不超过平均吸光度的1.5%；用最低浓度的标准溶液（不是“零”标准溶液）测量10次吸光度，其标准偏差应不超过最高浓度的标准溶液平均吸光度的0.5%。

——工作曲线线性：将工作曲线按浓度等分成五段，最高段的吸光度差值与最低段的吸光度差值之比，应不小于0.80。

原子吸收光谱仪测定钙、镁、钠含量时的仪器参考工作条件见表1。

表1 仪器工作条件

测定元素	波长/nm	灯电流/mA	单色器通带/nm	空气流量/(L/min)	乙炔气流量/(L/min)
Ca	422.7	10	0.7	6.0	1.5
Mg	285.2	6	0.7	6.0	1.5
Na	589.0	8	0.2	6.0	1.5

5 分析步骤

5.1 试料

称取1.000 g(m)试样两份（一份置于250 mL烧杯中，用于测定钙、镁；另一份置于250 mL石英烧杯中，用于测定钠），精确到0.000 1 g。

5.2 空白实验

随同试料做空白实验。

5.3 测定

5.3.1 将试料(5.1)，加入20 mL硝酸(3.2)，盖上表皿，加热溶解，取下稍冷后用水洗涤表皿和杯壁，煮沸，取下冷却至室温，将溶液移入100 mL(V)容量瓶中，在用于测定钠的容量瓶中加入10.0 mL氯化铯溶液(3.3)，以水定容。

5.3.2 按表2规定的分取量，分取适量试液(5.3.1)以水定容后分别进行钙、镁、钠的测定。

表2 测定时试液的分取

测定元素	含量范围/%	分取体积(V_1)/mL	定容体积(V_2)/mL
Ca	0.001～0.01	—	—
Mg	0.001～0.002 5	—	—
	>0.002 5～0.01	10.00	50.00
Na	0.001～0.005	—	—
	>0.005～0.01	20.00	50.00

5.3.3 用空气-乙炔火焰，分别于原子吸收光谱仪波长422.7 nm、285.2 nm、589.0 nm处，以水调零，与相应的系列标准溶液平行测定试液的吸光度，减去空白溶液的吸光度，从工作曲线上查得相应的钙、镁、钠的浓度。

5.4 工作曲线

5.4.1 钙工作曲线：准确移取0.00 mL、0.50 mL、1.00 mL、1.50 mL、2.00 mL、2.50 mL钙标准溶液

(3.6)于一组 50 mL 容量瓶中，匹配以和样品测定体系中相同量的钴基体溶液(3.4)，加入 2 mL 硝酸(3.2)，以水定容。与测量试液相同的条件下，测量系列标准溶液的吸光度(减去"零"浓度溶液的吸光度)，以钙的质量浓度为横坐标，吸光度为纵坐标，绘制工作曲线。

5.4.2 镁工作曲线：准确移取 0.00 mL、0.50 mL、1.00 mL、1.50 mL、2.00 mL、2.50 mL 镁标准溶液(3.8)于一组 50 mL 容量瓶中，匹配以和样品测定体系中相同量的钴基体溶液(3.4)，加入 2 mL 硝酸(3.2)，以水定容。与测量试液相同的条件下，测量系列标准溶液的吸光度(减去"零"浓度溶液的吸光度)，以镁的质量浓度为横坐标，吸光度为纵坐标，绘制工作曲线。

5.4.3 钠工作曲线：准确移取 0.00 mL、1.00 mL、2.00 mL、3.00 mL、4.00 mL、5.00 mL 钠标准溶液(3.10)于一组 50 mL 容量瓶中，匹配以和样品测定体系中相同量的钴基体溶液(3.4)，加入 2 mL 硝酸(3.2)，加入 5.0 mL 氯化铯溶液(3.3)，以水定容。与测量试液相同的条件下，测量系列标准溶液的吸光度(减去"零"浓度溶液的吸光度)，以钠的质量浓度为横坐标，吸光度为纵坐标，绘制工作曲线。

6 分析结果的计算

按式(1)计算钙的质量分数 w_{Ca}，数值以%表示。

$$w_{Ca}=\frac{\rho\cdot V\times 10^{-6}}{m}\times 100 \qquad \cdots\cdots(1)$$

式中：

ρ——自工作曲线上查得的钙浓度，单位为微克每毫升(μg/mL)；

V——试液总体积，单位为毫升(mL)；

m——试样的质量，单位为克(g)。

按式(2)分别计算镁、钠的质量分数 w_{Mg}、w_{Na}，数值以%表示。

$$w_{Mg}、w_{Na}=\frac{\rho\cdot V\cdot V_2\times 10^{-6}}{m\cdot V_1}\times 100 \qquad \cdots\cdots(2)$$

式中：

ρ——自工作曲线上查得的镁(钠)的浓度，单位为微克每毫升(μg/mL)；

V——试液的总体积，单位为毫升(mL)；

V_1——分取试液的体积，单位为毫升(mL)；

V_2——试液分取后的稀释体积，单位为毫升(mL)；

m——试样的质量，单位为克(g)。

所得结果保留两位有效数字。

7 精密度

7.1 重复性

在重复性条件下获得的两次独立测试结果的测定值，在以下给出的平均值范围内，这两个测试结果的绝对差值不超过重复性限(r)，超过重复性限(r)的情况不超过 5%，重复性限(r)按表 3 数据采用线性内插法求得：

表 3 重复性限

%

钙的质量分数	r	镁的质量分数	r	钠的质量分数	r
0.001	0.000 2	0.001	0.000 2	0.001	0.000 2
0.005	0.001	0.005	0.001	0.005	0.001
0.01	0.002	0.01	0.002	0.01	0.002
注：重复性(r)为 $2.8S_r$，S_r 为重复性标准差。					

7.2 再现性

在再现性条件下获得的两次独立测试结果的测定值，在以下给出的平均值范围内，这两个测试结果的绝对差值不超过再现性限(R)，超过再现性限(R)的情况不超过5%，再现性限(R)按表4数据采用线性内插法求得：

表4 再现性限

%

钙的质量分数	R	镁的质量分数	R	钠的质量分数	R
0.001	0.000 3	0.001	0.000 3	0.001	0.000 3
0.005	0.001 5	0.005	0.001 5	0.005	0.001 5
0.01	0.003	0.01	0.003	0.01	0.003
注：再现性(R)为2.8S_R，S_R为再现性标准差。					

8 质量保证和控制

应用国家级标准样品或行业级标准样品(当两者没有时，也可用控制标样替代)，每周或每两周校核一次本分析方法标准的有效性。当过程失控时，应找出原因，纠正错误后，重新进行校核。

ICS 77.120.70
H 13

中华人民共和国国家标准

GB/T 23273.6—2009

草酸钴化学分析方法 第6部分:氯离子量的测定 离子选择性电极法

Methods for chemical analysis of cobalt oxalate—Part 6: Determination of chlorine ion content—Ion selective electrode method

2009-01-15 发布　　2009-11-01 实施

中华人民共和国国家质量监督检验检疫总局
中国国家标准化管理委员会　发布

前言

GB/T 23273《草酸钴化学分析方法》共8个部分：

——第1部分：钴量的测定 电位滴定法

——第2部分：铅量的测定 电热原子吸收光谱法

——第3部分：砷量的测定 氢化物发生—原子荧光光谱法

——第4部分：硅量的测定 钼蓝分光光度法

——第5部分：钙、镁、钠量的测定 火焰原子吸收光谱法

——第6部分：氯离子量的测定 离子选择性电极法

——第7部分：硫酸根离子量的测定 燃烧-碘量法

——第8部分：镍、铜、铁、锌、铝、锰、铅、砷、钙、镁、钠量的测定 电感耦合等离子体发射光谱法

本部分为第6部分。

本部分由中国有色金属工业协会提出。

本部分由全国有色金属标准化技术委员会归口。

本部分由金川集团有限公司负责起草。

本部分由北京矿冶研究总院、株洲冶炼集团股份有限公司参加起草。

本部分主要起草人：张发志、喻生洁、杨秀萍、马玉萍、吕庆成、林秀英、于力、汤淑芳、邱平、朱国忠。

草酸钴化学分析方法
第6部分：氯离子量的测定
离子选择性电极法

1 范围

GB/T 23273的本部分规定了草酸钴中水溶性氯离子量的测定方法。

本部分适用于草酸钴中水溶性氯离子量的测定。测定范围：0.015%～0.5%。

2 方法提要

用水加热浸取试料中的氯离子，在离子强度调节剂硝酸钠存在下，以氯离子选择性电极为指示电极和相应的参比电极为参比，用电位测量仪测定其电极电位值。在测定范围内，电极电位与氯离子浓度的负对数呈线性关系，按标准曲线法计算氯离子量。

3 试剂

分析用水均为新制备二次蒸馏水。

3.1 硝酸钠溶液(5 mol/L)。

3.2 氯离子标准贮存溶液：

称取0.164 9 g氯化钠(基准试剂，预先经过550 ℃灼烧至恒重，并在干燥器中冷至室温)置于150 mL烧杯中，用水溶解，移入100 mL容量瓶中，以水定容。此溶液1 mL含1 mg氯离子。

3.3 氯离子标准溶液：

氯离子标准溶液：移取20.00 mL氯离子贮存溶液(3.2)于200 mL容量瓶中，以水定容。此溶液1 mL含0.1 mg氯离子。

4 仪器

4.1 电位测量仪，附搅拌装置。

4.2 氯离子选择性电极，要求氯离子溶液浓度至少在10^{-1} mol/L～10^{-4} mol/L范围内，电极电位与氯离子浓度的负对数呈良好线性关系。

4.3 参比电极。电极的选择遵照厂家指导说明书。

4.4 可加热电磁搅拌器。

5 分析步骤

5.1 试料

称取2.000 g试样(m_0)，精确至0.000 1 g。

5.2 测定

5.2.1 将试料(5.1)置于250 mL烧杯中，加入约35 mL水，放入搅拌棒，将烧杯置于可加热的电磁搅拌器(4.4)上，加热至沸继续搅拌5 min后，取下，冷至室温，按表1将溶液连同不溶物移入相应容量瓶中，按表1加入硝酸钠溶液(3.1)，以水定容，待测。

表 1 定容体积及硝酸钠的加入量

氯离子含量(质量分数)/%	定容体积(V)/mL	硝酸钠溶液/mL
0.015～0.2	50	2
>0.2～0.5	100	4

5.2.2 移取 50 mL 试液(5.2.1)于干燥的 100 mL 烧杯中,插入氯离子选择性电极(4.2)和参比电极(4.3),将烧杯置于电位测量仪上,在搅拌下测量其平衡电位值。从工作曲线上查出相应氯离子的质量浓度(ρ)。

5.3 工作曲线的绘制

分别移取 2.50 mL、5.00 mL 氯离子标准溶液(3.3)和 2.50 mL、5.00 mL 氯离子标准贮存溶液(3.2),置于一组 50 mL 容量瓶中,加入 2 mL 硝酸钠溶液(3.1),以水定容。以下同 5.2.2 操作,按氯离子浓度由低到高的顺序进行测定。在半对数坐标纸上,以氯离子质量浓度值为横坐标,电位值为纵坐标绘制工作曲线。

6 分析结果的计算

按下式计算氯离子的质量分数 w_{Cl^-},数值以%表示:

$$w_{Cl^-} = \frac{\rho \cdot V \times 10^{-3}}{m_0} \times 100 \qquad \cdots\cdots(1)$$

式中:

m_0——试料量,单位为克(g);

ρ——自工作曲线上查得的氯离子浓度,单位为克每升(g/L);

V——稀释体积,单位为毫升(mL)。

7 精密度

7.1 重复性

在重复性条件下获得的两次独立测试结果的测定值,在以下给出的平均值范围内,这两个测试结果的绝对差值不超过重复性限(r),超过重复性限(r)的情况不超过 5%,重复性限(r)按表 2 数据采用线性内插法求得:

表 2 重复性限 %

氯离子的质量分数	0.015	0.1	0.5
r	0.003	0.015	0.07
注:重复性(r)为 $2.8S_r$,S_r 为重复性标准差。			

7.2 再现性

在再现性条件下获得的两次独立测试结果的测定值,在以下给出的平均值范围内,这两个测试结果的绝对差值不超过再现性限(R),超过再现性限(R)的情况不超过 5%,再现性限(R)按表 3 数据采用线性内插法求得:

表 3 再现性限 %

氯离子的质量分数	0.015	0.1	0.5
R	0.006	0.02	0.08
注:再现性(R)为 $2.8S_R$,S_R 为再现性标准差。			

8 质量保证和控制

应用国家级标准样品或行业级标准样品(当两者没有时,也可用控制标样替代),每周或每两周校核一次本分析方法标准的有效性。当过程失控时,应找出原因,纠正错误后,重新进行校核。

ICS 77.120.70
H 13

中华人民共和国国家标准

GB/T 23273.7—2009

草酸钴化学分析方法 第7部分:硫酸根离子量的测定 燃烧-碘量法

Methods for chemical analysis of cobalt oxalate—
Part 7: Determination of sulfate ion content—
Combusition-iodimetry

2009-01-15 发布　　2009-11-01 实施

中华人民共和国国家质量监督检验检疫总局
中国国家标准化管理委员会　发布

前　言

GB/T 23273《草酸钴化学分析方法》共8个部分：

——第1部分：钴量的测定　电位滴定法

——第2部分：铅量的测定　电热原子吸收光谱法

——第3部分：砷量的测定　氢化物发生—原子荧光光谱法

——第4部分：硅量的测定　钼蓝分光光度法

——第5部分：钙、镁、钠量的测定　火焰原子吸收光谱法

——第6部分：氯离子量的测定　离子选择性电极法

——第7部分：硫酸根离子量的测定　燃烧-碘量法

——第8部分：镍、铜、铁、锌、铝、锰、铅、砷、钙、镁、钠量的测定　电感耦合等离子体发射光谱法

本部分为第7部分。

本部分由中国有色金属工业协会提出。

本部分由全国有色金属标准化技术委员会归口。

本部分由金川集团有限公司负责起草。

本部分由北京矿冶研究总院、赣州钴钨有限公司参加起草。

本部分主要起草人：张发志、李希凯、韩敏、吕庆成、喻生洁、林秀英、徐晓艳、姜求韬、万建红、赖承珑、李能华。

草酸钴化学分析方法
第7部分:硫酸根离子量的测定
燃烧-碘量法

1 范围

GB/T 23273的本部分规定了草酸钴中硫酸根量的测定方法。

本部分适用于草酸钴中硫酸根量的测定。测定范围:0.002%~0.02%。

2 方法提要

试料在500 ℃马弗炉中高温灼烧后以铜丝为助熔剂,在1 250 ℃~1 300 ℃燃烧炉中,通入氧气,样品中的硫酸盐分解为二氧化硫,用淀粉吸收液吸收。以淀粉为指示剂,用碘标准滴定溶液滴定至浅蓝色为终点。

3 试剂

3.1 助熔剂:铜丝(w_{Cu}≥99.95%,w_S<0.000 2%,直径0.25 mm~0.50 mm,使用前用细砂纸打磨除去表面氧化物,用酒精棉擦拭干净,剪成长度约50 mm~60 mm备用)。

3.2 标准样品:紫铜标样(w_S:0.002%~0.006%)。

3.3 淀粉吸收液:称取0.05 g淀粉,4 g氯化钠和0.2 g碘化钾于500 mL烧杯中,加入250 mL水摇匀,煮沸2 min后冷却至室温,用时现配。

3.4 重铬酸钾的硫酸洗液(50 g/L):称取5 g重铬酸钾,以少量水加热溶解,冷却后,加入100 mL硫酸(1+9)。

3.5 碘标准贮存溶液[$c(1/2I_2)$≈0.02 mol/L]:称取2.5 g碘及20 g碘化钾于500 mL烧杯中,加入50 mL水,不断搅拌使碘完全溶解后,过滤于1 000 mL棕色容量瓶中,以水定容。

3.6 碘标准滴定溶液[$c(1/2I_2)$≈0.000 5 mol/L]:

3.6.1 配制:分取15 mL碘标准贮存溶液(3.5),置于500 mL棕色容量瓶中,加入10 g碘化钾以水定容,用时现配,并用标准样品随试样分析时标定。

3.6.2 标定:称取适量的紫铜标准样品三份,分别平铺于瓷舟中。按5.8操作步骤进行标定。

按式(1)计算碘标准溶液的浓度:

$$c(1/2I_2)=\frac{m \cdot w_S \times 2}{V \times 32.06 \times 10^{-3}} \quad \cdots\cdots (1)$$

式中:

$c(1/2I_2)$——碘标准滴定溶液物质的量浓度,单位为摩尔每升(mol/L);

w_S——标样中硫的质量分数;

V——滴定消耗碘标准溶液的体积,单位为毫升(mL);

m——标准样品的质量,单位为克(g);

32.06——硫的摩尔质量,单位为克每摩尔(g/moL)。

取三个标定结果的平均值。滴定体积极差在0.2 mL范围内时,取其平均值,否则重新标定。

4 仪器及设备

4.1 马弗炉。

4.2 瓷坩埚:50 mL。

4.3 高温管式电阻炉:最高温度 1 300 ℃,附温度控制器(0 ℃~1 600 ℃)。

4.4 燃烧瓷管:内径 ϕ16 mm,外径 ϕ20 mm,总长 600 mm。

4.5 燃烧瓷舟:长 88 mm。使用前应在 1 250 ℃预先灼烧 5 min,冷却后放入干燥器中备用。

4.6 氧气(纯度要求≥99.2%):备有氧气流量表。

4.7 定硫吸收器:60 mL。

4.8 洗气瓶Ⅰ:内盛有 100 mL~150 mL 氢氧化钠溶液(400 g/L)。

4.9 洗气瓶Ⅱ:内盛 100 mL~150 mL 重铬酸钾的硫酸水溶液。

4.10 干燥塔:内盛变色硅胶。

4.11 定硫仪器装置,见图 1。

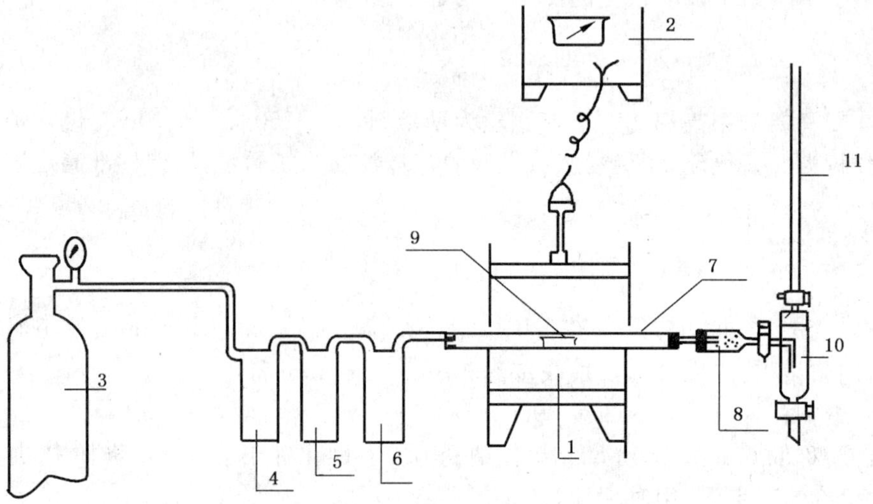

1——高温管式电阻炉;
2——温度控制器;
3——氧气瓶;
4——洗气瓶Ⅰ;
5——洗气瓶Ⅱ;
6——干燥塔;
7——燃烧磁管;
8——过滤杯;
9——燃烧磁舟;
10——定硫吸收器;
11——滴定管(10 mL)。

图 1 定硫装置

4.12 定硫过滤杯,见图 2。

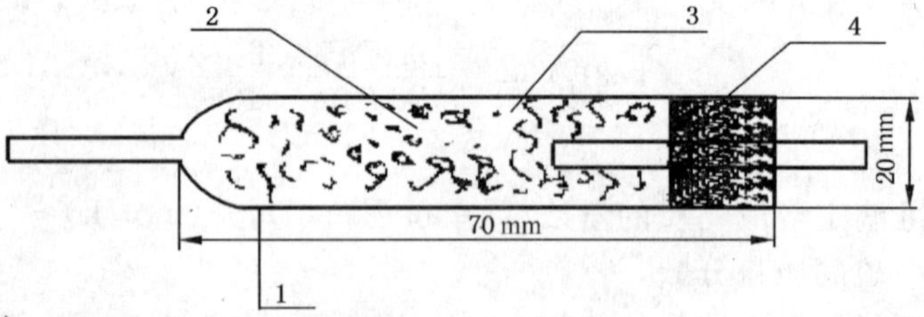

1,3——玻璃棉或脱脂棉;
2——厚度小于 0.5 mm 的金属铜屑(约占过滤杯体积的 1/2,定期更换);
4——胶塞。

图 2 过滤杯

5 分析步骤

5.1 试样的灼烧处理

称取试样 5.000 g(m_1),精确至 0.000 1 g。将试料置于称重(m_2)后的坩埚(4.2)内,放入升温至

500 ℃的马弗炉中，恒温灼烧 30 min，取出冷却至室温后称重(m_3)。按式(2)计算 K 值。

5.2 试料

称取 0.250 g(m_0)试样(5.1)，精确至 0.000 1 g。

5.3 空白试验

随同试料做助熔剂空白实验。

5.4 将试料(5.2)置于瓷舟(4.5)中，均匀铺平后放入 0.5 g 铜丝(3.1)备测。

5.5 接通高温电阻炉电源，使炉温升至 1 250 ℃～1 300 ℃。

5.6 按图 1 连接好装置，检查装置的气密性。

5.7 将 25 mL 淀粉吸收液(3.3)注入定硫吸收器内，以 1.8 L/min 流量通入氧气，并滴加碘标准溶液(3.6)使淀粉吸收液呈浅蓝色。

5.8 将盛有试样的瓷舟(5.4)用镍铬丝钩推入燃烧管高温区内，预热 30 s 后，先缓慢打开进气的玻璃活塞，再打开出气的玻璃活塞，使氧气流通过燃烧管，使二氧化硫气体被吸收液吸收。当吸收液的浅蓝色开始退色时，应及时用碘标准溶液(3.6)滴定，使溶液始终保持浅蓝色，待溶液退色减慢时再稍将气流放大，使管中的二氧化硫气体全部排出，继续滴定至与开始时的浅蓝色一样，保持 1 min 不变即为终点，记录滴定所消耗的碘标准滴定溶液的体积(V_1 或 V_2)。

注：燃烧管在开始测定前，均应在 1 250 ℃～1 300 ℃充分灼烧，并预烧 2～3 个试验样品后方可进行正式试料的测定。

6 分析结果的计算与表述

按式(2)计算 K 值：

$$K=\frac{m_3-m_2}{m_1} \qquad \cdots\cdots (2)$$

式中：

m_1——灼烧前称取试样的质量，单位为克(g)；

m_2——空坩埚的质量，单位为克(g)；

m_3——灼烧后坩埚和试样的总质量，单位为克(g)。

按式(3)计算试样中 $w_{SO_4^{2-}}$ 的质量分数，以%表示：

$$w_{SO_4^{2-}}=\frac{c(1/2I_2)\cdot(V_2-V_1)\cdot K\times 2.996\times 32.06\times 10^{-3}}{2\times m_0}\times 100 \qquad \cdots\cdots (3)$$

式中：

$c(1/2I_2)$——碘标准滴定溶液物质的量浓度，单位为摩尔每升(mol/L)；

V_2——滴定消耗碘标准滴定溶液的体积，单位为毫升(mL)；

V_1——空白滴定消耗碘标准滴定溶液的体积，单位为毫升(mL)；

m_0——灼烧后称取试料的质量，单位为克(g)；

K——灼烧后试样质量/灼烧前试样质量，取四位有效数字；

32.06——硫的摩尔质量，单位为克每摩尔(g/mol)；

2.996——硫的摩尔质量换算为硫酸根离子的摩尔质量的系数。

7 精密度

7.1 重复性

在重复性条件下获得的两次独立测试结果的测定值，在以下给出的平均值范围内，这两个测试结果的绝对差值不超过重复性限(r)，超过重复性限(r)的情况不超过 5%，重复性限(r)按表 1 数据采用线性内插法求得：

表 1　重复性限

%

硫酸根的质量分数	0.002	0.008	0.02
r	0.000 6	0.001 5	0.003 5
注：重复性(r)为 2.8 S_r，S_r 为重复性标准差。			

7.2　再现性

在再现性条件下获得的两次独立测试结果的测定值，在以下给出的平均值范围内，这两个测试结果的绝对差值不超过再现性限(R)，超过再现性限(R)的情况不超过 5%，再现性限(R)按表 2 数据采用线性内插法求得：

表 2　再现性限

%

硫酸根的质量分数	0.002	0.008	0.02
R	0.001	0.002	0.004
注：再现性(R)为 2.8 S_R，S_R 为再现性标准差。			

8　质量保证和控制

应用国家级标准样品或行业级标准样品(当前两者没有时，也可用控制标样替代)，每两周或必要时校核一次本分析方法标准的有效性。当过程失控时，应找出原因，纠正错误后，重新进行校核。

ICS 77.120.70
H 13

中华人民共和国国家标准

GB/T 23273.8—2009

草酸钴化学分析方法 第8部分：镍、铜、铁、锌、铝、锰、铅、砷、钙、镁、钠量的测定 电感耦合等离子体发射光谱法

**Methods for chemical analysis of cobalt oxalate—
Part 8: Determination of nicke, copper, iron, zinc, aluminium, manganese, lead, arsenic, calcium, magnesium and sodium content—
Inductively coupled plasma atomic emission spectrometry**

2009-01-15 发布　　　　2009-11-01 实施

中华人民共和国国家质量监督检验检疫总局
中国国家标准化管理委员会　发布

前　言

GB/T 23273《草酸钴化学分析方法》共8个部分：
——第1部分：钴量的测定　电位滴定法
——第2部分：铅量的测定　电热原子吸收光谱法
——第3部分：砷量的测定　氢化物发生—原子荧光光谱法
——第4部分：硅量的测定　钼蓝分光光度法
——第5部分：钙、镁、钠量的测定　火焰原子吸收光谱法
——第6部分：氯离子量的测定　离子选择性电极法
——第7部分：硫酸根离子量的测定　燃烧-碘量法
——第8部分：镍、铜、铁、锌、铝、锰、铅、砷、钙、镁、钠量的测定　电感耦合等离子体发射光谱法

本部分为第8部分。

本部分由中国有色金属工业协会提出。

本部分由全国有色金属标准化技术委员会归口。

本部分由金川集团有限公司负责起草。

本部分由赣州钴钨有限公司起草。

本部分由金川集团有限公司、浙江华友钴业股份有限公司参加起草。

本部分主要起草人：万建红、王立、刘冬莲、梁玉霞、王克震、吕庆成、黄晓婷、朱震清、谢柏华。

草酸钴化学分析方法 第8部分：镍、铜、铁、锌、铝、锰、铅、砷、钙、镁、钠量的测定 电感耦合等离子体发射光谱法

1 范围

GB/T 23273 的本部分规定了草酸钴中镍、铜、铁、锌、铝、锰、铅、砷、钙、镁、钠量的测定方法。

本部分适用于草酸钴中镍、铜、铁、锌、铝、锰、铅、砷、钙、镁、钠量的测定。测定范围见表 1。

表 1 各元素的测定范围

元素名称	测定范围/%
Ni	0.001～0.01
Cu	0.001～0.01
Fe	0.001～0.01
Zn	0.001～0.01
Al	0.000 5～0.005
Mn	0.001～0.01
Pb	0.001～0.01
As	0.000 1～0.004
Ca	0.001～0.01
Mg	0.001～0.01
Na	0.001～0.01

2 方法提要

在空气中将草酸钴于 300 ℃～400 ℃电炉上煅烧转化成黑色氧化物后，用王水溶解。在王水介质中，按仪器优化后的工作条件及优化的分析谱线，采用与试样组成相似且钴基体匹配的标准溶液，用电感耦合等离子体发射光谱法测定草酸钴中镍、铜、铁、锌、铝、锰、铅、砷、钙、镁、钠的含量。

3 试剂

所用试剂除有特殊要求外其余均为优级纯，制备溶液和分析用水均为二次蒸馏水，溶液配制后均贮存于塑料瓶中。

3.1 盐酸（ρ1.19 g/mL）。

3.2 硝酸（ρ1.42 g/mL）。

3.3 盐酸（1+1）。

3.4 硝酸（1+1）。

3.5 王水：3 份盐酸（3.1）+1 份硝酸（3.2）。

3.6 金属钴（≥99.999%）。

3.7 钴基体溶液：称取 3.200 g 金属钴（3.6）置于 400 mL 烧杯中，缓慢加入 30 mL 硝酸（3.4），加热至

完全溶解,煮沸驱赶氮的氧化物。吹入少量水煮沸后,冷却至室温。移入 100 mL 容量瓶中,以水定容,混匀。此溶液 1 mL 含 32 mg 钴。

3.8 标准贮存溶液

3.8.1 镍标准贮存溶液:称取 1.000 0 g 金属镍(≥99.95%)置于 150 mL 烧杯中,缓慢加入 10 mL 硝酸(3.4),加热至完全溶解,煮沸驱赶氮的氧化物。吹入少量水煮沸后,冷却至室温。移入 1 000 mL 容量瓶中,以水定容,混匀。此溶液 1 mL 含 1 mg 镍。

3.8.2 铜标准贮存溶液:称取 1.000 0 g 金属铜(≥99.95%)置于 150 mL 烧杯中,缓慢加入 10 mL 硝酸(3.4),加热至完全溶解,煮沸驱赶氮的氧化物。吹入少量水煮沸后,冷却至室温。移入 1 000 mL 容量瓶中,以水定容,混匀。此溶液 1 mL 含 1 mg 铜。

3.8.3 铁标准贮存溶液:称取 1.429 7 g 三氧化二铁(≥99.995%)置于 150 mL 烧杯中,缓慢加入 10 mL 盐酸(3.3),加热至完全溶解,吹入少量水煮沸后,冷却至室温。移入 1 000 mL 容量瓶中,以水定容,混匀。此溶液 1 mL 含 1 mg 铁。

3.8.4 锌标准贮存溶液:称取 1.244 8 g 氧化锌(≥99.995%)置于 150 mL 烧杯中,缓慢加入 10 mL 盐酸(3.3),加热至完全溶解,吹入少量水煮沸后,冷却至室温。移入 1 000 mL 容量瓶中,以水定容,混匀。此溶液 1 mL 含 1 mg 锌。

3.8.5 铝标准贮存溶液:称取 1.000 0 g 金属铝(≥99.95%)置于 150 mL 烧杯中,加入 10 mL 盐酸(3.3),低温加热至完全溶解,吹入少量水煮沸后,冷却至室温。移入 1 000 mL 容量瓶中,以水定容,混匀。此溶液 1 mL 含 1 mg 铝。

3.8.6 锰标准贮存溶液:称取 1.000 0 g 金属锰(≥99.95%)置于 150 mL 烧杯中,加入 10 mL 硝酸(3.4),加热使之完全溶解,煮沸驱赶氮的氧化物。吹入少量水煮沸后,冷却至室温。移入 1 000 mL 容量瓶中,以水定容,混匀。此溶液 1 mL 含 1 mg 锰。

3.8.7 铅标准贮存溶液:称取 1.000 0 g 金属铅(≥99.95%)置于 150 mL 烧杯中,加入 20 mL 硝酸(3.4),低温加热至完全溶解,煮沸驱赶氮的氧化物。吹入少量水煮沸后,冷却至室温。移入 1 000 mL 容量瓶中,以水定容,混匀。此溶液 1 mL 含 1 mg 铅。

3.8.8 砷标准贮存溶液:称取 1.320 3 g 于硫酸干燥器中干燥至恒重的三氧化二砷(≥99.995%)置于 150 mL 烧杯中,缓慢加入 20 mL 硝酸(3.4),加热至完全溶解。吹入少量水煮沸后,冷却至室温。移入 1 000 mL 容量瓶中,以水定容,混匀。此溶液 1 mL 含 1 mg 砷。

3.8.9 钙标准贮存溶液:称取 1.497 3 g 于 105 ℃～110 ℃干燥至恒重的碳酸钙(≥99.995%)置于 150 mL烧杯中,缓慢加入 10 mL 盐酸(3.3),加热至完全溶解,煮沸除去二氧化碳。吹入少量水煮沸后,冷却至室温。移入 1 000 mL 容量瓶中,以水定容,混匀。此溶液 1 mL 含 1 mg 钙。

3.8.10 镁标准贮存溶液:称取 1.658 3 g 于 800 ℃灼烧至恒重的氧化镁(≥99.995%)置于 150 mL 烧杯中,加入 20 mL 盐酸(3.3),加热至完全溶解。吹入少量水煮沸后,冷却至室温。移入 1 000 mL 容量瓶中,以水定容,混匀。此溶液 1 mL 含 1 mg 镁。

3.8.11 钠标准贮存溶液:称取 2.542 1 g 于 500 ℃～600 ℃灼烧至恒重的氯化钠(≥99.995%)置于 150 mL 石英烧杯中,溶于水,煮沸,冷却至室温。移入 1 000 mL 容量瓶中,以水定容,混匀。贮存于聚乙烯瓶中。此溶液 1 mL 含 1 mg 钠。

3.9 标准溶液:根据草酸钴中杂质元素含量范围,用标准贮存溶液(3.8)及钴基体溶液(3.7)配制成各点浓度分别为 0 μg/mL、0.1 μg/mL、1 μg/mL、5 μg/mL 系列混合元素标准溶液,各标准溶液含纯钴 3.2 mg/mL、王水浓度为 5%(体积分数)。

4 仪器

4.1 电感耦合等离子体原子发射光谱仪。

4.2 仪器参考工作条件,见表 2。

表 2 仪器参考工作条件

功率	雾化气压力	辅助气流量	积分时间及次数
1 150 W	25 P_{si}	1.0 L/min	紫外 16 s、可见 4 s、积分次数 3 次

4.3 分析谱线参考波长及检出限，见表 3。

表 3 分析谱线参考波长及检出限

元素名称	波长/nm	检出限/(μg/mL)
Ni	218.461	0.003 3
Cu	324.754	0.008 1
Fe	259.837	0.008 4
Zn	206.200	0.001 0
Al	167.081	0.003 0
Mn	257.610	0.001 2
Pb	182.203	0.051
As	189.042	0.012
Ca	317.933	0.016
Mg	280.271	0.000 3
Na	589.592	0.020

5 分析步骤

5.1 试料

称取 1.000 g 试样，精确到 0.000 1 g。

5.2 空白试验

随同试料做空白试验。

5.3 测定

5.3.1 将试料(5.1)置于 100 mL 洁净干燥的石英烧杯中，于 300 ℃～400 ℃电炉上，在空气中将草酸钴煅烧转化成黑色氧化物形式后，稍冷，吹入少量水，加入 5 mL 王水(3.5)盖上表面皿，于低温电热板上加热至试料完全溶解，吹入少量水煮沸，取下，冷却至室温。移入 100 mL 容量瓶中，以水定容，混匀，作待测试液备用。

5.3.2 当仪器运行稳定后，应用仪器操作分析软件，按仪器优化的工作条件(4.2)及优化的分析谱线波长(4.3)，按选定方法，用系列标准溶液(3.9)进行标准化或校准标准化工作曲线，各元素工作曲线相关系数在 0.999 5 以上。

5.3.3 测试待测试液及空白。

5.3.4 测试结果在规定的重复性限内取其平均值，否则需重新测定。

6 分析结果的计算

6.1 仪器根据标准化或校准标准化工作曲线及设定的因素，自动进行数据处理，计算并输出各测定元素含量。

6.2 分析结果<0.001 0%应保留一位有效数字，分析结果≥0.001 0%应保留两位有效数字。

7 精密度

7.1 重复性

在重复性条件下获得的两次独立测试结果的测定值，在以下给出的平均值范围内，这两个测试结果的绝对差值不超过重复性限(r)，超过重复性限(r)的情况不超过5%，重复性限(r)按表4数据采用线性内插法求得。

表4 重复性限

%

Ni	质量分数	0.001	0.005	0.01
	r	0.000 2	0.001	0.002
Cu	质量分数	0.001	0.005	0.01
	r	0.000 2	0.001	0.002
Fe	质量分数	0.001	0.005	0.01
	r	0.000 2	0.001	0.002
Zn	质量分数	0.001	0.005	0.01
	r	0.000 2	0.001	0.002
Al	质量分数	0.000 5	0.001	0.005
	r	0.000 04	0.000 2	0.001
Mn	质量分数	0.001	0.005	0.01
	r	0.000 2	0.001	0.002
Pb	质量分数	0.001	0.005	0.01
	r	0.000 2	0.001	0.002
As	质量分数	0.000 1	0.001	0.004
	r	0.000 03	0.000 2	0.000 8
Ca	质量分数	0.001	0.005	0.01
	r	0.000 2	0.001	0.002
Mg	质量分数	0.001	0.005	0.01
	r	0.000 2	0.001	0.002
Na	质量分数	0.001	0.005	0.01
	r	0.000 2	0.001	0.002

注：重复性(r)为$2.8S_r$，S_r为重复性标准差。

7.2 再现性

在再现性条件下获得的两次独立测试结果的测定值，在以下给出的平均值范围内，这两个测试结果的绝对差值不超过再现性限(R)，超过再现性限(R)的情况不超过5%，再现性限(R)按表5数据采用线性内插法求得。

表 5 再现性限

%

Ni	质量分数	0.001	0.005	0.01
	R	0.000 3	0.001 5	0.003
Cu	质量分数	0.001	0.005	0.01
	R	0.000 3	0.001 5	0.003
Fe	质量分数	0.001	0.005	0.01
	R	0.000 3	0.001 5	0.003
Zn	质量分数	0.001	0.005	0.01
	R	0.000 3	0.001 5	0.003
Al	质量分数	0.000 5	0.001	0.005
	R	0.000 06	0.000 3	0.001 5
Mn	质量分数	0.001	0.005	0.01
	R	0.000 3	0.001 5	0.003
Pb	质量分数	0.001	0.005	0.01
	R	0.000 3	0.001 5	0.003
As	质量分数	0.000 1	0.001	0.004
	R	0.000 07	0.000 3	0.001
Ca	质量分数	0.001	0.005	0.01
	R	0.000 3	0.001 5	0.003
Mg	质量分数	0.001	0.005	0.01
	R	0.000 3	0.001 5	0.003
Na	质量分数	0.001	0.005	0.01
	R	0.000 3	0.001 5	0.003
注：再现性(R)为 $2.8S_R$，S_R 为再现性标准差。				

8 质量保证和控制

应用国家级标准样品或行业级标准样品(当两者没有时，也可用控制标样替代)，每周或每两周校核一次本分析方法标准的有效性。当过程失控时，应找出原因，纠正错误后，重新进行校核。

ICS 71.040.40
G 10

中华人民共和国国家标准

GB/T 23274.1—2009

二氧化锡化学分析方法 第1部分：二氧化锡量的测定 碘酸钾滴定法

Methods for chemical analysis of stannic oxide—
Part 1: Determination of stannic oxide content—
Potassium iodate titrimetric method

2009-01-05 发布　　2009-11-01 实施

中华人民共和国国家质量监督检验检疫总局
中国国家标准化管理委员会　发布

前　言

GB/T 23274—2009《二氧化锡化学分析方法》共分为8个部分：

——第1部分：二氧化锡量的测定　碘酸钾滴定法；

——第2部分：铁量的测定　1,10-二氮杂菲分光光度法；

——第3部分：砷量的测定　砷锑钼蓝分光光度法；

——第4部分：铅、铜量的测定　火焰原子吸收光谱法；

——第5部分：锑量的测定　孔雀绿分光光度法；

——第6部分：硫酸盐的测定　目视比浊法；

——第7部分：盐酸可溶物的测定　重量法；

——第8部分：灼烧失重的测定　重量法。

本部分为第1部分。

本部分由中国有色金属工业协会提出。

本部分由全国有色金属标准化技术委员会归口。

本部分由云南锡业集团有限责任公司负责起草。

本部分由柳州华锡集团有限责任公司、云南红河州出入境检验检疫局参加起草。

本部分主要起草人：丁锡波、高春霞、李虹颖、林文霜、江寨伸、覃柳萍、王丽仙。

二氧化锡化学分析方法
第1部分：二氧化锡量的测定
碘酸钾滴定法

1 范围

GB/T 23274的本部分规定了二氧化锡中二氧化锡的测定方法。

本部分适用于二氧化锡中二氧化锡的测定，测定范围为>95%。

2 方法提要

试料用锌粉-氢氧化钠熔融，盐酸浸取，用铁粉和金属铝将锡还原为二价。以淀粉为指示剂，用碘酸钾标准滴定溶液滴定试液呈浅蓝色为终点。

3 试剂和装置

试验用水为三级蒸馏水。

3.1 锌粉。

3.2 金属锡(锡的质量分数≥99.85%)。

3.3 还原铁粉(0.074 mm)。

3.4 金属铝(铝的质量分数≥99.5%)。

3.5 氢氧化钠。

3.6 氯化钠。

3.7 盐酸(1+1)。

3.8 碘酸钾标准滴定溶液[$c(1/6KIO_3)=0.05$ mol/L]。

3.8.1 配制：称取17.9 g碘酸钾溶于500 mL水中，加入89.5 g碘化钾和10 g无水碳酸钠溶解，用水稀释至10 L，摇匀。

3.8.2 标定：称取0.120 0 g(m_0)金属锡(3.2)置于300 mL锥形瓶中，加入1 g还原铁粉(3.3)，80 mL盐酸(3.7)，将锥形瓶接上还原装置。低温加热使锡溶解，加20 mL水，加入1.5 g金属铝(3.4)。连续摇动锥形瓶至大部分金属铝溶解，继续加热煮沸试液至产生大气泡1 min。在二氧化碳气保护下，将锥形瓶放入冷水槽中冷却至室温。取下锥形瓶，立即加入5 mL淀粉溶液(3.9)，用碘酸钾标准滴定溶液(3.8)滴定至浅蓝色为终点(V_1)。同时做空白试验(V_0)。

按公式(1)计算碘酸钾标准滴定溶液的实际浓度(c)：

$$c=\frac{m_0\cdot w(SnO_2)}{59.35(V_1-V_0)\times10^{-3}} \qquad (1)$$

式中：

c——碘酸钾标准滴定溶液的实际浓度，单位为摩尔每升(mol/L)；

m_0——金属锡量，单位为克(g)；

$w(SnO_2)$——锡的质量分数；

V_1——标定时，滴定锡标准溶液所消耗的碘酸钾标准滴定溶液的体积，单位为毫升(mL)；

V_0——标定时，滴定空白试液所消耗的碘酸钾标准滴定溶液的体积，单位为毫升(mL)；

59.35——锡(1/2Sn)的摩尔质量，单位为克每摩尔(g/mol)。

平行标定三份，其极差值不大于 1.5×10^{-4} mol/L 时，取其平均值，否则重新标定。

3.9 淀粉溶液(10 g/L)：称取 1 g 可溶性淀粉置于 300 mL 烧杯中，加 20 mL 水，调成浆状，搅拌下加入 20 mL 氢氧化钠溶液(25 g/L)，搅拌溶解，加入 60 mL 水。

3.10 二氧化碳气。

3.11 还原装置。

还原装置见图 1。

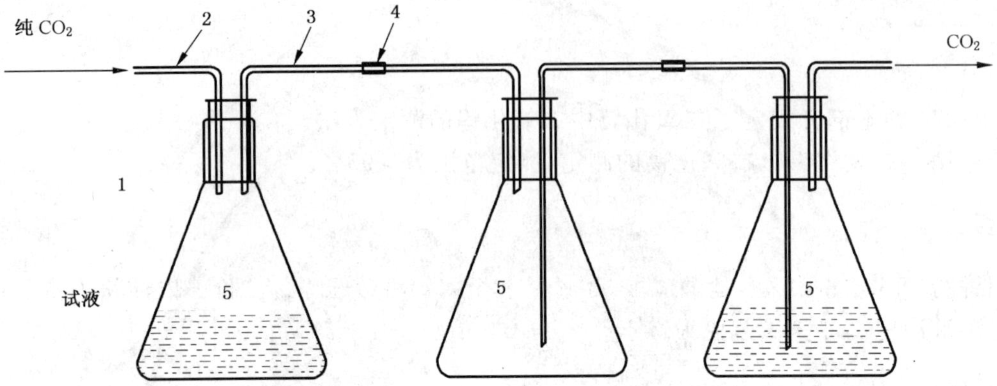

1——橡皮塞；
2、3——玻璃管；
4——橡皮管；
5——300 mL 锥形瓶。

图 1 还原装置

4 试样

试样需密封包装。

5 分析步骤

5.1 测定次数

独立地进行两次测定，取其平均值。

5.2 空白试验

随同试料做空白试验(V_0)。

5.3 测定

5.3.1 称取 0.15 g 试样(m，精确至 0.000 1 g)，置于预先加有 1 g 锌粉(3.1)的 5 mL 瓷坩埚中，加入 1 g 氢氧化钠(3.5)，加入 2 g 锌粉(3.1)，覆盖 0.5 g 氯化钠(3.6)。

5.3.2 移入 700 ℃的高温炉中熔融 15 min，取出冷却至室温。

5.3.3 加入 1.0 g 还原铁粉(3.3)，将坩埚移入预先置有 100 mL 盐酸(3.7)的 300 mL 锥形瓶中，将锥形瓶接上还原装置，低温加热至熔融物和铁粉完全溶解。

5.3.4 通入二氧化碳气(3.10)并放入冷水槽中稍冷。

5.3.5 加入 1.5 g 金属铝(3.4)，停止通入二氧化碳气，连续摇动锥形瓶至大部分金属铝溶解，继续加热煮沸试液至产生大气泡 1 min。在二氧化碳气保护下，将锥形瓶放入冷水槽中冷却至室温。

5.3.6 取下锥形瓶，立即加入 5 mL 淀粉溶液(3.9)，用碘酸钾标准滴定溶液滴定至浅蓝色为终点(V_1)。

6 分析结果的计算

二氧化锡含量以二氧化锡的质量分数 $w(SnO_2)$ 计，数值以%表示，按公式(2)计算：

$$w(SnO_2)=\frac{c\cdot(V_1-V_0)\times 59.35\times 1.2696\times 10^{-3}}{m}\times 100 \quad\cdots\cdots(2)$$

式中：

c——碘酸钾标准滴定溶液的实际浓度，单位为摩尔每升(mol/L)；

V_1——滴定时，滴定试料所消耗碘酸钾标准滴定溶液的体积，单位为毫升(mL)；

V_0——滴定时，滴定空白试液所消耗碘酸钾标准滴定溶液的体积，单位为毫升(mL)；

m——试料的质量，单位为克(g)；

59.35——锡(1/2Sn)的摩尔质量，单位为克每摩尔(g/mol)；

1.269 6——锡换算为二氧化锡的系数。

所得结果表示至小数点后二位。

7 精密度

7.1 重复性

在重复性条件下获得的两次独立测试结果的测定值，在以下给出的平均值范围内，这两个测试结果的绝对值不超过重复性限(r)，超过重复性限(r)的情况不超过5%，重复性限(r)按表1数据采用线性内插法求得。

表1 重复性

$w(SnO_2)$/%	99.13	99.66
r/%	0.40	0.47

7.2 再现性

在再现性条件下获得的两次独立测试结果的绝对差不大于再现性限(R)，超过再现性限(R)的情况不超过5%，再现性限(R)按表2数据采用线性内插法求得。

表2 再现性

$w(SnO_2)$/%	99.13	99.66
R/%	0.44	0.50

8 质量保证和控制

应用国家级标准样品或行业级标准样品(当前两者没有时，也可用控制标样替代)，每周或每两周校核一次本分析方法标准的有效性。当过程失控时，应找出原因，纠正错误后，重新进行校核。

ICS 71.040.40
G 10

中华人民共和国国家标准

GB/T 23274.2—2009

二氧化锡化学分析方法 第2部分：铁量的测定 1,10-二氮杂菲分光光度法

Methods for chemical analysis of stannic oxide—Part 2: Determination of iron content—1,10-phenanthroline photometric method

2009-01-05 发布　　　　2009-11-01 实施

中华人民共和国国家质量监督检验检疫总局
中国国家标准化管理委员会　发布

前　言

GB/T 23274—2009《二氧化锡化学分析方法》共分为8个部分：

——第1部分：二氧化锡量的测定　碘酸钾滴定法；

——第2部分：铁量的测定　1,10-二氮杂菲分光光度法；

——第3部分：砷量的测定　砷锑钼蓝分光光度法；

——第4部分：铅、铜量的测定　火焰原子吸收光谱法；

——第5部分：锑量的测定　孔雀绿分光光度法；

——第6部分：硫酸盐的测定　目视比浊法；

——第7部分：盐酸可溶物的测定　重量法；

——第8部分：灼烧失重的测定　重量法。

本部分为第2部分。

本部分由中国有色金属工业协会提出。

本部分由全国有色金属标准化技术委员会归口。

本部分由云南锡业集团有限责任公司负责起草。

本部分由柳州华锡集团有限责任公司、云南红河出入境检验检疫局参加起草。

本部分主要起草人：海兰、张丽梅、林文霜、江寨伸、寿洁云、张静。

二氧化锡化学分析方法
第2部分：铁量的测定
1,10-二氮杂菲分光光度法

1 范围

GB/T 23274的本部分规定了二氧化锡中铁含量的测定方法。

本部分适用于二氧化锡中铁含量的测定，测定范围为0.010%～0.070%。

2 方法提要

试料经氢氧化钠熔融，用酒石酸、EDTA掩蔽共存元素的干扰，在pH5～pH6溶液中，用盐酸羟胺将Fe(Ⅲ)还原为Fe(Ⅱ)，与1,10-二氮杂菲生成红色络合物，于分光光度计波长510 nm处测量其吸光度。

3 试剂

试验用水为三级蒸馏水。

3.1 氢氧化钠(GR)。

3.2 盐酸(ρ1.19 g/mL)。

3.3 过氧化氢(30%)。

3.4 氨水(1+1)。

3.5 酒石酸溶液(200 g/L)。

3.6 EDTA溶液(25 g/L)。

3.7 对硝基酚溶液(1 g/L)。

3.8 盐酸羟胺溶液(100 g/L)。

3.9 1,10-二氮杂菲溶液(2.5 g/L)：称取0.25 g 1,10-二氮杂菲，用10 mL无水乙醇溶解后，用水稀释至100 mL，混匀。

3.10 铁标准贮存溶液：称取0.100 0 g金属铁(铁的质量分数≥99.99%)于200 mL烧杯中，加入10 mL盐酸(3.2)，盖上表皿，加1 mL过氧化氢(3.3)，微热溶解完全并煮沸赶尽氯气，冷却。用水吹洗表皿及杯壁，移入1 000 mL容量瓶中，稀释至刻度，混匀。此溶液1 mL含100 μg铁。

3.11 铁标准溶液：移取50.00 mL铁标准贮存溶液(3.10)于500 mL容量瓶中，加2 mL盐酸(3.2)，以水稀释至刻度，混匀。此溶液1 mL含10 μg铁。

4 试样

试样需密封包装。

5 分析步骤

5.1 测定次数

独立地进行2次测定，取其平均值。

5.2 空白试验

随同试料做空白试验。

5.3 测定

5.3.1 称取 0.5 g 试样(m),精确至 0.000 1 g,置于预先盛有 1 g 氢氧化钠(3.1)的 30 mL 银坩埚中,再覆盖 1 g 氢氧化钠(3.1,若是颗粒较大则需要覆盖 2 g)。置于 400 ℃高温炉中,升至 600 ℃分解 10 min,取出冷却。吹约 5 mL 水于银坩埚中,置于电炉上加热至熔融物完全溶解。

5.3.2 用少量水将试液移入 100 mL 烧杯中,加入 10 mL 盐酸(3.2)加热至试液清亮,冷却后移入 50 mL 容量瓶中,以水稀释至刻度(V_0),混匀。

5.3.3 移取 5.00 mL～10.00 mL 上清液(V_1)于 50 mL 容量瓶中,加入 5 mL 酒石酸溶液(3.5),2 mL EDTA 溶液(3.6),1 滴对硝基酚溶液(3.7),用氨水(3.4)调至刚呈黄色,加入 2 mL 盐酸羟胺溶液(3.8),5 mL 1,10-二氮杂菲溶液(3.9),每加入一种试剂均需摇匀。以水稀释至刻度,混匀,放置 15 min。

5.3.4 用定量滤纸将显色溶液干过滤于烧杯中,移取部分试液于 2 cm 比色皿中,以试料空白为参比,于分光光度计波长 510 nm 处测量其吸光度,从工作曲线上查出相应的铁量(m_1)。

5.4 工作曲线的绘制

5.4.1 移取 0 μg、5 μg、10 μg、20 μg、30 μg、40 μg、50 μg 铁标准溶液(3.11),分别置于一组 50 mL 容量瓶中,加入 5 mL 酒石酸溶液(3.5),2 mL EDTA 溶液(3.6),以下按 5.3.3 条进行。

5.4.2 移取部分试液于 2 cm 比色皿中,以试剂空白为参比,于分光光度计波长 510 nm 处测量其吸光度,以铁量为横坐标,吸光度为纵坐标绘制工作曲线。

6 分析结果的计算

铁含量以铁的质量分数 $w(\mathrm{Fe})$计,数值以%表示,按公式(1)计算:

$$w(\mathrm{Fe}) = \frac{m_1 \cdot V_0 \times 10^{-6}}{m_0 \cdot V_1} \times 100 \qquad \cdots\cdots(1)$$

式中:

m_1——从工作曲线上查得的铁量,单位为微克(μg);

V_0——试液总体积,单位为毫升(mL);

V_1——分取试液体积,单位为毫升(mL);

m_0——试料的质量,单位为克(g)。

所得结果表示至小数点后三位;若铁含量小于 0.010%时,表示至小数点后四位。

7 精密度

7.1 重复性

在重复性条件下获得的两次独立测试结果的测定值,在以下给出的平均值范围内,这两个测试结果的绝对差值不超过重复性限(r),超过重复性限(r)的情况不超过 5%,重复性限(r)按表 1 数据采用线性内插法获得。

表 1 重复性

$w(\mathrm{Fe})$/%	0.013	0.047	0.066
r/%	0.005	0.004	0.008

7.2 再现性

在再现性条件下获得的两次独立测试结果的测定值,在以下给出的平均值范围内,这两个测试结果的绝对差值不超过再现性限(R),超过再现性限(R)的情况不超过 5%,再现性限(R)按表 2 数据采用线性内插法获得。

表 2 再现性

$w(Fe)/\%$	0.013	0.047	0.066
$R/\%$	0.005	0.005	0.010

8 质量保证和控制

应用国家级标准样品或行业级标准样品(当前两者没有时,也可用控制标样替代),每周或每两周校核一次本分析方法标准的有效性。当过程失控时,应找出原因,纠正错误后,重新进行校核。

ICS 71.040.40
G 10

中华人民共和国国家标准

GB/T 23274.3—2009

二氧化锡化学分析方法 第3部分:砷量的测定 砷锑钼蓝分光光度法

Methods for chemical analysis of stannic oxide—Part 3:Determination of arsenic content—Molybdoantimonyarsenate blue spectrophotometric method

2009-01-05 发布　　2009-11-01 实施

中华人民共和国国家质量监督检验检疫总局
中国国家标准化管理委员会　发布

前　言

GB/T 23274—2009《二氧化锡化学分析方法》共分为8个部分：

——第1部分：二氧化锡量的测定　碘酸钾滴定法；

——第2部分：铁量的测定　1,10-二氮杂菲分光光度法；

——第3部分：砷量的测定　砷锑钼蓝分光光度法；

——第4部分：铅、铜量的测定　火焰原子吸收光谱法；

——第5部分：锑量的测定　孔雀绿分光光度法；

——第6部分：硫酸盐的测定　目视比浊法；

——第7部分：盐酸可溶物的测定　重量法；

——第8部分：灼烧失重的测定　重量法。

本部分为第3部分。

本部分由中国有色金属工业协会提出。

本部分由全国有色金属标准化技术委员会归口。

本部分由云南锡业集团有限责任公司负责起草。

本部分由柳州华锡集团有限责任公司、云南红河出入境检验检疫局参加起草。

本部分主要起草人：解惠芳、杨自华、林文霜、江寨伸、王丽仙、叶素娟。

二氧化锡化学分析方法 第3部分:砷量的测定 砷锑钼蓝分光光度法

1 范围

GB/T 23274的本部分规定了二氧化锡中砷含量的测定。

本部分适用于二氧化锡中砷含量的测定,测定范围为0.000 20%~0.050%。

2 方法提要

试料以水溶解,在稀硫酸介质中,用氯化亚锡、金属锌将砷还原为砷化氢气体,砷与锑、钼生成蓝色的锑钼蓝,于分光光度计波长700 nm处测量吸光度。

3 试剂与装置

试验用水均为一级蒸馏水。

3.1 无砷锌粒(ϕ3 mm~ϕ7 mm)。

3.2 氯酸钾。

3.3 硫酸(ρ1.84 g/mL)。

3.4 硫酸(1+1)。

3.5 硫酸(1+6)。

3.6 盐酸(ρ1.19 g/mL)。

3.7 盐酸(1+1)。

3.8 酒石酸溶液(300 g/L)。

3.9 氯化亚锡溶液(400 g/L):称取40 g氯化亚锡($SnCl_2 \cdot 2H_2O$)于200 mL烧杯中,加80 mL盐酸(3.6),盖上表皿,微热使溶液完全清亮,冷至室温,以盐酸(3.7)稀释至100 mL,混匀。

3.10 吸收液(2 g/L):称取1 g碘片和5 g碘化钾混匀后,用水溶解并稀释至500 mL。

3.11 抗坏血酸溶液(30 g/L):现配现用。

3.12 钼酸铵溶液(40 g/L)。

3.13 酒石酸锑钾溶液(4.5 g/L)。

3.14 显色溶液:取50 mL硫酸(3.5)、25 mL抗坏血酸溶液(3.11)、20 mL钼酸铵溶液(3.12),5 mL酒石酸锑钾溶液(3.13)混匀。用时现配。

3.15 砷标准贮存溶液:称取0.132 0 g三氧化二砷(基准试剂,预先在105 ℃±5 ℃烘干到恒重),置于150 mL烧杯中,用10 mL氢氧化钠溶液(200 g/L)溶解,加5 mL硫酸(3.3),0.5 mL过氧化氢(30%),加热煮沸10 min,冷却至室温。移入1 000 mL容量瓶中,用水稀释至刻度,混匀。此溶液1 mL含100 μg砷。

3.16 砷标准溶液:移取25.00 mL砷标准贮存溶液(3.15),置于500 mL容量瓶中,用水稀释至刻度,混匀。此溶液1 mL含5 μg砷。

3.17 砷化氢发生及吸收装置

砷化氢发生及吸收装置见图1。

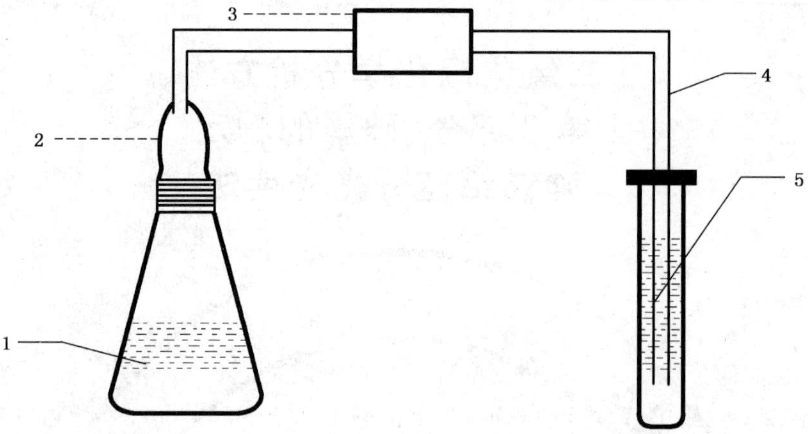

1——150 mL 发生瓶；
2——半球状空心口塞；
3——医用胶管；
4——导气管；
5——25 mL 吸气管(导管插入吸收液高度不得低于 7 cm～8 cm)。

图 1 砷化氢发生及吸收装置

4 试样

试样需密封包装。

5 分析步骤

5.1 试料

按表 1 称取试样(m)，精确至 0.000 1 g。

表 1 试料称量表

砷含量/%	试料量/g	试液总体积/mL	分取试液体积/mL
≤0.000 5	2	全量测定	
>0.000 5～0.001 0	1	全量测定	
>0.001 0～0.005 0	0.5	全量测定	
>0.005 0～0.020	1	100	10.00
>0.020～0.050	1	100	5.00

5.2 测定次数

独立地进行 2 次测定，取其平均值。

5.3 空白试验

随同试料做空白试验。

5.4 测定

5.4.1 将试料(5.1)置于 100 mL 烧杯中，加入 2 g 氯酸钾(3.2)，10 mL 盐酸(3.6)，加热分解并蒸至约 5 mL，取下冷却。将试液移入 150 mL 发生瓶中，当砷含量大于 0.005 0%时，按表 1 用水移入容量瓶中(V_0)，并稀释至刻度，混匀。分取试液(V_1)于 150 mL 发生瓶中。

5.4.2 补水至 25 mL，加 8 mL 硫酸(3.4)、2 mL 氯化亚锡溶液(3.9)、5 mL 酒石酸溶液(3.8)，每加入一种试剂均需摇匀，放置 5 min。

5.4.3 加入 7 g 无砷锌粒(3.1),按图 1 迅速连接吸收装置(吸收管中预先加有 15 mL 吸收液),反应 25 min。

5.4.4 取下吸收管,加 5 mL 显色液(3.14),用水洗净导气管并稀释至刻度,混匀,放入 50 ℃±5 ℃的热水浴中显色 10 min,冷却至室温。

5.4.5 移取部分试液于 3 cm 比色皿中,以试料空白为参比,于分光光度计波长 700 nm 处测量其吸光度。从工作曲线上查出相应的砷量(m_1)。

5.5 工作曲线的绘制

5.5.1 移取 0.00 mL、0.50 mL、1.00 mL、2.00 mL、3.00 mL、4.00 mL、5.00 mL、6.00 mL 砷标准溶液(3.16),置于一组 150 mL 发生瓶中,补加水至 25 mL,以下按 5.4.3~5.4.4 进行操作。

5.5.2 移取部分试液于 3 cm 比色皿中,以试剂空白为参比,于分光光度计波长 700 nm 处测量其吸光度。以砷量为横坐标,吸光度为纵坐标绘制工作曲线。

6 分析结果的计算

砷含量以砷的质量分数 $w(\mathrm{As})$ 计,数值以%表示,按公式(1)计算:

$$w(\mathrm{As}) = \frac{m_1 \cdot V_0 \times 10^{-6}}{m \cdot V_1} \times 100 \qquad \cdots\cdots(1)$$

式中:

m_1——工作曲线上查得的砷量,单位为微克(μg);

V_0——试液总体积,单位为毫升(mL);

V_1——分取试液体积,单位为毫升(mL);

m——试料的质量,单位为克(g)。

所得结果表示至小数点后三位;若砷含量小于 0.010%时,表示至小数点后四位;若砷含量小于 0.001 0%时,表示至小数点后五位。

7 精密度

7.1 重复性

在重复性条件下获得的两次独立测试结果的测定值,在以下给出的平均值范围内,这两个测试结果的绝对差值不超过重复性限(r),超过重复性限(r)的情况不超过 5%,重复性限(r)按表 2 数据采用线性内插法获得。

表 2 重复性

$w(\mathrm{As})$/%	0.000 60	0.001 0	0.004 6	0.037
r/%	0.000 20	0.000 3	0.000 5	0.005

7.2 再现性

在再现性条件下获得的两次独立测试结果的绝对差值不大于再现性限(R),超过再现性限(R)的情况不超过 5%,再现性限(R)按表 3 数据采用线性内插法获得。

表 3 再现性

$w(\mathrm{As})$/%	0.000 60	0.001 0	0.004 6	0.037
R/%	0.000 30	0.000 5	0.000 8	0.008

8 质量保证和控制

应用国家级标准样品或行业级标准样品(当前两者没有时,也可用控制标样替代),每周或每两周校核一次本分析方法的有效性。当过程失控时,应找出原因,纠正错误后,重新进行校核。

ICS 71.040.40
G 10

中华人民共和国国家标准

GB/T 23274.4—2009

二氧化锡化学分析方法 第4部分：铅、铜量的测定 火焰原子吸收光谱法

Methods for chemical analysis of stannic oxide—Part 4:Determination of lead and copper content—Flame atomic absorption spectrometric method

2009-01-05 发布　　　　2009-11-01 实施

中华人民共和国国家质量监督检验检疫总局
中国国家标准化管理委员会　发布

前 言

GB/T 23274—2009《二氧化锡化学分析方法》共分为8个部分：

——第1部分：二氧化锡量的测定 碘酸钾滴定法；

——第2部分：铁量的测定 1,10-二氮杂菲分光光度法；

——第3部分：砷量的测定 砷锑钼蓝分光光度法；

——第4部分：铅、铜量的测定 火焰原子吸收光谱法；

——第5部分：锑量的测定 孔雀绿分光光度法；

——第6部分：硫酸盐的测定 目视比浊法；

——第7部分：盐酸可溶物的测定 重量法；

——第8部分：灼烧失重的测定 重量法。

本部分为第4部分。

本部分附录A为资料性附录。

本部分由中国有色金属工业协会提出。

本部分由全国有色金属标准化技术委员会归口。

本部分由云南锡业集团有限责任公司负责起草。

本部分由柳州华锡集团有限责任公司、红河州出入境检验检疫局参加起草。

本部分主要起草人：丁锡波、徐登琼、姜轹玻、达刘生、林文霜、江寨伸、李路秀、张静。

二氧化锡化学分析方法 第4部分：铅、铜量的测定 火焰原子吸收光谱法

1 范围

GB/T 23274的本部分规定了二氧化锡中铅、铜含量的测定方法。

本部分适用于二氧化锡中铅、铜含量的测定，测定范围为铅0.005 0%～0.060%，铜0.000 50%～0.020%。

2 方法提要

试料以王水分解，在10%的王水介质中，于火焰原子吸收光谱仪，用空气-乙炔火焰测定。

3 试剂

试验用水为三级蒸馏水。

3.1 硝酸（ρ1.42 g/mL）。

3.2 盐酸（ρ1.19 g/mL）。

3.3 王水。

3.4 铅标准贮存溶液：称取0.500 0 g金属铅（铅的质量分数≥99.999%），置于200 mL烧杯中，加入20 mL硝酸（1＋2），微热溶解，取下冷却，移入1 000 mL容量瓶中，用水稀释至刻度，混匀。此溶液1 mL含500 μg铅。

3.5 铅标准溶液：移取20.0 mL铅标准贮存溶液（3.4）于200 mL容量瓶中，加入5 mL盐酸（3.2），用水稀释至刻度，混匀。此溶液1 mL含50 μg铅。

3.6 铜标准贮存溶液：称取0.500 0 g金属铜（铜的质量分数≥99.999%），置于200 mL烧杯中，加入20 mL硝酸（1＋1），微热溶解，取下冷却，移入1 000 mL容量瓶中，用水稀释至刻度，混匀。此溶液1 mL含500 μg铜。

3.7 铜标准溶液：移取20.0 mL铜标准贮存溶液（3.6）于1 000 mL容量瓶中，加入5 mL盐酸（3.2），用水稀释至刻度，混匀。此溶液1 mL含10 μg铜。

4 仪器

原子吸收光谱仪，附铅、铜空心阴极灯。

在仪器最佳工作条件下，凡能达到下列指标者均可使用：

——特征浓度：在与测量溶液的基体一致的溶液中，铅的特征浓度应不大于0.12 μg/mL，铜的特征浓度应不大于0.03 μg/mL。

——精密度：用最高浓度的标准溶液测量10次吸光度，其标准偏差应不超过平均吸光度的1%；用最低浓度的标准溶液（不是“零”浓度标准溶液）测量10次吸光度，其标准偏差应不超过最高浓度标准溶液平均吸光度的0.5%。

——工作曲线线性：将标准曲线按浓度等分成五段，最高段的吸光度差值与最低段的吸光度差值之比，应不小于0.7。

5 试样

试样需密封包装。

6 分析步骤

6.1 试料

按表1称取试样(m),精确至0.000 1 g。

表1 试料称量表

元　素	质量分数/%	试料量/g	测量体积/mL
Pb	0.005～0.030	1.0	50
	>0.030～0.060	1.0	100
Cu	0.000 5～0.002 5	2.0	50
	>0.002 5～0.020	0.5	100

6.2 测定次数

独立地进行两次测定,取其平均值。

6.3 空白试验

随同试料做空白试验。

6.4 测定

6.4.1 将试料(6.1)置于100 mL烧杯中,加入15 mL王水(3.3),盖上表皿,低温加热分解,保持低温微沸至溶液体积约为5 mL。取下稍冷,用水吹洗表皿及杯壁,移去表皿,冷至室温。用水按表1移入容量瓶中,稀释至刻度(V),混匀,用慢速滤纸干过滤。

6.4.2 使用空气-乙炔火焰,于原子吸收光谱仪波长铅283.3 nm,铜324.7 nm处,与系列标准溶液同时,以水调零,测量溶液的吸光度。所测得的吸光度减去试料空白试液的吸光度,从标准工作曲线查出铅、铜的浓度。

6.5 标准曲线的绘制

6.5.1 分别移取0.00 mL、2.00 mL、4.00 mL、6.00 mL、8.00 mL、10.00 mL、12.00 mL铅标准溶液(3.5),铜标准溶液(3.7),置于100 mL容量瓶中。加入10 mL王水(3.3),用水稀释至刻度,混匀。

6.5.2 使用空气-乙炔火焰,在与试料溶液测定相同的条件下,测量系列标准溶液的吸光度,减去“零”标准溶液的吸光度,以铅、铜的浓度为横坐标,吸光度为纵坐标绘制工作曲线。

7 分析结果的计算

按式(1)计算铅、铜的质量分数,数值以%表示:

$$w(\mathrm{Pb,Cu}) = \frac{\rho \cdot V \times 10^{-6}}{m} \times 100 \qquad (1)$$

式中:

ρ——自工作曲线上查得铅、铜质量浓度,单位为微克每毫升(μg/mL);

V——测量试液体积,单位为毫升(mL);

m——试料的质量,单位为克(g)。

所得结果表示至小数点后四位。

8 精密度

8.1 重复性

在重复性条件下获得的两次独立测试结果的测定值,在以下给出的平均值范围内,这两个测试结果的绝对值不超过重复性限(r),超过重复性限(r)的情况不超过5%,重复性限(r)按表2、表3数据采用线性内插法求得。

表2 铅重复性

w(Pb)/%	0.008 0	0.100
r/%	0.002 0	0.005

表3 铜重复性

w(Cu)/%	0.000 60	0.020
r/%	0.000 04	0.002

8.2 再现性

在再现性条件下获得的两次独立测试结果的绝对差不大于再现性限(R),超过再现性限(R)的情况不超过5%,再现性限(R)按表4、表5数据采用线性内插法求得。

表4 铅再现性

w(Pb,Cu)/%	0.008 0	0.100
R/%	0.002 5	0.010

表5 铜再现性

w(Pb,Cu)/%	0.000 60	0.020
R/%	0.000 05	0.003

9 质量保证和控制

应用国家级标准样品或行业级标准样品(当前两者没有时,也可用控制标样替代),每周或每两周校核一次本分析方法标准的有效性。当过程失控时,应找出原因,纠正错误后,重新进行校核。

附　录　A
（资料性附录）
仪器工作条件

原子吸收光谱仪测量铅、铜的工作条件如表A.1。

表A.1　仪器工作条件

项　　目	波长/nm	灯电流/mA	光谱通带/mm	燃烧器高度/mm	空气流量/(L/min)	乙炔流量/(L/min)
铅	283.3	9.0	2.7/0.8	6.0	5.0	2.0
铜	324.7	4.0	2.7/1.05	6.0	9.0	2.0

ICS 71.040.40
G 10

中华人民共和国国家标准

GB/T 23274.5—2009

二氧化锡化学分析方法
第5部分:锑量的测定
孔雀绿分光光度法

Methods for chemical analysis of stannic oxide—
Part 5:Determination of antimony content—
Malachite green photometric method

2009-01-05 发布　　　　2009-11-01 实施

中华人民共和国国家质量监督检验检疫总局
中国国家标准化管理委员会　发布

前　言

GB/T 23274—2009《二氧化锡化学分析方法》共分为8个部分：

——第1部分：二氧化锡量的测定　碘酸钾滴定法；

——第2部分：铁量的测定　1,10-二氮杂菲分光光度法；

——第3部分：砷量的测定　砷锑钼蓝分光光度法；

——第4部分：铅、铜量的测定　火焰原子吸收光谱法；

——第5部分：锑量的测定　孔雀绿分光光度法；

——第6部分：硫酸盐的测定　目视比浊法；

——第7部分：盐酸可溶物的测定　重量法；

——第8部分：灼烧失重的测定　重量法。

本部分为第5部分。

本部分由中国有色金属工业协会提出。

本部分由全国有色金属标准化技术委员会归口。

本部分由云南锡业集团有限责任公司负责起草。

本部分由柳州华锡集团有限责任公司起草。

本部分由云南锡业集团有限责任公司、云南红河出入境检验检疫局参加起草。

本部分主要起草人：林文霜、罗佩珍、叶素娟、陈林、江寨伸、苏焰、沈青、胡昱炜。

二氧化锡化学分析方法
第5部分：锑量的测定
孔雀绿分光光度法

1 范围

GB/T 23274 的本部分规定了二氧化锡中锑含量的测定方法。

本部分适用于二氧化锡中锑含量的测定，测定范围为 0.000 50%～0.050%。

2 方法原理

试料以氢氧化钠熔融、水浸出、盐酸酸化，在盐酸介质中，用苯萃取锑络阴离子与孔雀绿生成的绿色络合物，于分光光度计波长 635 nm 处测量其吸光度。

3 试剂

试验用水为三级蒸馏水。

3.1 无水硫酸钠。

3.2 氢氧化钠。

3.3 盐酸(ρ1.19 g/mL)。

3.4 苯。

3.5 盐酸(1+4)。

3.6 盐酸(1+9)。

3.7 磷酸(1+5)。

3.8 氯化亚锡溶液(100 g/L)：称取 10 g 氯化亚锡($SnCl_2 \cdot 2H_2O$)，加 20 mL 盐酸(3.3)，温热溶解，稍冷，用水稀释至 100 mL，加纯锡(锡的质量分数 99.999%)数粒。

3.9 亚硝酸钠溶液(140 g/L)。

3.10 尿素溶液(400 g/L)。

3.11 孔雀绿溶液(2 g/L)。

3.12 锑标准贮存溶液：称取 0.164 5 g 酒石酸锑钾($KSbOC_4H_4O_6 \cdot 1/2H_2O$)置于 250 mL 烧杯中，加入 100 mL 盐酸(3.5)，搅拌溶解后，移入 1 000 mL 容量瓶中，用盐酸(3.5)洗净烧杯并稀释至刻度，混匀。此溶液 1 mL 含 60 μg 锑。

3.13 锑标准溶液：移取 25.00 mL 锑标准贮存溶液(3.12)于 500 mL 容量瓶中，用盐酸(3.5)稀释至刻度，混匀。此溶液 1 mL 含 3 μg 锑。

4 试样

试样需密封包装。

5 分析步骤

5.1 试料

按表 1 称取试样(m)，精确至 0.000 1 g。

表 1 试料称量表

锑含量/%	试料量/g	试液总体积/mL	分取试液体积/mL
0.000 5～0.010	1.0	50	5.00
>0.010～0.050	0.5	100	5.00

5.2 测定次数

独立地进行 2 次测定，取其平均值。

5.3 空白试验

随同试料做空白试验。

5.4 测定

5.4.1 将试料(5.1)置于予先盛有 1 g 氢氧化钠(3.2)的银坩埚中，再覆盖 1 g 氢氧化钠(3.2)。移入已升温至 700 ℃的高温炉中分解 15 min。取出冷却，吹 5 mL 水于银坩埚中，在电炉上加热，使熔融物浸出。

5.4.2 用少量水将浸出物从银坩埚中移入 150 mL 烧杯中，加 20 mL 盐酸(3.3)使浸出物溶解，用盐酸(3.6)移入 50 mL 或 100 mL 容量瓶(V_0)，冷却。用水稀至刻度，混匀。

5.4.3 移取 5.00 mL 试液(V_1)，置于 100 mL 烧杯，加 5 mL 盐酸(3.3)，加热至 50 ℃～60 ℃，滴入 2 滴～4 滴氯化亚锡溶液(3.8)，混匀，冷却。

5.4.4 加入 1 mL 亚硝酸钠溶液(3.9)，混匀，放置 2 min，加 1.5 mL 尿素溶液(3.10)，边加边摇动 0.5 min～1 min，使气泡散尽。

5.4.5 将试液移入预先盛有 20.00 mL 苯(3.4)的 125 mL 梨形分液漏斗中，用 30 mL 磷酸(3.7)分 3 次洗涤烧杯，并入分液漏斗中，混匀。加 0.5 mL 孔雀绿溶液(3.11)，振摇 1 min，静置分层后，弃去下层水相。往有机相中加 0.5 g 无水硫酸钠(3.1)，摇动片刻。

5.4.6 将部分有机相移入 2 cm 比色皿中，以随同试料的空白试液为参比，于分光光度计波长 635 nm 处测量吸光度，从工作曲线上查出相应的锑量(m_1)。

5.5 工作曲线的绘制

5.5.1 移取 0.00 mL、1.00 mL、2.00 mL、3.00 mL、4.00 mL 锑标准溶液(3.13)，分别置于一组 100 mL 烧杯中，以盐酸(3.5)补至 5 mL，以下按 5.4.3～5.4.5 进行。

5.5.2 将部分有机相移入 2 cm 比色皿中，以试剂空白为参比，测量标准溶液吸光度。以锑量为横坐标，吸光度为纵坐标绘制工作曲线。

6 分析结果的计算

按式(1)计算锑的质量分数，数值以%表示：

$$w(\mathrm{Sb}) = \frac{m_1 \cdot V_0 \times 10^{-6}}{m \cdot V_1} \times 100 \qquad \cdots\cdots(1)$$

式中：

m_1——从工作曲线上查得的锑量，单位为微克(μg)；

V_0——试液总体积，单位为毫升(mL)；

V_1——分取试液体积，单位为毫升(mL)；

m——试料的质量，单位为克(g)。

所得结果表示至小数点后三位；若锑含量小于 0.010%时，表示至小数点后四位。

7 精密度

7.1 重复性

在重复性条件下获得的两次独立测试结果的测定值，在以下给出的平均值范围内，这两个测试结果的绝对差值不超过重复性限(r),超过重复性限(r)的情况不超过5%,重复性限(r)按表2数据采用线性内插法获得。

表2 重复性

$w(Sb)/\%$	0.000 5	0.009 2	0.051
$r/\%$	0.000 2	0.000 5	0.005

7.2 再现性

在再现性条件下获得的两次独立测试结果的测定值,在以下给出的平均值范围内,这两个测试结果的绝对差值不超过再现性限(R),超过再现性限(R)的情况不超过5%,再现性限(R)按表3数据采用线性内插法获得。

表3 再现性

$w(Sb)/\%$	0.000 6	0.009 6	0.052
$R/\%$	0.000 3	0.001 0	0.005

8 质量保证和控制

应用国家级标准样品或行业级标准样品(当前两者没有时,也可用控制标样替代),每周或每两周校核一次本分析方法标准的有效性。当过程失控时,应找出原因,纠正错误后,重新进行校核。

ICS 71.040.40
G 10

中华人民共和国国家标准

GB/T 23274.6—2009

二氧化锡化学分析方法 第6部分:硫酸盐的测定 目视比浊法

Methods for chemical analysis of stannic oxide—
Part 6: Determination of sulfate content—
Visual turbidimetry method

2009-01-05 发布 2009-11-01 实施

中华人民共和国国家质量监督检验检疫总局
中国国家标准化管理委员会 发布

前　言

GB/T 23274—2009《二氧化锡化学分析方法》共分为8个部分：

——第1部分：二氧化锡量的测定　碘酸钾滴定法；

——第2部分：铁量的测定　1,10-二氮杂菲分光光度法；

——第3部分：砷量的测定　砷锑钼蓝分光光度法；

——第4部分：铅、铜量的测定　火焰原子吸收光谱法；

——第5部分：锑量的测定　孔雀绿分光光度法；

——第6部分：硫酸盐的测定　目视比浊法；

——第7部分：盐酸可溶物的测定　重量法；

——第8部分：灼烧失重的测定　重量法。

本部分为第6部分。

本部分由中国有色金属工业协会提出。

本部分由全国有色金属标准化技术委员会归口。

本部分由云南锡业集团有限责任公司负责起草。

本部分由柳州华锡集团有限责任公司、云南红河出入境检验检疫局参加起草。

本部分主要起草人：海兰、张丽梅、林文霜、江寨伸、寿洁云、张静。

二氧化锡化学分析方法
第6部分:硫酸盐的测定
目视比浊法

1 范围

GB/T 23274.6的本部分规定了二氧化锡中硫酸盐的测定方法。

本部分适用于二氧化锡中硫酸盐的测定,测定范围为0.030%～0.60%。

2 方法提要

试料用氢氧化钠熔融分解,盐酸浸取,在微酸性介质中,加氯化钡生成硫酸钡白色沉淀,进行目视比浊测定。

3 试剂

试验用水均为一级蒸馏水。

3.1 氢氧化钠(GR)。

3.2 盐酸(ρ1.19 g/mL)。

3.3 盐酸(1+1)。

3.4 无水乙醇。

3.5 氯化钡溶液(250 g/L):过滤后使用。

3.6 硫酸盐标准贮存溶液:称取0.148 0 g无水硫酸钠(于105 ℃～110 ℃干燥至恒重)溶于水,移入1 000 mL容量瓶中,并稀释至刻度,混匀。此溶液1 mL含100 μg硫酸盐(SO_4^{2-})。

3.7 硫酸盐标准溶液:移取50.00 mL硫酸盐标准贮存溶液(3.6)于100 mL容量瓶中,用水稀释至刻度,混匀。此溶液1 mL含50 μg硫酸盐(SO_4^{2-})。

3.8 硫酸盐标准溶液:移取50.00 mL硫酸盐标准贮存溶液(3.6)于500 mL容量瓶中,用水稀释至刻度,混匀。此溶液1 mL含10 μg硫酸盐(SO_4^{2-})。

4 试样

试样需密封包装。

5 分析步骤

5.1 测定次数

独立地进行2次测定,取其平均值。

5.2 空白试验

随同试料做空白试验。

5.3 测定

5.3.1 称取0.5 g试样(m),精确至0.000 1 g,置于预先盛有1 g氢氧化钠(3.1)的30 mL银坩埚中,再覆盖1 g氢氧化钠(3.1,若是颗粒较大则需要覆盖2 g)。移入400 ℃高温炉中,升温至600 ℃分解10 min,取出冷却。吹约5 mL水于银坩埚中,置于电炉上加热至熔融物完全溶解。

5.3.2 用少量水将试液移入100 mL烧杯中,加入10 mL盐酸(3.2),加热至试液清亮,冷却后移入

50 mL 容量瓶(V_0)中,以水稀释至刻度,混匀。

5.3.3 用慢速滤纸过滤,移取 2.00 mL～10.00 mL 滤液(V_1)于 25 mL 比色管中,加 5 mL 无水乙醇(3.4),在不断摇动下滴加 3 mL 氯化钡溶液(3.5)。用水稀释至刻度,混匀,放置 30 min。

5.3.4 与标准色阶进行比浊(标准色阶制备与试样操作同时进行)。

5.4 标准色阶的制备

分别移取 10 mL 空白试液于一组 25 mL 比色管中,分别加入 0 μg、30 μg、50 μg、75 μg、100 μg、150 μg 硫酸盐标准溶液,加入 5 mL 无水乙醇(3.4),以下按 5.3.3～5.3.4 进行。

6 分析结果的计算

硫酸盐(SO_4^{2-})含量以硫酸盐的质量分数 $w(SO_4^{2-})$ 计,数值以%表示,按公式(1)计算:

$$w(SO_4^{2-}) = \frac{m_1 \cdot V_0 \times 10^{-6}}{m_0 \cdot V_1} \times 100 \qquad \cdots\cdots(1)$$

式中:

m_1——试样比浊测得硫酸盐量,单位为微克(μg);

V_0——试液总体积,单位为毫升(mL);

V_1——分取试液体积,单位为毫升(mL);

m_0——试料的质量,单位为克(g)。

所得结果表示至小数点后三位。

7 精密度

7.1 重复性条款

在重复性条件下获得的两次独立测试结果的测定值,在以下给出的平均值范围内,这两个测试结果的绝对差值不超过重复性限(r),超过重复性限(r)的情况不超过5%,重复性限(r)按表1数据采用线性内插法获得。

表1 重复性

$w(SO_4^{2-})$/%	0.027	0.148	0.464
r/%	0.005 6	0.024	0.074

7.2 再现性

在再现性条件下获得的两次独立测试结果的测定值,在以下给出的平均值范围内,这两个测试结果的绝对差值不超过再现性限(R),超过再现性限(R)的情况不超过5%,再现性限(R)按表2数据采用线性内插法获得。

表2 再现性

$w(SO_4^{2-})$/%	0.027	0.148	0.464
R/%	0.006	0.030	0.080

8 质量保证和控制

应用国家级标准样品或行业级标准样品(当前两者没有时,也可用控制标样替代),每周或每两周校核一次本分析方法标准的有效性。当过程失控时,应找出原因,纠正错误后,重新进行校核。

ICS 71.040.40
G 10

中华人民共和国国家标准

GB/T 23274.7—2009

二氧化锡化学分析方法 第7部分：盐酸可溶物的测定 重量法

Methods for chemical analysis of stannic oxide—
Part 7: Determination of soluble matter in hydrochloric acid—
Gravimetric method

2009-01-05 发布　　2009-11-01 实施

中华人民共和国国家质量监督检验检疫总局
中国国家标准化管理委员会　发布

前　言

GB/T 23274—2009《二氧化锡化学分析方法》共分为8个部分：

——第1部分：二氧化锡量的测定　碘酸钾滴定法；

——第2部分：铁量的测定　1,10-二氮杂菲分光光度法；

——第3部分：砷量的测定　砷锑钼蓝分光光度法；

——第4部分：铅、铜量的测定　火焰原子吸收光谱法；

——第5部分：锑量的测定　孔雀绿分光光度法；

——第6部分：硫酸盐的测定　目视比浊法；

——第7部分：盐酸可溶物的测定　重量法；

——第8部分：灼烧失重的测定　重量法。

本部分为第7部分。

本部分由中国有色金属工业协会提出。

本部分由全国有色金属标准化技术委员会归口。

本部分由云南锡业集团有限责任公司负责起草。

本部分由柳州华锡集团有限公司、云南红河出入境检验检疫局参加起草。

本部分主要起草人：海兰、韩红兰、张红玲、林文霜、江寨伸、黄丽英、胡昱炜。

二氧化锡化学分析方法
第7部分：盐酸可溶物的测定
重量法

1 范围

GB/T 23274的本部分规定了二氧化锡中盐酸可溶物的测定方法。

本部分适用于二氧化锡中盐酸可溶物的测定，测定范围为0.10%～0.80%。

2 方法提要

试料采用在水浴上加入盐酸溶解可溶性物质，经过滤、蒸发、灼烧后，重量法测定二氧化锡中的盐酸可溶物。

3 试剂

试验用水为三级蒸馏水。

3.1 高氯酸（ρ 1.67 g/mL）。

3.2 盐酸（1+1）。

4 试样

试样需密封包装。

5 分析步骤

5.1 测定次数

独立地进行2次测定，取其平均值。

5.2 空白试验

随同试样做空白试验。

5.3 测定

5.3.1 称取10.0 g试样（m），精确至0.000 1 g，置于300 mL烧杯中，加入80 mL盐酸（3.2），用玻璃棒搅拌试样，盖上表面皿，低温加热至沸。置于沸水浴上加热浸出30 min。取下烧杯，流水冷却至室温。用水将试液连同沉淀一起移入100 mL容量瓶中，并稀释至刻度，混匀，静置片刻。

5.3.2 用慢速双层定量滤纸干过滤，弃去初滤液约10 mL，移取50 mL滤液于烧杯中，蒸至约3 mL～5 mL。用水移入预先经800 ℃恒重的30 mL瓷坩埚（m_1）中，加入1 mL高氯酸（3.1），于低温电炉上蒸发高氯酸冒白烟至尽。

5.3.3 将瓷坩埚移入已升温至800 ℃的高温炉中，灼烧30 min，取出冷却1 min～2 min，放入干燥器中冷却30 min，称量（m_2）。

6 分析结果的计算

按式（1）计算盐酸可溶物的质量分数，数值以%表示：

$$w = \frac{m_2 - m_1}{m} \times 100 \qquad \cdots\cdots (1)$$

式中：

m_1——瓷坩埚的质量，单位为克(g)；

m_2——瓷坩埚及灼烧残渣的质量，单位为克(g)；

m——试料的质量，单位为克(g)。

所得结果表示至小数点后三位。

7 精密度

7.1 重复性

在重复性条件下获得的两次独立测试结果的测定值，在以下给出的平均值范围内，这两个测试结果的绝对差值不超过重复性限(r)，超过重复性限(r)的情况不超过5%，重复性限(r)按表1数据采用线性内插法获得。

表1 重复性

w/%	0.031	0.258	0.683
r/%	0.006	0.076	0.034

7.2 允许差

实验室之间分析结果的差值应不大于表2所列允许差。

表2 允许差

%

盐酸可溶物含量(质量分数)	允许差
0.10～0.50	0.10
>0.50～0.80	0.20

8 质量保证和控制

应用国家级标准样品或行业级标准样品(当前两者没有时，也可用控制标样替代)，每周或每两周校核一次本分析方法标准的有效性。当过程失控时，应找出原因，纠正错误后，重新进行校核。

ICS 71.040.40
G 10

中华人民共和国国家标准

GB/T 23274.8—2009

二氧化锡化学分析方法
第8部分：灼烧失重的测定
重量法

Methods for chemical analysis of stannic oxide—
Part 8: Determination of loss on ignition—
Gravimetric method

2009-01-05 发布　　　　2009-11-01 实施

中华人民共和国国家质量监督检验检疫总局
中国国家标准化管理委员会　发布

前　言

GB/T 23274—2009《二氧化锡化学分析方法》共分为8个部分：

——第1部分：二氧化锡量的测定　碘酸钾滴定法；

——第2部分：铁量的测定　1,10-二氮杂菲分光光度法；

——第3部分：砷量的测定　砷锑钼蓝分光光度法；

——第4部分：铅、铜量的测定　火焰原子吸收光谱法；

——第5部分：锑量的测定　孔雀绿分光光度法；

——第6部分：硫酸盐的测定　目视比浊法；

——第7部分：盐酸可溶物的测定　重量法；

——第8部分：灼烧失重的测定　重量法。

本部分为第8部分。

本部分由中国有色金属工业协会提出。

本部分由全国有色金属标准化技术委员会归口。

本部分由云南锡业集团有限责任公司负责起草。

本部分由柳州华锡集团有限责任公司、云南红河出入境检验检疫局参加起草。

本部分主要起草人：海兰、韩红兰、林文霜、江寨伸、王联、胡昱炜。

二氧化锡化学分析方法 第8部分:灼烧失重的测定 重量法

1 范围

GB/T 23274的本标准规定了二氧化锡中灼烧失重的测定方法。

本标准适用于二氧化锡中灼烧失重的测定,测定范围为0.010%～1.00%。

2 方法原理

试样置于105 ℃的烘箱中除去自然吸附之少量水分后,置于800 ℃高温炉中灼烧30 min,于干燥器中冷却至室温,称量。

3 试样

试样需密封包装。试样须预先在105 ℃的烘箱中,烘干1 h后,取出放入干燥器中冷却至室温。备用。

4 分析步骤

4.1 测定次数

独立地进行2次测定,取其平均值。

4.2 测定

4.2.1 称取10.0 g试样(3)(m,精确至0.000 1 g,),置于已恒重的30 mL瓷坩埚中(m_1)。

4.2.2 将瓷坩埚放入已升温至800 ℃的高温炉中,灼烧30 min,取出在室温下冷却12 min～2 min,置于干燥器中冷却30 min,称量(m_2)。

5 分析结果的计算

按式(1)计算灼烧失重的质量分数,数值以%表示:

$$w = \frac{m + m_1 - m_2}{m} \times 100 \qquad \cdots\cdots(1)$$

式中:

m_1——瓷坩埚的质量,单位为克(g);

m_2——瓷坩埚及灼烧残渣的质量,单位为克(g);

m——试料的质量,单位为克(g)。

所得结果表示至小数点后三位。

6 精密度

6.1 重复性

在重复性条件下获得的两次独立测试结果的测定值,在以下给出的平均值范围内,这两个测试结果的绝对差值不超过重复性限(r),超过重复性限(r)的情况不超过5%,重复性限(r)按表1数据采用线性内插法获得。

表 1 重复性

w/%	0.013	0.071	0.278
r/%	0.004	0.008	0.050

6.2 允许差

实验室之间分析结果的差值应不大于表 2 所列允许差。

表 2 允许差

%

灼烧失重(质量分数)	允 许 差
0.05～0.20	0.03
>0.20～0.50	0.05
>0.50～0.80	0.08

7 质量保证和控制

应用国家级标准样品或行业级标准样品(当前两者没有时,也可用控制标样替代),每周或每两周校核一次本分析方法标准的有效性。当过程失控时,应找出原因,纠正错误后,重新进行校核。

ICS 77.040.30
H 15

中华人民共和国国家标准

GB/T 23275—2009

钌粉化学分析方法 铅、铁、镍、铝、铜、银、金、铂、铱、钯、铑、硅量的测定 辉光放电质谱法

Methods for chemical analysis of ruthenium determination of lead, iron, nickel, aluminum, copper, silver, gold, platinum, palladium, rhodium, iridium and silicon in ruthenium powder by glow discharge mass spectrometry

2009-01-05 发布　　2009-11-01 实施

中华人民共和国国家质量监督检验检疫总局
中国国家标准化管理委员会 发布

前 言

本标准附录 A 为资料性附录。

本标准由中国有色金属工业协会提出。

本标准由全国有色金属标准化技术委员会归口。

本标准由金川集团有限公司负责起草。

本标准由中国科学院上海硅酸盐研究所参加起草。

本标准主要起草人:郭培庆、邱平、林秀英、秦芳林、葛爱景。

钌粉化学分析方法 铅、铁、镍、铝、铜、银、金、铂、铱、钯、铑、硅量的测定 辉光放电质谱法

1 范围

本标准规定了钌粉中的铅、铁、镍、铝、铜、银、金、铂、铱、钯、铑、硅含量的测定方法。

本标准适用于钌粉中的铅、铁、镍、铝、铜、银、金、铂、铱、钯、铑、硅含量的测定，其测定范围见表1。

表 1

元　素	测定范围，w/%
铂	0.001～0.020
钯	0.001～0.020
铑	0.001～0.020
铱	0.002～0.020
金	0.001～0.010
银	0.000 1～0.002 0
铜	0.000 1～0.002 0
镍	0.001～0.020
铁	0.001～0.020
铅	0.001～0.020
铝	0.001～0.020
硅	0.002～0.040

2 方法提要

采用粉末压片法制备试样，样品作为辉光放电电源的阴极，样品（阴极）的原子在氩离子的撞击下，从样品上被剥离下来（阴极溅射），进入等离子体，通过电子碰撞和彭宁碰撞变成正离子。正离子通过离子源的出口被加速后进入质谱仪，质谱仪根据荷质比和离子强度进行分析。

3 试剂和材料

3.1 无水乙醇（分析纯）。

3.2 纯氩。

3.3 高纯氩。

4 仪器

4.1 压样机（额定压力不小于 15 MPa）。

4.2 辉光放电质谱仪（工作参数见附录 A）

为保证仪器的工作状态，必须满足以下条件：

——仪器分析器的高真空须小于 5×10^{-7} mbar，前级真空须小于 1×10^{-3} mbar。

——样品与样品支架传热良好，冷却温度设定在15 ℃。

——仪器在测试前应处于良好的质量校正和法拉第检测器校正状态。

——通过调节放电参数、气体压力及透镜电压等，以获得良好的峰形、分辨率和不小于 5×10^7 cps 的 ^{102}Ru 基体信号。

5 制样

预先用无水乙醇(3.1)清洗并风干压样机的制片模具钢环中与样品接触部分，然后称取5 g～10 g样品，置于制片模具钢环中，启动压样机，在15 MPa的压力下至少保持3 min，取出压片。

6 分析步骤

将试样装入辉光放电质谱仪上的样品试样夹，采用适当的仪器工作条件，先进行样品预溅射，待测元素信号稳定后进行样品分析。

7 分析结果的计算与表述

按下式计算所测元素的质量分数，以百分数表示，结果保留两位有效数字。

$$w(\%) = w_0 \times 10^{-9} \times 100$$

式中：

w——分别为铅、铁、镍、铝、铜、银、金、铂、铱、钯、铑、硅的质量分数(以百分数表示)；

w_0——仪器给出所测样品中元素的浓度，单位为纳克每克(ng/g)。

8 允许差

当分析结果采用三份平行测定的算术平均值时，其极端结果间的相对允许偏差不超过25%，否则，需重新测定。

实验室之间分析结果的差值应不大于表2所列允许差。

表2

杂质元素含量	允 许 差
0.000 10～0.000 30	0.000 20
>0.000 30～0.001 00	0.000 30
>0.001 0～0.003 0	0.000 6
>0.003 0～0.010 0	0.002 0
>0.010～0.040	0.004

9 质量保证与控制

分析时，用控制样品进行校核，或每月至少用控制样品对分析方法校核一次。当过程失控时，应找出原因。纠正错误后，重新进行校核。

附　录　A
（资料性附录）
辉光放电质谱仪 ELEMENT GD 工作参数

辉光放电质谱仪 ELEMENT GD 测定钌粉中的铅、铁、镍、铝、铜、银、金、铂、铱、钯、铑、硅含量的质量数、工作参数分别见表 A.1、表 A.2。

表 A.1　质量数表

元素	Ru	Fe	Pb	Cu	Ni	Si	Al	Au	Ag	Pd	Pt	Rh	Ir
质量数	102	56	208	63	60	28	27	197	107	106	195	103	193

表 A.2　ELEMENT GD 工作参数

放电电流	23.1 mA	高分辨控制压力	5.66 bar
放电电压	≤1 200 V	提取电压	−2 000 V
辉光气体流量	359 mL/min	聚焦电压	−941 V
源室真空	9.65×10^{-1} mbar	X 方向聚焦电压	−10.22 V
前级真空	2.31×10^{-4} mbar	Y 方向聚焦电压	6.18 V
高真空	3.26×10^{-7} mbar	整形电压	140 V
低分辨控制压力	2.93bar	滤质透镜电压	4.00 V
注：仪器参数因检测器状况、更换透镜等原因，不能做到在以后的每次测量中都能保持一致，表格中的工作参数可以作为示例参数。			

ICS 77.120.99
H 68

中华人民共和国国家标准

GB/T 23276—2009

钯化合物分析方法 钯量的测定 二甲基乙二醛肟析出 EDTA 络合滴定法

Method for chemical analysis of palladium compounds—Determination of palladium content—Complexometric titration using butanedione dioxime releasing EDTA

2009-01-05 发布　　2009-11-01 实施

中华人民共和国国家质量监督检验检疫总局
中国国家标准化管理委员会　发布

前　言

本标准由中国有色金属工业协会提出。

本标准由全国有色金属标准化技术委员会归口。

本标准由贵研铂业股份有限公司、中国有色金属工业标准计量质量研究所负责起草。

本标准主要起草人:金娅秋、朱利亚、沈善问、安中庆、贺东江、向磊。

本标准主要验证人:黄章杰、杨光宇。

钯化合物分析方法
钯量的测定
二甲基乙二醛肟析出 EDTA 络合滴定法

1 范围

本标准规定了钯化合物中钯含量的测定方法。

本标准适用于二氯化钯($PdCl_2$)、溴化钯($PdBr_2$)、二水合硝酸钯($Pd(NO_3)_2 \cdot 2H_2O$)、硫酸钯($PdSO_4$)、二水合硫酸钯($PdSO_4 \cdot 2H_2O$)、二氯二氨钯($Pd(NH_3)_2Cl_2$)、二氯四氨钯($Pd(NH_3)_4Cl_2$)、氯亚钯酸钾(K_2PdCl_4)、二亚硝基二氨钯($Pd(NO_2)_2(NH_3)_2$)、二亚硝基四氨钯($Pd(NO_2)_2(NH_3)_4$)、醋酸钯($[Pd(CH_3COO)_2]_3$)、双(乙酰丙酮)钯($Pd(C_5H_7O_2)_2$)、四(三苯基膦)钯($Pd[P(C_6H_5)_3]_4$)、二(三苯基膦)二氯化钯($PdCl_2[P(C_6H_5)_3]_2$)、1,2-二(二苯基膦)乙烷二氯化钯($PdCl_2[(C_6H_5)_2PCH_2CH_2P(C_6H_5)_2]$)、双[1,2-二(二苯基膦)乙烷]二氯化钯($PdCl_2[(C_6H_5)_2PCH_2CH_2P(C_6H_5)_2]_2$)化合物中钯含量的测定。测定范围:5%～70%。

2 规范性引用文件

下列文件中的条款通过本标准的引用而成为本标准的条款。凡是注日期的引用文件,其随后所有的修改单(不包括勘误的内容)或修订版均不适用于本标准,然而,鼓励根据本标准达成协议的各方研究是否可使用这些文件的最新版本。凡是不注日期的引用文件,其最新版本适用于本标准。

YS/T 371 贵金属合金化学分析方法总则及一般规定

3 方法原理

$PdCl_2$ 试料用盐酸溶解;$PdBr_2$、$Pd(NO_3)_2 \cdot 2H_2O$、$PdSO_4$、$PdSO_4 \cdot 2H_2O$、$Pd(NH_3)_2Cl_2$、$Pd(NH_3)_4Cl_2$、K_2PdCl_4、$Pd(NO_2)_2(NH_3)_2$、$Pd(NO_2)_2(NH_3)_4$、$[Pd(CH_3COO)_2]_3$、$Pd(C_5H_7O_2)_2$ 试料用盐酸与硝酸溶解;$Pd[P(C_6H_5)_3]_4$、$PdCl_2[P(C_6H_5)_3]_2$、$PdCl_2[(C_6H_5)_2PCH_2CH_2P(C_6H_5)_2]$、$PdCl_2[(C_6H_5)_2PCH_2CH_2P(C_6H_5)_2]_2$ 试料用盐酸与硝酸溶解,用乙醚萃取分离有机物。

加过量 EDTA 络合钯及其他金属离子,加乙酸-乙酸钠缓冲溶液,二甲酚橙作指示剂,在约 pH5.8 用锌标准滴定溶液滴定过量 EDTA。加二甲基乙二醛肟析出与钯络合的 EDTA,用三氯甲烷萃取丁二酮肟-钯沉淀,以锌标准滴定溶液滴定测定钯量。

4 试剂

除非另有说明,本标准所用试剂、器皿等应符合 YS/T 371 的规定。

4.1 三氯甲烷。

4.2 乙醚。

4.3 盐酸(ρ1.19 g/mL)。

4.4 硝酸(ρ1.42 g/mL)。

4.5 盐酸溶液(1+1)。

4.6 硝酸溶液(1+1)。

4.7 盐酸与硝酸的混合酸:3 单位体积的盐酸(4.3)与 1 单位体积的硝酸(4.4)相混合。用时现配。

4.8 乙二胺四乙酸二钠[$Na_2EDTA \cdot 2H_2O$(简写作 EDTA)]溶液 0.013 mol/L。

4.9 乙酸-乙酸钠缓冲溶液(约 pH5.8):称取 100 g 无水乙酸钠置于 600 mL 烧杯中,加入 10 mL 冰乙酸,用水稀释至体积为 500 mL。

4.10 二甲基乙二醛肟乙醇溶液(10 g/L)。

4.11 氢氧化钠溶液(200 g/L)。

4.12 氯化钠溶液(200 g/L)。

4.13 钯标准溶液:称取 0.50 g 金属钯片(钯质量分数不小于 99.99%),精确至 0.000 1 g,置于 250 mL 烧杯中,加入 10 mL 盐酸与硝酸的混合酸(4.7),盖上表面皿,低温加热至完全溶解。用水冲洗表面皿及烧杯壁,加入 5 mL 氯化钠溶液(4.12),低温蒸至湿盐状。加入 5 mL 盐酸(4.5),低温蒸至湿盐状。重复三次,取下。加入 250 mL 盐酸(4.3),转入 500 mL 容量瓶中。以水稀释至刻度。混匀。此溶液 1 mL 含 1 mg 钯。

4.14 二甲酚橙溶液(2 g/L)。

4.15 锌标准滴定溶液

4.15.1 配制

4.15.1.1 锌标准滴定溶液(0.005 mol/L):称取 0.655 g 金属锌(锌质量分数不小于 99.99%),置于 150 mL 烧杯中,加 10 mL 硝酸溶液(4.6),盖上表面皿,低温加热至完全溶解,蒸发至约 2 mL,用水冲洗表面皿及烧杯壁,用水转入 2 000 mL 容量瓶中,以水稀释至刻度。混匀。

4.15.1.2 锌标准滴定溶液(0.008 mol/L):称取 1.048 g 金属锌(质量分数不小于 99.99%),置于 150 mL 烧杯中,加 10 mL 硝酸溶液(4.6),盖上表面皿,低温加热至完全溶解,蒸发至约 2 mL,用水冲洗表面皿及烧杯壁,用水转入 2 000 mL 容量瓶中,以水稀释至刻度。混匀。

4.15.2 标定

标定与试料的滴定平行进行。

移取 10.00 mL~20.00 mL 钯标准溶液,置于 300 mL 烧杯中。加入 2 mL 氯化钠溶液(4.12),低温蒸至约 1 mL,加入 100 mL 水、20 mL EDTA,在搅动下加入 20 mL 乙酸-乙酸钠缓冲溶液、7 滴二甲酚橙溶液,滴加氢氧化钠溶液调至约 pH5.8,用锌标准滴定溶液(Pd 量 10 mg 时,用 0.005 mol/L 锌标准滴定溶液;Pd 量 20 mg 时,用 0.008 mol/L 锌标准滴定溶液)滴定至溶液由黄色变成红色为终点。不记数。

于溶液中搅动下加入 7 mL 二甲基乙二醛肟乙醇溶液,并继续搅动 1 min,静置 15 min。于搅动下加入 7 mL 三氯甲烷(Pd 量 20 mg 时,加入 10 mL 三氯甲烷),继续搅动至溶液清亮,用锌标准滴定溶液滴定至溶液由黄色变成红色为终点。

平行标定三份,所消耗的锌标准滴定溶液体积的极差值不应超过 0.05 mL,取其平均值。

按式(1)计算锌标准滴定溶液的实际浓度:

$$c = \frac{c_0 \cdot V_1 \times 10^{-3}}{106.42 \times V_2} \qquad \cdots\cdots(1)$$

式中:

c——锌标准溶液的实际浓度,单位为摩尔每毫升(mol/mL);

c_0——移取钯标准溶液的浓度,单位为毫克每毫升(mg/mL);

V_1——移取钯标准溶液的体积,单位为毫升(mL);

V_2——标定中所消耗的锌标准滴定溶液的体积,单位为毫升(mL);

106.42——钯的摩尔质量,单位为克每摩尔(g/mol)。

5 试样

样品储存于密闭容器内,用时现称。

6 分析步骤

6.1 试料

按表1称取试样，精确至0.000 1 g。

表1

钯的质量分数/%	试样量/g
5.0～20.0	0.10
>20.0～30.0	0.30
>30.0～70.0	0.20

平行称取两份试样，独立地进行测定，取其平均值。

6.2 测定

6.2.1 溶解

6.2.1.1 将$PdCl_2$试料置于150 mL烧杯中，加入10 mL盐酸溶液(4.5)，盖上表面皿，低温加热至完全溶解，取下，冷却。用水冲洗表面皿及烧杯壁。

6.2.1.2 将$PdBr_2$、$Pd(NO_3)_2\cdot 2H_2O$、$PdSO_4$、$PdSO_4\cdot 2H_2O$、$Pd(NH_3)_2Cl_2$、$Pd(NH_3)_4Cl_2$、K_2PdCl_4、$Pd(NO_2)_2(NH_3)_2$、$Pd(NO_2)_2(NH_3)_4$、$[Pd(CH_3COO)_2]_3$、$Pd(C_5H_7O_2)_2$试料置于300 mL烧杯中，加5 mL硝酸(4.4)，盖上表面皿，低温加热约1 min，加10 mL盐酸(4.3)，继续加热至完全溶解，用水冲洗表面皿及烧杯壁。

6.2.1.3 将$Pd[P(C_6H_5)_3]_4$、$PdCl_2[P(C_6H_5)_3]_2$、$PdCl_2[(C_6H_5)_2PCH_2CH_2P(C_6H_5)_2]$、$PdCl_2[(C_6H_5)_2PCH_2CH_2P(C_6H_5)_2]_2$试料置于300 mL烧杯中，加3 mL硝酸(4.4)，盖上表面皿，低温加热1 min，加10 mL盐酸(4.3)，继续加热至完全溶解，用水冲洗表面皿及烧杯壁。

6.2.2 试液的处理

6.2.2.1 将试液(6.2.1.1)转入100 mL容量瓶中，用水稀释至刻度，混匀。移取含钯10 mg～20 mg的试液置于300 mL烧杯中。

6.2.2.2 于试液(6.2.1.2)中加2 mL氯化钠溶液，低温蒸至湿盐状，加入5 mL盐酸溶液(4.5)蒸至湿盐状，重复2次。钯量不大于20 mg时残渣保留于原烧杯中；向钯量不小于20 mg的残渣中加5 mL盐酸(4.3)，转入一定体积的容量瓶中，用水稀释至刻度，混匀。移取含钯10 mg～20 mg的试液置于300 mL烧杯中。

6.2.2.3 于试液(6.2.1.3)中加2 mL氯化钠溶液，低温蒸至约3 mL，转入120 mL分液漏斗中，用20 mL乙醚分次洗涤烧杯壁，洗涤液并入分液漏斗中，再用水洗涤烧杯壁3次，洗涤液并入分液漏斗中(总体积不大于40 mL)，萃取30 s，静置1 min，水相放入300 mL烧杯中，有机相加入10 mL水，再重复萃取1次，水相并入300 mL烧杯中，盖上表面皿，低温加热约5 min，用水冲洗表面皿及烧杯壁。试液低温蒸至约0.5 mL体积，加入5 mL盐酸溶液(4.5)蒸至约0.5 mL，重复2次。

6.2.3 滴定

于试液[(6.2.2.1)、(6.2.2.2)、(6.2.2.3)]中加入100 mL水、20 mL EDTA溶液，在搅动下加入20 mL乙酸-乙酸钠缓冲溶液、7滴二甲酚橙溶液，滴加氢氧化钠溶液调约pH5.8，用锌标准滴定溶液(Pd量约10 mg时，用0.005 mol/L锌标准滴定溶液；Pd量约20 mg时，用0.008 mol/L锌标准滴定溶液)滴定至溶液由黄色变成红色为终点。不记数。

在搅动下加入7 mL二甲基乙二醛肟乙醇溶液，并继续搅动1 min，静置15 min。在搅动下加入7 mL三氯甲烷(Pd约20 mg时，加入10 mL三氯甲烷)，继续搅动至溶液清亮，用锌标准滴定溶液滴定至溶液由黄色变成红色为终点。

7 分析结果的计算

按式(2)计算钯的质量分数 $w(\mathrm{Pd})$，数值以%表示：

$$w(\mathrm{Pd})=\frac{c\cdot V_3\cdot V_5\times 106.42}{m_0\cdot V_4}\times 100 \quad\cdots\cdots(2)$$

式中：

c——锌标准滴定溶液的实际浓度，单位为摩尔每毫升(mol/mL)；

V_3——试液的总体积，单位为毫升(mL)；

V_4——分取试液的体积，单位为毫升(mL)；

V_5——滴定试液所消耗的锌标准滴定溶液的体积，单位为毫升(mL)；

106.42——钯的摩尔质量，单位为克(g/mol)；

m_0——试料的质量，单位为克(g)。

所得结果应表示至小数点后二位。

8 精密度

8.1 重复性限

在重复性条件下获得的两次独立测试结果的测定值，在以下给出的平均值范围内，这两个测试结果的绝对差值不超过重复性限(r)，超过重复性限(r)的情况应不超过5%。重复性限(r)按表2数据采用线性内插法求得。

表 2

钯的质量分数/%	14.31	32.29	59.88
重复性限(r)/%	0.125	0.162	0.220

8.2 允许差

实验室之间分析结果的差值应不大于表3所列允许差。

表 3

钯的质量分数/%	允许差/%
5.00～10.00	0.12
>10.00～20.00	0.20
>20.00～40.00	0.25
>40.00～70.00	0.30

ICS 77.120.99
H 68

中华人民共和国国家标准

GB/T 23277—2009

贵金属催化剂化学分析方法 汽车尾气净化催化剂中铂、钯、铑量的测定 分光光度法

Chemical analysis methods of catalysts containing precious metals—Determination of platinum, palladium and rhodium in automobile exhaust-purifying catalysts—Spectrophotometry

2009-01-05 发布 2009-11-01 实施

中华人民共和国国家质量监督检验检疫总局
中国国家标准化管理委员会 发布

前　言

本标准由中国有色金属工业协会提出。

本标准由全国有色金属标准化技术委员会归口。

本标准由贵研铂业股份有限公司、贵研催化剂有限公司、中国有色金属工业标准计量质量研究所负责起草。

本标准主要起草人:马媛、李振亚、方卫、易秉智、朱武勋、贺东江、向磊。

本标准主要验证人:徐莲、郭玲、俞华英。

贵金属催化剂化学分析方法
汽车尾气净化催化剂中铂、钯、铑量的测定
分光光度法

1 范围

本标准规定了汽车尾气净化催化剂中铂、钯、铑量的测定方法。

本标准适用于新制和失效的汽车尾气净化催化剂中铂、钯、铑含量的测定，测定范围为 Pt、Pd 20 g/t～5 000 g/t，Rh 20 g/t～600 g/t。

2 规范性引用文件

下列文件中的条款通过本标准的引用而成为本标准的条款。凡是注日期的引用文件，其随后所有的修改单(不包括勘误的内容)或修订版均不适用于本标准，然而，鼓励根据本标准达成协议的各方研究是否可使用这些文件的最新版本。凡是不注日期的引用文件，其最新版本适用于本标准。

YS/T 371　贵金属合金化学分析方法总则及一般规定

3 方法原理

试料用盐酸和过氧化氢于聚四氟乙烯溶样罐中密封恒温加热溶解。用二苄基二硫代乙二酰胺-碘化钾-抗坏血酸体系双波长分光光度法同时测定铂和钯量；用碘化钾-2-巯基苯并噻唑-TBP-CCl_4 萃取分离铂和钯，用 2-巯基苯并噻唑-溴化亚锡萃取光度法测定铑量。

4 试剂和材料

除非另有说明，本标准所用试剂、器皿等均应符合 YS/T 371 标准的规定。

4.1　盐酸(ρ1.19 g/mL)。

4.2　硝酸(ρ1.42 g/mL)。

4.3　盐酸(8.4 mol/L)。

4.4　混合酸：三单位体积的盐酸(4.1)与一单位体积的硝酸(4.2)混合，用时现配。

4.5　过氧化氢(30%)。

4.6　二苄基二硫代乙二酰胺(DbDO)丙酮溶液(10 g/L)。

4.7　碘化钾溶液(100 g/L)。

4.8　抗坏血酸(Vc)溶液(50 g/L)。

4.9　三氯甲烷。

4.10　无水硫酸钠。

4.11　氢溴酸(40%)。

4.12　溴化亚锡溶液：22.5 g $SnCl_2 \cdot 2H_2O$ 溶于 100 mL 氢溴酸中，用时现配。

4.13　溴化钠溶液(400 g/L)。

4.14　乙酸(36%)。

4.15　乙酸铵溶液(100 g/L)。

4.16　氯化钠溶液(200 g/L)。

4.17　乙酸乙酯。

4.18 磷酸三丁酯(TBP)-四氯化碳(CCl_4)混合液(1+1)。

4.19 2-巯基苯并噻唑(MBT)乙醇溶液(0.1 mol/L)。

4.20 铂标准贮存溶液:称取0.100 0 g铂丝(Pt质量分数不小于99.99%)于200 mL高型烧杯中,加入10 mL混合酸,盖上表面皿,置于电热板上低温加热溶解。加入1 mL氯化钠溶液,低温蒸发至近干,加3 mL~5 mL盐酸(4.1)赶硝酸二次。加入10 mL盐酸(4.1),移入100 mL容量瓶中,用水稀释至刻度。混匀。此溶液1 mL含1 mg铂。

4.21 铂标准溶液:移取2.00 mL铂标准贮存溶液于100 mL容量瓶中,加10 mL盐酸(4.1),用水稀释至刻度。混匀。此溶液1 mL含20 μg铂。

4.22 钯标准贮存溶液:称取0.100 0 g钯片(Pd质量分数不小于99.99%)于200 mL高型烧杯中,加入10 mL混合酸,盖上表面皿,置于电热板上低温加热溶解。加入1 mL氯化钠溶液,低温蒸发至近干,加3 mL~5 mL盐酸(4.1)赶硝酸二次。加入10 mL盐酸(4.1),移入100 mL容量瓶中。用水稀释至刻度。混匀。此溶液1 mL含1 mg钯。

4.23 钯标准溶液:移取2.00 mL钯标准贮存溶液于100 mL容量瓶中,加10 mL盐酸(4.1),用水稀释至刻度。混匀。此溶液1 mL含20 μg钯。

4.24 铑标准贮存溶液:称取0.100 0 g海绵铑(Rh质量分数不小于99.99%),用20 mL盐酸(4.1)与4 mL过氧化氢在加钢保护套的聚四氟乙烯溶样罐中,于180 ℃±5 ℃密封溶解完全。取出溶样罐,冷至室温。开罐,将溶液转入200 mL烧杯中,加入1 mL氯化钠溶液,置于电热板上加热至沸除去氯气。移入100 mL容量瓶中,用水稀释至刻度。混匀。此溶液1 mL含1 mg铑。

4.25 铑标准溶液:移取2.00 mL铑标准贮存溶液于100 mL容量瓶中,加10 mL盐酸(4.1),用水稀释至刻度。混匀。此溶液1 mL含20 μg铑。

4.26 聚四氟乙烯溶样罐,容积30 mL~70 mL。

4.27 分液漏斗:60 mL。

5 仪器与设备

紫外可见双波长分光光度计。

6 试样

样品于烘箱中100 ℃±5 ℃烘干,冷却后磨细至74 μm左右,混匀。

7 分析步骤

7.1 试料

称取1 g试样,精确至0.000 1 g。

独立地进行两次测定,取其平均值。

7.2 空白试验

随同试料作空白试验。

7.3 测定

7.3.1 试液的制备:将试料(7.1)置于聚四氟乙烯溶样罐中,加15 mL盐酸(4.1),3 mL过氧化氢,立即盖上罐内盖,旋紧外盖,放入烘箱中,于150 ℃±5 ℃下加热8 h以上。取出,冷却至室温。开罐将溶液及不溶渣全部转入200 mL烧杯中,置于电热板上加热至沸除去氯气。用中速定量滤纸过滤,并用水冲洗烧杯、沉淀各5次,滤液及洗液收集于100 mL容量瓶中,补加5 mL盐酸(4.1),用水稀释至刻度。混匀。

7.3.2 铂、钯的测定:移取试液(使铂、钯的量在工作曲线范围内)于50 mL比色管中,加水至10 mL刻度处,然后加入5 mL盐酸(4.1)和0.6 mL DbDO溶液,混匀。加0.75 mL碘化钾溶液,1 mL Vc溶液,混匀。于 30 ℃～40 ℃水浴中放置 15 min。准确加入 10 mL 三氯甲烷，振荡萃取 1 min，将溶液移入分液漏斗中静置分相，下层有机相放入另一分液漏斗中，加 10 mL 盐酸(4.3)，用力振荡 10 s～15 s，用干滤纸吸干漏斗颈中水珠，将有机相放入 10 mL 干容量瓶中，加无水硫酸钠粉末少许(0.1 g～0.5 g)，混匀，待溶液清亮。倒入 10 mm 吸收皿中，以试剂空白作参比，于选定波长下测定铂、钯有色络合物吸光度差(ΔA)。铂用双波长倍率系数法，$\Delta A = KA_{\lambda 2} - A_{\lambda 1}$($\lambda_2 = 521$ nm，$\lambda_1 = 500$ nm，$K = 2.429$)；钯用双波长等吸收法，$\Delta A = A_{\lambda 2} - A_{\lambda 1}$($\lambda_2 = 454$ nm，$\lambda_1 = 548$ nm)。从工作曲线上查得铂、钯量。

7.3.3 铑的测定

7.3.3.1 移取 5 mL～10 mL 试液于分液漏斗中，加盐酸(4.1)使溶液盐酸浓度为 5 mol/L～5.5 mol/L，加 0.5 mL 碘化钾溶液，1 mL MBT 溶液，混匀，放置 5 min。加 8 mL TBP-CCl_4 混合液振荡萃取1 min，分层后，弃下层有机相，水相中加 3 mL 四氯化碳，振荡萃取 10 s～15 s，弃去下层有机相，水相放入 50 mL 烧杯中，加 0.5 mL 过氧化氢，于电热板上加热至近干，加 2 mL 混合酸，盖上表面皿，加热 15 min～20 min，吹洗表面皿，将溶液蒸至近干，加 2 mL～3 mL 盐酸(4.1)赶硝酸二次，蒸干。

7.3.3.2 加 2 mL 盐酸(4.1)，10 mL 水，然后依次加入 0.5 mL 乙酸、2 mL 乙酸铵溶液，4 mL 溴化钠溶液，2.5 mL 溴化亚锡溶液，1 mL MBT 溶液，用玻棒搅匀，盖上表面皿于电热板上加热至沸，立即取下，放入冷水中冷却至室温，将溶液移入分液漏斗中，用水吹洗烧杯一次，然后用 8 mL 乙酸乙酯分 3 次洗净烧杯，洗液并入分液漏斗中，振荡萃取 30 s，分相后，弃下层水相，用干滤纸吸干漏斗颈中水珠，将有机相放入 10 mL 干容量瓶中，补加乙酸乙酯至刻度，混匀，加无水硫酸钠粉末少许(0.1 g～0.5 g)，混匀，待溶液清亮，以试剂空白萃取液作参比，10 mm 吸收皿于波长 476 nm 处测定吸光度(A)，从工作曲线查得铑量。

7.4 工作曲线的绘制

7.4.1 铂、钯工作曲线的绘制：用刻度移液管分别移取 0.50 mL、1.00 mL、1.50 mL、2.00 mL、2.50 mL、3.00 mL 铂、钯标准溶液于 50 mL 比色管中，加水到 10 mL 刻度，以下按 7.3.2 进行，以铂、钯量为横坐标，铂、钯吸光度差(ΔA)为纵坐标，绘制工作曲线。

7.4.2 铑工作曲线的绘制：用刻度移液管分别移取 0 mL、0.25 mL、0.50 mL、1.00 mL、1.50 mL、2.00 mL 铑标准溶液至 50 mL 烧杯中，各加入 2 mL 盐酸(4.1)，10 mL 水，以下按 7.3.3.2 进行测定，以铑量为横坐标，相应的吸光度值(A)为纵坐标，绘制工作曲线。

8 分析结果的计算

按式(1)计算 Pt、Pd、Rh 的质量分数 w_x，数值以(g/t)表示：

$$w_x(\text{g/t}) = \frac{m_1 \cdot V_0}{m_0 \cdot V_1} \quad \cdots\cdots(1)$$

式中：

m_1——从工作曲线中查得铂、钯、铑量，单位为微克(μg)；

V_1——分取试液体积，单位为毫升(mL)；

V_0——试液总体积，单位为毫升(mL)；

m_0——试料的质量，单位为克(g)。

所得结果保留至一位小数。

9 精密度

9.1 重复性

在重复性条件下获得的两次独立测试结果的测定值，在以下给出的平均值范围内，这两个测试结果的绝对差值不超过重复性限(r)，超过重复性限(r)的情况应不超过 5%。重复性限(r)按表 1 数据采用线性内插法求得。

表 1

铂的质量分数/(g/t)	20	1 000	4 000
铂的重复性限(*r*)/%	1	18	80
钯的质量分数/(g/t)	20	800	4 000
钯的重复性限(*r*)/%	1	50	80
铑的质量分数/(g/t)	20	100	600
铑的重复性限(*r*)/%	1	6	18

9.2 相对允许差

实验室之间分析结果的差值应不大于表 2 所列相对允许差。

表 2

铂质量分数/(g/t)	铂相对允许差/%	钯质量分数/(g/t)	钯相对允许差/%	铑质量分数/(g/t)	铑相对允许差/%
20～1 000	5	20～1 000	6	20～200	6
＞1 000～5 000	3	＞1 000～5 000	3	＞200～600	4

ICS 71.040.40
G 10

中华人民共和国国家标准

GB/T 23278.1—2009

锡酸钠化学分析方法
第1部分:锡量的测定　碘酸钾滴定法

Methods for chemical analysis of sodium stannate—Part 1:Determination of tin content—Titration

2009-01-05 发布　　2009-11-01 实施

中华人民共和国国家质量监督检验检疫总局
中国国家标准化管理委员会　发布

前　言

GB/T 23278《锡酸钠化学分析方法》共分为8个部分：

——第1部分：锡量的测定　碘酸钾滴定法；

——第2部分：铁量的测定　1,10-二氮杂菲分光光度法；

——第3部分：砷量的测定　砷锑钼蓝分光光度法；

——第4部分：铅量的测定　原子吸收光谱法；

——第5部分：锑量的测定　孔雀绿分光光度法；

——第6部分：游离碱的测定　中和滴定法；

——第7部分：碱不溶物的测定　重量法；

——第8部分：硝酸盐含量的测定　离子选择电极法。

本部分为第1部分。

本部分由中国有色金属工业协会提出。

本部分由全国有色金属标准化技术委员会归口。

本部分由云南锡业集团有限责任公司负责起草。

本部分由柳州华锡集团有限公司、云南红河州出入境检验检疫局参加起草。

本部分主要起草人：丁锡波、普丽、高春霞、苏坤、林文霜、江寨伸、王丽仙、寿洁云。

锡酸钠化学分析方法
第1部分:锡量的测定　碘酸钾滴定法

1　范围

GB/T 23278的本部分规定了锡酸钠中锡含量的测定方法。

本部分适用于锡酸钠中锡含量的测定,测定范围为35.00%～44.00%。

2　方法提要

试料经盐酸溶解,用铁粉、金属铝还原锡(Ⅳ)为锡(Ⅱ),铁粉消除溶解氧的影响,淀粉为指示剂,碘酸钾标准溶液滴定锡(Ⅱ)。

3　试剂和装置

试验用水为三级蒸馏水。

3.1　金属铝(质量分数≥99.5%)。

3.2　还原铁粉(通过0.074 mm筛)。

3.3　金属锡(质量分数≥99.85%)。

3.4　盐酸(ρ1.19 g/mL)。

3.5　盐酸(1+1)。

3.6　碘酸钾标准滴定溶液[$c(1/6KIO_3)=0.05$ mol/L]。

3.6.1　配制:称取17.9 g碘酸钾溶于500 mL水中,加入89.5 g碘化钾和10 g无水碳酸钠溶解,用水稀释至10 L,摇匀。

3.6.2　标定:称取0.120 0 g(m_0)金属锡(3.3)置于300 mL锥形瓶中,加入1 g还原铁粉(3.2),80 mL盐酸(3.5),将锥形瓶接上还原装置。低温加热至锡溶解,加20 mL水,加入1.5 g金属铝(3.1)。连续摇动锥形瓶至大部分金属铝溶解,继续加热煮沸试液至产生大气泡1分钟左右。在二氧化碳气保护下,将锥形瓶放入冷水槽中冷却至室温。取下锥形瓶,立即加入5 mL淀粉溶液(3.7),用碘酸钾标准滴定溶液滴定至浅蓝色为终点(V_1)。同时做空白试验(V_0)。

按式(1)计算碘酸钾标准滴定溶液的实际浓度:

$$c=\frac{m_0\cdot w(\mathrm{Sn})}{59.35\times(V_1-V_0)\times10^{-3}} \quad\cdots\cdots(1)$$

式中:

c——碘酸钾标准滴定溶液的实际浓度,单位为摩尔每升(mol/L);

m_0——金属锡量,单位为克(g);

$w(\mathrm{Sn})$——锡的质量分数;

V_1——标定时,滴定锡标准所消耗的碘酸钾标准滴定溶液的体积,单位为毫升(mL);

V_0——标定时,滴定空白试液所消耗的碘酸钾标准滴定溶液的体积,单位为毫升(mL);

59.35——锡(1/2Sn)的摩尔质量,单位为克每摩尔(g/mol)。

平行标定三份,其极差值不大于1.5×10^{-4} mol/L时,取其平均值,否则重新标定。

3.7　淀粉溶液(10 g/L):称取1 g可溶性淀粉置于300 mL烧杯中,加20 mL水,调成浆状,搅拌下加入20 mL氢氧化钠溶液(25 g/L),搅拌溶解,加入60 mL水。

3.8　二氧化碳气。

3.9　还原装置。

还原装置见图1。

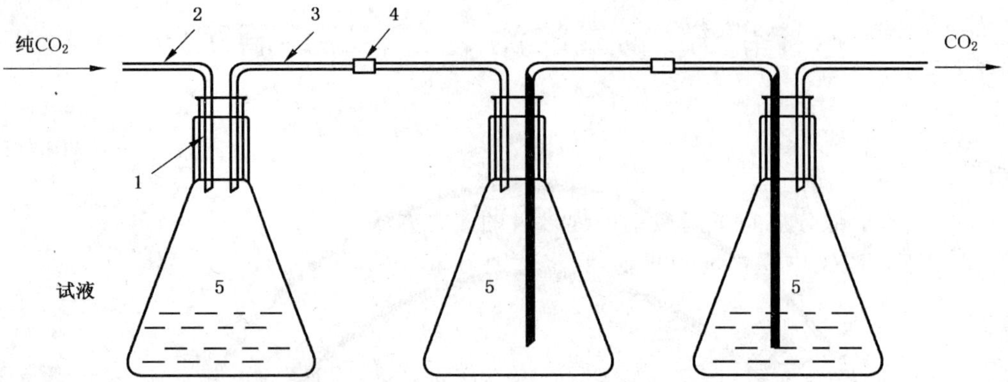

1——橡皮塞；

2、3——玻璃管；

4——橡皮管；

5——300 mL锥形瓶。

图1　还原装置

4　试样

试样需密封包装。

5　分析步骤

5.1　试料

称取0.3 g试样(m)，精确至0.000 1 g。

5.2　测定次数

独立地进行两次测定，取其平均值。

5.3　空白试验

随同试料做空白试验(V_{01})。

5.4　测定

5.4.1　将试料(5.1)置于300 mL锥形瓶中，加入1 g还原铁粉(3.2)，加入100 mL盐酸(3.5)。

5.4.2　将锥形瓶接上还原装置，低温加热至试料和铁粉完全溶解。

5.4.3　通入二氧化碳气并放入冷水槽中稍冷。

5.4.4　加入1.5 g金属铝(3.1)，停止通入二氧化碳气，连续摇动锥形瓶至大部分金属铝溶解，继续加热煮沸试液至产生大气泡1 min左右。在二氧化碳气保护下，将锥形瓶放入冷水槽中冷却至室温。

5.4.5　取下锥形瓶，立即加入5 mL淀粉溶液(3.7)，用碘酸钾标准滴定溶液(c)滴定至浅蓝色为终点(V_2)。

6　分析结果的计算

锡量以锡的质量分数$w(\mathrm{Sn})$计，数值以%表示，按公式(2)计算：

$$w(\mathrm{Sn}) = \frac{c \cdot (V_2 - V_{01}) \times 59.35 \times 10^{-3}}{m} \times 100 \quad \cdots\cdots(2)$$

式中：

c——碘酸钾标准滴定溶液的实际浓度，单位为摩尔每升(mol/L)；

V_2——测定时，滴定试料溶液所消耗的碘酸钾标准滴定溶液的体积，单位为毫升(mL)；

V_{01}——测定时，滴定空白试液所消耗的碘酸钾标准滴定溶液的体积，单位为毫升(mL)；

m——试料的质量，单位为克(g)；

59.35——锡(1/2Sn)的摩尔质量，单位为克每摩尔(g/mol)。

所得结果表示至小数点后两位。

7 精密度

7.1 重复性

在重复性条件下获得的两次独立测试结果的测定值，在以下给出的平均值范围内，这两个测试结果的绝对值不超过重复性限(r)，超过重复性限(r)的情况不超过5%，重复性限(r)按表1数据采用线性内插法求得。

表1 重复性

$w(Sn)$/%	37.00	43.00
r/%	0.30	0.35

7.2 再现性

在再现性条件下获得的两次独立测试结果的绝对差不大于再现性限(R)，超过再现性限(R)的情况不超过5%，再现性限(R)按表2数据采用线性内插法求得。

表2 再现性

$w(Sn)$/%	37.00	43.00
R/%	0.30	0.35

8 质量保证和控制

应用国家级标准样品或行业级标准样品(当前两者没有时，也可用控制标样替代)，每周或两周校核一次本分析方法的有效性。当过程失控时，应找出原因，纠正错误后，重新进行校核。

ICS 71.040.40
G 10

中华人民共和国国家标准

GB/T 23278.2—2009

锡酸钠化学分析方法 第2部分:铁量的测定 1,10-二氮杂菲分光光度法

Methods for chemical analysis of sodium stannate—
Part 2: Determination of iron content—
1,10-phenanthroline photometric method

2009-01-05 发布 2009-11-01 实施

中华人民共和国国家质量监督检验检疫总局
中国国家标准化管理委员会 发布

前　言

GB/T 23278《锡酸钠化学分析方法》共分为 8 个部分：
——第 1 部分：锡量的测定　碘酸钾滴定法；
——第 2 部分：铁量的测定　1,10-二氮杂菲分光光度法；
——第 3 部分：砷量的测定　砷锑钼蓝分光光度法；
——第 4 部分：铅量的测定　原子吸收光谱法；
——第 5 部分：锑量的测定　孔雀绿分光光度法；
——第 6 部分：游离碱的测定　中和滴定法；
——第 7 部分：碱不溶物的测定　重量法；
——第 8 部分：硝酸盐含量的测定　离子选择电极法。

本部分为第 2 部分。

本部分由中国有色金属工业协会提出。

本部分由全国有色金属标准化技术委员会归口。

本部分由云南锡业集团有限责任公司负责起草。

本部分由柳州华锡集团有限公司、云南红河出入境检验检疫局参加起草。

本部分主要起草人：海兰、张丽梅、张红玲、林文霜、曾丽华、江寨生、张静。

锡酸钠化学分析方法
第2部分:铁量的测定
1,10-二氮杂菲分光光度法

1 范围

GB/T 23278的本部分规定了锡酸钠中铁含量的测定方法。

本部分适用于锡酸钠中铁含量的测定,测定范围为0.000 25%~0.040%。

2 方法提要

试料经盐酸溶解,用酒石酸、EDTA掩蔽锡、铅等共存元素的干扰,在pH6~pH7溶液中,用盐酸羟胺将Fe(Ⅲ)还原为Fe(Ⅱ),与1,10-二氮杂菲生成红色络合物,于分光光度计波长510 nm处测量其吸光度。

3 试剂

试验用水为三级蒸馏水。

3.1 盐酸(ρ1.19 g/mL)。

3.2 过氧化氢(30%)。

3.3 盐酸(1+19)。

3.4 氨水(2+1)。

3.5 酒石酸溶液(200 g/L)。

3.6 EDTA溶液(25 g/L)。

3.7 对硝基酚溶液(1 g/L)。

3.8 盐酸羟胺溶液(100 g/L)。

3.9 1,10-二氮杂菲溶液(2.5 g/L):称取0.25 g 1,10-二氮杂菲,溶解于10 mL无水乙醇中,用水稀释至100 mL。

3.10 铁标准贮存溶液:称取0.100 0 g金属铁(质量分数≥99.99%)于200 mL烧杯中,加入10 mL盐酸(3.1),盖上表皿,加1 mL过氧化氢(3.2),微热溶解完全并煮沸赶尽氯气,冷却。用水吹洗表皿及杯壁,移入1 000 mL容量瓶中,稀释至刻度,混匀。此溶液1 mL含100 μg铁。

3.11 铁标准溶液:移取50.00 mL铁标准贮存溶液于500 mL容量瓶中,加2 mL盐酸(3.1),用水稀释至刻度,混匀。此溶液1 mL含10 μg铁。

4 试样

试样需密封包装。

5 分析步骤

5.1 试料

按表1称取试样(m_0),精确至0.000 1 g。

表1 试料称量表

铁含量/%	试料量/g	试液总体积/mL	分取试液体积/mL
≤0.005	1.5～2	全量	
>0.005	3～5	100	5.00～10.00

5.2 测定次数

独立地进行2次测定，取其平均值。

5.3 空白试验

随同试料做空白试验。

5.4 测定

5.4.1 将试料(5.1)置于100 mL烧杯中，加入5 mL盐酸(3.1)，盖上表皿，温热溶解完全，将试液蒸至3 mL左右，移去表皿，冷却。

5.4.2 当试料中铁含量大于0.005%时，加入15 mL盐酸(3.1)，盖上表皿，温热溶解完全后，移去表皿，冷却。用盐酸(3.3)将试液移入100 mL容量瓶中并稀释至刻度(V_0)，混匀。移取5.00 mL～10.00 mL试液(V_1)置于100 mL烧杯中。

5.4.3 沿杯壁加入5 mL酒石酸溶液(3.5)、2 mL EDTA溶液(3.6)，每加入一种试剂均需摇匀。

5.4.4 以对硝基酚溶液(3.7)作指示剂调，用氨水(3.4)中和至溶液刚变黄色(pH6～pH7)，加入2 mL盐酸羟胺溶液(3.8)，5 mL 1,10-二氮杂菲溶液(3.9)，将溶液移入50 mL容量瓶中，以水稀释至刻度，混匀。放置15 min。

5.4.5 移取部分试液于2 cm比色皿中，以空白溶液为参比，于分光光度计波长510 nm处测量其吸光度，从工作曲线上查出相应的铁量(m_1)。

5.5 工作曲线的绘制

5.5.1 移取0.00 mL、0.50 mL、1.00 mL、2.00 mL、4.00 mL、6.00 mL、8.00 mL铁标准溶液(3.11)，分别置于一组100 mL烧杯中，以下按5.4.3～5.4.4进行。

5.5.2 移取部分试液于2 cm比色皿中，以试剂空白为参比，于分光光度计波长510 nm处测量其吸光度，以铁量为横坐标，吸光度为纵坐标绘制工作曲线。

6 分析结果的计算

铁含量以铁的质量分数$w(\text{Fe})$计，数值以%表示，按公式(1)计算：

$$w(\text{Fe}) = \frac{m_1 \cdot V_0 \times 10^{-6}}{m_0 \cdot V_1} \times 100 \qquad \cdots\cdots(1)$$

式中：

m_1——工作曲线上查得的铁量，单位为微克(μg)；

V_0——试液总体积，单位为毫升(mL)；

V_1——分取试液体积，单位为毫升(mL)；

m_0——试料的质量，单位为克(g)。

所得结果表示至小数点后三位；若铁含量小于0.010%时，表示至小数点后四位。

7 精密度

7.1 重复性

在重复性条件下获得的两次独立测试结果的测定值，在以下给出的平均值范围内，这两个测试结果的绝对差值不超过重复性限(r)，超过重复性限(r)的情况不超过5%，重复性限(r)按表2数据采用线性内插法获得。

表 2 重复性

$w(Fe)/\%$	0.000 40	0.001 3	0.019 9	0.032 0
$r/\%$	0.000 11	0.000 56	0.001 3	0.002 0
注：重复性(r)为 $2.83S_r$，S_r 为重复性标准差。				

7.2 再现性

在再现性条件下获得的两次独立测试结果的测定值，在以下给出的平均值范围内，这两个测试结果的绝对差值不超过再现性限(R)，超过再现性限(R)的情况不超过 5%，再现性限(R)按表 3 数据采用线性内插法获得。

表 3 再现性

$w(Fe)/\%$	0.000 40	0.001 3	0.019 9	0.032 0
$R/\%$	0.000 23	0.000 72	0.001 4	0.004 5
注：再现性(R)为 $2.83S_R$，S_R 为再现性标准差。				

8 质量保证和控制

应用国家级标准样品或行业级标准样品(当前两者没有时，也可用控制标样替代)，每周或每两周校核一次本分析方法标准的有效性。当过程失控时，应找出原因，纠正错误后，重新进行校核。

ICS 71.040.40
G 10

中华人民共和国国家标准

GB/T 23278.3—2009

锡酸钠化学分析方法 第3部分:砷量的测定 砷锑钼蓝分光光度法

Methods for chemical analysis of sodium stannate—
Part 3:Determination of arsenic content—
Molybdoantimonyarsenate blue spectrophotometric method

2009-01-05 发布　　2009-11-01 实施

中华人民共和国国家质量监督检验检疫总局
中国国家标准化管理委员会　发布

前　言

GB/T 23278《锡酸钠化学分析方法》共分为8个部分：

——第1部分：锡量的测定　碘酸钾滴定法；

——第2部分：铁量的测定　1,10-二氮杂菲分光光度法；

——第3部分：砷量的测定　砷锑钼蓝分光光度法；

——第4部分：铅量的测定　原子吸收光谱法；

——第5部分：锑量的测定　孔雀绿分光光度法；

——第6部分：游离碱的测定　中和滴定法；

——第7部分：碱不溶物的测定　重量法；

——第8部分：硝酸盐含量的测定　离子选择电极法。

本部分为3部分。

本部分由中国有色金属工业协会提出。

本部分由全国有色金属标准化技术委员会归口。

本部分由云南锡业集团有限责任公司负责起草。

本标准由柳州华锡集团公司、云南红河州出入境检验检疫局参加起草。

本部分主要起草人：解惠芳、杨自华、林文霜、叶素娟、江寨伸、王丽仙。

锡酸钠化学分析方法
第3部分：砷量的测定
砷锑钼蓝分光光度法

1 范围

GB/T 23278的本部分规定了锡酸钠中砷含量的测定。

本部分适用于锡酸钠中砷含量的测定，测定范围为0.000 2%～0.005%。

2 方法提要

试料以水溶解，在稀硫酸介质中，用氯化亚锡、金属锌将砷还原为砷化氢气体，用碘-碘化钾溶液吸收，砷与锑、钼生成蓝色的锑钼蓝，于分光光度计波长700 nm处测量吸光度。

3 试剂与装置

试验用水均为三级蒸馏水。

3.1 无砷锌粒(ϕ3 mm～ϕ7 mm)。

3.2 硫酸(ρ1.84 g/mL)。

3.3 硫酸(1+1)。

3.4 硫酸(1+6)。

3.5 盐酸(ρ1.19 g/mL)。

3.6 盐酸(1+1)。

3.7 酒石酸溶液(300 g/L)。

3.8 氯化亚锡溶液(400 g/L)：称取40 g氯化亚锡($SnCl_2 \cdot 2H_2O$)于200 mL烧杯中，加约80 mL盐酸(3.5)，盖上表皿，微热使溶液完全清亮，冷至室温，以盐酸(3.6)稀释至100 mL，混匀。

3.9 吸收液(2 g/L)：称取1 g碘片和5 g碘化钾混匀后，用水溶解并稀释至500 mL。

3.10 抗坏血酸溶液(30 g/L)：现配现用。

3.11 钼酸铵溶液(40 g/L)。

3.12 酒石酸锑钾溶液(4.5 g/L)。

3.13 显色溶液：取50 mL硫酸(3.4)，25 mL抗坏血酸溶液(3.10)，20 mL钼酸铵溶液(3.11)，5 mL酒石酸锑钾溶液(3.12)混匀。用时现配。

3.14 砷标准贮存溶液：称取0.132 0 g三氧化二砷(预先在105 ℃±5 ℃烘干到恒重，基准试剂)于150 mL烧杯中，用10 mL氢氧化钠溶液(200 g/L)溶解，加5 mL硫酸(3.3)，0.5 mL过氧化氢(30%)，加热煮沸10 min，冷却至室温。移入1 000 mL容量瓶中，用水稀释至刻度，混匀。此溶液1 mL含100 μg砷。

3.15 砷标准溶液：移取25.00 mL砷标准贮存溶液，置于500 mL容量瓶中，用水稀释至刻度，混匀。此溶液1 mL含5 μg砷。

3.16 砷化氢发生及吸收装置(见图1)。

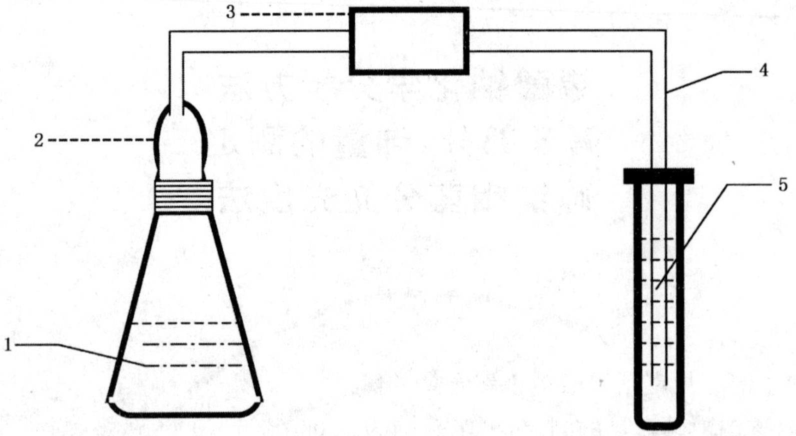

1——150 mL 发生瓶；
2——半球状空心口塞；
3——医用胶管；
4——导气管；
5——25 mL 吸气管(导管插入吸收液高度不得低于 7 cm～8 cm)。

图 1　砷化氢发生及吸收装置

4　试样

试样须密封包装贮存。

5　分析步骤

5.1　试料

按表 1 称取试样(m_0)，精确至 0.000 1 g。

表 1　试料对应表

砷含量/%	试料量/g
>0.000 2～0.000 3	2.0
>0.000 3～0.001 0	1.0
>0.001 0～0.005 0	0.5

5.2　测定次数

独立地进行 2 次测定，取其平均值。

5.3　空白试验

随同试料做空白试验。

5.4　测定

5.4.1　将试料置于 150 mL 发生瓶中，加入 25 mL 水，微热使样品溶解完全。冷却至室温。

5.4.2　加 8 mL 硫酸(3.3)，2 mL 氯化亚锡溶液(3.8)，5 mL 酒石酸溶液(3.7)，每加入一种试剂需摇匀，放置 5 min。

5.4.3　加入 7 克无砷锌粒(3.1)，按图 1 迅速连接吸收装置(吸收管中预先加有 15 mL 吸收液)，发生 25 min。

5.4.4　取下吸收管，加 5 mL 显色液(3.13)，用水洗净导气管并稀释至刻度，混匀，放入 50 ℃±5 ℃的热水浴中显色 10 min，冷却至室温。

5.4.5　将部分溶液移入 3 cm 比色皿中，以试剂空白为参比，于分光光度计波长 700 nm 处测量其吸光度，减去空白溶液的吸光度，从工作曲线上查出相应的砷量(m_1)。

5.5 工作曲线的绘制

5.5.1 移取 0.00 mL、0.50 mL、1.00 mL、2.00 mL、3.00 mL、4.00 mL、5.00 mL、6.00 mL 砷标准溶液(3.15)，置于一组 150 mL 发生瓶中，补加水至 25 mL，以下按 5.4.2～5.4.4 进行操作。

5.5.2 将部分试液移入 3 cm 比色皿中，以试剂空白为参比，于分光光度计波长 700 nm 处测量其吸光度。以砷量为横坐标，吸光度为纵坐标，绘制工作曲线。

6 分析结果的计算

砷量以砷的质量分数 $w(\mathrm{As})$ 计，数值以%表示，按公式(1)计算：

$$w(\mathrm{As}) = \frac{m_1 \times 10^{-6}}{m_0} \times 100 \qquad \cdots\cdots(1)$$

式中：

m_1——从工作曲线上查得的砷量，单位为微克(μg)；

m_0——称样量，单位为克(g)。

所得结果表示至小数点后四位；若砷含量小于 0.001 0%时，表示至小数点后五位。

7 精密度

7.1 重复性

在重复性条件下获得的两次独立测试结果的测定值，在以下给出的平均值范围内，这两个测试结果的绝对差值不超过重复性限(r)，超过重复性限(r)的情况不超过 5%，重复性限(r)按表 2 数据采用线性内插法获得。

表 2 重复性

$w(\mathrm{As})$/%	0.000 6	0.001 5	0.006 0
r/%	0.000 1	0.000 2	0.000 5

7.2 再现性

在再现性条件下获得的两次独立测试结果的绝对差值不大于再现性限(R)，超过再现性限(R)的情况不超过 5%，再现性限(R)按表 3 数据采用线性内插法获得。

表 3 再现性

$w(\mathrm{As})$/%	0.000 60	0.001 5	0.006 0
R/%	0.000 2	0.000 3	0.000 5

8 质量保证和控制

应用国家级标准样品或行业级标准样品(当前两者没有时，也可用控制标样替代)，每周或每两周校核一次本分析方法的有效性。当过程失控时，应找出原因，纠正错误后，重新进行校核。

ICS 71.040.40
G 10

中华人民共和国国家标准

GB/T 23278.4—2009

锡酸钠化学分析方法 第4部分:铅量的测定 原子吸收光谱法

Methods for chemical analysis of sodium stannate—
Part 4: Determination of lead content—
Flame atomic absorption spectrometry

2009-01-05 发布　　2009-11-01 实施

中华人民共和国国家质量监督检验检疫总局
中国国家标准化管理委员会　发布

前　言

GB/T 23278《锡酸钠化学分析方法》共分为8个部分：

——第1部分：锡量的测定　碘酸钾滴定法；

——第2部分：铁量的测定　1,10-二氮杂菲分光光度法；

——第3部分：砷量的测定　砷锑钼蓝分光光度法；

——第4部分：铅量的测定　原子吸收光谱法；

——第5部分：锑量的测定　孔雀绿分光光度法；

——第6部分：游离碱的测定　中和滴定法；

——第7部分：碱不溶物的测定　重量法；

——第8部分：硝酸盐含量的测定　离子选择电极法。

本部分为第4部分。

本部分由中国有色金属工业协会提出。

本部分由全国有色金属标准化技术委员会归口。

本部分由云南锡业集团有限责任公司负责起草。

本部分由柳州华锡集团有限公司、云南红河州出入境检验检疫局参加起草。

本部分主要起草人：丁锡波、徐登琼、姜轹玻、林文霜、江寨伸、张静、叶素娟。

锡酸钠化学分析方法 第4部分:铅量的测定 原子吸收光谱法

1 范围

GB/T 23278的本部分规定了锡酸钠中铅含量的测定方法。

本部分适用于锡酸钠中铅含量的测定,测定范围为0.001 0%~0.003 0%。

2 方法提要

试料以王水分解,在10%的王水介质中,于火焰原子吸收光谱仪波长283.3 nm处,用空气-乙炔火焰测定。

3 试剂

试验用水为三级蒸馏水。

3.1 硝酸(ρ1.42 g/mL)。

3.2 盐酸(ρ1.19 g/mL)。

3.3 王水。

3.4 铅标准贮存溶液:称取0.500 0 g金属铅(质量分数≥99.999%),置于200 mL烧杯中,加入20 mL(1+2)硝酸,微热溶解,取下冷却,移入1 000 mL容量瓶中,用水稀释至刻度,混匀。此溶液1 mL含500 μg铅。

3.5 铅标准溶液:移取20.00 mL铅标准贮存溶液(3.4)于200 mL容量瓶中,加入5 mL盐酸(3.2),用水稀释至刻度,混匀。此溶液1 mL含50 μg铅。

4 仪器

原子吸收光谱仪,附铅空心阴极灯、氘灯。

在仪器最佳工作条件下,凡能达到下列指标者均可使用。

——特征浓度:在与测量溶液的基体一致的溶液中,铅的特征浓度应不大于0.12 μg/mL;

——精密度:用最高浓度的标准溶液测量10次吸光度,其标准偏差应不超过平均吸光度的1%;用最低浓度的标准溶液(不是"零"浓度标准溶液)测量10次吸光度,其标准偏差应不超过最高浓度标准溶液平均吸光度的0.5%;

——工作曲线线性:将标准曲线按浓度等分成五段,最高段的吸光度差值与最低段的吸光度差值之比,应不小于0.7。

5 试样

试样需密封包装。

6 分析步骤

6.1 试料

称取2.0 g试样(m),精确至0.000 1 g。

6.2 测定次数

独立地进行两次测定,取其平均值。

6.3 空白试验

随同试料做空白试验。

6.4 测定

6.4.1 将试料(6.1)置于150 mL烧杯中,加入5 mL王水(3.3),盖上表皿,低温加热至溶解完全。取下稍冷,用水吹洗表皿及杯壁,移去表皿,冷至室温。用水移入50 mL(V)容量瓶中,稀释至刻度,混匀。

6.4.2 使用氘灯消除钠的干扰,于原子吸收光谱仪波长283.3 nm处,与标准溶液系列同时,用水调零,测量溶液的吸光度。所测得的吸光度减去空白试液的吸光度,从标准工作曲线查铅的浓度(ρ)。

6.5 标准曲线的绘制

6.5.1 分别移取0.00 mL、1.00 mL、2.00 mL、3.00 mL、4.00 mL、5.00 mL铅标准溶液(3.5),分别置于100 mL容量瓶中,加入10 mL王水(3.3),用水稀释至刻度,混匀。

6.5.2 用空气-乙炔火焰,在与试料溶液测定相同的条件下,测量标准溶液的吸光度,减去"零"标准溶液的吸光度,以铅的浓度为横坐标,吸光度为纵坐标绘制工作曲线。

7 分析结果的计算

铅含量以锑的质量分数$w(\mathrm{Pb})$计,数值以%表示,按公式(1)计算:

$$w(\mathrm{Pb})=\frac{\rho\cdot V\times10^{-6}}{m}\times100 \qquad \cdots\cdots(1)$$

式中:

ρ——自工作曲线上查得铅浓度,单位为微克每毫升(μg/mL);

V——测量试液体积,单位为毫升(mL);

m——试料的质量,单位为克(g)。

所得结果表示至小数点后四位。

8 精密度

8.1 重复性

在重复性条件下获得的两次独立测试结果的测定值,在以下给出的平均值范围内,这两个测试结果的绝对值不超过重复性限(r),超过重复性限(r)的情况不超过5%,重复性限(r)按表1数据采用线性内插法求得。

表1 重复性

$w(\mathrm{Pb})$/%	0.001 0	0.003 0
r/%	0.000 3	0.000 3

8.2 再现性

在再现性条件下获得的两次独立测试结果的绝对差不大于再现性限(R),超过再现性限(R)的情况不超过5%,再现性限(R)按表2数据采用线性内插法求得。

表2 再现性

$w(\mathrm{Pb})$/%	0.001 0	0.003 0
R/%	0.000 3	0.000 4

9 质量保证和控制

应用国家级标准样品或行业级标准样品(当前两者没有时,也可用控制标样替代),每周或两周校核一次本分析方法的有效性。当过程失控时,应找出原因,纠正错误后,重新进行校核。

ICS 71.040.40
G 10

中华人民共和国国家标准

GB/T 23278.5—2009

锡酸钠化学分析方法
第5部分:锑量的测定　孔雀绿分光光度法

Methods for chemical analysis of sodium stannate—
Part 5: Determination of antimony content—Malachite green photometric method

2009-01-05 发布　　2009-11-01 实施

中华人民共和国国家质量监督检验检疫总局
中国国家标准化管理委员会　发布

前　言

GB/T 23278《锡酸钠化学分析方法》共分为8个部分：

——第1部分：锡量的测定　碘酸钾滴定法；

——第2部分：铁量的测定　1,10-二氮杂菲分光光度法；

——第3部分：砷量的测定　砷锑钼蓝分光光度法；

——第4部分：铅量的测定　原子吸收光谱法；

——第5部分：锑量的测定　孔雀绿分光光度法；

——第6部分：游离碱的测定　中和滴定法；

——第7部分：碱不溶物的测定　重量法；

——第8部分：硝酸盐含量的测定　离子选择电极法。

本部分为第5部分。

本部分由中国有色金属工业协会提出。

本部分由全国有色金属标准化技术委员会归口。

本部分由云南锡业集团有限责任公司负责起草。

本部分由柳州华锡集团有限公司起草。

本部分由云南锡业集团有限责任公司、云南红河出入境检验检疫局参加起草。

本部分主要起草人：林文霜、罗佩珍、叶素娟、陈林、江寨伸、苏焰、沈青、胡昱炜。

锡酸钠化学分析方法
第5部分：锑量的测定　孔雀绿分光光度法

1　范围

GB/T 23278的本部分规定了锡酸钠中锑含量的测定方法。

本部分适用于锡酸钠中锑含量的测定，测定范围为0.000 2%～0.050%。

2　方法提要

试料以盐酸溶解，在盐酸介质中，用苯萃取锑络阴离子与孔雀绿生成的绿色络合物，于分光光度计波长635 nm处测量其吸光度。

3　试剂

除非另有说明，本部分所用试剂和水均指分析纯试剂和三级水。

3.1　无水硫酸钠。

3.2　盐酸（ρ1.19 g/mL）。

3.3　苯。

3.4　盐酸（1+4）。

3.5　盐酸（1+9）。

3.6　磷酸（1+5）。

3.7　氯化亚锡（100 g/L）：称取10 g氯化亚锡（$SnCl_2 \cdot 2H_2O$），加2 mL盐酸（3.2），温热溶解，稍冷，用水稀释至100 mL，加纯锡（99.999%）数粒。

3.8　亚硝酸钠溶液（140 g/L）。

3.9　尿素溶液（400 g/L）。

3.10　孔雀绿溶液（2 g/L）。

3.11　锑标准贮存溶液：称取0.164 5 g酒石酸锑钾$\left(KSbOC_4H_4O_6 \cdot \frac{1}{2}H_2O\right)$置于250 mL烧杯中，加入100 mL盐酸（3.4），搅拌溶解后，移入1 000 mL容量瓶中，用盐酸（3.4）洗净烧杯并稀释至刻度，混匀。此溶液1 mL含60 μg锑。

3.12　锑标准溶液：移取25.00 mL锑标准贮存溶液于500 mL容量瓶中，用盐酸（3.4）稀释至刻度，混匀。此溶液1 mL含3 μg锑。

4　试样

试样需密封包装。

5　分析步骤

5.1　试料

按表1称取试料，精确至0.000 2 g。

表 1 称取试料量

锑含量/%	试料量/g	试液总体积/mL	分取试液体积/mL
0.000 2～0.002	5.0	50	5.00
>0.002～0.006	2.0	50	5.00
>0.006～0.050	0.5	100	5.00

5.2 测定次数

独立地进行 2 次测定，取其平均值。

5.3 空白试验

随同试料做空白试验。

5.4 测定

5.4.1 将试料(m_0)(5.1)置于 150 mL 烧杯中，加入 10 mL 盐酸(3.2)，盖上表面皿，低温溶解后，用盐酸(3.5)移入 50 mL 或 100 mL 容量瓶(V_0)，冷却。用水稀至刻度，混匀。

5.4.2 移取 5.00 mL 试液(V_1)，置于 100 mL 烧杯中，加入 5 mL 盐酸(3.2)，加热至 50 ℃～60 ℃，滴入 2 滴～4 滴氯化亚锡溶液，混匀，冷却。

5.4.3 加入 1 mL 亚硝酸钠溶液(3.8)，混匀，放置 2 min，加 1.5 mL 尿素溶液(3.9)，边加边摇动 0.5 min～1 min，使气泡散尽。

5.4.4 将试液移入预先盛有 20.00 mL 苯(3.3)的 125 mL 梨形分液漏斗中，用 30 mL 磷酸(3.6)分 3 次洗涤烧杯，并入分液漏斗中，混匀。加 0.5 mL 孔雀绿溶液(3.10)，振摇 1 min，静置分层后，弃去下层水相。往有机相中加 0.5 g 无水硫酸钠(3.1)，摇动片刻。

5.4.5 将部分有机相移入 2 cm 比色皿中，以随同试料的空白试液为参比，于分光光度计波长 635 nm 处测量吸光度，从工作曲线上查出锑量(m_1)。

5.5 工作曲线的绘制

5.5.1 移取 0 mL、1.00 mL、2.00 mL、3.00 mL、4.00 mL 锑标准溶液，分别置于一组 100 mL 烧杯中，以盐酸(3.4)补至 5 mL，以下按 5.4.2“加入 5 mL 盐酸(3.2)”～5.4.4 进行。

5.5.2 将部分有机相移入 2 cm 比色皿中，以试剂空白为参比，测量标准溶液吸光度。以锑量为横坐标，以吸光度为纵坐标，绘制工作曲线。

6 分析结果的计算

锑含量以锑的质量分数 $w(\mathrm{Sb})$ 计，数值以%表示，按公式(1)计算：

$$w(\mathrm{Sb}) = \frac{m_1 \cdot V_0 \times 10^{-6}}{m_0 \cdot V_1} \times 100 \qquad \cdots\cdots(1)$$

式中：

m_1——从工作曲线上查得的锑量，单位为微克(μg)；

V_0——试液总体积，单位为毫升(mL)；

V_1——分取试液体积，单位为毫升(mL)；

m_0——试料的质量，单位为克(g)。

所得结果表示至小数点后 3 位。若锑含量小于 0.001 0% 时，表示至小数点后 4 位。

7 精密度

7.1 重复性

在重复性条件下获得的两次独立测试结果的测定值，在以下给出的平均值范围内，这两个测试结果的绝对差值不超过重复性限(r)，超过重复性限(r)的情况不超过 5%，重复性限(r)按表 2 数据采用线性内插法求得。

表 2 重复性

$w(Sb)/\%$	0.000 2	0.000 6	0.002 1	0.051
$r/\%$	0.000 1	0.000 2	0.000 4	0.003

7.2 再现性

在再现性条件下获得的两次独立测试结果的测定值，在以下给出的平均值范围内，这两个测试结果的绝对差值不超过再现性限(R)，超过再现性限(R)的情况不超过5%，再现性限(R)按表3数据采用线性内插法求得。

表 3 再现性

$w(Sb)/\%$	0.000 2	0.000 6	0.002 2	0.050
$R/\%$	0.000 1	0.000 3	0.000 5	0.005

8 质量保证和控制

应用国家级标准样品或行业级标准样品(当前两者没有时，也可用控制标样替代)，每两周或必要时校核一次本分析方法标准的有效性。当过程失控时，应找出原因，纠正错误后，重新进行校核。

ICS 71.040.40
G 10

中华人民共和国国家标准

GB/T 23278.6—2009

锡酸钠化学分析方法 第6部分:游离碱的测定 中和滴定法

Methods for chemical analysis of sodium stannate—
Part 6: Determination of free alkali content—Titration

2009-01-05 发布 2009-11-01 实施

中华人民共和国国家质量监督检验检疫总局
中国国家标准化管理委员会 发布

前　言

GB/T 23278《锡酸钠化学分析方法》共分为8个部分：

——第1部分：锡量的测定　碘酸钾滴定法；

——第2部分：铁量的测定　1,10-二氮杂菲分光光度法；

——第3部分：砷量的测定　砷锑钼蓝分光光度法；

——第4部分：铅量的测定　原子吸收光谱法；

——第5部分：锑量的测定　孔雀绿分光光度法；

——第6部分：游离碱的测定　中和滴定法；

——第7部分：碱不溶物的测定　重量法；

——第8部分：硝酸盐含量的测定　离子选择电极法。

本部分为第6部分。

本部分由中国有色金属工业协会提出。

本部分由全国有色金属标准化技术委员会归口。

本部分由云南锡业集团有限责任公司负责起草。

本部分由柳州华锡集团公司、云南红河州出入境检验检疫局参加起草。

本部分主要起草人：杨自华、解惠芳、林文霜、寿洁云、江寨伸、胡昱炜。

锡酸钠化学分析方法
第6部分：游离碱的测定　中和滴定法

1　范围

GB/T 23278的本部分规定了锡酸钠中游离碱的测定。

本部分适用于锡酸钠中游离碱的测定，测定范围为0.50%～10.00%。

2　方法提要

试料以水溶解。用氯化钡与锡酸钠作用，生成锡酸钡沉淀，使游离碱与锡酸根分离。以酚酞为指示剂，用盐酸标准滴定溶液滴定，测定游离碱量。

3　试剂

除非另有说明，在分析中仅使用不含二氧化碳的三级蒸馏水。

3.1　氯化钡溶液(200 g/L)。

3.2　酚酞指示剂溶液(10 g/L)。

3.3　甲基红-溴甲酚绿指示剂溶液：30 mL溴甲酚绿溶液(1 g/L)与20 mL甲基红乙醇溶液(2 g/L)混合。

3.4　碳酸钠标准溶液(c_1=0.015 mol/L)：称取0.397 5 g基准碳酸钠(预先在270 ℃～300 ℃烘干至恒重)于200 mL烧杯中，以水溶解，用水移入250 mL容量瓶中并稀释至刻度，混匀。

3.5　盐酸标准滴定溶液(c_{HCl}=0.02 mol/L)。

3.5.1　配制：移取9.0 mL盐酸(ρ1.19 g/mL)，注入5 000 mL水中，混匀。

3.5.2　标定：移取25.00 mL(V_1)碳酸钠标准溶液三份(3.4)，分别置于300 mL锥形瓶中，加入10滴甲基红-溴甲甲酚绿指示剂溶液，摇匀，用盐酸标准滴定溶液(V_2)滴定至试液由绿色转变为暗红色，煮沸30 s，冷却至室温，继续滴定至试液呈暗红色。

按式(1)计算盐酸标准滴定溶液的实际浓度c：

$$c=\frac{2\times c_1\cdot V_1}{V_2} \qquad \cdots\cdots(1)$$

式中：

c——盐酸标准滴定溶液的实际浓度，单位为摩尔每升(mol/L)；

c_1——碳酸钠标准溶液的浓度，单位为摩尔每升(mol/L)；

V_1——移取碳酸钠标准溶液的体积，单位为毫升(mL)；

V_2——标定消耗盐酸标准滴定溶液的体积，单位为毫升(mL)。

平行标定三杯的结果极差不大于5×10^{-5} mol/L时，取平均值。否则重新标定。

4　试样

试样需密封包装。

5　分析步骤

5.1　试料

按表1称取试料(m)，精确至0.000 1 g。

表 1 试料称取量

游离碱含量/%	试料量/g	氯化钡溶液/mL	分取试液体积/mL
0.50～2.00	1.5	25	50.00
>2.00～10.00	1	20	25.00

5.2 测定次数

独立地进行 2 次测定，取其平均值。

5.3 空白试验

随同试料做空白试验(V_0)。

5.4 测定

5.4.1 将试料(5.1)置于 100 mL 烧杯中，加入 20 mL 水，摇动至试料溶解完全。用少量水将试液移入 100 mL(V_2)容量瓶中，按表 1 加入氯化钡溶液(3.1)，用水稀释至刻度。摇匀，净置片刻，用慢速定量滤纸干过滤于 100 mL 干烧杯中。

5.4.2 按表 1 分取试液(V_1)置于 300 mL 锥形瓶中，加入 2 滴酚酞指示剂溶液，摇匀。用盐酸标准滴定溶液滴定至试液由红色转变为无色为终点(V)。

6 分析结果的计算

游离碱含量以游离碱的质量分数 $w_{游离碱}$ 计，数值以%表示，按公式(2)计算：

$$w_{游离碱}=\frac{c\cdot(V-V_0)\cdot V_2\times10^{-3}\times40.00}{m\cdot V_1}\times100 \qquad \cdots\cdots(2)$$

式中：

c——盐酸标准滴定溶液的浓度，单位为摩尔每升(mol/L)；

V——试液消耗盐酸标准滴定溶液的体积，单位为毫升(mL)；

V_0——空白试验消耗盐酸标准滴定溶液的体积，单位为毫升(mL)；

V_1——分取试液的体积，单位为毫升(mL)；

V_2——试液总体积，单位为毫升(mL)；

40.00——氢氧化钠的摩尔质量，单位为克每摩尔(g/mol)；

m——试料的质量，单位为克(g)。

所得结果表示至小数点后二位。

7 精密度

7.1 重复性

在重复性条件下获得的两次独立测试结果的测定值，在以下给出的平均值范围内，这两个测试结果的绝对差值不超过重复性限(r)，超过重复性限(r)的情况不超过 5%，重复性限(r)按表 2 数据采用线性内插法获得。

表 2 重复性

$w_{游离碱}$/%	0.73	1.77	3.44	9.92
r/%	0.05	0.10	0.12	0.14

7.2 再现性

在再现性条件下获得的两次独立测试结果的绝对差值不大于再现性限(R)，超过再现性限(R)的情况不超过 5%，再现性限(R)按表 3 数据采用线性内插法获得。

表 3 再现性

$w_{游离碱}$/%	0.73	1.77	3.44	9.92
R/%	0.09	0.10	0.17	0.20

8 质量保证和控制

应用国家级标准样品或行业级标准样品(当前两者没有时,也可用控制标样替代),每周或每两周校核一次本分析方法的有效性。当过程失控时,应找出原因,纠正错误后,重新进行校核。

ICS 71.040.40
G 10

中华人民共和国国家标准

GB/T 23278.7—2009

锡酸钠化学分析方法 第7部分：碱不溶物的测定 重量法

Methods for chemical analysis of sodium stannate—Part 7: Determination of alkali insoluble matter—Gravimetric analysis

2009-01-05 发布 2009-11-01 实施

中华人民共和国国家质量监督检验检疫总局
中国国家标准化管理委员会 发布

前　言

GB/T 23278《锡酸钠化学分析方法》共分为 8 个部分：

——第 1 部分：锡量的测定　碘酸钾滴定法；

——第 2 部分：铁量的测定　1,10-二氮杂菲分光光度法；

——第 3 部分：砷量的测定　砷锑钼蓝分光光度法；

——第 4 部分：铅量的测定　原子吸收光谱法；

——第 5 部分：锑量的测定　孔雀绿分光光度法；

——第 6 部分：游离碱的测定　中和滴定法；

——第 7 部分：碱不溶物的测定　重量法；

——第 8 部分：硝酸盐含量的测定　离子选择电极法。

本部分为第 7 部分。

本部分由中国有色金属工业协会提出。

本部分由全国有色金属标准化技术委员会归口。

本部分由云南锡业集团有限责任公司负责起草。

本部分由柳州华锡集团公司、云南红河州出入境检验检疫局参加起草。

本部分主要起草人：解惠芳、杨自华、林文霜、潘柳燕、覃柳萍、江寨伸、胡昱炜。

锡酸钠化学分析方法
第7部分：碱不溶物的测定 重量法

1 范围

GB/T 23278的本部分规定了锡酸钠中碱不溶含量的测定。

本部分适用于锡酸钠中碱不溶含量的测定，测定范围为0.050%～0.500%。

2 方法提要

试料用氢氧化钠溶液(10 g/L)溶解，过滤洗涤后，将滤纸置于已恒重的瓷坩埚中，灰化。在700 ℃～750 ℃下灼烧至恒重。用差减法求出含量。

3 试剂

试验用水为三级蒸馏水。

3.1 氢氧化钠溶液(10 g/L)：迅速称取10克氢氧化钠于烧杯中，以少量水洗去表面可能含有的Na_2CO_3，再用水溶解后，稀释至1 L(配制试剂所用的水应除去二氧化碳)。

4 试样

试样需密封包装。

5 分析步骤

5.1 试料

称取10 g试样(m)，精确至0.001 g。

5.2 测定次数

独立地进行2次测定，取其平均值。

5.3 空白试验

随同试料做空白试验(m_0)。

5.4 测定

5.4.1 将试料(5.1)置于250 mL烧杯中，加入100 mL氢氧化钠溶液(3.1)，盖上表皿，在70 ℃～80 ℃水浴中保温30 min，使试料溶解。

5.4.2 趁热用慢速定量滤纸过滤，以40 mL氢氧化钠溶液(3.1)洗涤烧杯及滤纸10次，再用热水洗至不呈碱性(用酚酞试纸检验)。

5.4.3 将滤纸及残渣移入预先灼烧至恒重(m_2)的瓷坩埚中，在350 ℃左右灰化，再升温至700 ℃～750 ℃灼烧20 min，取出，稍冷，放入干燥器内，冷却30 min，称量(m_1)。

6 分析结果的计算

碱不溶物量以碱不溶物的质量分数$w_{碱不溶物}$计，数值以%表示，按公式(1)计算：

$$w_{碱不溶物} = \frac{m_1 - m_2 - m_0}{m} \times 100 \quad \cdots\cdots(1)$$

式中：

m_1——灼烧后坩埚及残渣的质量，单位为克(g)；

m_2——坩埚的质量，单位为克(g)；

m_0——空白量，单位为克(g)；

m——试料的质量，单位为克(g)。

所得结果表示至小数点后三位。

7 允许差

实验室之间分析结果的差值应不大于表1所列允许差。

表1 允许差

%

$w_{碱不溶物}$	允 许 差
0.050～0.100	0.010
>0.100～0.500	0.030

8 质量保证和控制

应用国家级标准样品或行业级标准样品(当前两者没有时，也可用控制标样替代)，每周或每两周校核一次本分析方法的有效性。当过程失控时，应找出原因，纠正错误后，重新进行校核。

ICS 71.040.40
G 10

中华人民共和国国家标准

GB/T 23278.8—2009

锡酸钠化学分析方法
第8部分:硝酸盐含量的测定
离子选择电极法

Methods for chemical analysis of sodium stannate—
Part 8: Determination of nitrate content—Ion selective electrode method

2009-01-05 发布　　2009-11-01 实施

中华人民共和国国家质量监督检验检疫总局
中国国家标准化管理委员会　发布

前　言

GB/T 23278《锡酸钠化学分析方法》共分为8个部分：

——第1部分：锡量的测定　碘酸钾滴定法；

——第2部分：铁量的测定　1,10-二氮杂菲分光光度法；

——第3部分：砷量的测定　砷锑钼蓝分光光度法；

——第4部分：铅量的测定　原子吸收光谱法；

——第5部分：锑量的测定　孔雀绿分光光度法；

——第6部分：游离碱的测定　中和滴定法；

——第7部分：碱不溶物的测定　重量法；

——第8部分：硝酸盐含量的测定　离子选择电极法。

本部分为第8部分。

本部分由中国有色金属工业协会提出。

本部分由全国有色金属标准化技术委员会归口。

本部分由云南锡业集团有限责任公司负责起草。

本部分由柳州华锡集团有限公司、云南红河出入境检验检疫局参加起草。

本部分主要起草人：赵如琳、海兰、张红玲、蔡茜、白艳华、林文霜、覃玉秋、张静。

锡酸钠化学分析方法
第8部分:硝酸盐含量的测定
离子选择电极法

1 范围

GB/T 23278的本部分规定了锡酸钠中硝酸盐的测定方法。

本部分适用于锡酸钠中硝酸盐的测定,测定范围为0.020%~0.60%。

2 方法提要

试料以水分解完全,用稀硫酸中和至沉淀完全后过滤,使硝酸盐与Sn(Ⅳ)分离,然后在pH4~pH5的硫酸铝-硫酸银-硼酸-氨基磺酸介质中,以液膜硝酸根离子电极为指示电极,用离子计或pH/mV测量仪测定硝酸盐。

3 试剂

试验用水为三级蒸馏水。

3.1 硫酸亚锡。

3.2 硫酸(1+1)。

3.3 硫酸(1+5)。

3.4 氢氧化钠溶液(200 g/L)。

3.5 硫酸铝-硫酸银-硼酸溶液:称取16.7 g硫酸铝[$Al_2(SO_4)_3 \cdot 18H_2O$]、4.7 g硫酸银、1.2 g硼酸,溶于900 mL水中,用水稀释至1 000 mL,贮存于棕色瓶中。

3.6 氨基磺酸溶液(25 g/L)。

3.7 甲基橙溶液(1 g/L)。

3.8 硝酸盐标准贮存溶液:称取4.077 5 g硝酸钾(于120 ℃~130 ℃干燥至恒重),置于250 mL烧杯中,加入20 mL水溶解,移入250 mL容量瓶中,用水稀释至刻度,混匀。此溶液1 mL含10 mg硝酸盐(NO_3^-)。

3.9 硝酸盐标准溶液A:移取50.00 mL硝酸标准贮存溶液(3.8)于500 mL容量瓶中,用水稀释至刻度,混匀。此溶液1 mL含1 mg硝酸盐(NO_3^-)。

3.10 硝酸盐标准溶液B:移取50.00 mL硝酸盐标准溶液(3.9)于500 mL容量瓶中,用水稀释至刻度,混匀。此溶液1 mL含0.1 mg硝酸盐(NO_3^-)。

4 仪器

4.1 硝酸根离子选择电极:要求硝酸盐含量在10^{-2} mol/L~10^{-4} mol/L内,电极电位与浓度的负对数呈线性关系。电极在使用前应从保护套中拔出,然后以水洗至电位值大于300 mV以上进行测定。

4.2 参比电极。

4.3 离子计或pH/mV测量仪:精度0.1 mV。

4.4 电磁搅拌器。

5 试样

试样需密封包装。

6 分析步骤

6.1 试料

按表1称取试样(m),精确至0.000 1 g。

表1 试料称量表

硝酸盐/%	试料/g	硫酸(3.2)/mL	测定溶液体积/mL
0.020～0.050	2.5	1.7	50
>0.050～0.60	2.0	1.5	100

6.2 测定次数

独立地进行2次测定,取其平均值。

6.3 空白试验

随同试料做空白试验。称取1.620 0 g硫酸亚锡(3.1)于一组100 mL烧杯中,加入5 mL硫酸(3.2)和1 mL过氧化氢(30%),加热溶解完全,蒸发至近干,吹少许水溶解,加1.5 mL硫酸(3.2),用氢氧化钠溶液(3.4)中和至pH为1,使大量锡沉淀,冷却至室温,用水移入50 mL容量瓶中,混匀,过滤,备用。

6.4 测定

6.4.1 将试料(6.1)置于100 mL烧杯中,不断摇动下加10 mL使试样溶解完全,按表1滴加硫酸(3.2)中和试液至沉淀完全,并补加5 mL～10 mL水摇散沉淀(pH为1),冷却至室温,用水移入50 mL容量瓶中,以水稀释至刻度(V_0),混匀。过滤。

6.4.2 移取20.00 mL滤液(V_1)于50 mL或100 mL容量瓶(V_2)中,加入5 mL或10 mL硫酸铝-硫酸银-硼酸溶液(3.5),0.5 mL氨基磺酸溶液(3.6),1滴甲基橙溶液(3.7),用氢氧化钠溶液(200 g/L和20 g/L)及硫酸(3.3)调至溶液刚变黄色,以水稀释至刻度,混匀。

6.4.3 将上述溶液全部过滤于干燥的50 mL或100 mL烧杯中,放入搅拌子,插入硝酸根离子选择电极和参比电极,在电磁搅拌下,于离子计或pH/mV测量仪上测量平衡电位值,从工作曲线上查出相应的硝酸盐浓度(c)。

注:平衡单位系指搅拌状态下,电极电位每分钟的变化不大于0.2 mV。

6.5 工作曲线的绘制

6.5.1 移取0.20 mg、0.50 mg、1.0 mg、2.0 mg、5.0 mg、10.0 mg、20.0 mg、50.0 mg、100.0 mg硝酸盐标准溶液(3.10),分别置于一组100 mL容量瓶中,各加入20 mL试料空白(6.3),以下按6.4.2～6.4.3操作。

6.5.2 按硝酸盐浓度由低到高的次序与试液同时进行测定。以硝酸盐浓度值的负对数值为横坐标,电位值为纵坐标绘制工作曲线。

7 分析结果的计算

硝酸盐含量以硝酸盐含量的质量分数 $w(NO_3^-)$ 计,数值以%表示,按公式(1)计算:

$$w(NO_3^-)=\frac{\rho \cdot V_0 \cdot V_2 \times 10^{-3}}{m_0 \cdot V_1}\times 100 \quad \cdots\cdots (1)$$

式中:

ρ——自工作曲线上查得的硝酸盐的浓度,单位为毫克每毫升(mg/mL);

V_0——试液的总体积,单位为毫升(mL);

V_1——分取试液的体积,单位为毫升(mL);

V_2——测定溶液的体积,单位为毫升(mL);

m_0——试料的质量,单位为克(g)。

所得结果表示至小数点后三位。若硝酸盐含量小于0.010%时,表示至小数点后四位。

8 精密度

8.1 重复性

在重复性条件下获得的两次独立测试结果的测定值,在以下给出的平均值范围内,这两个测试结果的绝对差值不超过重复性限(r),超过重复性限(r)的情况不超过5%,重复性限(r)按表2数据采用线性内插法获得。

表2 重复性

$w(NO_3^-)/\%$	0.028	0.137	0.300
$r/\%$	0.008	0.036	0.062

8.2 再现性

在再现性条件下获得的两次独立测试结果的测定值,在以下给出的平均值范围内,这两个测试结果的绝对差值不超过再现性限(R),超过再现性限(R)的情况不超过5%,再现性限(R)按表3数据采用线性内插法获得。

表3 再现性

$w(NO_3^-)/\%$	0.028	0.137	0.330
$R/\%$	0.009	0.038	0.090

9 质量保证和控制

应用国家级标准样品或行业级标准样品(当前两者没有时,也可用控制标样替代),每周或每两周校核一次本分析方法标准的有效性。当过程失控时,应找出原因,纠正错误后,重新进行校核。

ICS 37.100.10
J 87

中华人民共和国国家标准

GB/T 23279—2009

单张纸输纸机

Sheet-feeding machine

2009-03-16 发布

2009-11-01 实施

中华人民共和国国家质量监督检验检疫总局
中国国家标准化管理委员会 发布

前　言

本标准由中国机械工业联合会提出。

本标准由全国印刷机械标准化技术委员会归口。

本标准负责起草单位:浙江通业印刷机械有限公司。

本标准参加起草单位:上海光华印刷机械有限公司、北人印刷机械股份有限公司、北京印刷机械研究所、江苏昌昇印刷机械有限公司、河南新机股份有限公司、如皋市爱吉科纺织机械有限公司。

本标准主要起草人:曹淦初、董正平、郭宁军、张大成、何凡、潘正祥、江茂莲、严长明、徐梓荣。

单张纸输纸机

1 范围

本标准规定了单张纸输纸机(以下简称输纸机)的术语和定义、型式、型号与基本参数、通则和技术要求、测试方法、检验规则与标志、包装、贮存及运输。

2 规范性引用文件

下列文件中的条款通过本标准的引用而成为本标准的条款。凡是注日期的引用文件,其随后所有的修改单(不包括勘误的内容)或修订版均不适用于本标准,然而,鼓励根据本标准达成协议的各方研究是否可使用这些文件的最新版本。凡是不注日期的引用文件,其最新版本适用于本标准。

GB/T 191 包装储运图示标志(GB/T 191—2008,ISO 780:1997,MOD)

GB/T 1243 传动用短节距精密滚子链、套筒链、附件和链轮(GB/T 1243—2006,ISO 606:2004,IDT)

GB 5226.1—2002 机械安全 机械电气设备 第1部分:通用技术条件(IEC 60204-1:2000,IDT)

GB/T 6388 运输包装收发货标志

GB/T 9239.2—2006 机械振动 恒态(刚性)转子平衡品质要求 第2部分:平衡误差(ISO 1940-2:1997,Mechanical vibration—Balance quality requirements of rigid rotors—Part 2:Balance errors,IDT)

GB 9969.1 工业产品使用说明书 总则

GB/T 13306 标牌

GB/T 13384 机电产品包装通用技术条件

GB/T 14436 工业产品保证文件 总则

GB/T 15467 印刷技术 单张纸印刷机 尺寸系列[GB/T 15467—1995,idt ISO 3872:1976(1992)]

JB/T 3090 印刷机械产品型号编制方法

3 术语和定义

下列术语和定义适用于本标准。

3.1

前规定位线 front guide line

前规为基准的直线。

3.2

侧规定位线 side guide line

通过侧规定位板与前规定位线相垂直的直线。

3.3

输纸步距 sheet feeding distance

在输纸过程中,纸张在输纸板上,任意相邻两纸张前端距前规矩最大距离的差值。

3.4

输纸步距的准确度　accuracy of sheet feeding distance

输纸步距的平均值与最大(或最小)输纸步距的偏差。

3.5

输纸移动运动的准确度　accuracy of sheet feeding movement

在输纸过程中,纸张侧向定位、两端点与侧规线的距离之差。

3.6

升纸量　rising distance of stock table

输纸机纸堆上纸张不断输出,为保证分纸吸嘴与纸面的适当距离,纸台有节奏的每次上升的距离。

3.7

升纸量的准确度　accuracy of stock table rising distance

若干次升纸量的平均值与最大(或最小)升纸量的偏差。

4　型式、型号与基本参数

4.1　型式

4.1.1　按输纸方式分

a)　重叠式输纸

纸张在输纸台板上的输送过程中,相邻两纸张有一部分重叠。即后一张纸的前端,被前一张纸的后端盖住。

b)　间隙式输纸

纸张在输纸台板上的输送过程中,相邻两纸的前后保持一定距离。

4.1.2　按输纸速度分

a)　高速输纸机;

b)　中速输纸机。

4.2　型号

型号编制方法按 JB/T 3090 的规定。

4.3　基本参数

可输送纸张尺寸按 GB/T 15467 的规定,见表 1。

表 1　输纸机的基本参数

尺寸系列代号	规格	适应纸张厚度/mm	最高输纸速度/(张/h)	
			高速输纸机	中速输纸机
P160～P128	全张	0.04～0.80	≥12 000	≥8 000
P102～P51	对开、四开		≥15 000	≥12 000

注:间隙式输纸其线速度≤1 m/s。
如纸张厚度不在规定范围内,其最高输纸速度相应变动。

5　通则及技术要求

5.1　通则

5.1.1　输纸机应按本标准的规定,并按经规定程序批准的图样和技术文件制造。

5.1.2　输纸机应准确、可靠、平稳和周期性地完成对其规定纸张分离要求,并输送到定位装置,能完成其输送要求。

5.1.3 在输纸过程出现输纸中断、歪张、空张或多张，总故障率应不大于0.02%，当出现输纸异常时，能自动检测发出信号，并能自动停止输纸。

5.2 技术要求

5.2.1 输纸精度

a) 输纸步距的准确度控制在±1 mm。

b) 输纸移动运动的准确度$\pm 0.8\frac{B}{L}$ mm。

注：B为纸张纵向尺寸，L为纸张横向尺寸。

c) 升纸量的准确度控制在±0.1 mm。

5.2.2 主要部件的装配质量

5.2.2.1 机架水平、平面度的要求

a) 高速输纸机：平面度误差$\leqslant\frac{0.05}{1\ 000}$ mm。

b) 中速输纸机：平面度误差$\leqslant\frac{0.08}{1\ 000}$ mm。

5.2.2.2 输纸机墙板安装后，墙板内侧平行度要求

a) 高速输纸机：墙板内侧平行度误差为1 000∶0.05。

b) 中速输纸机：墙板内侧平行度误差为1 000∶0.07。

5.2.2.3 线带辊径向圆跳动

a) 高速输纸机：线带辊径向圆跳动≤0.04 mm。

b) 中速输纸机：线带辊径向圆跳动≤0.06 mm。

5.2.2.4 走纸辊径向全跳动

a) 高速输纸机：走纸辊径向全跳动≤0.04 mm。

b) 中速输纸机：走纸辊径向全跳动≤0.06 mm。

5.2.2.5 线带辊、走纸辊作平衡试验

高速输纸机：走纸辊和线带辊一定要作平衡试验，应符合GB/T 9239.2—2006中的平衡品质等级G6.3。

5.2.2.6 主动及从动链轮齿宽的几何中心平面应重合，其偏移量$\leqslant\frac{2}{1\ 000}A$（$A$为两链轮的中心距）。

5.2.2.7 线带接口平整，边线平直粘接牢固，安装方向准确，张紧力一致。

5.3 空运转性能

5.3.1 输纸机运转平稳、传动正常、所有零部件动作应准确协调，无异常声音和自发性移动。

5.3.2 吸吹气嘴动作准确、协调，各种气阀开关、接头不得松动与泄漏。

5.3.3 润滑系统工作可靠，润滑油不得溢出滴漏，无阻塞或渗漏现象，不允许污染纸张和工作环境。

5.3.4 轴承温升应小于30 ℃。

5.4 电气安装质量

5.4.1 电气系统工作应正常、灵敏、可靠。

5.4.2 电气系统布线整齐、标记清晰、排列有序、接头牢固；各种标记应齐全、清晰和正确，符合电气图形符号要求。

5.4.3 电气装置导线安装应能有效防止机械压力和环境影响造成的损害。

5.4.4 在密闭环境内（例如：电器、开关箱）两个端子间连接的绝缘单芯导线，可以在下述情况下省略导线的确认码和字母。

——应符合 GB 5226.1—2002 中的 14.2.4 第 2 段的规定，用颜色识别；或者

——所采用的导线固定方法（例如，利用梳状导线固定法）在更换电器件时能够有效地防止导线的混淆。

5.5 安全

5.5.1 一般要求

5.5.1.1 外壳或所有能触及的锐角都应圆角。

5.5.1.2 经常开启活动式防护装置，开启灵活可靠，并与机器驱动部分联锁，保证在防护装置开启状态下，机器保持静止或只能点动。

5.5.1.3 不经常拆卸的防护装置，应固定牢固、耐用，并有一定的刚性。

5.5.1.4 输纸机驱动装置及输纸头的驱动轴必须安装固定防护罩和防护轴套。

5.5.1.5 采用手柄驱动的结构，手柄的位置与机器驱动部分联锁，手动时机动无效。

5.5.2 堆纸台板升降装置

5.5.2.1 堆纸台板的升降运动，应通过紧急终端开关进行防护。

5.5.2.2 堆纸台板的最终位置必须设有安全位置和极限位置，进行限位限制。

5.5.2.3 堆纸台板升降平稳，不应晃动，下降时距离地面 120 mm 后，快速下降停。继续下降时，只能以点动操作方式进行。

5.5.2.4 纸堆台板垂直投影与安全防护栏水平距离不小于 300 mm。

5.5.2.5 纸堆升降链条必须大于静载荷 4 倍，许用载荷按 GB/T 1243 的规定。

5.5.2.6 纸堆台板升降装置，能承受最大额定载荷量 1.25 倍，静负载不出现永久性变形或明显的缺陷，也能在正常操作状态下承受 1.1 倍的最大额定载荷量进行动态测试。升降速度无明显的波动。纸堆负载应以纸张的最大比重 1 400 kg/m^3 为基础计算。

5.5.3 电气

5.5.3.1 电气设备和机械设备的所有裸露导体都应连接到保护接地的电路上，保护接地电路的连续性应符合 GB 5226.1—2002 中 19.2 的要求。

5.5.3.2 动力电路导线和保护接地电路间绝缘电阻不小于 1 MΩ。

5.5.3.3 电气设备的所有电路导线和保护接地电路之间应经受至少 1 s、1 000 V 的耐压试验（低于 PELV 电压的电路除外），不应出现内烙和击穿现象。

5.5.3.4 机器启动前声响报警装置应能发出使人听到的声响信号，并延时 1 s～3 s 后方可启动。

5.5.3.5 机器上应安装红色故障显示灯。

5.5.3.6 纸堆升、降按钮应有明显区别，按急停按钮后机器运转全部中断，急停按钮松开后机器仍应处于静止状态。

5.6 噪声

噪声应小于等于 78 dB(A)。

5.7 外观

5.7.1 外露加工表面不得有磕碰、划伤、锈蚀等现象。

5.7.2 外露非加工面不得有凸瘤、凹陷、气孔、缩孔等缺陷。

5.7.3 镀层及涂漆应牢固，表面色泽均匀一致，光滑、平整，不应有有损美观的缺陷。

5.7.4 金属手轮及手柄等操作件应有防锈保护层。

5.7.5 安全护罩各面应平整、均匀，各棱边应规则，不应有凸起、凹陷和翘曲。

5.7.6 门盖的周边与相关结合面的缝隙应均匀。

5.7.7 外露电气线路、油路及气路等管道布置应规则整齐、固定牢靠，管道不应产生扭曲折叠等现象。

5.7.8 标牌应平整、光洁、配置位置合理、牢靠，不应有铆裂、偏斜、卷边等现象。

6 测试方法

6.1 输纸试验

6.1.1 试验条件

输纸环境温度为 18 ℃～28 ℃，相对湿度 50%～75%。

6.1.2 纸张适应性试验

输纸机按 4.3 规定的纸张厚度极限值及额定张纸尺寸以不低于 8 000 张/h 输纸速度连续输纸不少于 1 000 张，进行纸张适应性试验，不出现输纸故障，其结果应符合 5.1.2 规定。

6.1.3 全速输纸试验

用 0.08 mm～0.16 mm 具有最大额定尺寸的涂料纸或胶版纸，在额定最高输纸速度下输纸输出纸张的高度为 500 mm，目视输纸故障，应符合 5.1.3 规定。

6.2 输纸精度测试

6.2.1 当输纸机起动输纸达到额定速度时，分别进行三次停机，此时输纸台板上应保留不少于 4 张额定规定规格纸张(如图 1)。每次停机后，测试连续的三个样张前端到前规线的距离(排除靠前规最近的一张)L_1、L_2、L_3。

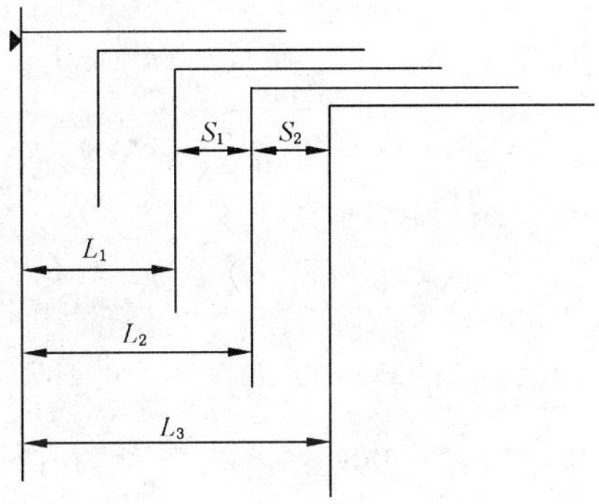

图 1

$$S_{k,i} = L_{k,i} - L_{k,i-1} \qquad (1)$$

$$\overline{S} = \sum_{\substack{k=1\\i=2}}^{\substack{k=3\\i=3}} S_{k,i} \qquad (2)$$

$$\Delta S_{k,i} = \overline{S} - S_{k,i} \qquad (3)$$

式中：

k——停机次数(k=1、2、3)；

i——被测纸张序号(i=1、2、3)；

$S_{k,i}$——输纸步距；

$\overline{S}$——平均输纸步距；

$\Delta S_{k,i}$——输纸步距准确度。

输纸步距准确度 $\Delta S_{k,i}$ 最大值与最小值测试计算结果应符合 5.2.1a)的规定。

6.2.2 根据被测输纸机，当输纸机起动，输纸达到输纸正常速度(即设 10 000 张/h 后)停机输纸台板上停留三张纸，被测试的纸张数二(不包括第一张纸)，从第二张纸开始测试，测得一张纸同侧面两端点至侧规定位线的距离(l_1、l'_1,l_2、l'_2)的差值,重复测试二次,找出最大值 Δl_i(如图 2)。

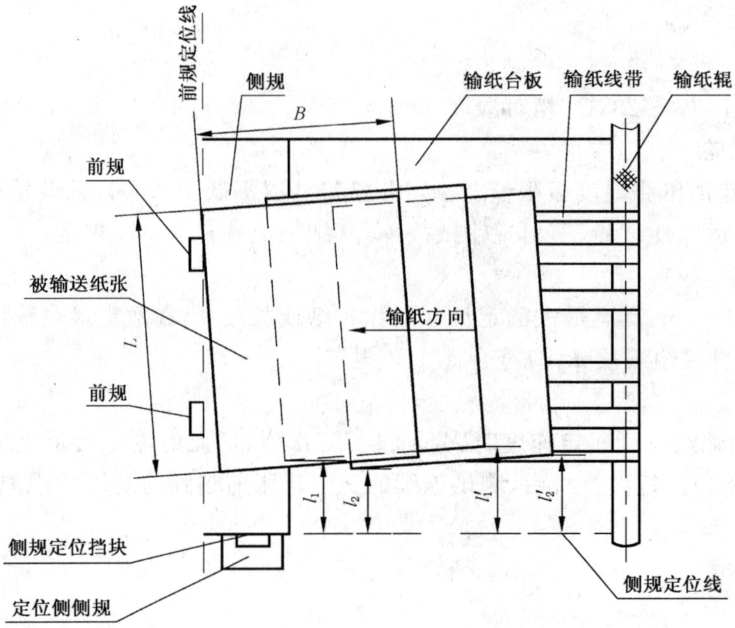

图 2

$$\Delta l_i = l'_i - l_i \quad (i = 1、2) \qquad \cdots\cdots(4)$$

式中:

Δl_i——输纸移动运动准确度。

输纸移动运动准确度应符合 5.2.1b)的规定。

6.2.3 当输纸机进入正常输纸速度(取值 10 000 张/h),对自动升纸次数及每次升纸数量进行计数(计数 5 次),被输送纸张厚度 δ(mm)。

第 1 次升纸,其升纸的数量 n_1;

第 2 次升纸,其升纸的数量 n_2;

……

第 5 次升纸,其升纸的数量 n_5;

平均升纸数量 $\bar{n}$ 按照公式(5)计算:

$$\bar{n} = \frac{n_1 + n_2 + n_3 + n_4 + n_5}{5} \qquad \cdots\cdots(5)$$

$$\Delta n = \delta \cdot |\bar{n} - n_i| \quad (i = 1、2、3、4、5) \qquad \cdots\cdots(6)$$

升纸量的准确度 Δn 计算结果应符合 5.2.1c)的规定。

6.3 主要部件装配质量检测

6.3.1 将两墙板按装配要求连接,然后放置已校正的平板上(如图 3),用水平仪分别放在校正平板,连接墙板撑档上,在若干方向上记录水平仪的读数 A_1、A_2,各方位上平行面误差 f 按照公式(7)计算。

$$f = |A_2 - A_1| \cdot L \cdot C \qquad \cdots\cdots(7)$$

式中:

C——水平仪刻度值(线值);

L——墙板内侧的间距。

各个方向上平行度误差最大值作为两墙板的水平误差，应符合 5.2.2.1 的规定。

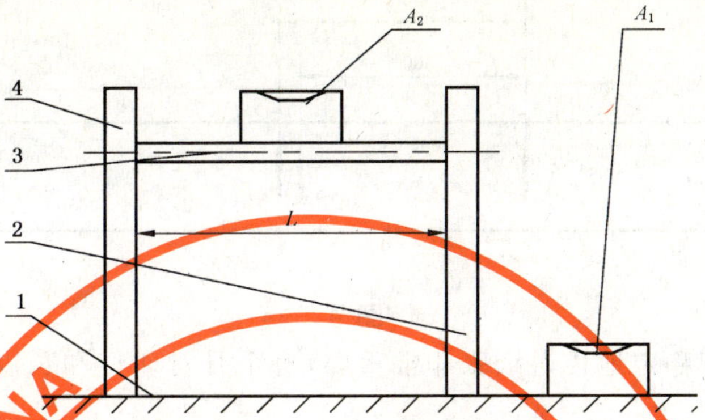

1——校准好平板；
2——机架墙板；
3——撑档；
4——墙板。

图 3

6.3.2　墙板按 6.3.1 放置，通过两墙板对应孔插入检测试棒回转，手感无不均匀阻尼，在墙板上、下、前、后四处用专用千分尺测试其结果，应符合 5.2.2.2 的规定。

6.3.3　将线带辊安装在两顶尖之间，线带辊绕基准轴线作无轴向移动回转时，指示器(千分表)测试头垂直于线带辊表面，在任一测量平面内的径向圆跳动量应符合 5.2.2.3 的规定。

6.3.4　将走纸辊安装在两顶尖之间，走纸辊绕基准轴线作无轴向移动的连续回转，指示器(千分表)作平行于基准轴线方向的直线移动，在走纸辊整个表面上跳动量应符合 5.2.2.4 的规定。

6.3.5　将线带辊安装在静平衡架上，测试出不平衡量，许用不平衡量根据 GB/T 9239.2—2006 中的 G6.3 的规定。

计算确定，测试不平衡量必须小于许用不平衡量，结果符合 5.2.2.5 的规定。

计算实例(许用不平衡量的计算)

转子种类：线带辊；

平衡品质等级：G6.3；

线带辊重量：$m=20$ kg；

工作转速：$n=15\ 000$ r/h$=250$ r/min；

许用不平衡度 e_{per} 用公式(8)计算：

$$e_{per}=6.3\left(\frac{60}{2\pi\times n}\times 10^3\right)=6.3\left(\frac{60}{2\pi\times 250}\times 10^3\right)=240.6\ \text{g}\cdot\text{mm/kg} \qquad\cdots\cdots(8)$$

许用不平衡量 U_{per} 用公式(9)计算：

$$U_{per}=me_{per}=20\times 240.6=4.812\times 10^3\ \text{g}\cdot\text{mm} \qquad\cdots\cdots(9)$$

6.3.6　选择基面用深度尺测试两链轮离基面的距离及测试两链轮中心距 A，其值小于 $\frac{2}{1\ 000}A$，符合 5.2.2.6 的规定。

6.3.7　输纸线带的检测

目测线带、检查线带质量并将输纸线带在松弛状态下，在输送线带的表面取一段长为 300 mm 印记(如图 4)，张紧传送带直到这个印记的长度为 303 mm 为止(伸长率 1%)，为了进一步使输送带张力均匀，在输送带旋绕两圈以后再一次确认印记，检查线带状态应符合 5.2.2.7 的规定。

单位为毫米

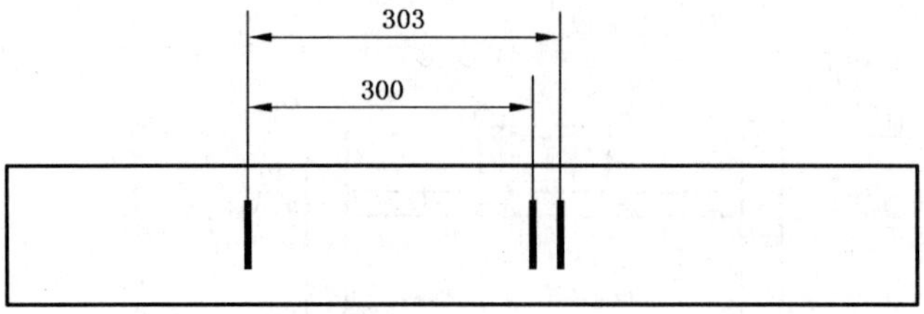

图 4

输纸线带的张力对于稳定地传送纸张非常重要，每个月对印记和长度是否为 303 mm 进行一次确认。

6.4 空运转试验

6.4.1 机器输入动力、纸堆升降处于关闭，通电、通气状态下，连续运转时间应不小于 3 h，其中全速运转不少于 30 min，检查整机运行状态，应符合 5.3.1、5.3.2、5.3.3 要求。

6.4.2 用点温计或红外测温仪测量轴承温升，应符合 5.3.4 要求。

6.5 电气质量检查

6.5.1 反复启动、停止，检查输纸机运转的协调性与平稳性应符合 5.4.1 的规定。

6.5.2 切断电源，目测检查应符合 5.4.2～5.4.4 的规定。

6.6 安全检查

6.6.1 目测检查机器外壳及传动部分应符合 5.5.1.1～5.5.1.4 的规定。

6.6.2 检查手柄驱动机器时应符合 5.5.1.5 的规定。

6.6.3 检查堆纸台的升降运动，应符合 5.5.2.1～5.5.2.3 的规定。

6.6.4 用钢卷尺检查测量安全防护栏水平距离，应符合 5.5.2.4 的规定。

6.6.5 检查升降链条的安全要求，选择链条许用抗拉载荷 4 倍，应符合 5.5.2.5 的规定。

6.6.6 关闭动力输入和气源状态下，堆纸台板上装载 1.25 倍该输纸机额定最大载荷重量，提升一定高度静止 5 mm，测试和观察链条及各承载构件的变形量和变化情况。然后将堆纸台的载荷减至 1.1 倍额定最大载荷，启动升纸电机上下升降次数不少于 5 次，检查目测设定各极限位置动作正确性和灵敏度和升降过载状态的可靠性、稳定性，应符合 5.5.2.6 的规定。

6.6.7 按 GB 5226.1—2002 中 19.2 的试验方法，检查保护接地电路的连续性，应符合 5.5.3.1 的规定。

6.6.8 按 GB 5226.1—2002 中 19.3 的试验方法，测得的绝缘电阻，应符合 5.5.3.2 的规定。

6.6.9 按 GB 5226.1—2002 中 19.4 试验方法，其耐压强度，应符合 5.5.3.3 的规定。

6.6.10 检查机器启动的声响报警装置，应符合 5.5.3.4 的规定。

6.6.11 检查故障显示灯按钮，应符合 5.5.3.5 的规定。

6.6.12 检查纸堆升降按钮，应符合 5.5.3.6 的规定。

6.7 噪声试验

开动输纸机所有噪声源，在最高输纸速度下空运转，用普通声计测量 A 声压纸噪声。测量点水平位置(见图 5)。高度距地面 1.5 m。其中 13 点为巡回测量最大噪声点。测量轨迹上两测点间距小于 2 m 时，可取 4、6、10、12 测点。输纸机噪声值为各点的算术平均值，应符合 5.6 的规定。

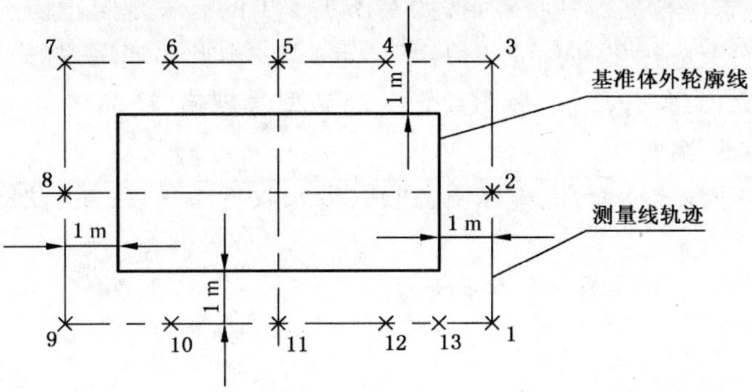

图 5

6.8 外观质量检查

目测检查应符合 5.7 规定。

7 检验规则

7.1 出厂检验

7.1.1 每台产品应经出厂检验合格，并获得产品合格证，方可出厂。

7.1.2 出厂检验项目为本标准 6.1、6.2、6.3、6.4、6.5、6.6、6.7、6.8 规定的内容。

7.1.3 检验项目中如有一项不合格，则判定该台产品为不合格品。

7.2 型式检验

7.2.1 有下列情况之一时，应在首台、首批中抽一台或生产批中抽一台进行型式检验：

a) 新产品或老产品转厂生产的试制定型鉴定时；

b) 正常生产后因产品的结构、材质、工艺或主要器件有较大改变，可能影响产品性能时；

c) 停产一年以上又恢复生产时；

d) 连续生产时，每一年不少于一次的例行检查时；

e) 出厂检验结果与上次型式检验发生较大差异时；

f) 产品长期停产后，恢复生产时；

g) 国家技术监督机构指令进行型式检验要求等。

7.2.2 型式检验项目

型式检验项目按本标准规定的全部内容进行。

7.2.3 抽样

型式检验样品应从出厂检验合格的产品中抽取，每次抽样为两台。

7.2.4 检验项目中如有一台一项不合格，允许在原抽批中加倍抽样复检，复检仍不合格，则判定该批产品为不合格。

8 标志、包装、贮存及运输

8.1 标志

8.1.1 每台产品应在明显部位固定标牌，其要求应符合 GB/T 13306 的规定，并表明以下内容：

a) 制造厂名称、产品原产地；

b) 产品名称、型号、产品标准号；

c) 产品的主要技术参数；

d) 制造厂名称、厂址；

e) 出厂编号；

f) 出厂日期。

8.1.2 包装储运图示标志应根据产品特点，按照 GB/T 191 的有关规定正确选用，并表明以下内容：

a) 在箱体外壁立面上应标出“向上”、“怕雨”、“重心”、“由此吊起”等标志图形；

b) 在箱体外壁正立面(操作面)上标明：箱号、产品型号规格、产品名称、箱体尺寸(长×宽×高)、毛重、净重、制造厂名称等；

c) 在箱体外壁背立面(传动面)上应标明：到站(港)、收货单位、发站、发货单位、出厂编号、包装日期等。

8.1.3 运输包装收发货标志，按 GB/T 6388 的规定。

8.2 包装

8.2.1 产品应检验合格后方可包装。

8.2.2 产品包装前，机件、工具备件、附件应擦拭干净，产品外露加工面应涂防锈剂。

8.2.3 产品可根据运输或装卸需要或合同规定制作包装箱。

8.2.4 产品包装箱内应铺防水材料，并可靠的固定在箱内。附件箱、备件箱应固定在主机箱内的空隙处，并牢固卡紧。

8.2.5 产品的活动部件应锁紧不动。

8.2.6 产品包装箱的制造与装箱要求应符合 GB/T 13384 的规定。

8.2.7 随机文件

每台产品出厂时，随箱应附下列技术文件。

a) 装箱单。

b) 产品合格证。产品合格证的编写应符合 GB/T 14436 的规定。

c) 产品使用说明书。使用说明书的编写应符合 GB 9969.1 的规定。

d) 随机备附件清单。

8.3 贮存

产品在室内贮存时应保证通风、干燥，防止锈蚀，变形、损坏。露天存放时应有防雨措施。若存放期超过 1 年，出厂前则应开箱检查，若发现产品包装已不符合有关规定时，应重新进行包装。

8.4 运输

产品在起吊时，要按包装箱外壁箱面的标志稳起、轻放，防止碰撞。

产品在运输过程中应固定，避免机械碰撞，防止剧烈震动损伤机件，防止雨雪浸蚀。

ICS 25.120.10
J 62

GB

中华人民共和国国家标准

GB/T 23280—2009

开式压力机　精度

Open front mechanical power presses—Testing of the accuracy

(ISO 6899:1984,MOD)

2009-03-16 发布　　　　2009-11-01 实施

中华人民共和国国家质量监督检验检疫总局
中国国家标准化管理委员会　发布

前　言

本标准修改采用 ISO 6899:1984《开式机械压力机验收条件　精度检验》(英文版)。

本标准与 ISO 6899:1984 的主要技术差异为:

——范围中最大公称力范围扩大到 4 000 kN;

——修改了 G1 的允差;

——修改了 G2 的允差;

——增加了 G6 项;

——增加了附录 A。

本标准的附录 A 为规范性附录。

本标准由中国机械工业联合会提出。

本标准由全国锻压机械标准化技术委员会归口。

本标准负责起草单位:浙江锻压机械集团有限公司、广东锻压机床厂有限公司、江苏扬力集团有限公司、沃得精机(中国)有限公司。

本标准主要起草人:楼宇、钱功、阮卫平、仲太生、郑育林、邵晓璞。

开式压力机 精度

1 范围

本标准规定了开式压力机的几何精度、允差及其检验方法。

本标准适用于公称力不大于 4 000 kN 的单柱固定台压力机、开式固定台压力机和开式可倾压力机(以下简称压力机)。

2 规范性引用文件

下列文件中的条款通过本标准的引用而成为本标准的条款。凡是注日期的引用文件,其随后所有的修改单(不包括勘误的内容)或修订版均不适用于本标准,然而,鼓励根据本标准达成协议的各方研究是否可使用这些文件的最新版本。凡是不注日期的引用文件,其最新版本适用于本标准。

GB/T 8170—2008 数值修约规则与极限数值的表示和判定

GB/T 10923—2009 锻压机械 精度检验通则(ISO 230-1:1996,NEQ)

GB/T 11337 平面度误差检测

3 检验前的准备

3.1 精度检验应按附录 A 和 GB/T 10923—2009 的规定进行,尤其是压力机的安装、运动件的温升、测量方法和检验工具的精度。

3.2 表 1 中的几何精度排序不一定是实际检验顺序。几何精度检验可以根据便于检具装拆和检验的任何顺序进行。

3.3 用户有特殊要求的,检验时可不按本标准进行全部项目的检验。

3.4 检验前应将压力机调平;若装有滑块平衡装置时,应按使用说明书安装和调整;应保证量检具的精度;P 为压力机公称力,单位为 kN。

3.5 当实测范围与本标准的规定值不同时,应按实际检验长度进行计算,其计算结果按 GB/T 8170—2008 修约至 μm。

4 几何精度检验

几何精度检验见表 1。

表 1

序号	简　　图	检验项目	允差/mm	检验工具	检验方法
G1	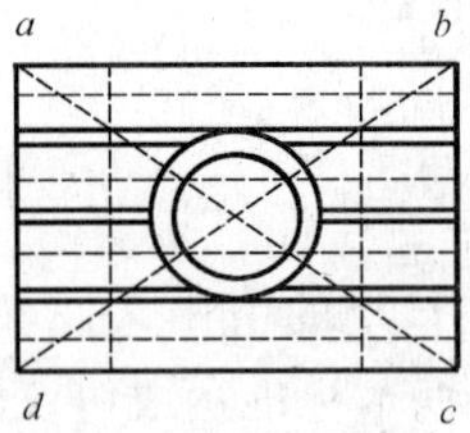	工作台板上平面的平面度（在纵向、横向和对角线方向测量）	在 100 长度内为 0.010；长度每增加 100，允差增加 0.008；最大允差为 0.060	平尺 量块 指示器	按 GB/T 10923—2009 的 5.3.2.2。 在被检工作台板上平面的 a、b、c 三个点上各放一等高量块，以量块上表面形成的平面为基准面，通过可调量块（分组量块）确定其延伸点 d。将平尺分别放在 a、b、c、d 的任意两量块之上，用量块（或指示器）测量工作台板上平面与平尺下检验面的距离。 误差以量块（或指示器）读数的最大差值计。 若压力机无工作台板，则在工作台上作同样检验
G2	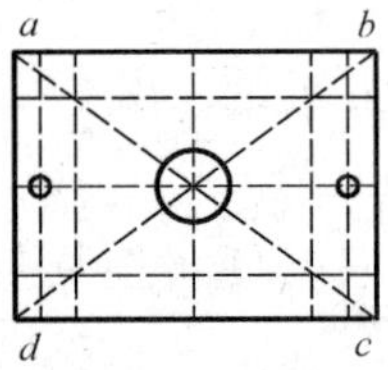	滑块下平面的平面度（在纵向、横向和对角线方向测量）	在 100 长度内为 0.010；长度每增加 100，允差增加 0.008；最大允差为 0.060	平尺 量块 指示器	参照 GB/T 10923—2009 的 5.3.2。 检验方法参见 G1。 G2 项允许在装配前检验
G3	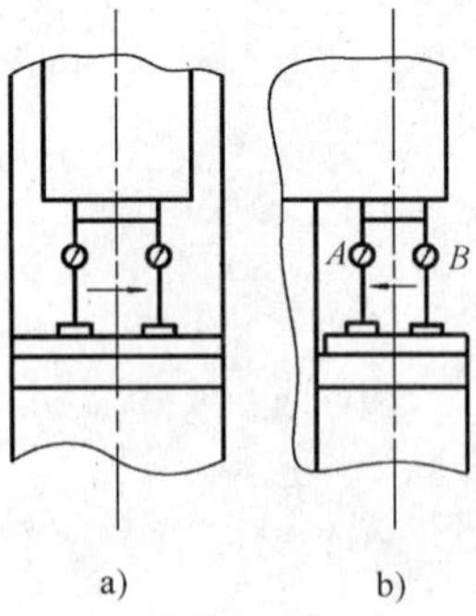 a)　　b)	滑块下平面对工作台板上平面的平行度： a)左右； b)前后	公称力 $P \leqslant$ 630 kN： a) 每 100 测量长度上 0.015。 b) 每 100 测量长度上 0.020。 公称力 $P >$ 630 kN～4 000 kN： a) 每 100 测量长度上 0.020。 b) 每 100 测量长度上 0.030	平尺 指示器	参照 GB/T 10923—2009 的 5.4.1.2.1。 在最大装模高度进行检测。 在工作台板上放一平尺，平尺上放一带指示器的测量架，将指示器的测头触及滑块下平面，按图示 a)、b) 两个方向分别移动指示器进行测量。 误差以相邻两点的最大读数差值计。 在 b) 示方向（即前后），滑块下平面与工作台板上平面在 A 处的间距不得小于 B 处的间距。 若压力机无工作台板，则在工作台上作同样检验

表 1（续）

序号	简　图	检验项目	允差/mm	检验工具	检验方法
G4	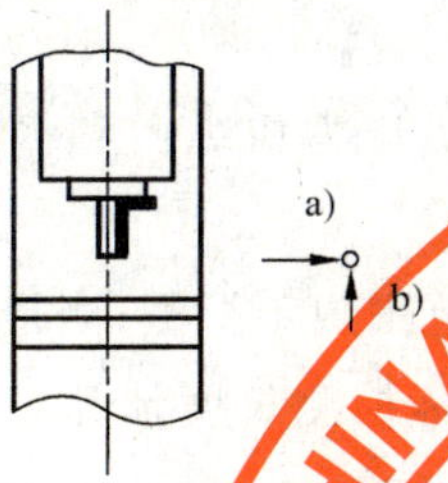	模柄孔对滑块下平面的垂直度： a)左右； b)前后	a)和 b) 0.05/100	检验棒 角　尺 塞　尺	参照 GB/T 10923—2009 的 5.5.1.2.2 将检验棒无间隙地插入孔内，使检验棒伸出长度为 100 mm，角尺基面平放在被检平面上，其测量面贴靠在代表轴线的检验棒的表面，用塞尺在 a)、b)两个方向上检验角尺与检验棒表面间的间隙。 误差以最大间隙值计。 允许在装配前检验
G5	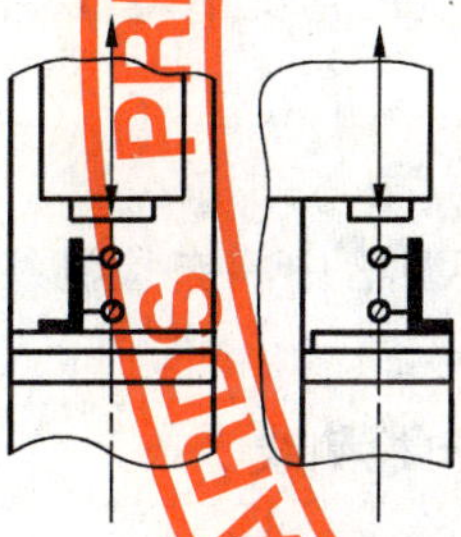	滑块行程对工作台板上平面的垂直度： a)左右； b)前后	公称力 $P \leqslant$ 630 kN： a)和 b) 0.03/100； 公称力 $P>$ 630 kN～4 000 kN： a)和 b) 0.04/100	平　尺 角　尺 指示器	参照 GB/T 10923—2009 的 5.5.2.2.1 在工作台板上放一平尺，平尺上放一角尺，将指示器紧固在滑块上，使其测头触在角尺检验面上，当滑块自上死点向下运行时，按图示 a)、b)两个方向分别进行测量。 在最大和最小装模高度分别进行检测。 误差以指示器的最大读数差值计。 在 b)示方向（即前—后）指示器在行程上位的读数应不小于行程下位的读数。 若压力机无工作台板，则在工作台上作同样检验
G6	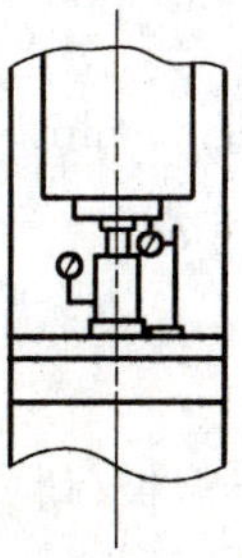	连接部位的总间隙	曲轴式： $0.5+\frac{4\sqrt{0.1P}}{100}$ 偏心式： $1.6+\frac{10\sqrt{0.1P}}{100}$	指示器 加载器	滑块在下死点，在工作台板中间放置加载器，施加力为压力机公称力 P 的 5%，单位为 kN。在靠近支撑点处测量。以加压前后指示器的读数差值为连接部位的总间隙值。 若压力机无工作台板，则在工作台上作同样检验

附 录 A
（规范性附录）
精度检验要求

A.1 基本要求

A.1.1 精度检验前，应调整压力机的安装水平，在工作台板中间位置，沿压力机纵向和横向放置水平仪，水平仪的读数均不应超过0.20/1 000。

A.1.2 当被检平面最大外形尺寸 $L \leqslant 1\ 000$ mm时，在距边缘0.1 L 的范围内不检测；当最大外形尺寸 $L > 1\ 000$ mm时，在距边缘100 mm的范围内不检测。平面度允差按实际检测长度计算。对被检平面中间孔四周不计精度边缘尺寸，取其相应平面边缘不计值的一半。

A.2 G1、G2项平面度的检验

A.2.1 工作台板应紧固于工作台上，所有紧固螺栓应均匀拧紧。

A.2.2 工作台板与工作台面应紧密接合。用0.05 mm塞尺进行检验，只许塞尺局部插入，深度一般不应超过10 mm。

A.2.3 以等高量块建立基准平面时，量块应放在去除不计精度边缘后的平面之内，其放置位置应以保证测量时平尺的稳定为原则。当放置位置处有孔、槽时，在不影响测量精度的情况下，量块可跨越其上；若有影响时，则应避开孔、槽边缘而置于其近处。

A.2.4 对T型槽间检测布线的要求

a) 工作台板横向的T型槽距小于或等于300 mm时，应在两条T型槽中间布检测线1条；大于300 mm时，均布检测线2条。

b) 工作台板上只具有对角布置的T型槽时，则应在平面中间布横向检测线1条。

c) 检测布线与T型槽相重时，可避开而布于外侧。

A.2.5 检测G2项时模柄夹板(块)与滑块本体应夹紧(允许放入检验棒)后进行，但前者的下平面不得突出于后者的下平面。

A.2.6 平面度的检验方法可以采用下列等效方法：

a) 对于检验范围小的情况，可按GB/T 11337和GB/T 10923—2009中5.3.2.3的规定检验。实际检验长度大于1 600 mm的平面，可按GB/T 10923—2009中5.3.2.4的规定检验。

b) 对于刮研平面，可按GB/T 10923—2009中5.3.2.1的规定检验。

A.2.7 对刮研平面允差的要求

当采用涂色法检验平面度时，接触应均匀，在300 cm^2 面积内平均计算，每25 mm×25 mm面积内的接触点数不应少于6点；个别25 mm×25 mm面积内的最低点数不应少于3点。

A.3 G3滑块下平面对工作台板上平面的平行度的检验

A.3.1 指示器的移动轨迹一般以“口”字形进行。遇到平面上的孔、槽和模柄夹板(块)下平面时，允许避开。

A.3.2 检验方法内对于“滑块下平面与工作台板上平面在 A 处的间距不得小于 B 处的间距”，其 A 处(滑块后面)、B 处(滑块前面)是指在检测范围内(即排除不计精度边缘范围后)的两个端点位置。

A.4　G5 滑块行程对工作台板上平面的垂直度的检验

当滑块行程大于 100 mm 时，只从下死点起向上 100 mm 长度，作往复行程的检验。指示器在下死点的瞬间跳动量应不超过精度允差的 1.5 倍。

A.5　其他

A.5.1　G3、G5 项检验时，当实际测量长度小于 100 mm 时，允许按正比例折算；折算后的允差小于 0.01 mm时，按 0.01 mm 计。

A.5.2　G6 项检验时，若压力机滑块有平衡装置，则应在试验前把平衡力调节为零。

ICS 25.120.10
J 62

GB

中华人民共和国国家标准

GB/T 23281—2009

锻压机械噪声声压级测量方法

Metal forming machinery—Noise measurement method of sound pressure levels

(ISO 11202:1995,NEQ)

2009-03-16 发布　　　　2009-11-01 实施

中华人民共和国国家质量监督检验检疫总局
中国国家标准化管理委员会　发布

前　言

本标准与国际标准 ISO 11202:1995《声学　机器和设备发射的噪声　工作位置和其他指定位置发射声压级的测量　现场简易法》的一致性程度为非等效。

本标准的附录 A 是规范性附录。

本标准由中国机械工业联合会提出。

本标准由全国锻压机械标准化技术委员会归口。

本标准负责起草单位:太原科技大学、济南铸造锻压机械研究所、江苏扬力集团有限公司。

本标准的主要起草人:付建华、曹建新、陈汝昌、仲太生。

锻压机械噪声声压级测量方法

1 范围

本标准规定了锻压机械噪声声压级的测量仪器、测试环境、测量条件、测量方法等。

本标准适用于锻压机械操作位置和指定位置上的用A计权测量噪声声压级。

2 规范性引用文件

下列文件中的条款通过本标准的引用而成为本标准的条款。凡是注日期的引用文件,其随后所有的修改单(不包括勘误的内容)或修订版均不适用于本标准,然而,鼓励根据本标准达成协议的各方研究是否可使用这些文件的最新版本。凡是不注日期的引用文件,其最新版本适用于本标准。

GB/T 3102.7 声学的量和单位(GB/T 3102.7—1993,eqv ISO 31-7:1992)

GB/T 3785—1983 声级计的电、声性能及测试方法

GB/T 3947 声学名词术语

GB/T 15173—1994 声校准器

GB/T 17181—1997 积分平均声级计(idt IEC 60804:1985)

GB/T 23282—2009 锻压机械噪声声功率级测量方法

3 术语和定义

GB/T 3947 和 GB/T 3102.7 所确立的以及下列术语和定义适用于本标准。

3.1

发射 emission

由被测声源(被测机器)辐射出空气声。

注:噪声发射表征量可以列入产品标牌或产品说明书。基本的噪声发射表征量是声源声功率级和声源附近工作位置和其他指定位置的发射声压级。

3.2

发射声压 emission sound pressure

p

在一个反射平面上,按规定的安装和运行条件工作的锻压机械附近指定位置的声压。它不包括背景噪声以及本测量方法所允许的发射面以外其他声反射的影响,单位为Pa。

3.3

发射声压级 emission sound pressure level

L_p

发射声压平方 $p^2(t)$ 与基准声压平方 p_0^2 之比的以10为底的对数乘以10。采用GB/T 3785—1983规定的时间计权和频率计权进行测量,单位dB。基准声压20 μPa。$p^2(t)$ 表示声压有效值平方随时间变化。

发射声压级应在规定的位置上测量,其位置应符合测试规程。

3.4

峰值发射声压级 peak emission sound pressure level

在一个运行周期内所测得的发射声压级最大瞬态值,单位dB。

3.5

一个反射面上方的自由场　free field over a reflecting plane

被测机器所处的无限大、坚硬平面上方半空间内，各向同性均匀媒质中的声场。

3.6

工作位置，操作者位置　work station，operator's position

被测机器附近，为操作者指定的位置。

3.7

操作者　operator

被测机器附近，从事与机器有关工作任务的人员。

3.8

指定位置　specified position

与机器有关的位置，包括但不限于操作者位置。该位置可以是单一固定点，或某一路径上若干点，或离机器规定距离的表面上的若干点。若有相关测试规程，则在其中表述。

3.9

运行时段　operational period

被测机器完成某一指定过程的时间。

3.10

运行周期　operational cycle

被测机器完成一个工作循环所需时间，其中各个运行时段按规定序列出现，每个运行时段都与一个特定过程相联系，而该特定过程在一个运行周期中可能只出现一次，也可能重复多次。

3.11

测量时间　measurement time interval

运行时段或运行周期的一个或多个运行时段中，得到作为时间函数的发射声压级的连续记录。

3.12

背景噪声　background noise

来自被测声源以外所有的其他声源的噪声。

3.13

背景噪声级　background noise level

被测机器不工作的情况下，测得的声压级，单位 dB。

3.14

背景噪声修正值　background noise correction

K_1

该修正值用以表示背景噪声对被测机器指定位置发射声压级的影响，K_1 与频率有关，单位 dB。A 计权情况下的修正项 K_{1A} 由 A 计权的测量值得到。

3.15

环境修正值　environmental indicator

K_2

该修正值用以表示声反射或声吸收对表面声压级的影响，K_2 与频率有关，单位 dB。在 A 计权情况下，用 K_{2A} 表示。

3.16

局部环境修正值　local enviromental correction

该修正值用以表示反射声对被测机器指定位置(如：工作位置)发射声压级的影响，单位 dB。K_3 与频率和位置有关。在 A 计权情况下，用 K_{3A} 表示。

3.17

典型距离　typical distance

从指定位置到机器最近的主要声源的距离。若机器主要声源不能确定，则选择从指定位置到机器最近部分的距离作为 a。

4　测量仪器

测量时应使用符合 GB 3785—1983 规定的 1 型声级计（示值精度±0.7dB）和积分声级计，积分平均声级计应符合 GB/T 17181 规定的 1 型或以上积分平均声级计要求。

每次测量前后，应采用精度优于±0.3 dB（GB/T 15173—1994 规定的 1 级精度）的声校准器对整个测量系统进行校准。

每年按照 GB/T 15173—1994 要求对声校准器检验一次。每两年应按照 GB/T 3785—1983 要求，对仪器系统至少校验一次。

按照国家标准进行校验的最后校验日期应该记录下来。

5　测试环境

5.1　概述

本标准适用于符合 5.2 和根据 5.3 对背景噪声进行修正的环境。

5.2　测试环境适用准则

测试环境的环境修正值 K_{2A}（按 GB/T 23282—2009 锻压机械噪声声功率级测量方法中的定义）用以表征测试环境偏离理想、自由场状况的程度，环境修正值 K_{2A} 不应超过 7 dB。

5.3　背景噪声修正准则

在传声器位置，作为计权声压级测得的背景噪声（包括传声器处的风噪声）至少应低于被测机械声级 3 dB（最好能低于 10 dB），背景噪声修正值按式（1）计算：

$$K_1 = -10\lg(1-10^{-0.1\Delta L}) \qquad \cdots\cdots(1)$$

式中：

ΔL——被测锻压机械开启和关闭时指定位置测得的声压级差值，单位为分贝（dB）。

注：若 $\Delta L>10$ dB，则规定 $K_{1A}=0$；若 $\Delta L<3$ dB（即 $K_{1A}>3$ dB），则测量无效；应确定每一个传声器位置的 K_{1A}。

5.4　测量中的环境条件

5.4.1　室内试验环境

5.4.1.1　试验房屋的等效吸声面积 A 与测量面面积 S 之比应当大于或等于 1，即 $A/S\geqslant1$（$A/S=1$ 时环境修正值 $K_{2A}=7$ dB）。

5.4.1.2　干扰声场的物体应尽可能远离被测锻压机械，至少要在测量面之外。

5.4.1.3　反射面（地面）应大于测量面在反射面（地面）上的投影。

5.4.1.4　安装机器的地面最好是混凝土或沥青浇灌的地面。

5.4.2　室外试验环境

5.4.2.1　室外测量应在空旷、平坦的硬实地面上进行，而不能在砂地、雪地或草地上进行。

5.4.2.2　测量时风速应小于 6 m/s，当风速大于 1 m/s 时在传声器上应加防风罩。

5.4.2.3　测量不得在雨、雪等恶劣气候条件下进行。

5.5　局部环境修正值

附录 A 给出了确定局部环境修正值 K_3，K_3 考虑反射声对指定位置发射声压级的影响。A 计权时，局部环境修正值 K_{3A} 不应超过 2.5 dB。

注：若超过 2.5 dB 的限值，则会降低结果的准确度。

6 测试量

在被测锻压机械规定运行时段或运行周期中，每个规定位置上基本测试量为 A 计权声压级 L'_{pA}。

7 待定量

待定量为指定位置和操作位置的发射声压级 L_{pA}。为得到 L_{pA}需对基本测量量 L'_{pA}进行背景噪声修正和局部环境修正。

8 被测锻压机械的安装和运行

8.1 概述

本章规定了有关安装和运行条件。对于被测的锻压机械，如果有噪声测试规程的，则应遵照其有关规定。锻压机械的噪声测试规程应该详细介绍其安装、放置和运行条件。

对于大型设备，应确定机器的部件、组件、辅助设备、动力源等的安装和运行。

8.2 被测锻压机械的位置

被测锻压机械应按正常使用状况，安装在一个反射面上，并应该远离任何墙壁、天花板或其他反射面。

8.3 测量时锻压机械的安装

许多情况下，被测锻压机械指定位置的噪声发射与安装条件有关。当锻压机械具备规定安装条件时，应尽可能使用该条件。

若不具备规定安装条件或这些条件不能用于测试时，应避免因测试使用的安装而引起的机器辐射噪声的变化，并采取措施设法减少设备安装产生的辐射噪声。

8.3.1 在测量时被测锻压机械的安装和固定状态一般应与产品说明书的规定一致，且距离墙壁的距离不得小于 2 m。

8.3.2 在测量时所有随机供应的安全装置，消声、隔声装置等应安装在锻压机械上。

8.3.3 被测锻压机械工作需要但又不是声源组成部分的所有辅助设备应位于测试环境之外。否则，辅助设备应当包括在基准体内，其工作条件在测试报告中加以表达。

8.4 试验期间锻压机械的运行

8.4.1 在测量时被测锻压机械的辅助装置应与主机一起动作。

8.4.2 在测量时锻压机械应是空载连续运转（带动工作机构运转）或单次行程。

8.4.3 行程可调，速度可调的锻压机械，应在最大行程，最大速度时进行测量。

8.4.4 被测的锻压机械有噪声测试规程的按测试规程测量。

9 测量

9.1 稳态噪声

当被测锻压机械在规定的动作规范时是辐射的“稳态噪声”[即在观测时间使用声级计的频率计权“A”，时间计权特性“慢”测量时其示值波动小于±3 dB(A)的噪声]时，观测时间不得小于 15 s，读数是取在观测时间内声级计的最大和最小示值的平均值计。

9.2 非稳态噪声

当被测锻压机械在规定的动作规范时是辐射的“非稳态噪声”(即在观测时间内声压级有显著变化的噪声，也即在使用声级计的频率计权“A”，“慢”时间计权特性测量时其示值波动大于±3 dB 的噪声)时，用积分声级计进行测量。对周期性变化的非稳态噪声也可用声级计的“慢”时间计权特性测量，将一个周期内声压级及持续时间记录下来计算一个周期的平均值。

9.3 脉冲噪声

当被测锻压机械在规定的动作规范时是发射的“脉冲噪声”[即在少于1 s的时间间隔内有一个或几个突发声组成的噪声，也即在同一测点用声级计的频率计权“A”，时间计权特性“脉冲”、“慢”测量时的读数平均值 L_{PAIm}、L_{PASm} 之差大于、等于5 dB(A)的噪声]。用声级计的“脉冲保持”时间计权特性测量。测试时间应至少包括10次脉冲，取最大值，另有规定的除外。

10 传声器位置

10.1 概述

锻压机械噪声声压级是测量在规定位置和操作位置的A计权声压级。

10.2 在规定位置的声压级

用尽可能小的且终止在反射面(地面)上的矩形平行六面体包络锻压机械(基准体)，用声级计的传声器在距基准体1 m处，地面上方高度1.55 m±0.075 m的水平轨迹上移动测量，找出最高A计权声压级点，在该点测到的A计权声压级按式(2)修正背景噪声，环境反射的影响后得到的A计权声压级，即为评价在规定位置的噪声A计权声压级。

$$L_{pA}=L'_{pA}-K_{1A}-K_{3A} \qquad \cdots\cdots(2)$$

式中：

L_{pA}——锻压机械的噪声A计权声压级，单位为分贝(A)[dB(A)]；

L'_{pA}——声级计的传声器测得的A计权声压级，单位为分贝(A)[dB(A)]；

K_{1A}——背景噪声修正值，单位为分贝(A)[dB(A)][由式(1)给出]；

K_{3A}——局部环境修正值，单位为分贝(A)[dB(A)](按附录A确定)。

10.3 操作位置的声压级

10.3.1 站立操作者

测量时传声器位置为操作者通常站立的地面上方高度范围1.55 m±0.075 m、距操作者左右耳0.1 m的两个位置分别测量A计权声压级，其声级最高点为评价点。多人操作时在每个操作者处分别测量。

10.3.2 坐位操作者

声级计传声器位置在操作者就坐的座位平面中心上方0.8 m±0.05 m、距操作者左右耳0.1 m的两个位置分别测量A计权声压级，其声级最高点为评价点。多人操作时在每个操作者处分别测量。

10.3.3 将在各评价点测得的A计权声压级按式(2)修正背景噪声、环境反射的影响后得到的A计权声压级，即为被测锻压机械在相应的操作位置的噪声A计权声压级。

10.4 在用声级计的频率计权“A”，“脉冲保持”时间计权特性测量脉冲噪声时，环境反射的影响为零(即 $K_{3A}=0$)。

11 记录内容

最后的计算数据修约为整数，并应整理并记录如下内容。

11.1 被测机器

被测机器的介绍，包括：

——型号；

——技术数据；

——尺寸；

——制造厂；

——机器序号；

——生产日期。

11.2 测试条件

a) 准确、定量表述运行条件和相关运行时段和运行周期；

b) 安装条件；

c) 测试环境中的机器位置。

11.3 声学环境

测试环境表述：

a) 如果在室内测量，应附被测锻压机械位置和室内设施的简图；房间应符合 5.2 的声学条件；墙壁、天花板和地板按实际表述。

b) 如果在室外测量，表示被测机器位置与周围地形之间相对关系的简图，包括：

1) 测试环境的实际表述；

2) 空气温度(℃)、大气压力(Pa)和相对湿度(%)；

3) 风速(m/s)。

11.4 测量仪器

a) 测量所用仪器，包括名称、型号、序号和制造厂；

b) 检查校准测量系统所用方法、日期、地点和校准结果；

c) 传声器风罩的特性。

11.5 指定位置

精确、定量地表述并记录发射声压级的所有的测量位置。

11.6 声学数据

a) 所有测得的声压级数据；

b) 指定位置 A 计权发射声压级；

c) 每一指定位置上的 A 计权背景噪声级和背景噪声修正值 K_{1A}；

d) 测量地点、日期、测量人员。

12 报告内容

报告内容为第 11 章记录的数据。应说明报告所给出的指定位置发射声压级是否是在满足本标准要求的条件下测得的。指定位置发射声压级按最近的 0.5 dB 取值记录。

附　录　A
（规范性附录）
指定位置的环境修正——局部环境修正值 K_3 的确定

A.1　用计算法求环境修正值 K_3

根据本方法，指定位置上局部环境修正值 K_3(dB)由式(A.1)得出：

$$K_3 = 10\lg[1+4S/A] \qquad \text{(A.1)}$$

$$S = 2\pi a^2$$

$$A = \alpha S_V$$

式中：

A——试验室的等效吸声面积，单位为平方米(m^2)；

a——从指定位置至被测机器的最近的主要声源的距离，单位为米(m)。如主要声源不明确，a 应选取从指定位置至机器最近部分的距离。当操作者沿某一路径移动时，a 应该选取该路径任何部分至被测机器的最短距离。

α——估算的测试室平均吸声系数，见表 A.1；

S_V——测试间(墙壁、天花板和地板)的总面积，单位为平方米(m^2)。

表 A.1　平均吸声系数 α 的近似值

平均吸声系数 α	房屋的描述
0.05	用混凝土、砖、塑料或瓷砖砌的光滑的墙壁的空房
0.10	有光滑墙壁的局部空的房屋
0.15	安装有家具的房屋、矩形机加工车间、矩形工业厂房
0.20	安装有家具的不规则形状的房屋，形状不规则的机加工车间或工业厂房
0.25	在墙壁或天花板上装有部分吸声材料(例如局部吸声天花板)的安装有设备的房屋、机加工车间或工业厂房
0.35	在天花板和墙壁上装有吸声材料的房屋
0.50	在天花板和墙壁上装有大量吸声材料的房屋

若 K_3 的计算值超过 2.5 dB，则取 2.5 dB 作为计算得到的局部环境修正值。图 A.1 给出了局部环境修正值。

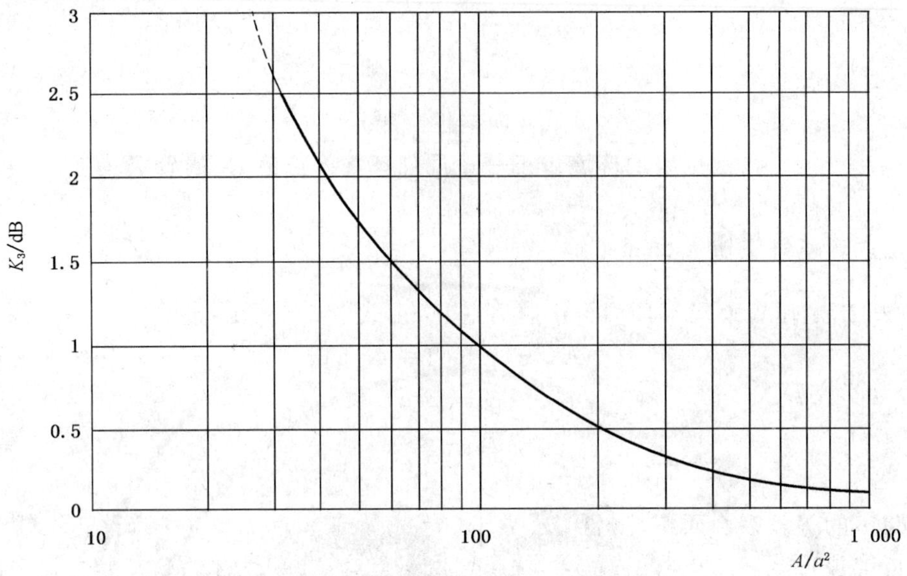

图 A.1 由 A/a^2 确定局部环境修正值 K_3

ICS 25.120.10
J 62

中华人民共和国国家标准

GB/T 23282—2009

锻压机械噪声声功率级测量方法

Metal forming machinery—Noise measurement method of sound power levels

(ISO 3746:1995,NEQ)

2009-03-16 发布　　　　2009-11-01 实施

中华人民共和国国家质量监督检验检疫总局
中国国家标准化管理委员会　发布

前　言

本标准与国际标准 ISO 3746:1995《声学　用声压法测定噪声源声功率级　反射面上方采用包络测量表面的简易法》的一致性程度为非等效。

本标准的附录 A、附录 B 是规范性附录。

本标准由中国机械工业联合会提出。

本标准由全国锻压机械标准化技术委员会归口。

本标准起草单位:太原科技大学、济南铸造锻压机械研究所、长治市科维锻压机械技术有限公司。

本标准的主要起草人:李永堂、曹建新、衣锐、李世平。

锻压机械噪声声功率级测量方法

1 范围

本标准规定了在包络锻压机械声源的测量表面上测量声压级以计算锻压机械噪声声功率级的方法。同时给出了声学环境、测量仪器及使用以及表面声压级及声功率级的计算方法。

本标准规定的方法只适用于在规定的动作规范时是“稳态”和“非稳态”的锻压机械噪声测量，而不适用于在规定的动作规范时是辐射“脉冲”噪声的锻压机械噪声测量。适用于具有一个反射面的符合规定要求的室内和室外环境。

注：噪声分类(稳态、非稳态、准稳态、脉冲等)见 GB/T 14259。

2 规范性引用文件

下列文件中的条款通过本标准的引用而成为本标准的条款。凡是注日期的引用文件，其随后所有的修改单(不包括勘误的内容)或修订版均不适用于本标准，然而，鼓励根据本标准达成协议的各方研究是否可使用这些文件的最新版本。凡是不注日期的引用文件，其最新版本适用于本标准。

GB/T 3102.7 声学的量和单位(GB/T 3102.7—1993,eqv ISO 31-7:1992)

GB/T 3785—1983 声级计的电、声性能及测试方法

GB/T 3947 声学名词术语

GB/T 14259 声学 关于空气噪声的测量及其对人影响的评价的标准的指南(GB/T 14259—1993,neq ISO 2204:1979)

GB/T 15173 声校准器(GB/T 15173—1994,eqv IEC 60942:1988)

GB/T 17181—1997 积分平均声级计(idt IEC 60804:1985)

3 术语和定义

GB/T 3947 和 GB/T 3102.7 确立的以及下列术语和定义适用于本标准。

3.1

表面声压级 surface sound pressure level

$\overline{L}_p$

测量表面所有传声器位置上时间平均声压级的能量平均加上背景噪声修正 K_1 和环境修正 K_2，单位为 dB。

3.2

测量表面 measurement surface

包络声源，面积为 S，测点位于其上的一个假想几何表面。测量表面终止于一个或多个反射面上。

3.3

测试的频率范围 frequency range of interest

一般来说，测试的频率范围包括中心频率 125 Hz～8 000 Hz 的倍频程带。

3.4

基准体 reference box

恰好包络声源且终止于一个或多个反射面上的最小矩形平行六面体假想表面。

3.5

测量距离 measurement distance

d

基准体与箱形测量表面之间的垂直距离。

3.6

背景噪声　background noise

来自被测声源以外所有的其他声源的噪声。

3.7

背景噪声修正　background noise correction

K_1

由背景对表面声压级的影响而引入的一个修正项,单位为 dB。K_1 与频率有关,在 A 计权情况下用 K_{1A}表示。

3.8

环境修正　environmental correction

K_2

由声反射或声吸收对表面声压级的影响而引入的一个修正项,单位为 dB。K_2 与频率有关,在 A 计权情况下用 K_{2A}表示。

4　声学环境

4.1　总则

测试环境应符合 4.2 要求的房间和室外空间,背景噪声应符合 4.3 的要求。

4.2　测试环境要求

环境修正值 K_{2A}应小于或等于 7 dB,附录 A 给出了环境修正值 K_{2A}的测定方法。

4.3　在传声器位置上平均后的背景噪声 A 计权声压级应当至少比被测声压级低 3 dB

4.4　测试环境条件

4.4.1　室内试验环境

4.4.1.1　试验房屋的等效吸声面积 A 与测量面面积 S 之比应当大于或等于 1,即 $A/S \geqslant 1$。($A/S=1$ 时环境修正值 $K_2=7$ dB)。

4.4.1.2　干扰声场的物体应尽可能远离被测锻压机械,至少要在测量面之外。

4.4.1.3　反射面(地面)应大于测量面在反射面(地面)上的投影。

4.4.1.4　安装机器的地面最好是混凝土或沥青浇灌的地面。

4.4.2　室外试验环境

4.4.2.1　室外测量应在空旷、平坦的硬实地面上进行,而不能在砂地、雪地或草地上进行。

4.4.2.2　测量时风速应小于 6 m/s,当风速大于 1 m/s 时在传声器上应加防风罩。

4.4.2.3　测量不得在雨、雪等恶劣气候条件下进行。

5　测量仪器及使用

5.1　总则

测量时应使用符合 GB 3785—1983 规定的 1 型声级计(示值精度±0.7 dB)和 GB/T 17181—1997 规定的 1 型积分声级计。

5.2　校准

每次测量前后,应采用 GB/T 15173 规定的 1 级精度 (精度优于±0.3 dB)的声校准器在测试频率范围内的一个或多个频率上对整个测量系统进行校准。

每年按照 GB/T 15173 要求对声校准器检验一次。每两年应按照 GB/T 3785—1983 要求,对仪器系统至少校验一次。校验日期应作记录。

5.3 传声器

在室外测量时，应使用传声器风罩。

5.4 测量仪器的使用

5.4.1 当被测锻压机械在规定的动作规范时是辐射的“稳态噪声”[即在观测时间使用声级计的频率计权“A”,“慢”时间计权特性测量时其示值波动小于±3 dB(A)的噪声]时，观测时间不得小于15 s，读数是取在观测时间内声级计的最大和最小示值的中间值。

5.4.2 当被测锻压机械在规定的动作规范时是辐射的“非稳态噪声”(即在观测时间内声压级有显著变化的噪声，也即在使用声级计的频率计权“A”,“慢”时间计权特性测量时其示值波动大于±3 dB的噪声)时，用积分声级计进行测量，对周期性变化的非稳态噪声也可用声级计的“慢”时间计权特性测量，将一个周期内声压级及持续时间记录下来计算一个周期的平均值。

6 被测锻压机械的安装和运行

6.1 概述

本章规定了有关被测锻压机械的安装和运行条件。对于被测的锻压机械，如果有噪声测试规程的，则应遵照其有关规定。测定发射声压级和声功率级，应该采用相同的安装和运行条件。锻压机械的噪声测试规程应该详细介绍其安装、放置和运行条件。

对于大型设备，必须确定机器的部件、组件、辅助设备、动力源等的安装和运行。

6.2 被测锻压机械的位置

被测锻压机械应按正常使用状况，安装在一个反射面上，并应该远离任何墙壁、天花板或其他反射面。

6.3 测量时锻压机械的安装

许多情况下，被测锻压机械指定位置的噪声发射与该机械的安装条件有关。当锻压机械具备规定的安装条件时，应尽可能使用和模拟该条件。

若不具备规定的安装条件或这些条件不能用于测试时，应避免因测试使用的系统而引起的机器辐射噪声的变化，并采取措施设法减少设备安装结构的辐射噪声。

6.3.1 在测量时被测锻压机械的安装和固定状态一般应与产品说明书的规定一致，且距离墙壁的距离不得小于2 m。

6.3.2 在测量时所有随机供应的安全装置、消声、隔声装置等应安装在锻压机械上。

6.3.3 被测锻压机械工作需要但又不是声源组成部分的辅助设备应位于测试环境之外。否则，辅助设备应当包括在基准体内，其工作条件在测试报告中注明。

6.4 试验期间锻压机械的运行

6.4.1 在测量时被测锻压机械的辅助装置应与主机一起动作。

6.4.2 在测量时锻压机械应是空载连续运转(带动工作机构运转)或单次行程。

6.4.3 行程可调、速度可调的锻压机械，应在最大行程、最大速度时进行测量。

7 声压级的测量

7.1 基准体的确定

设定基准体时，用尽可能小的且终止在反射面(地面)上的矩形平行六面体包络锻压机械，不显著辐射声能的突出部分(如手柄、手轮、轴伸等)可不包络在内，但为了安全起见，运动部件的运动轨迹应包括进去。

7.2 测量面

采用矩形平行六面体测量面，矩形平行六面体各平面平行于基准体的相应的平面。测量表面面积

S 由式(1)给出：

$$S = 4(ab + ac + bc) \quad \cdots\cdots(1)$$

式中：

$a=0.5l_1+d$；

$b=0.5l_2+d$；

$c=l_3+d$；

l_1、l_1、l_3——分别是基准体的长、宽、高；

d——测量距离。

7.3 测量距离 *d*

测量距离 d(测量面与基准面之间的距离)为 1 m。

7.4 测量表面上传声器位置的布置

测量表面上传声器位置的布置如附录 B 图 B.1～图 B.6 所示。

如果基本传声器位置上测得的声压级数值的范围(最高和最低声压级的 dB 差)超过测点数目的 2 倍，则应在平行六面体测量表面上附加传声器位置。增加测点数目的方法如附录 B 图 B.1 所示，通过增加等尺寸的矩形单元面积的数目来实现。

7.5 测量方法

在锻压机械工作的典型周期上观察 A 计权声压级，并读取每个传声器位置上的 A 计权声压级。

测定以下量：

a) 被测锻压机械工作期间的 A 计权声压级 L'_{pA}。

b) 背景噪声的 A 计权声压级 L''_{pA}。

c) 观察周期应至少 30 s。噪声测试规范中另有说明的除外。

8 A 计权表面声压级和 A 计权声功率级的计算

8.1 测量表面平均 A 计权声压级的计算

测量表面平均 A 计权声压级和测量表面平均背景噪声 A 计权声压级用式(2)和式(3)计算：

$$\overline{L'_{pA}} = 10\ \lg\left[\frac{1}{N}\sum_{i=1}^{N}10^{0.1L'_{pAi}}\right] \quad \cdots\cdots(2)$$

$$\overline{L''_{pA}} = 10\ \lg\left[\frac{1}{N}\sum_{i=1}^{N}10^{0.1L''_{pAi}}\right] \quad \cdots\cdots(3)$$

式中：

$\overline{L'_{pA}}$——被测锻压机械工作期间的测量表面平均 A 计权声压级，单位为分贝(dB)；

$\overline{L''_{pA}}$——测量表面平均背景噪声 A 计权声压级，单位为分贝(dB)；

$\overline{L'_{pAi}}$——在第 i 个传声器位置上测得的 A 计权声压级，单位为分贝(dB)；

$\overline{L''_{pAi}}$——在第 i 个传声器位置上测得的背景噪声 A 计权声压级，单位为分贝(dB)；

N——传声器位置数目。

注：式(2)和式(3)的平均方法基于测量表面上传声器位置均匀分布这一前提。

8.2 背景噪声修正

修正值 K_{1A}用式(4)计算：

$$K_{1A} = -10\ \lg(1-10^{-0.1\Delta L}) \quad \cdots\cdots(4)$$

式中：

$\Delta L_A=\overline{L'_{pA}}-\overline{L''_{pA}}$。

若 $\Delta L_A>10$，不需要修正；若 $\Delta L_A<3$，则测量无效。

当 ΔL_A 在 3 dB 与 10 dB 之间，应根据公式(4)加以修正。

8.3 测试环境修正

环境修正 K_{2A} 按附录 A 给出的方法之一测定。当 $K_{2A} \leqslant 7$ dB 时，则按本标准所做的测量有效。

8.4 A 计权表面声压级的计算

表面声压级 $\overline{L}_{pA}$ 按式(5)计算：

$$\overline{L}_{pA} = \overline{L}'_{pA} - K_{1A} - K_{2A} \qquad \cdots\cdots(5)$$

8.5 声功率级的计算

声功率级 L_{WA} 按式(6)计算：

$$L_{WA} = \overline{L}_{pA} + 10\lg\left[\frac{S}{S_0}\right] \qquad \cdots\cdots(6)$$

式中：

S——测量表面的面积，单位为平方米(m^2)；

S_0——1 m^2。

9 记录内容

9.1 被测锻压机械

被测机器的说明，包括：

——型号；

——技术数据；

——尺寸；

——制造厂；

——机器序号；

——生产日期。

9.2 测试条件

a) 工作条件；

b) 安装条件；

c) 声源在测试环境中的位置。

9.3 声学环境

a) 如果在室内测量，应附被测锻压机械位置和室内设施的简图；房间应符合 4.2 的声学条件；墙壁、天花板和地板按实际表述；

b) 如果在室外测量，表示被测机器位置与周围地形之间相对关系的简图，包括测试环境的物理特性表述。

9.4 测量仪器

a) 测量所用仪器，包括名称、型号、序号和制造厂；

b) 检查和校准传声器及其他系统部件所用的方法、日期、地点和校准结果；

c) 风罩的特性(如果使用)。

9.5 声学数据

a) A 计权声功率级；

b) 被测表面的形状，测量距离，传声器位置；

c) 测量表面的面积 S；

d) A 计权表面声压级的背景噪声修正 K_{1A}；

e) 环境修正 K_{2A} 及其测量方法，该方法应为附录 A 给出的方法之一；

f) 每个测点 i 上的 A 计权声压级 L'_{pAi}；

g) A 计权表面声压级 $\overline{L}_{pA}$；

h) 完成测量的时间、地点、测试责任人员姓名。

10 报告内容

报告内容为第 9 章记录的内容。被测声源的 A 计权声功率级应按整数分贝报告。

附 录 A
（规范性附录）
声学环境鉴定方法

A.1 总则

如果能满足本附录规定的要求，则为合适的测试环境。

A.2 环境条件

A.2.1 反射平面的类型

室外是混凝土或沥青浇灌的地面，室内一般是地板或混凝土。

A.2.1.1 反射面应大于测量表面在其上的投影。

A.2.1.2 反射平面的吸声系数应小于0.1。室外测量，混凝土或沥青等满足要求；室内测量允许使用地板或混凝土。

A.3 测试场所的鉴定方法

A.3.1 使用标准声源的鉴定方法

A.3.1.1 能从实验位置移离的锻压机械

环境修正值 K_{2A} 可根据标准声源测得的声功率级得到，将被测锻压机械移离试验位置，将标准噪声源放在原反射面（地面）上，标准噪声源的中心线与基准体的中心线重合。使用相同的测量面并按本标准所规定的程序测量标准噪声源的A计权声功率级（不进行环境修正，即视 K_{2A} 值为零），然后按式（A.1）计算环境修正值 K_{2A}。

$$K_{2A} = L_{WA} - L_{WAr} \qquad \cdots\cdots (A.1)$$

式中：

K_{2A}——环境修正值，单位为分贝(A)[dB(A)]；

L_{WA}——按本标准规定的程序测得的标准噪声源的A计权声功率级（不进行环境修正，即视 K_{2A} 值为零），单位为分贝(A)[dB(A)]；

L_{WAr}——标定的标准噪声源的A计权声功率级，单位为分贝(A)[dB(A)]。

A.3.1.2 不能从实验位置移离的锻压机械

若被测锻压机械不能从实验位置移离，则将标准噪声源置于被测锻压机械附近（环境相似），使用相同的测量面，按本标准所规定的程序测量标准噪声源的A计权声功率级（不进行环境修正，即视 K_{2A} 值为零）。然后按式（A.1）计算环境修正值 K_{2A}。

A.3.2 其他方法

用计算法求环境修正值 K_{2A}。

A.3.2.1 环境修正值 K_{2A} 由式（A.2）计算：

$$K_{2A} = 10\lg[1 + 4S/A] \qquad \cdots\cdots (A.2)$$

式中：

K_{2A}——环境修正值，单位为分贝(A)[dB(A)]；

A——实验房屋的等效吸收面积，单位为平方米(m^2)；

$A = S_V \cdot \alpha$

S_V——实验房屋的表面总面积（包括墙壁、地板、天花板），单位为平方米(m^2)；

α——平均吸收系数的近似值（由表A.1查得）；

S——测量面面积，单位为平方米（m^2）。

表 A.1　平均吸声系数 α 的近似值

平均吸声系数 α	房屋的描述
0.05	用混凝土、砖、塑料或瓷砖砌的光滑的墙壁的空房
0.10	有光滑墙壁的局部空的房屋
0.15	安装有家具的房屋、矩形机加工车间、矩形工业厂房
0.20	安装有家具的不规则形状的房屋，形状不规则的机加工车间或工业厂房
0.25	在墙壁或天花板上装有部分吸声材料（例如局部吸声天花板）的安装有设备的房屋、机加工车间或工业厂房
0.35	在天花板和墙壁上装有吸声材料的房屋
0.50	在天花板和墙壁上装有大量吸声材料的房屋

A.3.2.2　当计算出 A、S 值后，亦可根据 A/S 值由图 A.1 查得相应的环境修正值 K_{2A}。

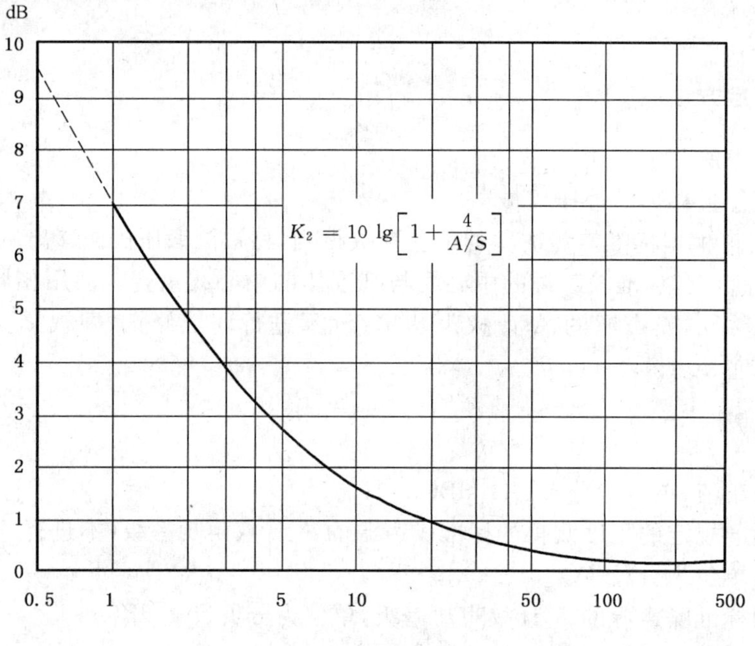

图 A.1　环境修正值 K_2

A.3.3　在室外测量时，不进行环境修正（即视 $K_{2A}=0$）。

附　录　B
（规范性附录）
平行六面体测量表面上的传声器列阵

将测量表面的每一个面细分为尽可能小的等尺寸矩形单元面积，单元面积的最大边长 $3d$（见图 B.1）。传声器位置位于每个单元面积的中心。图 B.2～图 B.6 中的传声器位置用这种方法得到。

注：顶部的位置可用测量表面角上的位置代替，也可省略，这应在相应的噪声测试规范中加以说明。

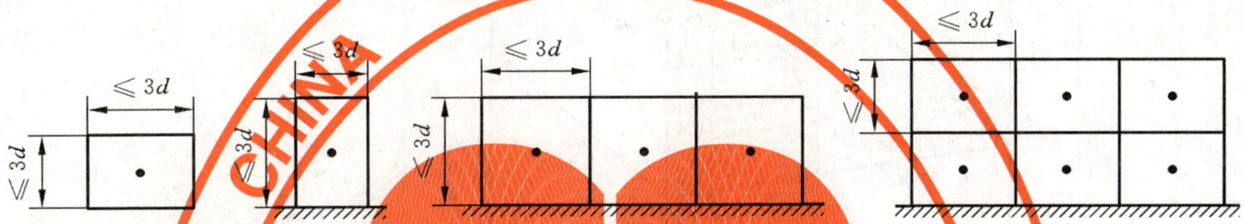

图 B.1　测量表面的边长超过 $3d$ 时，规定的传声器位置定位方法

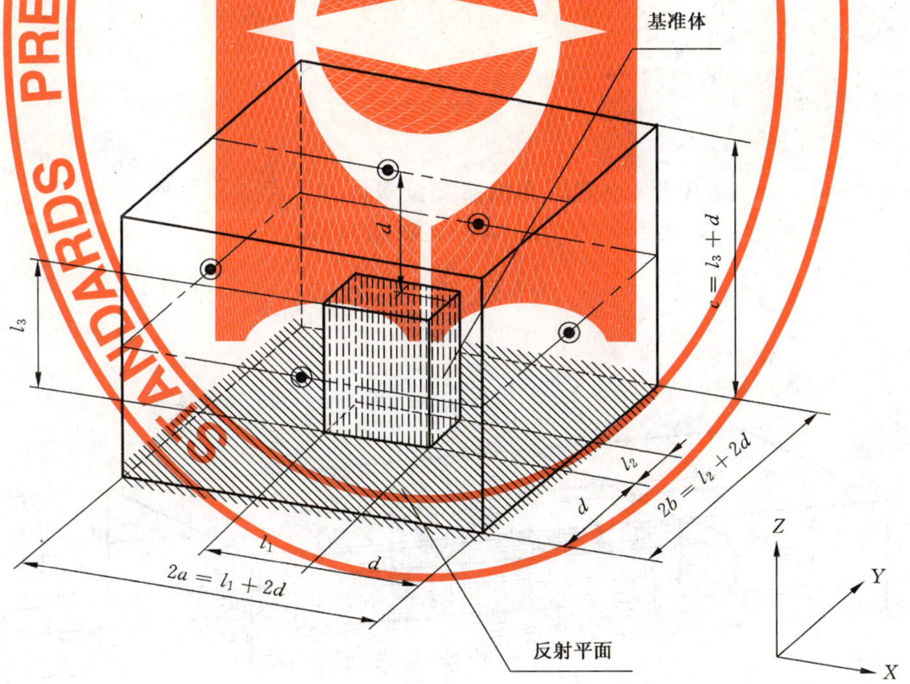

图 B.2　小型机械测量表面和测点位置示例

($l_1 \leqslant d, l_2 \leqslant d, l_3 \leqslant 2d$)

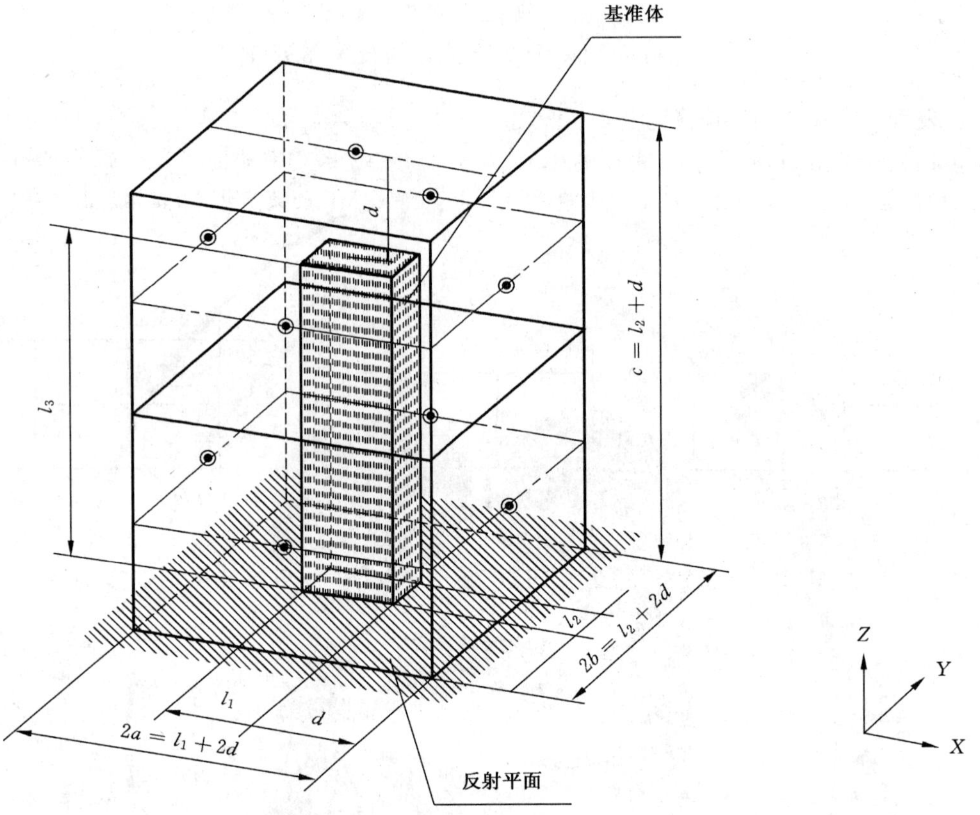

图 B.3 小底座高机器测量表面和测点位置示例
($l_1 \leqslant d, l_2 \leqslant d, 2d < l_3 \leqslant 5d$)

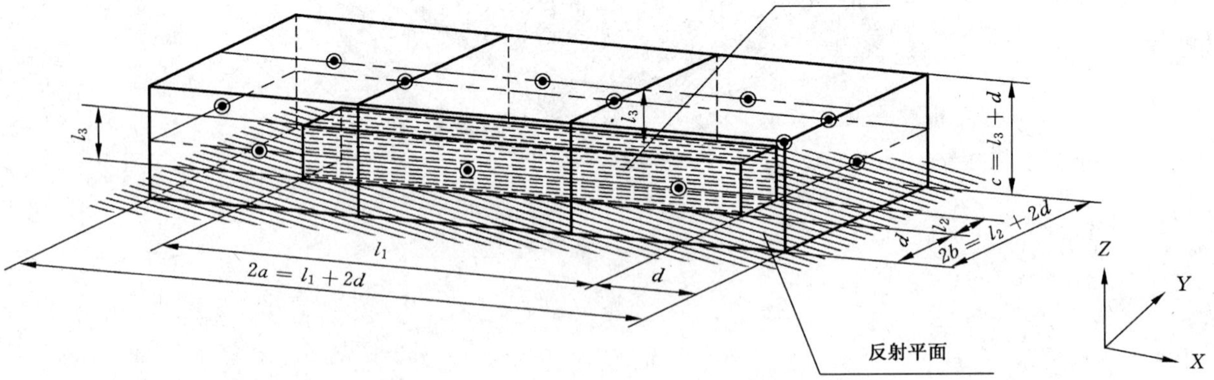

图 B.4 长型机器测量表面和测点位置示例
($4d < l \leqslant 7d, l_2 \leqslant d, l_3 \leqslant 2d$)

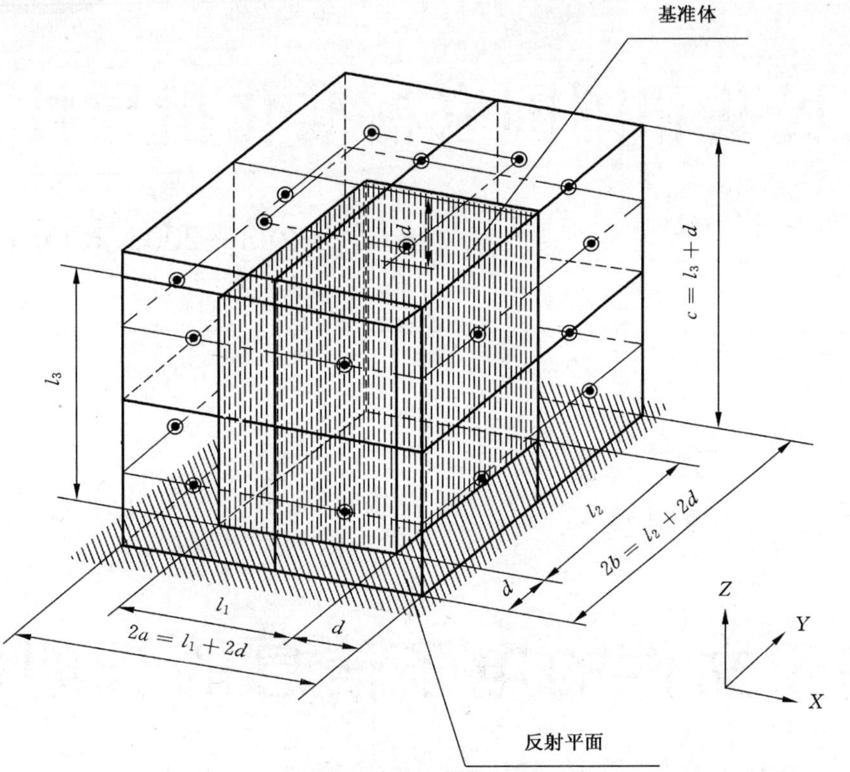

图 B.5　中型机器测量表面和测点位置示例

($d < l_1 \leqslant 4d, d < l_2 \leqslant 4d, 2d < l_3 \leqslant 5d$)

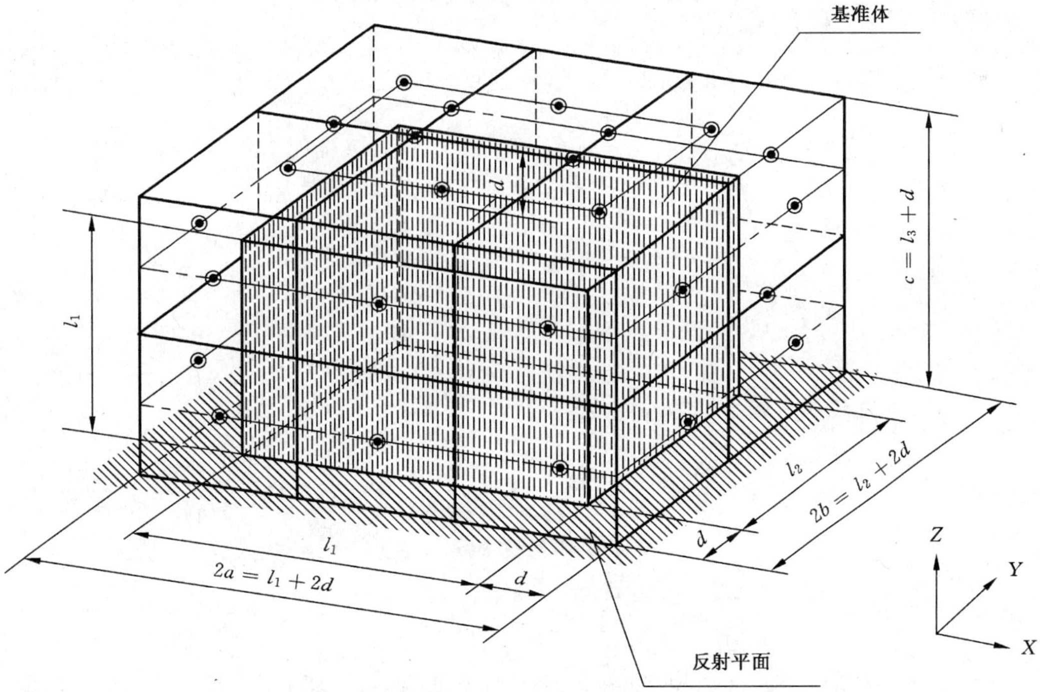

图 B.6 大型机器测量表面和测点位置示例

($4d < l_1 \leqslant 7d, d < l_2 \leqslant 4d, 2d < l_3 \leqslant 5d$)

ICS 37.080
A 14

中华人民共和国国家标准化指导性技术文件

GB/Z 23283—2009/ISO/TR 18492:2005

基于文件的电子信息的长期保存

Long-term preservation of electronic document-based information

(ISO/TR 18492:2005,IDT)

2009-03-13 发布

中华人民共和国国家质量监督检验检疫总局
中国国家标准化管理委员会 发布

前　言

本指导性技术文件等同采用ISO/TR 18492—2005《基于文件的电子信息的长期保存》(英文版)。

本指导性技术文件与技术报告ISO/TR 18492—2005在内容上相同,但做了以下编辑性修改:

——删除ISO/TR 18492—2005的前言,编写本指导性技术文件的前言;

——删除ISO/TR 18492—2005的目录;

——在术语和定义增加GB/T 20225—2006;

——改正了附录A.3中出版物序号的错误。

本指导性技术文件的附录A为资料性附录。

本指导性技术文件由全国文献影像技术标准化技术委员会(SAC/TC 86)提出并归口。

本指导性技术文件由全国文献影像技术标准化技术委员会七分会负责起草。

本指导性技术文件主要起草人:张美芳、孙静荣、李婧、姜志伟。

引　言

确保真实基于文件的电子信息的长期保存在档案学、文件管理、电子商务、电子政务和技术开发等许多领域都是突出的问题。为解决这一问题，长期保存基于文件的电子信息的个人和机构已采取多种方法和措施。

显然我们需要解决真实的基于文件的电子信息的长期存储问题，但在解决这些问题上，目前还缺乏一个统一的国际标准，这就导致所采用的方法不一致甚至不兼容，有可能直接影响基于文件的电子信息的可用性和真实性。基于计算机硬件和软件的普遍存在的技术过时现象和数字存储介质的有限寿命等，这份指导性技术文件为保存机构利用和保存基于文件的电子信息提供指导性建议。

本指导性技术文件为基于文件的电子信息长期保存策略的制定和最佳实践提供了清晰的框架。使它能广泛地宜用于公共部门和个人，以确保基于文件的电子信息的长期可用性和真实性。

基于文件的电子信息的长期保存

1 范围

当基于文件的电子信息的保存期超过产生和维护信息所使用的技术(硬件和软件)的预期寿命时，为长期保存和检索真实的基于文件的电子信息，本指导性技术文件提供了实用的、方法性的指南。

本指导性技术文件考虑了中立的信息技术标准在信息长期利用中的作用。

本指导性技术文件同样认为，为确保基于文件的电子信息的长期保存和检索，需要信息技术专家、文件管理者和档案工作者的共同努力。

本指导性技术文件没有涵盖真实的基于文件的电子信息的产生、获取和分类的全过程。

本指导性技术文件适用于由信息系统产生的作为业务活动凭证的所有形式的信息。

注：基于文件的电子信息构成了日常业务活动或事件的"业务记忆"，使得机构日后可以回顾、分析或证明这些活动和事件。基于文件的电子信息是业务活动的凭证，可以帮助机构现在或将来做出管理决策，满足用户的需求和应对不利的诉讼，为此，基于文件的电子信息宜被适当地保留和保存。

2 规范性引用文件

下列文件中的条款通过本指导性技术文件的引用而成为本指导性技术文件的条款。凡是注日期的引用文件，其随后所有的修改单(不包括勘误的内容)或修订版均不适用于本指导性技术文件。凡是不注明日期的引用文件，其最新版本(包括修订本)适用于本指导性技术文件。

GB/T 20225—2006　电子成像　词汇(ISO 12651:1999,IDT)

ISO 15489-1　信息与文件　文件管理　第1部分:概论

ISO/TR 15489-2　信息与文件　文件管理　第2部分:指南

ISO/TS 23081-1　信息与文件　文件管理过程　文件的元数据　第1部分:原则

3 术语和定义

GB/T 20225—2006、ISO 15489-1 和 ISO/TR 15489-2 确立的以及下列术语与定义适用于本指导性技术文件。

3.1

真实的基于文件的电子信息　authentic electronic document-based information

准确性、可靠性和完整性得以长期保持的基于文件的电子信息。

3.2

基于文件的信息　document-based information

能作为一个整体来处理的独立存在的信息(例如一个影像、主题、电子表格、数据库视图等)。

注：基于文件的信息包括，但不必局限于文本、影像、表格数据(如电子表格)或者其组合。

3.3

基于文件的信息内容　document-based information content

包含于基于文件的信息中的实质内容。

3.4

基于文件的信息背景　document-based information context

有关电子文件的产生、控制、使用、存储和管理的信息，以及与其相似材料的有关信息。

3.5

基于文件的信息结构　document-based information structure

基于文件的信息的逻辑属性和物理属性。

注：逻辑属性包括逻辑顺序，如可区分子部分的层次结构，而物理属性包括各种要素，如字体、间距。

3.6

电子存档　electronic archiving

以一个独立的物理或逻辑空间存储电子信息，以免丢失、更改或破坏。

注：如果以这种方式保护信息，也许将来会被当作可靠的凭证。

3.7

长期保存　long-term preservation

基于文件的电子信息保持可用性和真实性的期限。

注：这个时间可能是几年至几百年，主要取决于机构的需要与要求。对于一些机构，保存时间由管理者的需要、法定需要和业务需要而决定。对于档案馆这样保存公共文件的机构，保存基于文件的电子信息的期限通常为几百年。

3.8

元数据　metadata

描述基于文件的电子信息内容(包括检索的索引术语)、背景和基于文件的电子信息结构以及长期管理的数据。

3.9

迁移　migration

几乎不改变基于文件的电子信息的结构、内容和背景，将信息从一种硬件或软件环境或存储介质转移到另一种环境或存储介质的过程。

3.10

保存机构　storage repository

承担真实基于文件的电子信息存储与保存任务的保存机构或实体。

注：这种定义不同于“保存机构”的技术定义。

3.11

技术过时　technological obsolescence

在业内，由于技术的发展和进步而采取的对已有技术方法的取代。

4　代号与缩略语

ASCII	美国信息交换标准代码
CRC	循环冗余码校验
HTML	超文本链接标识语言
JPEG	联合图像专家组(一种压缩标准)
OCR	光学字符识别
PDF/A-1	可移植的文档格式
SHA-1	标准散列算法
TIFF	标记图像格式
WORM	一次写入多次读取
XML	扩展标识语言

5 长期保存

5.1 概述

随着计算机信息的产生、利用、存储和保存技术的日益发展，私人和公共部门越来越依赖基于文件的电子信息作为其业务活动的正式凭证。保存机构面临着如何确保真实的基于文件的电子信息长期保存的挑战。信息产生于安全可靠的信息系统，存储于电子介质中，二者可能面临技术过时的风险，如果因技术过时而遗留没有纠正的错误，将会导致基于文件的电子信息无法恢复。各个机构的活动和业务逐渐在无纸化的环境中进行，这一现实加深了"确保真实基于文件的电子信息长期利用"的重要性。

因此，制定和应用长期保存及检索真实基于文件的电子信息的明确策略是非常必要的。5.2 条款涉及到策略的内容。

5.2 长期保存策略的目标

5.2.1 概述

本条款明确了保存机构制定保存策略时宜考虑的六项关键要素。

5.2.2 可读的基于文件的电子信息

长期保存策略宜确保基于文件的电子信息在未来可读。为了实现此目标，构成基于文件的电子信息的比特流在以下任何过程可在计算机系统或设备上利用：

——文件生成时；

——当前存储时；

——当前利用时；

——将来被用来存储电子信息。

这四个过程中都有可能使存储于介质中的基于文件的电子信息变得不可读。这主要由两种原因造成。

一是不适宜的保存环境。目前用来存储基于文件的电子信息的所有介质普遍容易受到不适环境的侵害，如温度、湿度的波动。这些不利条件会毁坏介质或加速其老化过程。不同类型的数字存储介质需要不同的保存环境以确保其最大寿命。一些存储介质在磁场干扰、灰尘和环境污染物的作用下容易产生信息损坏（磁性存储介质），而其他不易受到外界因素影响的介质（光学存储介质），只要稍加控制存储环境，介质就不易受损。不管使用何种存储介质，关键是要意识到不利的环境会引起各种形式的存储介质的损毁或老化。

二是介质过时。介质过时也会导致信息无法读取。存储介质（如磁带或光盘）与使用的计算机硬件（如磁带或光盘设备）存在物理上不兼容，导致信息无法读取。由于信息技术的不断发展，介质今后过时是不可避免的，因为储存技术的进步会继续导致基于文件的电子信息物理存储方式的改变（如记录技术、磁盘驱动硬件/软件接口的改变），存储介质形式和表现记录信息的比特流是一种物理形式（如纠错码）。因此，随着时间的推移，存储介质将会与以后使用的介质不兼容。

因介质过时，长期保存策略宜特别重视将基于文件的电子信息定期从旧的介质转移到新的介质上。

注：数据的可读性与数据的格式同样重要。宜考虑确保数据格式（技术中立格式）将来能被用户处理。

5.2.3 可理解的基于文件的电子信息

长期保存策略宜提供可理解的基于文件的电子信息。如果计算机能够描述如何解释比特流，数字信息才能被计算机理解。因此，基于文件的电子信息的可理解性是关于比特流实际代表信息的功能和根据这种信息采取适当措施的能力。

示例：构成数字标记图像格式的二进制代码本身不具有可理解性。然而，影像文件的页眉，通过使用字节顺序和压缩法能使计算机（通过操作系统和影像软件的结合）显示和打印影像。同样，文字处理文件携带元数据，使得文字处理软件易于理解其内容。

5.2.4 可识别的基于文件的电子信息

长期保存策略宜提供可识别的基于文件的电子信息。宜按特定方式组织、分类和描述可识别的基于文件的电子信息，使用户和信息系统能够依据名字或ID号码等唯一属性区分信息对象。按照共享的属性把基于文件的电子信息归于各种类别以便查询和检索。无法提供这样的识别方式会严重限制查询和检索。

5.2.5 可检索的基于文件的电子信息

长期保存策略宜提供可检索的基于文件的电子信息，意味着能检索和显示离散的信息对象(或一部分)。可检索性通常依赖于软件，它需要特定的键值或指针将信息对象的逻辑结构(如数据域或字符串)与物理存储位置连接起来。

一般来说，在数据库记录、文件系统目录结构、文件分配表、文件头或标签中有这种链接。它包括以下信息：一个对象开始的位置信息、每个要素或数据要素的字节数目和它们在存储介质上物理位置等。

基于文件的电子信息的逻辑结构是一个操作系统功能或结合特殊的应用系统的设备驱动器，这个应用系统可用于存储、管理和利用数字信息。因此，信息对象的可检索性不可避免地与设备驱动器、应用软件、文件系统或操作系统联系起来。

与旧文件格式兼容的新一代文件格式有助于确保基于文件的电子信息的可检索性。然而，向后的兼容性可能会受到限制，因为许多软件开发商只支持特定的文件格式，而其他软件开发商支持所有版本的不同数据格式。例如超文本链接标示语言、静态图像压缩标准、标记图像格式都具有向后兼容性。

5.2.6 可理解的基于文件的电子信息

长期保存策略宜保证基于文件的电子信息可以理解。可理解的基于文件的电子信息宜把信息传递给计算机和人类。然而，分散的基于文件的电子信息不仅由内容决定的，而且由产生和使用的背景获得的(如元数据)。因此，保存机构宜意识到确保基于文件的电子信息的可理解性与确保纸质文件的可理解性有很大不同。纸质文件物理特性很典型地表达出它们产生和使用的背景，而产生和使用基于文件的电子信息的背景通常存在逻辑上的联系而不是物理上的。

示例：关于一个特定活动的纸质文件也许被装订在一起或放置在一个文件夹里。而一个类似活动的基于文件的电子信息也许存在于不同位置的不同介质中，因此，宜通过电子形式联系在一起。这些逻辑上的联系可以包括有关业务处理过程及参与者的证明。

产生和使用基于文件的电子信息的背景也包含以各种方式获得的基于文件的电子信息之间的关系，包括在文档描述中有关用其他材料处理同样问题的参考代码，或连接每一份与相似处理有关的基于文件的电子信息的分类代码。

无论保存的时间长短，基于文件的电子信息的成功检索部分取决于这些逻辑关系的保存。

5.2.7 真实的基于文件的电子信息

5.2.7.1 概述

长期保存策略的关键目标是确保真实的基于文件的电子信息。真实性是基于文件的电子信息保存的目的所在，如随着时间推移，可靠的信息没有被改变、更改或破坏。试图提供可长期利用的真实基于文件的电子信息的机构宜在他们的策略中考虑以下三个关键的措施：

a) 迁移和保存；

b) 存储环境；

c) 利用和保护。

5.2.7.2 基于文件的电子信息的迁移和保存

只要电子文件保留在产生环境中，而没有储存在无法更改的一次写入式的介质上，保证其免受更改是很困难。长期保存策略宜提供基于文件的电子信息从其生成环境、产生者和接收者到保存系统或保存库房的迁移措施。比如根据文件的政策和实践，由独立运作的第三方负责保存基于文件的电子信息。

5.2.7.3 存储环境

长期保存策略宜明确说明存储基于文件的电子信息介质所需一个稳定的存储环境。因为，不利或不适的存储环境使基于文件的电子信息处于危险中。

5.2.7.4 基于文件的电子信息的利用和保护

长期的保存策略宜提供限制利用基于文件的电子信息和免受蓄意和意外更改和破坏的方法。

存储在可擦写式介质上的基于文件的电子信息可以被改变而不留下任何的物理证据。在介质和信息系统之间迁移时，基于文件的电子信息也易受到意外的损坏。因此，确保长期基于文件的电子信息真实性的组织宜制定合适的政策、实践和控制技术。常用的控制技术措施包括：

——使用 WORM(如不可重写式)磁性或光学介质；

——安全的服务器能够阻止直接利用基于文件的电子信息，提供了"只读"利用的连接；

——循环冗余校验技术用于检查电子传输可靠性，尤其适用于证实基于文件的电子信息自产生之时未改变；

——标准散列算法(如 SHA-1)可用一种算法能将基于文件的电子信息压缩成固定长度的位串，可有效地成为基于文件的电子信息的独特"指纹"，以证实它未被更改。

6 长期保存策略的要素

6.1 概述

保存准确、可靠、真实的基于文件的电子信息意味着以下几点：

——能够通过计算机读取并正确解释；

——能够以人们理解的格式呈现；

——具有逻辑和物理结构、实质内容和在信息产生、接收时明显的背景信息。

电子文件存储介质耐久性的局限性和不可避免的技术过时将迫使保存机构为长期保存和利用真实的、可处理的基于文件的电子信息作出关键性选择。面对介质耐久性和技术缺陷的挑战，保存机构有必要采取不同的保存策略和使用不同的工具，这些策略和工具在概念上可划分为以下三项措施，共同构成长期保存策略的基础。

a) 保存机构宜采取介质更新来确保介质的耐久性；

b) 如果有自动化工具，将基于文件的电子信息从一个技术平台迁移到另一个技术平台是一种应对技术过时的有效方法；

c) 当无自动迁移工具时，数字信息和影像被存储在过时系统中时，则需要更有效的措施，在现今的技术环境下，可采用模仿过时的信息系统的方法。尽管这种方法已经有人倡导过，但基于长期利用真实基于文件的电子信息的目的，它面临着操作上的限制。因此，仿真技术在本技术报告中没有进一步讨论。

6.2 介质更新

6.2.1 概述

有限的介质耐久性和技术过时说明介质定期更新是不可避免的，介质更新也是保持原始比特流的"活性"来确保真实和可处理的基于文件的电子信息长期保存的基本需要。介质更新要求基于文件的电子信息被重新格式化或拷贝，6.2.2 和 6.2.3 中有详细介绍。

6.2.2 重新格式化基于文件的电子信息

6.2.2.1 概述

当基于文件的电子信息被重新格式化时，因为转移到不同的物理载体上，它经历了比特流的改变(如从一个 18 磁道的介质上转移到 36 磁道的介质上)或者字符代码变更(如从 7 位 ASCII 码转到 8 位 ASCII 码)，但其物理形式或实际内容没有改变。重新格式化不依赖于产生基于文件的电子信息的应用软件。

6.2.2.2 重新格式化的原因

在如下三种情况时，保存机构宜考虑重新格式化基于文件的电子信息：

a) 迁移时重新格式化：基于文件的电子信息被移交到保存机构时，宜格式化，形成标准编码形式和存储到标准介质上。

b) 升级时重新格式化：当保存机构进行设备升级或用新存储设备取代旧设备时，格式化十分必要。

c) 定期重新格式化：定期格式化宜与使用介质的预期寿命、设备的预期寿命和介质运行的驱动程序的寿命相一致。

6.2.2.3 用于重新格式化的存储介质

保存机构宜慎重考虑存储介质的选择，尤其当重新格式化基于文件的电子信息时。机构宜在磁技术和光技术中进行广泛选择。值得考虑的因素有：

——存储容量大；

——数据传送率高；

——最低预期寿命20年；

——已建立稳固的市场份额；

——经济上可负担；

——适合性。

其中存储容量大和数据传送率高是关键因素，因为在介质重新格式化和拷贝时，这两个因素最终决定了基于文件的电子信息的传送时间。当保存机构所存的电子信息以兆或万兆为单位时，这可能成为一个问题。

6.2.2.4 重新格式化和真实性

在重新格式化后，基于文件的电子信息的真实性受到威胁，尤其是存在几种重新格式化情形时。为了提供令人满意的真实性，存储系统和保存机构宜形成书面的质量控制策略，以保证所有重新格式化基于文件的电子信息的准确性。

这项策略的执行程序宜包括重新格式化中所有步骤的全面、完整的使用说明，包括：

——执行人员的身份；

——操作日期；

——数据格式；

——比较格式化前后生成的循环冗余码和散列摘要值以证实没有改变；

——若干重新格式化后的基于文件的电子信息与旧格式版本进行视觉比较。

最有效的方法是找出不精确或无法恢复的错误，并将他们保留在后续文件中，宜确定任何无法恢复错误的物理位置（如块、扇区、磁道）。此外，第三方宜检查这些操作，以便确认执行的程序与已建立程序的一致性。这种文件宜标出与基于文件的电子信息的特定连接，并与基于文件的电子信息一样作为元数据得到同样的重视。

6.2.2.5 重新格式化安全

保存机构宜保护基于文件的电子信息在重新格式化的过程中免受更改和丢失。电子存储介质易受人为破坏和灾难性的损失或自然灾害。因此，保存机构宜采取以下几种措施将风险降为最小：

——宜安装“防火墙”或“单向链接（如”空气间隙”），只允许被授权用户只读访问；

——电子存储介质宜放置在锁定的安全区域或可控的保险库中；

——制作存储介质的备份件，并存储在与原件不同的地方；

——原件与备份件宜使用两种不同的存储介质，以最大程度降低因意想不到的技术过时带来的风险。

6.2.3 拷贝基于文件的电子信息

6.2.3.1 概述

拷贝基于文件的电子信息的目的是通过不改变其结构、内容或背景用同样的格式将其从旧的存储介质迁移到新的存储介质上，以保持其真实性和可处理性。当基于文件的电子信息被拷贝到目标存储介质上时，其内在的比特流保持不变。

6.2.3.2 拷贝原因

保存机构在如下三种情况时需考虑拷贝基于文件的电子信息：

——迁移时拷贝：当基于文件的电子信息移交到另一个保存机构时宜被拷贝，使用与其移交前相同格式的存储介质；

——介质有误时拷贝：当每年检查基于文件的电子信息可读性，发现大量样本存在暂时或不可更正的读取错误时，宜拷贝基于文件的电子信息，不必进行介质或设备升级；

——定期拷贝：当存储介质老化，不必进行介质或设备升级。当现在的版本仍广泛支持并满足机构需要时，宜拷贝基于文件的电子信息。机构宜确定一定时间(如预期介质生命期限的一半)将基于文件的电子信息开始拷贝到可接受的存储介质的新版本中。

6.2.3.3 拷贝真实性

尽管基于文件的电子信息的比特流在拷贝时未被改变，但在此过程中仍存在着被破坏的可能。为了提供令人满意的真实性，保存机构宜有书面的质量控制策略，以保证所有拷贝基于文件的电子信息的准确性。

执行这个策略的程序宜包括拷贝所有步骤的全面、完整的说明材料，包括：

——执行人员的身份；

——执行的时间；

——包括的位数或字节数；

——比较拷贝前后生成的循环冗余码和散列摘要值以证实没有改变；

——拷贝的记录信息与旧介质上记录信息进行视觉比较。

最好的方法宜找出不精确或无法恢复的错误，并把处理方法保留在后续文件中。宜确定任何无法恢复错误的物理位置(如块或扇区磁道)。此外，第三方宜检查这些操作，以便确定这些操作与已建立程序一致。最后，已确认存在问题的详细信息宜被清楚地标出来，还要存在与基于文件的信息特定的连接，并作为基于文件的元数据一样得到同样的重视。

6.2.3.4 拷贝安全性

保存机构宜保护电子文件在拷贝过程中免受更改或丢失。电子存储介质易受到人为破坏和灾难性的损坏或自然灾害，保存机构宜采取以下几种措施将风险降为最小：

——宜安装"防火墙"或单向链接(如"空气间隙")，仅允许被授权用户只读访问；

——电子存储介质宜放置在加锁的安全区域或可控的保险库中；

——制作存储介质的备份件，并存储在与原件不同的地方；

——原件与备份件宜使用两种不同的存储介质，以最大程度降低意想不到的技术过时带来的风险。

6.3 元数据

6.3.1 概述

元数据(关于数据的数据)由信息背景、处理过程和使用时产生的信息构成，它有利于保证真实的基于文件的电子信息确认、检索和保存。

在一些情况下，一些应用软件能自动创建元数据，如文件大小、文件格式、数据、散列摘要值及其他相似属性(如基于文件的电子信息所有权和特性)。在其他情况下，像分类、保存时间、全宗和关键词等这样手工登记的元数据也是十分必要的。这些数据和基于文件的电子信息是可检索的。随着未来各类机构可能会更加广泛的应用企业级内容管理系统，这种情况下，支持保存策略的元数据元素将远比现在得到更多的应用。此外，它们将会自动产生，所以，手工著录将不再需要。相应地，保存机构宜确保元数据捕获和使用工具足够灵活，能够调节大小，以与更多地元数据元素保持一致，便于利用。

6.3.2 可交互的元数据

将来，存在于企业级内容管理系统的元数据将会可交互。元数据的捕获和使用的设计宜考虑将来可交互的环境中也能被使用,因此,设计机构宜考虑 ISO/TS 23081-1。

6.4 迁移基于文件的电子信息

6.4.1 概述

长期利用策略宜包括提供迁移基于文件的电子信息的措施。

为获取和保护真实的基于文件的电子信息,确保其长期利用,拥有元数据的保存机构面临着四方面挑战:

a) 可预见的将来,机构和个人在生成和使用基于文件的电子信息时将继续使用各种软件包和存储格式,对保存机构而言,获取可利用的基于文件的电子信息或支持各种软件包和存储格式是非常困难的;

b) 一些基于文件的电子信息可能依赖于软件,因此,只能在特定的软件环境中使用;

c) 操作系统和应用软件将不可避免地被更新的、更快的、多功能的系统和软件取代,这就意味着保存机构宜定期将基于文件的电子信息从现在的软件环境转移到新的环境中;

d) 在缺乏自动迁移工具时,一些基于文件的电子信息只能在保存下来的信息系统中检索。

基于文件的电子信息迁移可以成功地应对上述四项挑战。相应地,保存机构必须保证将真实的基于文件的电子信息从一个应用环境迁移到另一个新的应用环境,而在结构、内容和背景上几乎没有丢失。

6.4.2 软件依赖

长期保存策略宜强调软件依赖的事项。当基于文件的电子信息只能在特定的应用软件中使用时,长期利用基于文件的电子信息是困难的,尤其是软件商不继续支持或提供新的软件版本。在许多情况下,通过损失一些结构可能消除软件的依赖。如当地的文字处理应用中的文本文件信息通过自动嵌入文字处理指令或代码迁移到纯文本中(如简单的 ASCII 文本)。这些指令或代码控制着如字体和脚注等物理属性。

这些操作将减少对软件的依赖。保存机构宜慎重考虑迁移对记录信息真实性的影响。这样的基于文件的电子信息不再被认为是原始的拷贝件,因为它没有复制原始文件信息的结构,甚至可以这样认为,这样产生的基于文件的信息宜被认为是“新文件”,因为其真实性宜通过记录活动而重建,有效性要通过基于文件的信息真实内容没有更改而建立。

将文本电子文件信息迁移到纯文本的另一种方式是将它印刷到纸上或输出到缩微胶片上,这种处理保护了基于文件的电子信息的真实性,尤其适合于基于文件的电子信息的纸张形式,信息被认为在将来可以存储,通过光学字符识别(OCR)使用。

结构型数据库和关系型数据库也能被迁移成平层表格结构以降低对特殊软件的依赖,当相关链接被删除时,每个表格中主要确认和外界的键值宜保留。无论何时,宜建立元数据,以确认这些关系是否是一对一、一对多、多对一或多对多,以便将来重建这种相关性。

6.4.3 软件的升级和安装

对于提供长期利用真实基于文件的电子信息的保存机构而言,软件升级和新软件的安装是难以避免的。长期利用策略为这种必然性提供政策和程序。

当软件升级(如从版本 1 到版本 2)时,开发商在新旧软件之间提供向上兼容性。基于文件的电子信息宜伴随着物理属性,实际内容和信息背景迁移到新的环境中。

当新软件代替现在的软件,或作为独立的应用系统和或一般信息系统升级的一部分,基于文件的信息宜利用旧系统的导出特点和新系统的导入特点进行迁移。此外,将导出/导入路径设计成特殊的专用格式,使一些环境支持迁移(如从一种类型文字处理程序到另一种类型)。

6.4.4 迁移到标准格式

保存机构宜考虑将产生或接收中使用的基于文件的电子信息的大量格式迁移到少量的标准格式上。标准化格式是统一的格式,它们被广泛使用,包括大部分类型的基于文件的电子信息。宜避免个性化的文件格式。值得考虑的中立技术格式是PDF/A-1,XML,TIFF和JPEG。

6.4.5 迁移过时信息系统的基于文件的电子信息

6.4.5.1 概述

当在旧的或包含的过时系统与目标信息系统间既不具有向上兼容性,也不存在出口/入口闸道器时,为保证基于文件的电子信息的真实性、可处理性,基于文件的电子信息长期存储策略是迁移。

将来,迁移过时信息系统的基于文件的电子信息也许由于系统的广泛发展而减少,这些系统支持技术中立结构和格式。然而,同时,保存机构为履行其责任,将不得不迁移过时信息系统中的基于文件的电子信息。

在重复的迁移中,由于新旧几代系统之间存在基本的不可兼容性,信息的丢失是不可避免的。因此,保存机构与其试图努力做到信息没有任何丢失,不如考虑制定迁移策略和质量控制程序,以减少迁移过程中的信息损失。重要的是记录迁移时信息丢失情况和质量控制结果。只要有可能,这种记录文件宜与介质一起保存。

6.4.5.2 迁移步骤

6.4.5.2.1 概述

保存机构宜按十步递增方法完成迁移。随着每次迁移环境较大的改变,以下提出的十项步骤不适宜所有环境的具体迁移计划。

6.4.5.2.2 分析过时的信息系统(第1部分)

保存机构宜分析过时的的信息系统以了解其功能和其中包含的基于文件的信息。包括:

——各种功能的依据;

——如何捕获元数据以及元数据与基于文件的信息的关系;

——基于文件的信息间的关系。

此阶段产生的信息产品宜有详细说明,以便于将“下一阶段工程”的功能、元数据和基于文件的信息应用与新系统。

6.4.5.2.3 分解原有信息系统结构(第2部分)

保存机构宜分解过时信息系统结构,使其界面、应用和数据库服务作为其不同的组成部分——这种想法,不是所有信息系统可以做到,正如下文所述。

——若系统和用户界面、应用模块、数据库服务和数据库本身是分离的、独立的部分,过时系统可以分解。

——若界面和数据库是独立的,但应用系统和数据库服务形成一个模块,那么过时系统处于半分解状态。

——若界面、应用系统和数据库服务被连在一个模块中,那过时系统就是不可分解的。

在任何情况下,为准备迁移,要摆脱对系统结构的外部依赖。

6.4.5.2.4 设计目标界面(第3部分)

目标界面宜提供与原有界面的联系。

6.4.5.2.5 设计目标应用程序(第4部分)

目标应用程序宜提供与原有应用程序的联系。

6.4.5.2.6 设计目标数据库(第5部分)

目标数据库宜提供与原有数据库的联系。

6.4.5.2.7 安装和全面测试目标环境(第6部分)

宜确定、选择、安装、全面测试具备合适安装工具的开放的目标环境。

6.4.5.2.8 产生和安装必要的闸道器(第7部分)

为确保将过时系统的功能一致和准确地复制到目标系统,迁移基于文件的电子信息,宜设计、产生和安装闸道器。闸道器通常有两个作用:一是隔绝选定的部分免受其他变化的影响;二是在中间组成成分间充当需求和数据的翻译者。用过时的基于文件的电子信息的样本仔细检测闸道器以确保基于文件的信息的一致性和精确性。

6.4.5.2.9 迁移原有的数据库(第8部分)

原有数据库宜被迁移到目标数据库中。

6.4.5.2.10 迁移原有的应用程序(第9部分)

原有应用程序宜被迁移到目标应用程序中。

6.4.5.2.11 迁移原有界面(第10部分)

原有界面宜被迁移到目标界面中。原有界面(如基于字符的菜单和屏幕)可能被图形界面取代。

7 制定长期保存策略

7.1 长期保存政策

为了长期保存基于文件的电子信息的真实性和可处理性,基于文件的电子信息的保存机构宜制定有关详细政策和程序,强调基于文件的电子信息的真实性是其具有凭证作用的关键,确保在处理过程中的统一和一致。此外,它将有助于保存机构应对在法律诉讼中常出现的真实性问题。

最实用的长期保存政策宜包括以下要素:

——说明为长期保存真实的、可处理的基于文件的电子信息,保存机构的目标、其他保存目标的确认和保存机构的责任;

——描述保存机构保存基于文件的电子信息的种类,如合法性或物理属性;

——描述保存机构坚持执行的基于文件的电子信息管理的最佳实践;

——迁移活动的环境、迁移的方法和原理的确认;

——对使用审查种类的说明;

——说明保存机构人员的作用和外界的责任。

7.2 质量控制

按照已建立的规则和程序保存的基于文件的电子信息,一般被认为更真实,在法律程序中更具有可信度。因此,值得信赖的第三方——保存机构,在各种行动中宜实施政策和最佳实践。

有关基于文件的电子信息如何被管理的证据在法律程序中相当重要,因此,宜与移交到保存机构的基于文件的电子信息一样仔细保存。保存证据宜包括所有相关的政策和程序、迁移过程中数据丢失的文件和定期质量检测的结果,这样做是为了确保与政策和程序的一致。

7.3 安全

7.3.1 概述

为提供长期可利用的、真实的、可处理的基于文件的电子信息,保存机构的核心任务是保护电子文件免受更改、改变或丢失。因此,保存机构宜采取6.2.2.3中介绍的方法以履行此责任。

7.3.2 应用/软件访问控制

保存机构宜使用以下的自动程序控制更改和(或)删除电子信息。

任何被更改/删除的基于文件的电子信息宜通过应用程序/软件自动记录,同时记录更改/删除基于文件的电子信息的人员姓名和原因。

为了阻止未经授权的利用,基于文件的电子信息除了通过软件/应用程序被全面检测和证实其有效外,不宜被利用。只有通过经全面检测和证实有效的软件/应用程序才能够访问基于文件的电子信息,以防止未经授权的利用。

所有的历史资料和工作记录宜存储在不可更改的一次写入的介质上,避免任何更改/删除。

7.3.3 物理访问控制

保存机构可以使用以下方法控制对基于文件的信息系统的物理利用:

——只有授权的个人被允许利用存储设备;

——出入工作日志宜登记日期、时间、进入安全存储处的人员身份；

——当授权人员移动存储介质时，宜进行记录。记录宜包括日期、时间、对移动的原因的简要解释；

——有保存责任的资深人员宜定期审查工作日志以检查人员是否遵守规则。工作日志宜作为本机构遵守工作规则的证据被保存下来。

7.3.4 防止损失

保存机构宜使用以下方法来保护基于文件的电子信息，以免丢失：

——保存设备宜置于自然灾害最小的地方，如水灾、火灾、地震或陨石袭击；

——保存设备宜包括火灾检测和控制系统；

——建立全面的灾害恢复策略，其中包括基于文件的电子信息的种类，优先考虑存储介质的抢救和恢复；

——使用磁性介质的保存机构宜将其存储设备远离未屏蔽的大功率电动机（如空调系统）、发电机、变压器和高压线。

7.3.5 安全政策

保存机构宜形成书面的安全程序，包括：

——将基于文件的电子信息迁移到保存机构的过程中所使用的安全措施；

——利用控制程序和对此程序的监控；

——存储设备的位置，最大程度降低因自然灾害引起的信息丢失；

——灾害恢复计划；

——遵守存储介质公认的使用标准；

——提供另外一套存储设备，用于备份存储介质，进行灾害恢复。

7.4 环境控制和监测

电子存储介质的相对脆弱性使它的长久性和可读性面临危险。因此，保存机构宜实施环境监控。措施如下：

——提供合适的环境温度和相对湿度范围，参照制定的标准或权威部门的研究结果；

——空气过滤系统的设计宜考虑清除环境空气中灰尘颗粒和气体污染；

——在保存环境中禁止吃食品、喝饮料和吸烟；

——每年对基于文件的电子信息抽样读取，确定已丢失的或将丢失的信息。

附 录 A
（资料性附录）
一些国家电子文件项目及其他选择性的出版物

A.1 概述

此附录的信息仅供参考。它并不是完整详细的说明，读者宜注意与自己权限相关的特定来源指南的确认。

条款 A.2 包括与 ISO/TR 18492 中采用的国家标准相关的国家电子文件保护项目和与这份技术报告相关的政府出版物，款 A.3 包括其他相关出版物。条款 A.4 为进一步阅读资料。

加原文：中英文对照。

A.2 相关的各国家电子文件保护项目

【1】 澳大利亚，国家档案绿皮书：数字文件的保存方法(1999)

Australia National Archives Green Paper: An Approach to the Preservation of Digital Records (1999)

【2】 荷兰，数字资源保存检测平台：内容、背景和现状 荷兰国家档案馆，2001

The Netherland Digital Preservation Testbed. Migration: Context and Current Status National Archives of The Netherlands. 2001

【3】 法国，法国档案的方向 电子和手工管理文件 法国，巴黎，2002

France Direction des Archives de France. Les archives electroniques. Manuel pratique. La Documentation francaise. Paris. 2002

【4】 南非，政府体系电子文件管理指南(2000)

South Africa. Guide to the Management of Electronic Records in Governmental Bodies (2000)

【5】 英国，英国国家档案馆，电子文件管理、评价和保存指南。第二册，程序 第五章“保护电子文件”

United Kingdom. National Archives of the United Kingdom. Guidelines for the Management. Appraisal and Preservation of electronic Records. Vlo. II, Procedures. Ch 5“Preserving Electronic Records”

【6】 美国，国家档案与文件管理署，联邦规则第 36 条，第十二章，B 章，1234 部分，“电子文件管理”

United States. National Archives and Records Adiministration. 36 Code of Federal Requlations Chapter Xll, Subchapter B, Part 1234. “Electronic Records Management.”

A.3 被选出版物

【1】 艾姆巴切，B. I. ed. 电子文件三十年，斯卡克洛出版社，2003

AMBACHER, B. I. ed. Thirty Years of Electronic Records, Scarecrow Press. 2003

【2】 比尔曼，D. 电子文件保存中的真实性与虚拟性，数字图书馆杂志，5(4)，1999.4

BEARMAN, D. Reality and chimeras in the preservation of electronic records. D-Lib Magazine. 5 (4). April 1999

【3】 道尔，C. M. 真实电子文件：长期利用的策略，克哈森协会，1999

DOLLAR, C. M. Authentic Electronic Records: Strategies for Long-Term Access, Cohasset Associates,1999

【4】 道尔,C. M 为数字文件的长期利用选择存储介质　信息管理杂志,第 33 册,第 3 号(1999.7)

DOLLAR,C. M. Selecting Storage Media for Long-Term Access to Digital Records,in The Information Management Journal,Vol. 33 No. 3(July 1999)

【5】 多德雷赫特,L,易斯德,T 与迈克奈,H. 电子文件完整性的保存,杜兰特:克鲁沃学术出版机构,2002

DURANTI,L,. EASTWOOD,T. and MACNEIL H. Preservation of the Intergrity of Electronic Records,Oordrecht:Kluwer Academic Publishers Group,2002

【6】 埃文斯,J 与林德伯格,L. 描述和分析元数据保存文件的能力。

EVANS,J. and LINDVERG,L. Describing and analyzing the recordkeeping capabilities of metadata sets

【7】 哈德斯,M. 数字保存:数字图书馆的定时炸弹:计算机与人类,31(3),1997,pp. 189-202

HEDSTROM,M. Digital preservation:a time bomb for digital libraries,Computers and the Humanities,31(3),1997,pp. 189-202

【8】 亨特,G. S. 保存数字信息,《如何操作》手册,纽约:尼德-舒曼出版商,2000

HUNTER,G. S. Preserving Digital Information, A How-TO-DO-It Manual, New York: Neal-Schuman Publishers. 2000

【9】 拉瓦锡,B. F. 技术观察报告。开放档案信息系统参考模式:介绍指南,可登陆 http://www.dpconline.org/docs/lavoie_OAIS.pdf

LAVOIE,B. F Technology Watch Report. The Open Archival Information System Reference Model;Introductory Guide,Available electronically at http://www.dpconline.org/docs/lavoie_OAIS.pdf

【10】 李永宏,斯莱德瑞,O. R,夏唐与迈克克莱瑞,V. 数字保存中的艺术和方法,国家标准和技术机构研究杂志。(2002.1-2)

LEE,KYONG-HO,SLATTELRY,O. R. Lu,XIA TANG and MCCRARY,V. The State of the Art and Practice in Digital Preservation. Journal of Research of the National Institute and Technology,(Jan-Feb 2002)

【11】 瑟贝格,J. 避免技术陷阱:找到数字保存的可行技术基础:图书与信息资源委员会报告,华盛顿:图书与信息资源委员会,1999.1

ROTHENBERG,J. Avoding Technological Quicksand. Finding a Viable Technical Foundation for Digital Preservation:A Report to the Council on Library and Information Resources,Washington,DC:Council on Library and Information Resources,January 1999

【12】 帕尔,R. F 与爱森伯格,J(eds),国家档案与文件管理署建立电子文件档案馆:初期的发展建议,华盛顿 DC　计算机科学与通讯　国家科学　2003

SPROULL,R. f. and EISENBERG. J. (eds),Building an Electronic Records Archive at the National Archives and Records Administration:Recommendations for Initial Development,DC:Computer Science and Telecommunitions Board,National Academies of Science,2003

【13】 伯多维,K. 近年数字保存的技术发展的回顾。数字保护:国际观点。图书馆与信息资源委员会,2002.4

THIBODEAU,K. Overview of Technological Approaches to Digital Preservation in the Coming Years,in The State of Digital Preservation:An International Perspective.

GB/Z 23282—2009

Conference Proceedings. Washington, CD: Council on Library and Information Resources,

April 2002

【14】 胡　博加特,J.介质稳定性研究,国家介质实验室,1996

VAN BOGART,J. 1996 Media Stability Studies,National Media Laboratory,1996

A.4 进一步阅读资料

【1】 ISO 11799,信息与文件　档案馆与图书馆材料存储要求

ISO 11799,Information and documentation—Document storage requirements for archives and library materials

【2】 ISO 14721:2003,空间数字与信息迁移系统　开放的档案信息系统　参考模式

ISO 14721:2003,Space data and information transfer system—Open archival information system-Reference model

【3】 ISO 15801:2004,电子影像　信息电子化存储　真实性与可靠性建议

ISO 15801: 2004, Electronic image—Information stored electronically—Recommendations for trustworthiness and reliability

【4】 ISO/IEC 17799,信息技术　安全技术　信息安全管理实用规范

ISO/IEC 17799,Information technology—Security techniques—Code of practice for information security management

ICS 37.080
A 14

中华人民共和国国家标准

GB/T 23284—2009/ISO 11962:2002

缩微摄影技术 16 mm和35 mm卷式缩微胶片使用的影像标记(光点)

Micrographics—Image mark (blip) used with 16 mm and 35 mm roll microfilm

(ISO 11962:2002,IDT)

2009-03-13 发布　　2009-09-01 实施

中华人民共和国国家质量监督检验检疫总局
中国国家标准化管理委员会　发布

前　言

本标准等同采用ISO 11962:2002《缩微摄影技术　16 mm和35 mm卷式缩微胶片使用的影像标记(光点)》(英文版)及其技术勘误1(英文版)的技术内容。

为便于使用,本标准做了下列编辑性修改:

——用“本标准”代替了“本国际标准”;

——删除了国际标准的前言,编写了本标准的前言;

——删除了国际标准的引言;

——删除了表2中的“单位为mm”;

——用“上通道”代替“上通道(B)”,“下通道”代替“下通道(A)”;

——将规范性引用文件中的国际标准改为与之相对应的国家标准或现行有效的国际标准;

——将适用于国际标准的表述改为适用于我国标准的表述。

本标准由全国文献影像技术标准化技术委员会(SAC/TC 86)提出并归口。

本标准起草单位:全国文献影像技术标准化技术委员会第4分技术委员会。

本标准主要起草人:张阳、郭玉东。

本标准为首次发布。

缩微摄影技术 16 mm和35 mm卷式缩微胶片使用的影像标记(光点)

1 范围

本标准规定了记录在16 mm和35 mm缩微胶片上用于影像标记检索系统的单一尺寸影像标记和大、中、小影像标记的位置、大小和密度。

本标准适用于支持检索系统的16 mm和35 mm的缩微胶片。

2 规范性引用文件

下列文件中的条款通过本标准的引用而成为本标准的条款。凡是注日期的引用文件,其随后所有的修改单(不包括勘误的内容)或修订版均不适用于本标准,然而,鼓励根据本标准达成协议的各方研究是否可使用这些文件的最新版本。凡是不注日期的引用文件,其最新版本适用于本标准。

GB/T 6159.1—2003 缩微摄影技术 词汇 第1部分:一般术语(ISO 6196-1:1993,MOD)

GB/T 6159.3—2003 缩微摄影技术 词汇 第3部分:胶片处理(ISO 6196-3:1997,MOD)

GB/T 6159.4—2003 缩微摄影技术 词汇 第4部分:材料和包装物(ISO 6196-4:1998,MOD)

GB/T 6159.5—2000 缩微摄影技术 词汇 第五部分:影像的质量、可读性和检查(eqv ISO 6196-5:1987)

GB/T 6159.6—2003 缩微摄影技术 词汇 第6部分:设备(ISO 6196-6:1992,MOD)

GB/T 6159.7—2000 缩微摄影技术 词汇 第七部分:计算机缩微摄影技术(eqv ISO 6196-7:1992)

GB/T 6159.8—2003 缩微摄影技术 词汇 第8部分:应用(ISO 6196-8:1998,MOD)

GB/T 6159.22—2000 缩微摄影技术 词汇 第二部分:影像的布局和记录方法(eqv ISO 6196-2:1993)

ISO 5-2:2001 摄影术 密度测量 第2部分:透射密度的几何条件

ISO 5-3:1995 摄影术 密度测量 第3部分:光谱条件

3 术语和定义

GB/T 6159中确立的术语和定义适用于本标准。

4 影像标记位置

4.1 影像标记通道

影像标记应按照下列方法之一排列(见图1):

——在沿着缩微胶片下边缘或上边缘的一条通道内,影像可以是GB/T 6159.22—2000中规定的单行式或者双行式格式。任何一种格式都可以使用下通道或者上通道。在使用单通道的情况下,下通道更为常用。

——使用两条通道时,下通道沿着缩微胶片下边缘,上通道沿着缩微胶片上边缘。影像标记计数从胶片起始端沿下通道开始,随着计数的增加一直延伸到胶片的末端,然后继续从胶片的末端沿上通道返回到胶片的起始端。

从缩微胶片的边缘测量，通道宽度应不小于 2.16 mm(见图 2)。通道应用于记录光点标记和缩微胶片控制代码，并应没有文件影像、数字和额外标记。

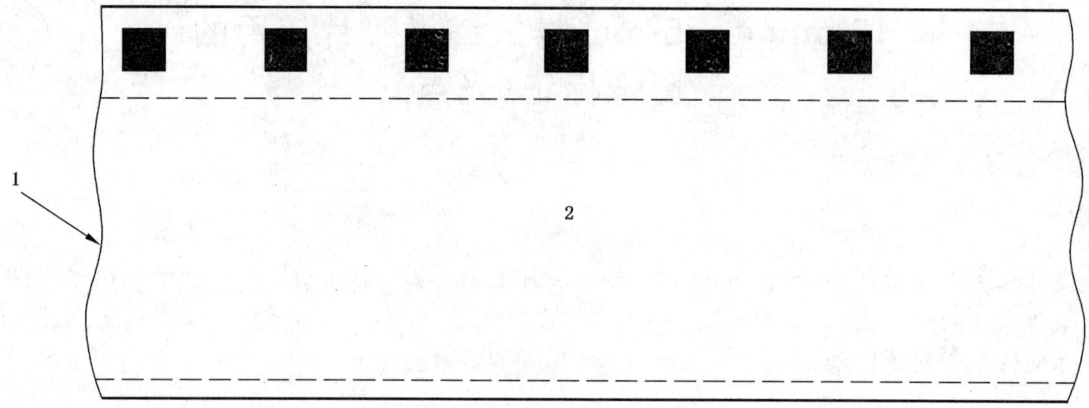

a) 单行式或双行式使用的上通道

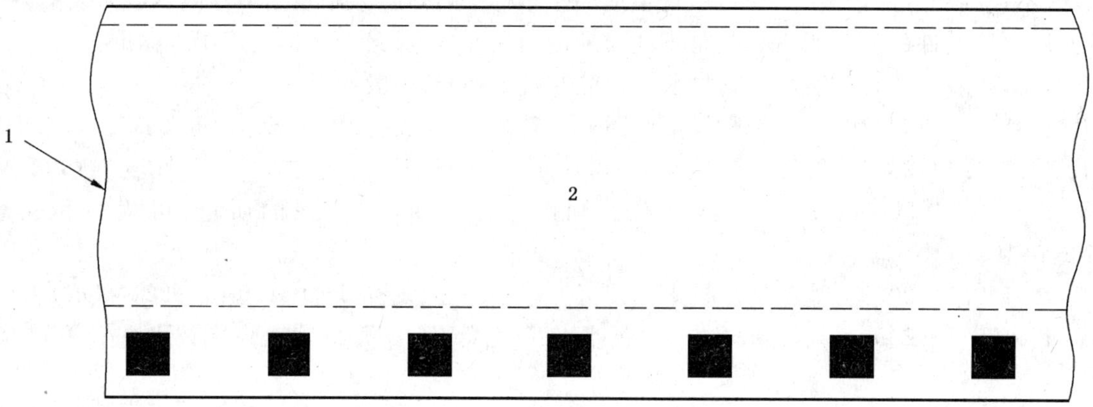

b) 单行式或双行式使用的下通道

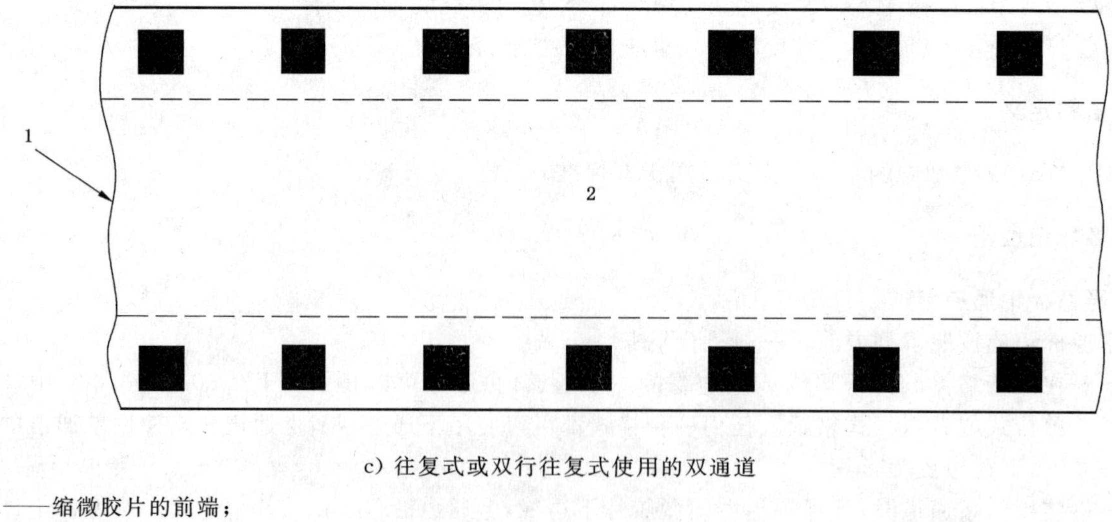

c) 往复式或双行往复式使用的双通道

1——缩微胶片的前端；

2——影像区域。

图 1　允许的通道位置

4.2　文件影像区域

如果沿着胶片某边缘的一个影像标记通道被使用，文件影像到胶片该边缘的距离应不小于2.16 mm（见图2）。

4.3　接头

如果缩微胶片有接头，其接头应不改变或遮盖任何影像标记的任何部分，也应不造成被检索装置判断为一个影像标记。例如：不应使用不透明的胶带接片。

4.4　影像标记的位置

每个影像标记应完全在影像标记通道内。

对于整盘胶片，无论选择文件影像的哪一边作为参考，在平行于胶片边缘的方向上，从影像标记前边缘到文件影像前边缘或后边缘的距离，其一致性误差在±0.15 mm范围内。

影像标记应位于下列任一位置上：

a)　将影像标记的前边缘与文件影像的前边缘对齐；

b)　影像标记的前边缘在文件影像的前边缘和后边缘之间相同的位置。

首选位置a)。

如果一个大影像标记超出了文件影像的后边缘，那么它的前边缘应与文件影像的前边缘对齐。

单位为毫米

图2　影像标记位置和保留的通道

4.5　间距

影像标记之间的间距应不少于0.69 mm（见图2）。

5　影像标记的尺寸

5.1　影像标记的类型

影像标记既可以在整盘胶片中是同一尺寸，也可以是小和中两种影像标记，还可以是小、中、大三种影像标记。后两种情况允许更复杂的检索。不推荐使用中和大两种影像标记作为一种组合。

5.2　长度

单一尺寸标记和小、中、大三种影像标记的长度应按照表1所示。每种影像标记的长度在同一盘缩微胶片中应相同。

表1　影像标记长度

单位为毫米

	单一尺寸影像标记	小影像标记	中影像标记	大影像标记
最小值	0.6	0.6	2.2	4.2
首选值	0.7	0.7	2.3	4.3
最大值	7.9	1.3	3.1	7.9

5.3 高度

从胶片的横向测量影像标记的高度，其最小值应为 1.14 mm，最大值应不超过 2.16 mm，并且不应超出所允许的通道宽度。

5.4 影像标记的位置

影像标记的定位应覆盖这样一个区域：标记的一边距缩微胶片的边缘不大于 1.02 mm，另一边距该边缘不小于 1.86 mm，但不超过 2.16 mm(见图 2)。

6 密度

影像标记的密度和背景密度应如表 2 所示。

表 2 影像标记的透射密度

缩微胶片类型	不透明区域的最小密度	透明区域的最大密度
银盐[a]	1.0	0.25
重氮[a]	1.0	0.20
热处理银[a]	1.25	0.45
微泡[b]	1.4	0.25

[a] 漫透射视觉密度按照 ISO 5-2 和 ISO 5-3 中的规定测量。

[b] 投影透射视觉密度按照 ISO 5-2 中的规定测量。

7 缩微胶片控制代码

7.1 概要

缩微胶片控制代码是用于识别卷式缩微胶片的检索设备和控制或修改设备操作的可用计算机处理的代码，包括附在缩微胶片上的影像标记和间距的各种组合所组成的开始代码、停止代码和数据代码。

7.2 代码属性

7.2.1 代码极性、代码密度和代码通道

代码极性、代码密度和代码通道应与影像标记的规定相一致。

7.2.2 开始代码

开始代码应由一个或多个影像标记组成，每个代码的长度应至少是 8.7 mm，且前面留有一个等于或大于一个小影像标记长度的间距。

7.2.3 停止代码

停止代码应由一个或多个影像标记组成，每个代码的长度应至少是 8.7 mm，且前面留有一个等于或大于一个小影像标记长度的间距。

7.2.4 数据代码

数据代码应位于开始代码和停止代码之间，并应包含影像标记和与规定的小、中或大影像标记长度相同的间距。

8 符号

如果使用符号，它们应位于卷片开始处，开始代码之前的一个或多个画幅。

符号的影像应不占用影像标记通道。

首选的方法是，包含符号的画幅不含影像标记，以便使检索参数的设定保持不变。

ICS 37.080
A 14

GB

中华人民共和国国家标准

GB/T 23285—2009/ISO 6342:2003

缩微摄影技术 开窗卡增厚区厚度的测量方法

Micrographics—Aperture cards—Method of measuring thickness of buildup area

(ISO 6342:2003,IDT)

2009-03-13 发布 2009-09-01 实施

中华人民共和国国家质量监督检验检疫总局
中国国家标准化管理委员会 发布

前　言

本标准等同采用 ISO 6342:2003《缩微摄影技术　开窗卡增厚区厚度的测量方法》(英文版)的技术内容。

本标准做了如下编辑性修改:

——用“本标准”代替“本国际标准”;

——删除了国际标准的前言,编写了本标准的前言;

——删除了国际标准的引言;

——在规范性引用文件中用国家标准代替了相对应的国际标准;

——删除了条号“4.1”;

——用小数点符号“.”代替国际标准中的小数点符号“,”;

——将表 1 中的计量单位“μ”修正为“μm”。

本标准的附录 A 为资料性附录。

本标准由全国文献影像技术标准化技术委员会(SAC/TC 86)提出并归口。

本标准起草单位:全国文献影像技术标准化技术委员会四分会。

本标准主要起草人:黄志文、杨杰华。

本标准为首次发布。

缩微摄影技术 开窗卡增厚区厚度的测量方法

1 范围

本标准规定了开窗卡(拍摄卡和拷贝卡)增厚区厚度的测量方法。

本标准适用于各类开窗卡增厚区厚度的测量。

2 规范性引用文件

下列文件中的条款通过本标准的引用而成为本标准的条款。凡是注日期的引用文件,其随后所有的修改单(不包括勘误的内容)或修订版均不适用于本标准,然而,鼓励根据本标准达成协议的各方研究是否可使用这些文件的最新版本。凡是不注日期的引用文件,其最新版本适用本标准。

GB/T 451.3—2002 纸和纸板厚度的测定(idt ISO 534:1988)

GB/T 6159.1—2003 缩微摄影技术 词汇 第1部分:一般术语(ISO 6196-1:1993,MOD)

GB/T 6159.4—2003 缩微摄影技术 词汇 第4部分:材料和包装物(ISO 6196-4:1998,MOD)

3 术语和定义

GB/T 6159.1—2003 和 GB/T 6159.4—2003 确立的术语和定义适用于本标准。

4 仪器

测量仪器宜是电动或手动型的静负载刻度盘千分尺。首选电动型千分尺,其活动面移动速度约为 0.8 mm/s。千分尺的活动面即压力面应为圆形,其直径为 16 mm±0.5 mm。固定面即基准面的面积不应小于活动面,活动面在零点位置时应完全接触在固定面上。活动面应沿着一条垂直于固定面的轴移动。活动面对试样应稳定地施加 50 kPa±5 kPa 的压力。

根据 GB/T 451.3—2002 的规定,表1给出了千分尺的性能参数。

表1 千分尺的性能参数

千分尺性能	最大许可值
示值误差	2.5 μm 或 0.5%
两测量面间平行度误差	5 μm 或 1%
示值重复性误差(标准偏差)	2.5 μm 或 0.5%

注1:最大许可值是指表中两数值中的较大者。

注2:以百分数表示误差,是指基于试样厚度的百分数,因此,对于某些材料来说,一个给定的千分尺可能符合此表要求,而对于其他材料可能不符合。

5 调整和测试环境

在测试之前,应对开窗卡试样进行调整,松散堆放时间不应少于 6 h。应在温度为(23±1)℃、相对湿度为(50±2)%的环境下进行调整和测试。

6 测量

6.1 总则

如果使用手动型千分尺,活动面应调低到距试样表面 0.007 5 mm 之内,然后再测量。如果使用电动型千分尺，活动面应以小于 12 mm/s 的速度移到试样表面上，但不应小于 0.8 mm/s。活动面应保持恒定压力至少 2 s。所有测量应在同一张开窗卡上进行。

6.2 开窗卡厚度

在距离开窗卡及其增厚区边沿 6.35 mm 以上的开窗卡不同区域进行测量，测量不应少于四次。这几次测量结果的最大值即为开窗卡厚度。

6.3 增厚区厚度

至少测量四次，在增厚区矩形的每边上应各测量一次，如图 1 所示。

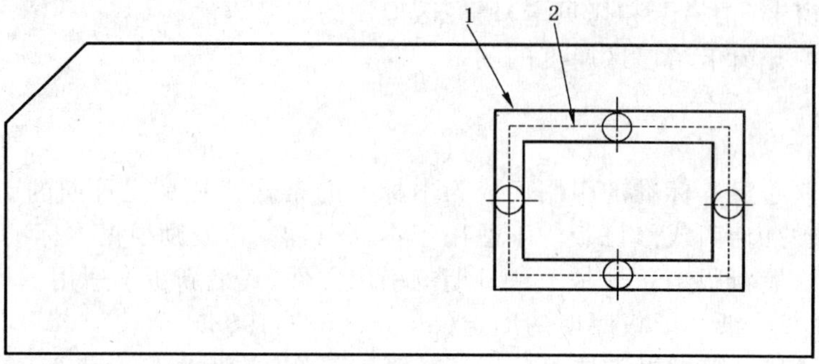

1——增厚区外周边；
2——增厚区内周边。

图 1 测量增厚区厚度时千分尺活动面位置

千分尺活动面应位于增厚区每边宽度的中心位置(参见附录 A)。这几次测量结果的最大值即为增厚区厚度。

6.4 增厚度

按照 6.3 和 6.2 的方法在同一张开窗卡所测得的增厚区厚度与开窗卡厚度的差即为该开窗卡的增厚度。

附 录 A
（资料性附录）
千分尺活动面的中心定位

由于存在不同粘贴类型的开窗卡，宜对 6.3 中所述的千分尺活动面的中心定位加以说明。应小心地将千分尺活动面放置在增厚区每边的中心位置。见图 A.1 中的 *A-A* 剖面。

a） *A-A* 剖面位置

b） 胶带粘贴卡

c） 直接粘贴卡

图 A.1 千分尺活动面的中心定位

ICS 37.080
A 14

中华人民共和国国家标准

GB/T 23286.1—2009/ISO 19005-1:2005

文献管理
长期保存的电子文档文件格式
第1部分:PDF1.4(PDF/A-1)的使用

Document management—Electronic document file format for long-term preservation—Part 1:Use of PDF1.4(PDF/A-1)

(ISO 19005-1:2005,IDT)

2009-03-13 发布　　　　2009-09-01 实施

中华人民共和国国家质量监督检验检疫总局
中国国家标准化管理委员会　发布

前言

GB/T 23286《文献管理　长期保存的电子文档文件格式》计划分为两部分：

——第1部分：PDF1.4(PDF/A-1)的使用；

——第2部分：PDF1.7(PDF/A-2)。

本部分为GB/T 23286《文献管理　长期保存的电子文档文件格式》的第1部分。

本部分等同采用ISO 19005-1:2005《文献管理　长期保存的电子文档文件格式　第1部分：PDF1.4(PDF/A-1)的使用》(英文版)的技术内容，并包含ISO于2007年4月1日发布的技术勘误表ISO 19005-1:2005/Cor.1的内容。

本部分对ISO 19005-1:2005做了编辑性修改，删除了引言部分，增加了资料性附录C。

本部分的附录A、附录B和附录C均为资料性附录。

本部分由全国文献影像技术标准化技术委员会(SAC/TC 86)提出并归口。

本部分由全国文献影像技术标准化技术委员会第五分委员会起草。

本部分主要起草人：薛四新、李明敬。

文献管理 长期保存的电子文档文件格式 第1部分:PDF1.4(PDF/A-1)的使用

1 范围

本部分规定了如何使用便携文档格式(PDF)1.4进行电子文档的长期保存。

本部分适用于包含字符、光栅和向量数据的电子文档。

本部分不适用于:

——将纸质文档或电子文档转换成PDF/A格式的具体过程;

——特定的技术设计、用户界面、软件实现或者呈现的操作细节;

——文档存储的特定物理方法如存储介质和存储条件;

——对计算机硬件和/或操作系统的要求。

2 规范性引用文件

下列文件中的条款通过GB/T 23286的本部分的引用而成为本部分的条款。凡是注明日期的引用文件,其随后所有的修改单(不包括勘误的内容)或修订版均不适用于本部分,然而,鼓励根据本部分达成协议的各方研究是否可使用这些文件的最新版本。凡是不注日期的引用文件,其最新版本适用于本部分。

GB/T 1988—1998 信息技术 信息交换用七位编码字符集(eqv ISO/IEC 646:1991)

GB/T 16964.1—1997 信息技术 字型信息交换 第1部分:体系结构(eqv ISO/IEC 9541-1:1991)

GB/T 13000.1—1993 信息技术 通用多八位编码字符集(UCS)第一部分:体系结构与基本多文种平面(ISO/IEC 10646-1:1993,IDT)

ISO 14721 空间数据与信息传输系统 开放档案信息系统(OAIS)参考模型

ISO 15930-4 图形技术 采用PDF的印前数码数据交换 第四部分:用PDF1.4(PDF/X-1a)进行CMYK和专色印刷数据的完全交换

日期和时间格式,W3C备忘录,1997年9月15日,可从〈http://www.w3.org/TR/NOTE-datetime〉下载

PDF参考勘误表,第三版,2003年6月18日,可从〈http://partners.adobe.com/asn/acrobat/docs/PDF14errata.txt〉下载

可扩展标记语言(XML)1.0(第三版),W3C推荐标准,2004年2月4日,可从〈http://www.w3.org /TR/2004/REC-xml-20040204〉下载

ICC.1:1998-09 色彩描述档文件格式,国际色彩联盟,可从〈http://www.color.org/ICC-1_1998-09.PDF〉下载

ICC.1A:1999-04,ICC.1:1998-09 规范附录2,国际色彩联盟,可从〈http://www.color.org/ICC-1A_1999-04.PDF〉下载

PDF参考:Adobe便携文档格式,1.4版,Adobe系统公司,第三版(ISBN 0-201-75839-3)。在本部分中将简称为《PDF参考》,可从〈http://partners.adobe.com/asn/acrobat/docs/File Format Specifications/PDFReference.pdf〉下载

RDF/XML 语法规范(修改版),W3C 推荐标准,2004 年 2 月 10 日,可从〈http://www.w3.org/TR/2004/REC-rdf-syntax-grammar-20040210/〉下载

语种标识标签,RFC1766,1995 年 3 月,可从〈http://www.ietf.org/rfc/rfc1766.txt〉下载

XMP 规范,2004 年 1 月,Adobe 系统公司,可从〈http://partners.adobe.com/asn/tech/xmp/pdf/xmpspecification.pdf〉下载

3 术语和定义

下列术语和定义适用于本部分。

3.1

一致性级别 conformance level

文件和阅读器必须遵循的限制和要求的集合。

[ISO 15930-4]

3.2

交叉引用表 cross reference table

包含文件中的间接对象的起始字节偏移量信息的 PDF 数据结构。

3.3

字典 dictionary

键—值对照表。键与值分别对应某对象某一属性的名称和取值。一般用来收集和归拢复杂对象的属性。

[ISO 15930-4]

3.4

电子文档 electronic document

面向页面的文本与图像数据的集合,以及元数据的电子表现。这些元数据被用于辨别、解释和呈现这些文本与图形数据。可在纸上或者以光学缩微文献的形式重现,且无显著信息丢失。

3.5

文件结束标志 end-of-file marker

用来标识 PDF 文件结束的五字符序列:%%EOF。

3.6

行结束标记 end-of-line marker;EOL marker

用来标识一行文本结束的一个或两个字符的序列,包括回车(**CARRIAGE RETURN**)符(0Dh)或换行(**LINE FEED**)符(0Ah),或者一个回车符之后紧跟一个换行符。

3.7

字体 font

表征字形或其他图形元素的图形集合。

[ISO 15930-4]

3.8

字形 flyph

独立于任何特殊设计的、可识别的抽象图形符号。

[GB/T 16964.1—1997]

3.9

国际色彩联盟描述档 ICC profile

遵循国际色彩联盟规范和附录的色彩描述档及其附录。

[ICC.1:1998-09]和[ICC.1A:1999-04]

3.10

交互式阅读器 interactive reader

在软件处理的过程中需要或允许人为交互的阅读器。

注：交互式阅读器的一个例子：文件查看器；非交互阅读器的例子：光栅图像处理器。

3.11

A 级一致性 Level A conformance

满足本部分所有要求的一致性级别。

3.12

B 级一致性 Level B conformance

满足本部分关于电子文档视觉外观的要求，但不包括关于文档结构和语义属性方面的要求。

3.13

长期 long-term

足够长的时间段，信息在该时间段内被存储，其间可能会发生一系列技术变迁，包括新的媒体和数据格式支持、用户群体的变更，这个时间段可能会延伸到无限未来。

[ISO 14721]

3.14

PDF 便携文档格式 Portable Document Format

在《PDF 参考》及其勘误表中定义的文件格式。

[ISO 15930-4]

3.15

阅读器 reader

可以恰当地读取和处理文件的软件。

[ISO 15930-4]

3.16

空格字符 space character

用于在文本显示操作中表现正视空白距离的文本字符串。

注：通常使用的空格字符包括：水平制表符（HORIZONTAL TABULATION）（U+0009）、换行（LINE FEED）（U+000A）、垂直制表符（VERTICAL TABULATION）（U+000B）、换页（FORM FEED）（U+000C）、回车（GARRIAGE RETURN）（U+000D）、空格 （SPACE）（U+0020）、不间断空格（NO－BREAK SPACE）（U+00A0）、半角空格（EN SPACE）（U+2002）、全角空格（EM SPACE）（U+2003）、图形空格（FIGURE SPACE）（U+2007）、标点空格（PUNCTUATION SPACE）（U+2008）、薄空格（THIN SPACE）（U+2009）、最小的空格（HAIR SPACE）（U+200A）、零宽度空格（ZERO WIDTH SPACE）（U+200B）和表意空格（IDEOGRAPHIC SPACE）（U+3000）。

3.17

空白字符 white-space character

空（NULL）（00h）、水平制表符（HORIZONTAL TABULATION）（09h）、换行（LINE FEED）（0Ah）、换页（FORM FEED）（0Ch）、回车（CARRIAGE RETURN ）（0Dh）或空格（SPACE）（20h）。

3.18

书写器 writer

可以用来写文件的软件应用。

[ISO 15930-4]

3.19

XMP 元数据包 XMP packet

可嵌入各种文件格式中的串行 XMP 元数据的结构化封装。

4 符号说明

在本部分内容中，PDF 操作符、PDF 关键词、PDF 字典中键的名称，以及其他预定义的名词用粗体表示，PDF 操作符的操作数以及字典中键的取值采用斜体表示。

示例：**TR2** 为键的默认值，(The *Default* value for the **TR2** key)。

如在《PDF 参考》3.1 中定义的那样，用来划分对象界限和描述 PDF 文件结构的符号字符，可用他们在 GB/T 1988—1998 中定义的字符名称表示。采用这种表示法时，字符名称采用大写的粗体，后面紧跟一个括号，括号中为字符的 2 位 16 进制数字，并以 h 结尾。

示例：回车 **CARRIAGE RETURN** (0Dh)

如在《PDF 参考》3.8.1 中定义的那样，文档内容流的文本串字符可以用他们在 GB/T 13000.1 中的字符名称表示。采用这种表示法时，字符名称采用大写字体，后面紧跟一个括号，括号中为字符的 4 位16 进制数字，并以 U+开头。

示例：半角空格 EN SPACE (U+2002)

在本部分中，凡引用《PDF 参考》的地方都是指《PDF 参考：Adobe 便携文档格式》及相应的勘误表《PDF 参考勘误(第三版)》。

5 一致性级别

5.1 概述

本部分定义了一种用于表示电子文档的文件格式(PDF/A-1)。标准 PDF/A-1 文件应满足《PDF 参考》以及本部分中的所有要求。对于任何有效的 PDF1.4 的特性，只要本部分没有明确禁止，就可以被应用到合格文件中。在 PDF1.4 版《PDF 参考》之前的版本中所涉及且未在《PDF 参考》明确描述的 PDF 特性将不再被使用。PDF 文件头中的版本号，以及文档目录字典中版本 **Version** 键的取值都不能说明该文件是否符合本部分。

注 1：合格文件不强制使用《PDF 参考》和本部分所要求之外的任何 PDF 特性。

注 2：有关判断某个文件是否满足某个一致性级别的 PDF/A-1 文件的方法，请参考 6.7.11。

5.2 A 级一致性

符合 A 级一致性的文件应满足本部分中所有的要求。符合此一致性级别的文件称为"A 级一致性 PDF/A-1a 文件"。

5.3 B 级一致性

考虑到不同的用户群体对 PDF 文件的保存需求不同，本部分定义了 B 级一致性。符合 B 级一致性的文件应遵循本部分除 6.3.8 和 6.8 之外的所有要求。符合此一致性级别的文件称为"B 级一致性 PDF/A-1b 文件"。

注：B 级一致性是合格文件经长期保存后呈现时视觉外观不变的最低要求。然而，B 级一致性文件的内部信息不足，无法确保文件的逻辑结构以及文件内容文本流能够按照自然阅读顺序保存。A 级一致性文件可以做到这些。A 级一致性对文件的制作者及准备者提出了更多的要求，这些要求可以保证文件在长期保存的过程中更加可靠。另外，A 级一致性文件也更便于残障人士使用。

5.4 符合标准的阅读器

一个符合标准的阅读器应满足本部分中所有关于阅读器功能的要求。本部分中关于阅读器的功能要求适用于所有的符合标准的阅读器。本部分不涉及任何具体的技术设计、用户界面以及实现方面的细节。

合格文件的呈现应按照《PDF 参考》中定义的关于本部分中指定的要求进行。阅读器不必考虑那些在 PDF1.4 版之前的 PDF 规范中出现但在《PDF 参考》中没有提及的特性。

符合标准的阅读器可以正确读取和处理所有满足某一特定一致性级别的 PDF/A-1 文件。A 级标准阅读器可以读取和处理所有的A级和B级合格文件，B级标准阅读器可以读取和处理所有的B级合格文件。

6 技术要求

6.1 文件结构

6.1.1 总则

6.1.2到6.1.13全面介绍了文件的格式问题以及构成合格文件结构的基本元素。

6.1.2 文件头

文件头中的“%”字符应该出现在文件的0字节偏移量位置。

文件头的那行结束后应紧跟一段以“%”开头的注释。注释在%之后至少要有4个字符，每个字符的二进制编码值要大于十进制编码值127。

注：文件头注释中所包含的大于十进制编码值127的字符的目的是：不同的软件工具和协议用它们来区分文件是否包含需要在处理过程中保留的8位二进制数据。

6.1.3 文件尾

文件尾字典应包括ID关键字，该字典中不能使用Encrypt关键字。在最后一个文件结束符之后除了可以附加一个可选的行结束符之外，不能出现任何其他的数据。

此处所说的文件尾指的是PDF文件的最后一个尾字典(参见《PDF参考》3.4.4和3.4.5)，或者是指线性化的PDF文件的首页尾部(参见《PDF参考》F.2)。在线性化的文件中，首页尾部以及最后一个尾词典中都要包含ID关键字，并且两处的取值要相同。

注：显式地禁用Encrypt关键字会使文件加密和密码保护许可权限的功能隐式失效。

6.1.4 交叉引用表

在交叉引用项头中，起始对象的序号及范围应用一个SPACE(20h)字符分隔。

xref关键字和交叉引用项头应用一个EOL标记分开。

任何对象如果其偏移量在交叉引用表中没被引用，则该对象不必满足本部分的任何要求。

6.1.5 文档信息字典

合格文件中可能会定义一个文档信息字典。如果定义了，该字典的所有元素应与6.7.3中定义的类似于XMP元数据的属性相一致。

6.1.6 串对象

16进制串应包含偶数个非空白字符，每个字符的取值应在**0～9**，**A～F**以及**a～f**中选取。

6.1.7 流对象

stream关键字后应跟回车符GARRIAGE RETRUN (0Dh)加换行符LINE FEED (oAh)序列或只跟单个换行符。**endstream**关键字之前要有一个EOL标记。

流字典中的**Length**关键字的取值为文件中**stream**关键字之后的换行符到**endstream**关键字之前的EOL标记之间的字节数。

注1：这些要求消除了与流内容的结束点相关的潜在的不确定性。

流对象字典中不包含**F**、**FFilter**或**FDecodeParams**关键字。

注2：这些关键字用来指向那些文件之外的内容。显式地禁用这些关键字，可以防止使用文件之外的可产生外部关联的内容。以避免使文件的保存过于复杂。

6.1.8 间接对象

对象序号与生成序号之间应用一个空白字符间隔开。生成序号与**obj**关键字之间也应用一个空白字符间隔开。

对象序号与**endobj**关键字之前分别应有一个EOL标记。**obj**关键字和**endobj**关键字之后也分别应有一个EOL标记。

6.1.9 线性化的 PDF

本部分应被允许线性化，但是符合标准的阅读器将忽略文件中的所有线性化信息。

6.1.10 过滤器

本部分不应允许使用 **LZWDecode** 过滤器。

注：LZW 压缩算法的使用取决于知识产权的限制。

6.1.11 嵌入式文件

文件规范的字典中不应包含 **EF** 关键字（参见《PDF 参考》3.10.2）。文件名字典中不应包含 **EmbeddedFiles** 关键字（参见《PDF 参考》3.6.3）。

注：这些关键字用于向 PDF 文件中嵌入包含任意内容的文件。显式地禁用这些关键字可以防止使用嵌入文件，使用可建立外部关联的嵌入文件，以避免使文件的保存过于复杂。

6.1.12 实现上的限制

合格文件不能违反任何《PDF 参考》表 C.1 中的结构限制。

注：遵循了这些结构限制的合格文件可以与尽可能多的阅读器兼容。

6.1.13 可选内容

文档目录字典不应包含 **OCProperties** 关键字。

注：显式地禁用 **OCProperties** 关键字（在《PDF 参考》第 1.5 版[19]中允许使用此关键字），可以防止某些会导致其他呈现方法的可选内容。

6.2 图形

6.2.1 总则

6.2.2～6.2.10 描述了加在合格文件以及阅读器上的限制。这些限制是为了解决除字体和交互元素之外的图形呈现问题。

6.2.2 输出方式

合格文件可以通过设置 PDF/A-1 输出方式（OutputIntent）来限定其在输出设备上呈现的色彩特征。PDFA-1 OutputIntent 是一个输出目的的字典，参见《PDF 参考》9.10.4 中的定义。**OutputIntent** 包含于文件的 **OutputIntents** 阵列中，它的 **S** 键的键值是*GTS_PDFA1*，它的 **DestOutputProfile** 键的键值是一个有效的 ICC 配置文件流。

如果一个文件的 **OutputIntents** 阵列包含了多个条目，则所有包含了 **DestOutputProfile** 键的条目都要以同一个间接对象作为该键值，该间接对象为一个有效的 ICC 配置文件流。

6.2.3 色彩空间

6.2.3.1 总则

色彩描述应采取与设备无关的方式，或直接采用设备无关的色域，或间接地使用 **OutputIntent** 进行设置。除了 6.2.3.2 和 6.2.3.4 中限制使用的以外，合格文件可以使用《PDF 参考》中列出的任何色域。

注：按照 6.2.3 中描述的与设备无关的方式声明色彩可以根据色度定义，使色彩的呈现可预测而不受合格文件之外的假设或信息的影响。本部分也提供了一种可以将色度定义和设备相关的色彩数据结合起来的机制。

6.2.3.2 ICCBased 的色域

所有 **ICCBased** 色域都要以 ICC 色彩配置文件流的方式嵌入（参见《PDF 参考》4.5）。

标准阅读器要按照 ICC 规范来呈现 **ICCBased** 色域，不能使用 ICC 配置文件流字典中的替代（**Alternate**）色域。

6.2.3.3 未校准色域

合格文件可以使用 **DeviceRGB** 色域或者 **DeviceCMYK** 色域，但是二者不能同时使用。如果文件中使用了未校准色域，则文件应当包含 PDF/A-1 OutputIntent（在 6.2.2 中定义）。包含了 OutputIntent 的 PDF/A-1 文件只能在采用 **RGB** 色域时才能使用 **DeviceRGB**；同样，只有在采用 **CMYK** 色域时才能使用 **DeviceCMYK**。

当呈现一个文件中的 **DeviceGray** 色域时（该文件的 **OutputIntent** 为 **RGB** 配置文件），标准阅读器应按照《PDF 参考》6.2.1 中的方法将 **DeviceGray** 色域转化为 **RGB** 色域进行处理。

当呈现一个文件中的 **DeviceGray** 色域时(该文件的 **OutputIntent** 为 **CMYK** 配置文件),标准阅读器应按照《PDF 参考》6.2.2 中的方法将 **DeviceGray** 色域转化到 **DeviceCMYK** 色域进行处理。

当呈现与设备相关的色域中指定的色彩时,标准阅读器应使用文件的 PDF/A-1 OutputIntent 字典作为源色域。(参见《PDF 参考》6.2.2)

6.2.3.4 Separation(分色)色域和 DeviceN(专色性)色域

当呈现 **DeviceN** 色域和 **Separation** 色域时,标准阅读器应遵守如下准则:

——如果在色域中选取的色彩全部为 **Cyan**、**Magenta**、**Yellow** 和 **Black** 中的一种或几种,同时文件以 **CMYK** 配置文件作为 **OutputInput** 属性,所有选中的色彩必须从 PDF/A-1 OutputIntent 字典指定的色域中选取,不能使用替代色域(参见《PDF 参考》6.2.2)。

——如果输出设备不支持 **Separation** 色域和 **DeviceN** 色域,则应当采用替代(**Alternate**)色域。

Separation 色域和 **DeviceN** 色域的替代(**Alternate**)色域应遵循 6.2.3.2 和 6.2.3.3 中对色域的限制。

6.2.4 图像

图像字典不应包含 **Alternates** 关键字以及 **OPI** 关键字。

如果图像字典中包含 **Interpolate** 关键字,其值必须为*false*。

Intent 关键字的使用应符合本部分 6.2.9 中的规则。

6.2.5 XObjects 表单

XObjects 表单字典不应包含以下任何一项:

——**OPI** 关键字;

——取值为*PS* 的 **Subtype2** 关键字;

——**PS** 关键字。

注:在早期版本的 PDF 规范中,取值为*PS* 的 **Subtype2** 关键字以及 **PS** 关键字用来定义任意可执行的 PostScript 代码流,这种方式会影响呈现效果的稳定性与可预测性。

6.2.6 外部(XObjects)参考

合格文件不应包含任何外部参考。

注:外部参考指的是任何其他 PDF 文件中会创建外部关联的内容,它会导致文件的保存过于复杂。

6.2.7 外部 PostScript 对象(PostScript XObjects)

合格文件不应包含任何外部 PostScript 对象。

注:外部 PostScript 对象包含任意可执行的 PostScript 代码流,这会影响呈现效果的稳定性与可预测性。

6.2.8 扩展的图形状态

ExtGstate 字典不应包含 **TR** 关键字,也不应包含取值为*Default* 之外的 **TR2** 关键字。标准阅读器将忽略 ExtGState 字典中的 **HT** 关键字。

RI 关键字的使用应符合本部分 6.2.9 中的规则。

6.2.9 呈现方式(Rendering intent)

呈现方式的取值必须是《PDF 参考》中定义的下列四种之一:*RelativeColorimetric*,*AbsoluteColorimetric*,*Perceptual* 或*Saturation*。

注:默认的呈现方式是*RelativeColorimetric*。

6.2.10 内容流

内容流不应包含任何未在《PDF 参考》中定义的操作符,即便该操作符被 **BX** /**EX** 兼容符号括起来。

ri 操作符的使用应遵守 6.2.9 中的规则。

注 1:内容流被用作页面描述。例如,内容流可能被用于说明某个页面对象的内容或用于说明某外部表单对象(form XObject)的内容,或是用于说明注释(包括表单域和 **Widget** 注释)的外观流。

注 2:在早期版本的 PDF 格式中定义了一种 Postscript 操作符 **PS**。《PDF 参考》中没有定义此操作符,所以本节将默认禁止使用此操作符。

6.3 字体

6.3.1 总则

6.3.2～6.3.8的内容是为了保证合格文件在将来的呈现过程中,其文本内容在字形上与原始文件的静态外观一致,并允许恢复文本内容中每个字符的的语意属性。

6.3.2 字体类型

合格文件中使用的所有字体应符合《PDF参考》5.5中的字体规范。

本部分中,Type1的多种变形字体(Multiple Master Fonts)应被认为是Type1字体的特例,所有适用于Type 1的要求也应自动适用于Type1的多种变形字体。

注:保证字体的一致应由作者来完成。本部分中将不规定字体以哪种方式保持一致。

6.3.3 合成字体

6.3.3.1 总则

在合格文件中所引用的任何合成(Type 0)字体,其CIDFont和CMap字典列表中的**CIDSystemInfo**项应保持一致(参见《PDF参考》5.6.2),即该字体在CIDSystemInfo字典中的**Registry**和**Ordering**串应完全相同,除非CMap字典中的**UserCMap**关键字的取值是*Identity-H*或是*Identity-V*。

6.3.3.2 CID字体

对于所有的Type 2 **CIDFonts**来说,CIDFont字典应包含**CIDToGIDMap**项,该项为从字符索引(CIDs)到字形编号或*Identity*的流映射。(参见《PDF参考》表5.13)。

6.3.3.3 CMaps

除了*Identity-H*和*Identity-V*之外,所有在合格文件中使用的CMaps,应按照《PDF参考》6.5.4中描述的那样被嵌入到文件中。对所有嵌入的CMaps而言,CMap字典中**WMode**项的整数值应和嵌入的CMap流中的**WMode**取值相同。

6.3.4 嵌入式字体程序

合格文件中使用的所有字体的字体程序都应嵌入该文件中(参见《PDF参考》5.8),除非专门用文本呈现模式3使用该字体。当某种字形在如下任何一种关联中被引用时,我们就认为使用了对应的字体。

——某页对象的**Contents**流;

——某外部表单对象流;

——某注释的外观流(含表单域);

——某Type 3字体字形的内容流;

——某平铺模式流。

只允许使用按本部分嵌入文件中并可作无限制的全局呈现的字体。

所有的符合标准的阅读器都应使用嵌入式字体进行呈现,而不应用其他的一些局部驻留字体、替换字体或者仿真字体。

注1:如《PDF参考》5.2.5中所描述的那样,文本呈现模式3规定字形不能被线条轮廓化、被填充或作为剪切边界,所以仅在此模式中引用的字体将不被呈现,因此也不必遵循嵌入的要求。

注2:14种标准Type 1字体应满足6.3.4的要求。Type 3字体不必满足6.3.4的要求,因为Type 3中的字体的定义方式就保证了其必然是嵌入在PDF文件中的,尽管其嵌入方式不同于《PDF参考》5.8中的方法。

注3:对字体程序元数据的要求参见6.7.10。

注4:如6.3.5中描述的那样,只要当嵌入式字体程序对所有出现在该文件中的字符的字形进行了定义,则字体子集是可接受的。任何符合标准的阅读器可以通过嵌入式字体程序正确地呈现所有的字形的初始状态而不需要参考任何临时的外部资源。

注5:本部分排除任何涉及到版权许可的嵌入式字体,否则将会对文档的长期合法保存带来负担,因为需要验证版权许可的存在性、有效性及有效期。

6.3.5 字体子集

如6.3.4中所述，为了呈现合格文件，嵌入式字体程序应在合格文件中定义所有被用到的字形。一旦嵌入式字体程序定义相应的字形，Type 0的**CIDFont**子集以及Type 1和TrueType的字体子集都将可用(参见《PDF参考》5.5.3)。

对于合格文件中的Type 1字体子集而言，其字体描述字典应包含名为**CharSet**的串，该串中列有所有字体子集中定义的字符名称(参见《PDF参考》表5.18)。

对于合格文件中的**CIDFont**子集而言，其字体描述字典应包含名为**CIDSet**的流，该流说明了嵌入的**CIDFont**文件中包含了哪些CID(参见《PDF参考》表5.20)。

注：使用字体子集可以显著地减小合格文件的大小。

6.3.6 字体尺寸

对于所有嵌入合格文件中或被用于呈现的字体而言，保存在字体字典中的**Widths**项里的字型宽度信息和在嵌入式字体程序中的宽度信息应一致。

注：这一要求可以保证字体呈现的可预测性，不管阅读器使用**Widths**项里的还是嵌入式字体程序中的宽度信息。

6.3.7 字符编码

所有的非符号TrueType字体应在字体字典中以*MacRomanEncoding*或*WinAnsiEncoding*作为**Encoding**项的取值。所有的符号型TrueType字体不应在字体字典中设定**Encoding**项，同时此类字体程序的“cmap”表只能包含一种编码。

注：本需求将《PDF参考》5.5.5中的建议方案规范化。

6.3.8 Unicode字符映射

本条内容只适用于A级一致性的文件，B级一致性不需考虑本条的限制。

字体字典应包括**ToUnicode**项，其取值为一个CMap流对象，可将字符编码映射到其Unicode取值[22](参见《PDF参考》5.9)。对以下三种情况例外：

——使用了下列预定义的编码的字体：**MacRomanEncoding**、**MacExpertEncoding**、**WinAnsiEncoding**，或者使用了预定义的**Identity-H**或**Identity-V** CMaps字体。

——Type 1字体，其字符名称来自于Adobe标准拉丁字符集或者来自于符号字体中的命名字符集(参见《PDF参考》附录D)。

——Type 0字体，其子**CIDFont**使用了**Adobe-GB1**、**Adobe-CNS1**、**Adobe-Japan1**或**Adobe-Korea1**字符集。

注：Unicode映射允许恢复文件中用到的每一个字符的语义信息。

6.4 透明

出现在**ExtGState**或者外部对象(**XObject**)字典里的**SMask**关键字的取值应为**None**。

如果**Group**对象包含取值为透明(Transparency)的**S**关键字，则外部表单对象(**form XObject**)不应包含此**Group**对象。

如果**ExtGState**对象中出现了下列关键字，它们的取值应为：

——**BM** Normal或Compatible；

——**CA** 1.0；

——**ca** 1.0。

注：这些约定限制了透明在合格文件中的使用。要取得半透明的图形视觉效果可以采取《PDF参考》透明关键字之外的技术，例如数据的预呈现和平铺向量对象。使用此类技术并不影响文件符合PDF/A-1标准格式。

6.5 注释

6.5.1 总则

除了《PDF参考》及本部分中定义的呈现行为之外，符合标准的交互式阅读器应提供一种方法以显示注释字典的**Contents**关键字的取值。

注：本部分不涉及交互式阅读器如何实现上述功能的具体行为或技术实施细节。

6.5.2 注释类型

未在《PDF参考》中定义的注释类型将被禁止。另外，**FileAttachment**、**Sound**和**Movie**注释类型也被禁止。

注：本部分不涉及对多媒体内容的支持。

6.5.3 注释字典

注释字典中的 **CA** 关键字的取值必须为 1.0。

注释字典应包含 **F** 关键字。**F** 关键字的 **Print** 标记位应被设置成 1，同时其 **Hidden**、**Invisible** 和 **NoView** 标记位都要被设成 0。

文本注释中，**F** 关键字中的 **NoZoom** 和 **NoRotate** 标记位应设置为 1。

注 1：加在注释的标记上的限制是为了避免注释不能被打印的情况(注释可能是隐藏的或显式的)。通过使用 **NoZoom** 和 **NoRotate** 标记，使得合格文件中的注释类型和通常的文本注释类型保持一致。文本注释直接定义了 **NoZoom** 和 **NoRotate** 的行为，不管其对应标志是否被设置(参见《PDF 参考》8.4.5)。显式地设置这些标志可以消除注释字典的设置和阅读器行为之间的任何不确定性。

注释字典不能包含 **C** 阵列或 **IC** 阵列，除非在 PDF/A-1 OutputIntent 字典的 **DestOutputProfile** 中使用了 RGB 色域。(参见 6.2.2)

注 2：这些规定保证了在注释中由非外观流机制使用的设备色域是由 PDF/A-1 OutputIntent 间接定义了的。

如果注释字典中包含了 **AP** 关键字，则由其定义的外观字典只能包含 **N** 关键字，其对应的取值为定义了注释外观的流。

注 3：6.5.3 中的规定适用于所有的注释类型，包括表单域的 **Widget** 类型。

6.6 文档操作

6.6.1 总则

禁止使用 **Launch**、**Sound**、**Movie**、**ResetForm**、**ImportData** 和 **JavaScript** 等操作。另外，禁止使用 **set-state** 和 **no-op** 操作。除了 **NextPage**、**PrevPage**、**FirstPage** 和 **LastPage** 之外的操作应被禁止。对四种被允许的操作，符合标准的交互式阅读器应按照《PDF 参考》表 8.45 来执行合理的操作。

交互式表单域不能执行任何类型的操作。

注 1：本部分不讨论多媒体内容的支持。ResetForm 操作将改变呈现出的表单的外观效果，**ImportData** 操作用于从外部文件导入表单数据，**JavaScript** 操作允许使用任意的可执行代码，这些代码可能影响呈现的可靠性及可预测性。

注 2：对交互式表单域的附加需求在 6.9 节中说明。

6.6.2 触发事件

Widget 注释字典或 Field(域)字典不应包含附加操作字典的 **AA** 项。文档目录字典也不应包含附加操作字典的 **AA** 项。

注：这些附加操作字典用于定义任意的 JavaScript 操作。显式地禁用 AA 项可以防止某些会产生外部关联的 JavaScript 操作，以避免文件的保存过于复杂。

6.6.3 超文本链接

符合标准的交互式阅读器可以选择使超链接失效，但是除了《PDF 参考》及本部分中定义的呈现行为之外，阅读器还应提供一种机制来显示 **GoToR** 操作字典中的 **F** 和 **D** 关键字、**URI** 操作字典中的 **URI** 关键字以及 **SubmitForm** 操作字典中的 **F** 关键字。

注：因为超链接将操作执行导向了交互式阅读器控制之外，本条允许交互式阅读器选择使超链接失效。为了保证合格文件所有信息内容的开放性，阅读器必须能够提供某种机制表明所有的超链接指向。本部分不涉及交互式阅读器如何实现上述功能的具体行为或技术实施细节。

6.7 元数据

6.7.1 总则

6.7.2 ～ 6.7.11 中描述了合格文件中对元数据的要求。元数据是文件的整个生命周期过程中有效管理文件的基础。元数据被用来识别和描述文件信息，以及对相关技术和管理问题进行描述。所以，合格文件的作者应遵从很多本部分之外的不同应用领域的元数据要求。本部分给出了一个结构化并且一致性的框架，该框架支持多种元数据的需求。

6.7.2 属性

合格文件的文档目录字典应包含元数据关键字，关键字的取值即元数据流格式应遵循《XMP 规范》，文件中所嵌入的元数据属性都应为 XMP 格式（文档信息字典中没有对等 XMP 的项除外，参见 6.7.3）。采取 XMP 格式的属性可采用《XMP 规范》(2004 年 4 月版）中预定义的模式也可采用符合《XMP 规范》及 6.7.8 的扩展模式。元数据对象流字典不应包含 **Filter** 关键字。

注 1：显式地禁用 **Filter** 关键字可以使非 PDF 阅读工具得以识别以纯文本方式保存的 XMP 元数据流的内容。

注 2：XMP 格式的扩展格式指没有在《XMP 规范》中定义的格式。

注 3：根据 W3C XML 关于命名空间的建议[18]，命名空间前缀是指命名空间 URI 的快捷方式。前缀本身没有什么意义。本条中使用一些惯用前缀作为例子。除了 6.7.8 和 6.7.11 指定的特定前缀外，可以使用任何前缀。

6.7.3 文档信息字典

文档信息字典可以出现在合格文件中。如果出现了，则其中所有与预定义的 XMP 格式中有类似属性的项（参见表 1）要以等价的值以 XMP 格式嵌入到文件中。没有出现在表 1 中的文档信息字典中的项不应采用预定义的 XMP 格式属性嵌入到文件中。

注 1：由于合格文件可以包含文档信息字典，所以该文件有可能同时符合 PDF/A-1(ISO 19005-1)和 PDF/X (ISO 15930-4和 ISO 15930-6[11])格式。

表 1 文档信息字典与 XMP 属性的对应

文档信息字典		XMP	
项	PDF 类型	属性	XMP 类型
Title	text string	**dc:title**	Lang Alt
Author	text string	**dc:creator**	seq ProperName
Subject	text string	**dc:description["x-default"]**	Text
Keywords	text string	**pdf:Keywords**	Text
Creator	text string	**xmp:CreatorTool**	AgentName
Producer	text string	**pdf:Producer**	AgentName
CreationDate	Date	**xmp:CreateDate**	Date
ModDate	Date	**xmp:ModifyDate**	Date

注：dc 前缀的 XML 命名空间 URI(统一资源标识符）为〈http://purl.org/dc/elements/1.1/〉；PDF 前缀的命名空间 URI 是〈http://ns.adobe.com/pdf/1.3/〉；XMP 前缀的命名空间 URI 为〈http://ns.adobe.com/xap/1.0〉。

文档信息字典中的项及其对应的 XMP 属性的取值应相同。对于需要将 PDF text string 类型映射到 XMP Text 类型的情况，两边的字符串中的每一个字符的值都应相等，与采取的编码方式无关（字符的取值可参考 GB/T 13000.1—1993）。

注 2：显式地要求文档信息字典中的项及其对应的 XMP 属性的取值相同，可以消除属性取值的歧义。

如果采用了 XMP 元数据的 **dc:creator** 属性，其表现形式应为一个有序的文本阵列，其每一项都应包含一个或多个名字。**Author** 和 **dc:creator** 的字符串中的每一个字符的值都应相等，与采取的编码方式无关（字符的取值可参考 GB/T 13000.1—1993）。

例 1：文档信息字典项：

/Author (Peter、Paul 和 Mary)

等同于 XMP 属性：

〈dc:creator〉

　〈rdf:Seq〉

〈rdf:li〉Peter, Paul 和 Mary 〈/rdf:li〉

〈/rdf:Seq〉

〈/dc:creator〉

日期属性由一系列不同的时间粒度单位组成的一个变长序列来表示:年、月、日、时、分、秒。PDF 日期类型(参见《PDF 参考》3.8.2)和 XMP 日期类型(参见《日期时间格式》)之间的等值映射应保证每一段时间单位的取值相对于调整后的世界时(即调整时区)都相同。

例 2:文档信息字典项:

/CreationDate(D:20040402)

/ModDate(D:20040408091132-05'00')

等同于 XMP 属性:

〈xmp:CreateDate〉2004-04-02〈/xmp:CreateDate〉

〈xmp:ModifyDate〉2004-04-08T14:11:32Z〈/xmp:ModifyDate〉

6.7.4 规范化

所有的 XMP 模式都宜为其属性定义规范化准则。对于模式中提供了规范化准则的元数据属性,其属性值应以已定义的规范化的形式输入、保存和存储,以便于交换并使标准阅读器对元数据有一致性解释。

6.7.5 XMP 头

XMP 包的头中不能使用 **bytes** 和 **encoding** 属性。

注:《XMP 规范》中不推荐使用 **bytes** 和 **encoding** 属性。

6.7.6 文件标识符

合格文件宜包含一项或多项元数据用于描述、归类和识别该文件。本部分不规定任何具体的识别模式。识别符可以是基于外部信息的,如国际标准书号(ISBN),或者数字对象识别符(DOI);也可以是基于文件内部信息的,如全球唯一标识符(GUID/UUID)或者工作流操作中的某个指定名称。标识符可以包含在 **xmp:Identifier** 属性中,或者 **xmpMM:DocumentID**、**xmpMM:VersionID** 和 **xmp:RenditionClass** 属性中,或者其它扩展模式的属性中。任何符合 XMP 规范以及本部分规定的属性,都可以使用标识符系统。

如果某合格文件被修改了,比如只是加入了 **xmpMM:History** 属性(参见 6.7.7),则文件尾字典中 **ID** 关键字的标识符也应按照《PDF 参考》9.3 进行修改。

注:xmp 前缀的 XML 命名空间 URI 是〈http://ns.adobe.com/xap/1.0/〉; xmpMM 前缀的命名空间 URI 是〈http://ns.adobe.com/xap/1.0/mm/〉。

6.7.7 文件来源信息

为了描述高级用户对合格文件的创建、转换或其他示例操作,每一项操作都要被记录在 **xmpMM:History** 属性中。对于每个操作的记录而言:

——要指定 **action**、**parameters** 以及 **when** 域;

——要指定 **softwareAgent** 域;

——不能指定 **instanceID** 域。

注 1:xmpMM 前缀的 XML 命名空间 URI 是〈http://ns.adobe.com/xap/1.0/mm/〉

注 2:对有特定验证需求的软件应记录更多除了在 XMP 模式中预定义之外的类型的操作以及关于这些操作的更多细节。举例来说,这些其他类型的操作包括改变文档外观的操作、降低象素或替换字体等。关于操作的更多细节包括操作者的身份识别和操作环境的信息。

如果是从原始形式为纸质文档、缩微摄像生成的,或其他电子文档转换而来的合格文件,xmpMM:History 应记录下所有的高级操作过程(例如,从 PDF1.4 转到 PDF/A-1),如对文件内容和功能的修改(例如,原先嵌入的 JavaScript 代码和音频没被保存下来)、对一些已存在的元数据的处理(例如,文档信息字典的所有值转换为 XMP)以及其他转换过程中的重要方面。

对于所有的合格文件,不管是直接创建还是从其它类型的文档(例如纸质文档、缩微胶片或其他电子格式)转换而来,**xmpMM:History** 中都应记录下随后的高级工作流程的操作过程(例如,操作和传递的描述),如对文件管理政策的引用(例如,文件收集、处理和使用遵循的官方条例的名称)、所用软件工具的名称和版本以及其他任何涉及到文件的创建和使用相关的信息。

如果在文件的生命周期中,XMP 元数据属性被改变了或删除了,则 **xmpMM:History** 应记录这些变化,通过在对应项的 **parameters** 域中保存属性的名称和原来的取值。这一推荐操作适用于除 **xmpMM:History** 自身之外所有的元数据属性。如果某元数据属性被删除了,其在 **xmpMM:History** 中对应项的 **action** 域应设为 pdfa:deleted。

6.7.8 扩展模式

应将合格文件中用到的所有扩展模式的描述嵌入到该文件的元数据流中(参见 6.7.2)。这些描述应用本条标准中定义的 PDF/A 扩展模式的容器模式来实现。

注:扩展模式指的是《XMP 规范》中没有定义的任何 XMP 模式。

表 2 中定义的扩展模式的容器模式,其命名空间 URI 为〈http://www.aiim.org/pdfa/ns/extension/〉,这要求模式命名空间的前缀是 **pdfaExtension**。

表 2 PDF/A 扩展模式的容器模式

属性	取值类型	类别	描述
pdfaExtension:schemas	*bag Schema*	内部的	用于嵌入式扩展模式描述的容器

表 3 中定义的模式类型是一个包含了扩展模式的描述 XMP 结构。域的命名空间 URI 是〈http://www.aiim.org/pdfa/ns/schema#〉,域的命名空间前缀是 pdfaSchema。

表 3 PDF/A 模式取值类型

域名称	取值类型	描述
pdfaSchema:schema	*Text*	可选模式描述
PdfaSchema:namespaceURI	*URI*	模式命名空间 URI
pdfaSchema:prefix	*Text*	首选模式命名空间前缀
pdfaSchema:property	*seq Property*	模式属性描述
pdfaSchema:valueType	*seq ValueType*	特定模式取值类型描述

表 4 中定义的属性类型是一个包含了模式属性的描述的 XMP 结构。域命名空间 URI 是〈http://www.aiim.org/pdfa/ns/property#〉,域命名空间前缀是 pdfaProperty。

表 4 PDF/A 属性类型模式

域名称	取值类型	描述
pdfaProperty:name	*Text*	属性名称
PdfaProperty:valueType	*Open Choice of Text*	属性的取值类型,来自《XMP 规范》(2004 年 4 月版)或嵌入式 PDF/A 取值类型扩展模式
PdfaProperty:category	*Closed Choice of Text*	属性类别:内部的或外部的
pdfaProperty:description	*Text*	属性描述

pdfaProperty:valueType 的首选值是《XMP 规范》(2004 年 4 月版)中定义的无异议的属性取值类型。阵列类型之前是其容器类型:alt、bag 或 seq,与基本类型之间用一个空白字符分开。

表5中定义的 **ValueType** 类型是一个 XMP 结构，它包含了对所有未在《XMP 规范》(2004年4月版)中定义的嵌入式扩展模式采用的属性取值类型的描述。域命名空间 URI 是〈http://www.aiim.org/pdfa/ns/type#〉，命名空间前缀是 pdfaType。

表5　PDF/A 取值类型模式

域名称	取值类型	描述
pdfaType:type	*Text*	属性取值类型名称
pdfaType:namespaceURI	*URI*	属性取值类型的域命名空间 URI
pdfaType:prefix	*Text*	首选取值类型的域命名空间前缀
pdfaType:description	*Text*	属性取值类型描述
pdfaType:field	*seq Field*	结构化域的可选描述

表6中定义的 **Field** 类型是一个包含了对属性取值类型域描述的 XMP 结构。域的命名空间 URI 是〈http://www.aiim.org/pdfa/ns/field#〉，域命名空间前缀是 **pdfaField**。

表6　PDF/A 域模式

域名称	取值类型	描述
pdfaField:name	*Text*	域的名称
pdfaField:valueType	*Open Choice of Text*	域的取值类型，来自《XMP 规范》(2004年4月版)或嵌入式 PDF/A 取值类型扩展模式
pdfaField:description	*Text*	域的描述

6.7.9　校验

所有的 XMP 包的内容应严格按照《可扩展标记语言(XML)1.0》(第三版)2.1 以及《RDF/XML 语法规范》(修改版第七版)中的定义来构建。如果条件允许，每当创建或再次保存一个合格文件时，文件中所有的 XMP 包的内容都应被校验一次。

6.7.10　字体元数据

对于嵌入的 Type 0、Type 1 和 TrueType 字体程序而言，嵌入的字体文件流字典中应包含一个 **Metadata** 项，其取值为 XMP 元数据流。该项应包含如下的 XMP 元数据元素：**dc:Title**，指定了字体描述字典中字体的 **FontName** 关键字的取值；**dc:rights**，指定了版权声明；**xmpRights:Marked** 的取值为布尔值 true；**xmpRights:Owner** 指定了字体的合法拥有者；**xmpRights:UsageTerms** 指定了字体使用所遵从的许可条款陈述。文件的创建者还可以自行加入其他的 XMP 元数据。

注1：为保持字体产权拥有者的知识产权身份和范围，保存字体权限信息是十分有益的。尽管很多字体把版权和许可条款陈述嵌入在字体本身当中，但这并不是一个统一的做法。因此，要求在合格文件中明确表示版权信息是有很有意义的。尽管这种做法可能有些冗余，但可以使未来的系统不必解析字体程序的内部结构。

注2：**xmp** 前缀的 XML 命名空间的 URI 为〈http://ns.adobe./xap/1.0/〉；**xmpRights** 前缀命名空间的 URI 为〈http://ns.adobe.com/xap/1.0/rights/〉。

6.7.11　版本和一致性级别标识

PDF/A 文件的版本和一致性级别应按照本节定义的 PDF/A 标识扩展模式来声明。

表7定义的标识模式的命名空间的 URI 为〈http://www.aiim.org/pdfa/ns/id/〉。模式命名空间前缀为 pdfaid。

表 7　PDF/A 标识模式

属性	取值类型	类别	描述
pdfaid:part	*Open Choice of Integer*	内部的	PDF/A 版本标识符
pdfaid:amd	*Open Choice of Text*	内部的	可选的 PDF/A 修改标识符
pdfaid:conformance	*Closed Choice of Text*	内部的	PDF/A 一致性级别:A 或 B

pdfaid:part 的取值应是该文件遵从的国际标准 ISO 19005 中的部分序号(part number)。如果该文件遵从的标准是某个修订版的 ISO 19005 标准,则 **pdfaid:amd** 的取值应是修改序号和年份,中间以冒号间隔。

A 级一致性文件中的 **pdfaid:conformance** 的取值应为 A 或 B 级一致性文件中的 **pdfaid:conformance** 的取值应该为 B。

仅由 **pdfaid:part**、**pdfaid:amd** 以及 **pdfaid:conformance** 属性的取值不能判断文件是否遵从 ISO 19005 中的一致性。一致性的确定应按照本部分第五章的内容进行。

6.8　逻辑结构

6.8.1　总则

6.8 条的内容仅适用于 A 级一致性文件。对 B 级一致性文件来说,本条的内容可以忽略。

6.8.2～6.8.8 之中要求的目的是为了保证合格文件的文本内容能按书写语言的自然阅读词序恢复,同样也保证了每一个单词的单个字符也能按自然阅读的顺序恢复。另外,考虑到文档的逻辑结构,本条的这些要求还可以实现恢复高级语义信息。

PDF/A-1 作者不能仅仅出于符合一致性级别的目的而向文件中加入源文件中未显式或隐式出现的结构和语义信息。这些信息包括结构层级、自然语言规范、替代描述、非文本注释、替换文本、缩写扩展等。

注:作者未经过验证而通过自动方式生成结构和语义信息的做法是不妥当的。

6.8.2　标记性 PDF

6.8.2.1　总则

A 级一致性文件要满足《PDF 参考》9.7 中的所有关于标记性 PDF 的要求。

注:标记性 PDF 定义了用于显式声明和描述文档内容逻辑结构信息的方法。

6.8.2.2　标记信息字典

文档目录字典应包含 **MarkInfo** 字典,其唯一的项 **Marked** 应取值为*true*。

注:这一设置说明文件符合标记性 PDF 规定。

6.8.3　人为附加信息(Artifacts)

6.8.3.1　总则

分页特征,例如页头、页码,装饰布局特征如脚注、背景,制作辅助信息如分割符和彩条等。这些信息应按照《PDF 参考》9.7.2 规定为分页、布局以及页面辅助信息。

6.8.3.2　词的分割

通常采用空格进行词的分割,其语言和脚本系统还应遵守如下的限制:

在可显示的字符串中,在单个词之间应用一个或多个空格符进行显式的标识。如果某词的结尾正好在整个字符串的结尾处,则应在该词之后插入一个或多个空格符。应注意到一个词有可能跨越两个或多个显示字符串,只有一个或多个空格符才是分词的标志,所以显示字符串的边界未必是词的边界。对于分词而言,一个空格和两个或多个空格的作用相同。

6.8.3.3　结构层级

合格文件的逻辑结构是以文档目录字典中的 **StructTreeRoot** 项为根的层级结构。(参见《PDF 参考》9.6)

层级结构中，每个结构元素字典应包含一个 **Type** 项，取值为 **StructElem**。

合格文件的作者宜在尽量精细的粒度层面上把握文档的逻辑结构层级，可以通过使用标准结构类型来对结构元素进行组合以达到最大扩展可能。这些结构元素包括：块级元素、段落元素、列表元素、表格元素、内联级别结构元素、链接元素和插图元素（参见《PDF 参考》9.7.4）。

注：显式地记录文档的逻辑结构的价值在于，在将来若呈现文档或将其转为其他数据格式时，可以帮助恢复文档所有的语义信息。

6.8.3.4 结构类型

块级结构元素的定义应严格遵循《PDF 参考》9.7.4 中的结构规范。

在结构树根部的角色映射字典中，非标准结构类型应映射到最接近的具有等价功能的标准结构类型（参见《PDF 参考》9.7.4）。这一映射的过程可能不是直接完成。在角色映射时，一个非标准结构类型可能直接映射到另一个非标准结构类型，但是映射最终会终止于一个标准结构类型。

6.8.4 自然语言规范

文档目录字典的 **Lang** 项会设置文件中文本的默认自然语言。

文件中所有非默认语言的文本内容宜使用一个 **Lang** 属性标识，其后便是经过标记的文本内容，或者通过在结构元素字典中定义一个 **Lang** 项来解决。（参见《PDF 参考》9.8.1）。

如果 **Lang** 项是出现在文档目录字典或结构元素字典或属性列表中，则其取值应为《语种标识标签》RFC1766 中定义的某个语言标识符（参见《PDF 参考》9.8.1）。

如果以 Unicode 编码的文本字符串采用了非默认自然语言，或是内部结构元素或标记内容序列定义的非自然语言，则应使用转义序列来标记其使用的语言（参见《PDF 参考》3.8.1）。

注：区分生疏的外文词汇和已成为当前语言常用语的外文词汇是一件困难的事情，所以本条的要求是为了消除这一文本内容语意的不明确性。

6.8.5 替代描述

如果结构元素的内容包含图像、公式等非文本内容且这些内容没有相应的自然预定义的文本，则应通过结构元素字典中的 Alt 键来提供一个替代的文本描述，如《PDF 参考》9.8.2 所述。

注：替代描述为表义不清的非文本内容提供了清晰的文本描述。

6.8.6 非文本注释

对于不显式文本的注释类型，注释字典的 Contents 关键字应按照符合人的阅读习惯的形式来规定注释内容的替换描述。

6.8.7 替换文本

所有未采用标准模式显示的文本结构元素，如自定义字符或者内联图形，应该提供替换的文本，并保存在结构元素字典的 **ActualText** 项中（参见《PDF 参考》9.8.3）。

注：替换文本能提供文本等价物有助于对表义不清的文本元素的理解。

6.8.8 缩写扩展

文本内容中的所有缩写都应保存在一个用 **Span** 标记的内容序列中，其 **E** 属性提供了缩写的文本扩展（参见《PDF 参考》9.8.4）。

注：缩写扩展能提供文本等价物，有助于对表义不清的术语的理解。

6.9 交互式表单

本条的目的是保证表单域的呈现没有不明确之处。

任何时候标准阅读器都不应通过使用表单域来改变页面的呈现效果或文件内容，Widget 注释字典或域字典中不应包含 **A** 或 **AA** 关键字。

交互式表单字典的 **NeedAppearance** 标记的取值为 ***false***，或者为不可见。

每个表单域都应有一个与域数据对应的外观字典，标准阅读器应按照此外观字典而不是表单数据来呈现域。

注：外观字典的要求保证了表单呈现的可靠性。

附 录 A
（资料性附录）
PDF/A-1 一致性总结

A.1 总则

A.1 到 A.3 的内容为快速了解 PDF/A-1 的要求中与《PDF 参考》中的不同之处提供了方便，但是这并不意味着它是一个 PDF/A-1 有关要求的详尽的列表。标准的 PDF/A-1 声明是第二章到第六章的内容。如果本附录中的内容和前面的正文有冲突的话，以正文为准。

为了 PDF/A-1 的一致性，表 A.1 和表 A.2 中列出了 PDF1.4 的操作符、对象以及这些对象在本部分和《PDF 参考》中的要求不一致的关键字。表格中说明了操作符、对象和关键字的状态，以及正文中定义这些状态的位置。下面是所用到的状态取值：

——必要的(Required)　　该操作符、对象或关键字必须出现在合格文件中。

——禁止的(Prohibited)　　该操作符、对象或关键字被禁止出现在合格文件中。

——限制的(Restricted)　　该操作符、对象或关键字可以出现在合格文件中，但是其使用、内容或取值要遵守某些特定的限制。

——推荐的(Recommended)　　该操作符、对象或关键字可以出现在合格文件中。

——忽略的(Ignored)　　该操作符、对象或关键字可以出现在合格文件中，但是将被标准阅读器忽略。

如果表中列出了某个 PDF 字典对象，但是其关键字没有出现在表中，则该对象中的所有关键字以及这些关键字的派生字(如果有的话)都应继承该字典对象在表中的状态。A 对象是 B 对象的派生对象，当下列任何一条成立时则称 B 对象是 A 对象的原始对象：

——A 对象是 B 对象中某关键字的取值；

——B 是一个阵列，而 A 是其中的一个元素；

——A 是 B 的派生的派生。

A.2 操作符

合格文件中可以使用任何《PDF 参考》中定义的用于 **Contents** 流的操作符。表 A.1 中是这些操作符的状态。

表 A.1 操作符状态

操作符	状态	所在条款
CS	限制的	6.2.3
cs	限制的	6.2.3
K	限制的	6.2.3
k	限制的	6.2.3
RG	限制的	6.2.3
rg	限制的	6.2.3
ri	限制的	6.2.9
未在《PDF 参考》中定义的操作符	禁止的	6.2.10

A.3 对象和关键字

合格文件中可以使用任何《PDF 参考》中定义的对象和关键字。这些对象和关键字的状态见表 A.2。一些关键字的状态取决于相关的特定的键—值对。这种情况下，在关键字之后都列出了相关的取值。

表 A.2 对象和关键字状态

对象	关键字(及取值)	状态	所在条款
AcroForm	Need Appearances	限制的	6.9
Action	N NOP	禁止的	6.6.1
	S Named	限制的	6.6.1
	S ImportData S JavaScript S Launch S Movie S ResetForm S SetState S Sound	禁止的	6.6.1
Annot	AA	禁止的	6.6.2
	CA	限制的	6.5.3
	Contents	推荐的(针对非文本注释的A级一致性)	6.8.6
	Subtype FileAttachment Subtype Sound Subtype Movie	禁止的	6.5.2
人为附加信息属性列表字典		推荐的(针对A级一致性)	6.8.3
Catalog	AA	禁止的	6.6.2
	Lang	推荐的(针对A级一致性)	6.8.4
	Metadata	必须的	6.7.2
	Names	限制的	6.1.11
	OCProperties	禁止的	6.1.13
	OutputIntents	限制的	6.2.2
	StructTreeRoot	推荐的(针对A级一致性)	6.8.3.3
CMap	CIDSystemInfo	限制的	6.3.3.1
	WMode	限制的	6.3.3.3
ExtGstate	BM	限制的	6.4
	CA	限制的	6.4
	Ca	限制的	6.4
	HT	忽略的	6.2.8
	SMask	限制的	6.4
	TR	禁止的	6.2.8
	TR2	限制的	6.2.8
Field dictionary	AA	禁止的	6.6.2
Filespec	EF	禁止的	6.1.11
Filters	LZWDecode	禁止的	6.1.10

表 A.2（续）

对象	关键字(及取值)	状态	所在条款
Font	FontDescriptor	必须的(Type3 除外)	6.3.4
	ToUnicode	必须的[a](针对 A 级一致性)	6.3.8
	Type	限制的	6.3.2
	Widths	忽略的	6.3.6
Font (Subtype *CIDFontType0* 或 *CIDFontType2*)	CIDSystemInfo	限制的	6.3.3.1
Font (Subtype *CIDFontType2*)	CIDtoGIDMap	限制的	6.3.3.2
Font (Subtype *TrueType*)	Encoding	禁止的(针对符号字体) 限制的(针对非符号字体)	6.3.7
字体文件流	Metadata	推荐的	6.7.10
FontDescriptor	CharSet	必须的	6.3.5
	CIDSet	必须的(针对 CIDFont)	6.3.5
	FontFile 或 FontFile2 或 FontFile3	必须的	6.3.5
Group	S	限制的	6.4
MarkInfo	Marked *true*	必须的(针对 A 级一致性)	6.8.2.2
Page	AA	禁止的	6.6.2
PDF/A 输出字典	DestOutputProfile	限制的	6.2.2
	S	限制的	6.2.2
跨度字典	E	推荐的(针对 A 级一致性)	6.8.8
	Lang	推荐的(针对非默认语言内容的 A 级一致性)	6.8.4
流字典	Alternate	忽略的	6.2.3.2
	F	禁止的	6.1.7
	FDecodeParams	禁止的	6.1.7
	FFilter	禁止的	6.1.7
	ICCBased	限制的	6.2.3.2
结构元素字典	ActualText	推荐的(针对非标准元素的 A 级一致性)	6.8.7
	Alt	推荐的(针对非文本元素的 A 级一致性)	6.8.5
	Type *StructElem*	必须的(针对 A 级一致性)	6.8.3.3

表 A.2（续）

对象	关键字(及取值)	状态	所在条款
Trailer	Encrypt	禁止的	6.1.3
Trailer	ID	必须的	6.1.3
XObject	Subtype *PS*	禁止的	6.2.5
XObject (Subtype *Form*)	Group	限制的	6.4
	OPI	禁止的	6.2.5
	Ref	禁止的	6.2.6
XObject (Subtype Image)	Alternates	禁止的	6.2.4
	Intent	限制的	6.2.4
	OPI	禁止的	6.2.4
	SMask	限制的	6.4

[a] 有三种特殊情况不必符合在6.3.8中定义的状态。

附 录 B
（资料性附录）
使用 PDF/A 的最佳方法

B.1 非 XMP 元数据的使用

本部分强烈建议不在合格文件中使用非 XMP 的元数据，因为此种元数据非常不利于保存。建议将非 XMP 的元数据转换成为 XMP 嵌入文件，并把转化的过程保存在 **xmpMM:History** 属性中。所有未被转换的非 XMP 元素都应在 **xmpMM:History** 中有记录。

保存元数据失败可能会导致将来文件不能被正确定位、解析、管理及验证，这将降低或消除档案的保存价值。

B.2 自然语种标识符

应采用 ISO 639-1[3]、ISO 3166-1[5]或 IANA[17]中的注册标识符来识别语种。只有当在上述标准中没有对应标识符时，才可采用其他私有标识符。如果某语种未知，则应使用 x-unknown 标识符进行标识。

注：对 ISO 639-1[3]、ISO 3166-1[5]及 IANA 中的注册标识符的使用介绍请参见 RFC1766《语种标识标签》。PDF 就是以 RFC1766 作为其语种标识符的基础。RFC1766 中禁止使用 ISO 639-2[24]中定义的 3 字符语种标识符。

B.3 对将文档创建或转化成 PDF/A 格式的一些建议

从档案保存的角度出发，本部分内容提供了对将文档创建或转化成 PDF/A 格式的建议做法，以保证生成的合格文件保持高质量以及记录的完整性。档案保管组织以及负责长期保存文档的机构应尽量采取 A 级一致性级别（参见 5.1）以及本条款中的额外规定。

ISO 15489-1:2001[9] 7.1 中说明："为了业务的稳定发展、顺应规范性环境的要求以及履行相应义务，组织机构应创建和维护可信的、可靠的及可用的记录，并且尽量长期维持记录的完整性。"

向档案组织递交的规范性环境的要求可以包括对电子文档的需求、标准和策略。这些规定决定了文档的质量规则，如最小图像分辨率、压缩限制和对已经核准的数据进行改变或处理的限制过程。从档案保存的角度出发，依照这些规章制度，当被创建或转化 PDF/A 时可保留所创建的文档的质量、完整性以及那些适用标准和组织政策。

为了实现这一目标，PDF/A 的创建和转化过程就是要在合格文件中精确地重现原始文档的内容和质量。下面是对开发此类软件的一些指导建议：

——创建合格文件时不宜采用有损压缩、二次采样、下降采样或者任何其他有可能改变文档内容或降低原始数据质量的操作。

——软件不应用图像文件来替代可检索的文本，这些图像文件是基于光学字符识别技术，通过对纸面文本扫描或从图形格式转换而形成的。

注：光学字符识别过程可能会因其对扫描字符不精确的解析而带来数据损失。

附 录 C
（资料性附录）
中英文词汇对照

表 C.1 中英文词汇对照表

英文	中文翻译
alternate descriptions	替代描述
alternative descriptions	替代描述
annotation	注释
appearance stream	外观流
array	阵列
artifacts	人为附加信息
capture	创建
character encodings	字符编码
clause	章
color spaces	色彩空间，色域
composite fonts	合成字体
Conforming files	合格文件
conformance level	一致性级别
content stream	内容流
content text stream	内容文本流
cross reference table	交叉引用表
dictionary	字典
digital object identifier	数字对象识别符
document	文献，文档
document information dictionary	文档信息字典
electronic document	电子文档
embedded files	嵌入式文件
end-of-file marker	文件结束标志
end-of-line marker; EOL marker	行结束标志
expansions of abbreviations and acronyms	缩写扩展
explicit	显式地
extension schemas	扩展模式
file	文件
file header	文件头
file identifiers	文件标识符
file provenance information	文件来源信息
file trailer	文件尾

表 C.1（续）

英文	中文翻译
filter	过滤器
flyph	字形
font	字体
fonts metrics	字体尺寸
fonts subsets	字体子集
form	表单
form Xobject	表单对象
framework	框架
globally unique identifier	全球唯一识别符
hypertext links	超文本链接
ICC profile	国际色彩联盟描述档
identification	标识
indirect objects	间接对象
interactive form	交互式表单
interactive reader	交互式阅读器
key	键
Level A conformance	A 级一致性
Level B conformance	B 级一致性
linearized PDF	线性化 PDF
logical structure	逻辑结构
long-term	长期
metadata	元数据
Multiple Master Fonts	Type 1 的多种变形字体
natural language specification	自然语言规范
non-textual annotations	非文本注释
optional content	可选内容
output intent	输出方式
Portable Document Format	PDF 便携文档格式
preservation	保存
physically impaired users	残障人士
raster	光栅
reader	阅读器
render; rendering	呈现
rendering intent	呈现方式
replacement text	替代文本
space character	空格字符
stream	流

表 C.1（续）

英文	中文翻译
stream dictionary	流字典
stream mapping	流映射
stream objects	流对象
string	串
string objects	串对象
structure hierarchy	结构层次
subclause	条
tagged PDF	标记性 PDF
transparency	透明
trigger events	触发事件
uncalibrated colour space	未校准色域
universally unique identifier	通用唯一识别符
validation	校验
vector data	向量数据
white-space character	空白字符
word breaks	分词
writer	书写器

参 考 文 献

[1] ANSI X3.4 信息系统 编码字符集 7位美国国家标准信息交换代码(7位 ASCII)

[2] ECMA-6 7位编码字符集可从因特网下载:〈http://www.ecma-international.org/publications/files/ecma-st/Ecma-006.pdf〉

[3] ISO 639-1(GB/T 4880.1—2005) 语种名称代码 第1部分:2字母代码

[4] ISO 2108:2005(GB/T 5795—2006) 信息与文献 国际标准图书号(ISBN)

[5] ISO 3166-1:1997 (GB/T 2659—2000) 世界各国和地区名称代码 第1部分:国家代码

[6] ISO/IEC 10646-1:2000/Amd 1:2002 修订1:数学符号和其他字符集

[7] ISO/IEC 10646-2:2001 信息技术 通用多字节编码字符集(UCS) 第2部分:附加位图

[8] ISO/IEC 14492:2001 信息技术 双级图像的有损/无损编码

注:此国际标准等同于 ITU-T 推荐 T.88,《信息技术 图片和音频信息描述代码集 双级图像的有损/无损编码》

[9] ISO 15489-1:2001 信息与文档 记录集管理 第1部分:总述

[10] ISO/TR 15801 电子影像 信息电子化存储 保障真实与可靠性的推荐

[11] ISO 15930-6 图形技术 采用PDF的印前数码数据交换 第6部分:采用PDF 1.4(PDF/X-3)进行适用于色彩管理工作流程的印刷数据的完全交换

[12] ISO/TR 18492 电子文档信息的长期保存

[13] ISO 18509-1 电子档案存储 信息处理系统设计、操作以保障相关记录的储存和完整性规范 第1部分:长期存取策略

[14] ISO 18509-2 电子档案存储 信息处理系统设计、操作以保障相关记录的储存和完整性规范 第2部分:技术规范

[15] ITU-T 推荐 T.4 Group 3 传真设备文件传输的标准

[16] ITU-T 推荐 T.563 Group 4 传真设备的设备特征

[17] IANA 语言标记,可从因特网下载:〈http://www.iana.org/assignments/language-tags〉

[18] XML1.1 中命名空间,W3C 推荐,2004年4月,可从因特网下载:〈http://www.w3.org/TR/2004/REC-xml-names11-20040204〉

[19] PDF 参考:Adobe 便携文档格式,第1.5版,Adobe 系统公司——第4版,可从因特网下载:〈http://partners.adobe.com/asn/acrobat/sdk/public/docs/PDFReference15_v6.pdf〉

[20] RFC 1950 ZLIB 压缩数据格式规范第3.3版,1996年5月,可从因特网下载:〈http://www.ietf.org/rfc/rfc1950.txt〉

[21] RFC 1951 DEFLATE 压缩数据格式规范第1.3版,1996年5月,可从因特网下载:〈http://www.ietf.org/rfc/rfc1951.txt〉

[22] Unicode 标准,Unicode 联盟,可从因特网下载:〈http://www.unicode.org/versions/〉

[23] Unicode 标准附件15 Unicode 标准化表单,Unicode 联盟,可从因特网下载:〈http://www.unicode.org/unicode/reports/tr15/〉

[24] ISO 639-2:1998(GB/T 4880.2—2000) 语种名称代码 第2部分:3字母代码

GB/T 23286.1—2009《文献管理　长期保存的电子文档文件格式　第1部分:PDF1.4(PDF/A-1)的使用》国家标准第1号修改单

本修改单经国家标准化管理委员会于2009年12月29日批准,自2009年12月31日起实施。

GB/T 23286.1—2009《文献管理　长期保存的电子文档文件格式　第1部分:PDF1.4(PDF/A-1)的使用》国家标准修改内容如下:

第1章:范围,第三段:"本部分不适用于:"最后一段增加:

"——涉密文档以及作为档案保存的文档。"

ICS 01.040.01
A 22

中华人民共和国国家标准

GB/T 23287—2009

殡 葬 术 语

Funeral and interment terms

2009-02-06 发布

2009-08-01 实施

中华人民共和国国家质量监督检验检疫总局
中国国家标准化管理委员会 发布

前　言

本标准由中华人民共和国民政部提出。

本标准由中华人民共和国民政部归口。

本标准起草单位:民政部一零一研究所。

本标准主要起草人:孟浩、杨宝祥、曾寒柳、范晶晶、李玉华、杨德慧、孙成龙、徐晓丹、李秉杰、史峰、陈开伟、姜思朋、李大涛。

殡 葬 术 语

1 范围

本标准规定了常用的殡葬及其相关的专业术语。

本标准适用于制定标准、编订技术文件、编写和翻译专业手册及书刊、教学、科研及其他相关领域。

2 一般殡葬术语

2.1

殡葬 funeral and interment

丧葬 funeral and interment

悼念和安葬逝者的一系列活动及相关礼仪。

2.2

殡葬活动 funeral and interment activities

围绕逝者展开的活动。

2.3

殡葬管理 funeral and interment management

政府及有关部门运用行政、法律、经济等手段，对人们的殡葬活动进行指导、监督和规范。

2.4

殡葬改革 funeral and interment reform

革除落后的遗体处理方式和悼念形式，实行科学葬法和文明礼仪的过程。

2.5

殡葬习俗 funeral and interment habitude

丧葬习俗 funeral and interment habitude

殡葬礼俗 funeral and interment habitude

人类在长期殡葬活动中形成的习惯和风俗。

2.6

殡葬服务 funeral and interment service

殡葬服务机构为人们的殡葬活动所提供的劳动服务及其服务所需的条件保障。

2.7

殡葬商品 funeral and interment merchandise

殡葬活动过程中所需的产品与服务。

2.8

殡葬市场 funeral and interment market

殡葬设施、设备、用品、服务等各类殡葬商品交换关系的总和。

2.9

陵园 memorial park

以陵墓为主的园林。

2.10

墓地 graveyard，cemetery，churchyard

埋葬遗体或骨灰的地方。

2.11

坟 tomb

冢 tomb

安葬遗体或骨灰之处堆起的土丘。

2.12

墓 grave

墓穴 grave

安葬遗体或骨灰的坑穴。

2.13

墓位 grave place

墓所占的位置与空间。

2.14

骨灰安放格位 niche

安置骨灰的位置与空间。

2.15

墓碑 gravestone

立在坟墓旁刻有死者姓名、生卒年月及生平事迹等文字和图案的碑。主要由碑面、碑阴、碑侧、碑额、碑座等部分构成(见图1)。

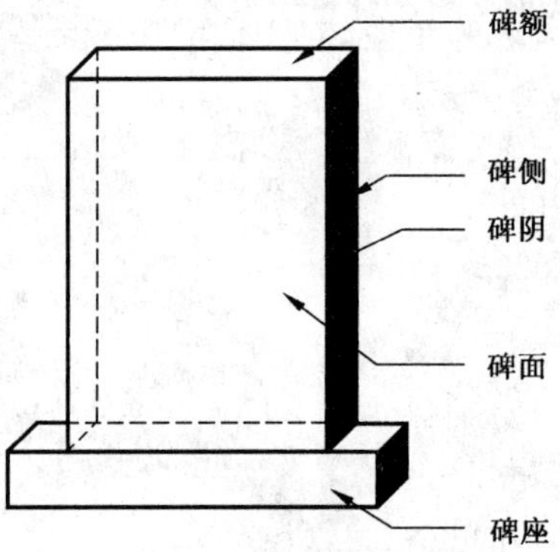

图1 墓碑基本结构

2.16

遗体 reliquiae, remains, cadaver

遗骸 reliquiae, remains, cadaver

尸体 body, remains, cadaver

人死后的躯体。

2.17

遗像 portrait of the deceased

用于殡葬活动的死者生前的相片或画像。

2.18

遗物 relique, relic, hangover

死者留下来的物品。

2.19

骨灰 bone ash, ashes, cremains

遗体火化后骨骼的残留物。

2.20

骨殖　bones of the dead

尸骨　skeleton of a corpse

遗体腐烂后剩下的骨头。

2.21

火化　cremate

用燃烧的方法使遗体变成骨灰的过程。

2.22

火葬　cremation

以火化的方式处理遗体的全过程。

2.23

土葬　ground burial

将遗体装入葬具埋于土中的一种葬法。

2.24

生态葬　ecological burial

遗体、骨灰的处置更符合生态环境要求的葬法。

2.25

水葬　water burial

将骨灰撒入江、河、湖、海等水域内的一种葬法。

2.26

壁葬　wall burial

把骨灰嵌入墙壁内的一种安放形式。

2.27

合葬　incorporate burial

遗体或骨灰同葬于一个墓穴。

2.28

哀乐　dirge, funeral music

举行葬礼或悼念死者时播放或演奏的乐曲。

2.29

死亡　death, decease

失去生命。

2.30

死亡率　death rate

在一定区域内，单位时间（通常为一年）死亡人数与人口总数的比率。

2.31

丧户　family in beravement

丧主　family in beravement

有丧事活动的家庭或成员。

3　殡葬管理术语

3.1

殡葬管理方针　funeral and interment management guide line

政府指导和规范殡葬事业前进的方向和目标。

3.2

殡葬管理法规　funeral and interment management rule of law

调整殡葬管理机构在殡葬管理活动中所发生的社会关系(即殡葬关系)的法律规范的总和。

3.3

殡葬管理机构　funeral and interment management organization

依法对殡葬事务实施监督、指导和管理的部门。

3.4

殡葬服务机构　funeral and interment service organization

殡葬单位　funeral and interment department

经民政部门许可,为殡葬活动提供服务的办事机构。

3.5

殡葬企业　funeral and interment corporation

从事殡葬设备、用品生产、销售的经营性实体。

3.6

殡葬协会　funeral and interment association

由殡葬管理机构、殡葬服务机构、殡葬企业、科研、教育部门和殡葬工作者以及关心殡葬事业的单位和人员自愿参加、联合组成,在政府民政部门指导下,从事与殡葬事业相关活动的社会团体。

3.7

治丧委员会　funeral committee

为办理丧事而设立的临时性组织。

3.8

红白理事会　wedding and funeral committee

在办理婚丧事务中创建起来的群众自我管理、自我教育、自我服务的基层自治组织。

3.9

殡葬设施规划　funeral and interment establishment programming

殡葬管理机构根据本行政区域殡葬改革规划和人口密度以及殡葬服务辐射范围等条件,对殡葬服务设施的数量、分布和建设规模等所作出的发展计划。

3.10

火葬区　cremation area

由政府根据殡葬管理法规划定的实行火葬的区域。

3.11

土葬区　ground burial area

由政府根据殡葬管理法规划定的允许实行土葬的区域。

3.12

国家等级殡仪馆　national graded funeral parlor

国家殡葬管理部门根据有关评定标准对殡仪馆进行综合评定并确定相应等级。

3.13

殡葬行政许可制度　funeral and interment administration permission system

民政部门根据公民、法人或其他组织的申请,经依法审查,确认其具有举办殡葬服务机构的能力并准予其举办殡葬服务机构、从事相关殡葬服务的行政审批制度。

3.14

殡葬服务许可证　funeral and interment service licence

由民政部门依法核发的许可从事殡葬服务的法律凭证。

3.15

死亡证明　death certification

由医疗机构或公安机关出具的用以表明人的机体活动和新陈代谢已经终止的法律文书。

3.16

火化证明　cremation certification

由殡葬服务机构出具的证明遗体已经火化的凭证。

3.17

骨灰寄存证　bone ash consignation certification

殡葬服务机构签发的存放骨灰的凭证。

3.18

公墓安葬证　certification of burial in cemetery

殡葬服务机构签发的安葬遗体或骨灰的凭证。

3.19

殡葬职业技能鉴定　funeral and interment profession skill identify

由考试考核机构对从事和准备从事殡葬职业的人员所应掌握的技术理论知识和实际操作能力做出客观的测量和评价。

3.20

殡葬职业资格证书制度　funeral and interment profession skill certification system

按照国家制定的殡葬职业技能标准或任职资格条件，通过政府认定的考核鉴定机构，对殡葬从业人员的技能水平或职业资格进行客观公正、科学规范的评价和鉴定，对合格者授予相应的国家职业资格证书。

3.21

殡葬职业技能鉴定站　funeral and interment profession skill identify station

经劳动保障行政部门批准设立的实施殡葬职业技能鉴定的机构。

3.22

火化量　cremation amount

在一定时间内火化遗体的数量。

3.23

火化率　cremation rate

在一定时间内，同一区域火化量与死亡人数的比率。

4 殡葬服务术语

4.1

殡仪服务员　funeral and interment waiter

从事追悼场所布置、接待、引导和骨灰寄存等治丧服务的人员。

4.2

遗体接运工　remains transit waiter

从事遗体接收、装殓和运送服务的人员。

4.3

遗体防腐师　remains embalmment master

通过医学手段，用化学防腐药剂和防腐器械对遗体进行防腐、保存的人员。

4.4

遗体整容师　remains hairdressing master

使用化妆品、药品和器具，从事遗体整容、整形、化妆和美发的人员。

4.5

遗体火化师 cremation master

使用并检修火化设备，从事遗体火化和骨灰处理的人员。

4.6

墓地管理员 graveyard administrators

从事墓地维护管理，提供安葬、祭奠服务的人员。

4.7

异地运尸 transit remains in different areas

跨越省级行政区域运送遗体。

4.8

国际运尸 transit remains in different countries

跨越不同国家或地区的遗体运送。

4.9

遗体消毒 remains disinfection

杀灭或清除遗体表面致病微生物的处理。

4.10

遗体防腐 remains embalmment

抑制或减少微生物在遗体中的繁衍，延缓遗体自溶、腐败。

4.11

遗体整容 remains hairdressing

对遗体进行整理、修饰、修补、美化等的统称。

4.12

遗体整形 remains face lifting

对变形或破损的遗体进行修复。

4.13

遗体化妆 remains face-painting

对遗体的面容进行修饰和美化。

4.14

遗体告别 remains valediction

在遗体火化或安葬前与死者诀别。

4.15

骨灰收捡 bone ash collecting and picking up

遗体火化后由死者家属或委托代理人捡取骨灰。

4.16

骨灰寄存 bone ash consignation

将骨灰存放在殡葬服务机构的骨灰安置设施内。

4.17

火化费 cremation charge

由物价部门规定的火化单具遗体的费用。

4.18

墓地使用管理费 graveyard management charge

墓地服务设施管理部门收取的用于墓地维修、养护等的专项经费。

5 殡葬科学技术术语

5.1

殡葬科学 funeral and interment science

反映殡葬对自然界和人类社会的影响、作用及规律的知识体系。

5.2

殡葬技术 funeral and interment technology

在殡葬服务中所采用的科学理论、方法以及设施、设备、装置的工艺与操作技巧的统称。

5.3

殡葬学 funeral and interment theory

研究殡葬活动产生、发展及其规律的一门学科。

5.4

殡葬心理学 funeral and interment psychology

研究殡葬活动过程中人与环境、个人与群体、生者与死者关系的一门学科。

5.5

殡葬文化学 funeral and interment culture theory

研究人们对殡葬认知的价值观念、思维方式及其习俗、规范等的一门学科。

5.6

殡葬服务学 funeral and interment service theory

研究殡葬服务的性质、规律、社会意义以及如何提供优质的殡葬服务的一门学科。

5.7

殡葬管理学 funeral and interment management theory

研究殡葬管理的过程及影响因素，并揭示殡葬管理活动的内在特性和规律的一门学科。

5.8

殡葬建筑学 funeral and interment architecture

研究殡葬建筑物及其环境的一门学科。

5.9

殡葬功能分区 funeral and interment subarea

将殡葬场所按不同使用功能划分成的区域。

5.10

殡葬绿地率 funeral and interment virescence rate

殡葬设施内各类绿化用地总面积占园区总面积的比例。

5.11

殡葬绿化覆盖率 funeral and interment virescence cover rate

在殡葬设施范围内植物的垂直投影面积占园区总面积的百分比。

5.12

殡葬景观 funeral and interment landscape

殡葬设施内可引起人们特有殡葬视觉感受的某种景象。

5.13

殡葬建筑 funeral and interment construction

殡葬设施内供人们殡葬活动并构成景观的建筑物或构筑的统称。

5.14

殡葬环境影响评价 estimate of the funeral and interment entironment infection

对殡葬规划和建设项目实施后可能造成的环境影响进行分析、预测和评估，提出预防或者减轻不良环境影响设施的对策和措施，进行跟踪监测的方法与制度。

5.15

火化时间　cremation time

火化每具遗体所用的平均时间。单位为分钟每具。

5.16

火化耗能量　cremation wastage of energy

平均火化单具遗体所消耗的各种形式能量的总和。

5.17

火化程序　cremation procedure

火化遗体过程的各环节的先后次序。

5.18

火化技术　cremation technology

火化实践中经验、知识以及操作技巧的统称。

5.19

火化烟气污染物排放　cremation waste-gas

火化过程中随烟气排放出的有毒有害物质。

5.20

火化污染物　cremation contamination

火化过程中产生的各种污染环境的有害物质。

5.21

火化干扰　cremation disturbance

火化过程中火化设备产生的噪声、热、光、电磁等物理干扰。

5.22

火化余热　heat leavings of cremation

燃料及遗体在燃烧过程中释放出的热能，其中排放到烟道和大气中的部分。

5.23

火化烟气黑度　cremation soot and dust

火化过程中产生的烟气与颗粒物的统称。

5.24

遗体防腐技术　remains embalmment technology

防止遗体自溶与腐败所采用的基本处理方法与技能。

5.25

动脉防腐　artery embalmment

把化学药物注射进遗体血管，穿过毛细血管到达组织细胞以实现消毒、防腐和恢复遗体组织的一种防腐方法。

5.26

灌注防腐　perfusion embalmment

将防腐液注入遗体体内的一种防腐方法。

5.27

腔防腐　celiac embalmment

将防腐液注入遗体体腔内的一种防腐方法。

5.28

遗体防腐液　embalmment liquid

防止遗体腐烂的药剂。

6 殡葬文化术语

6.1

殡葬史　funeral and interment history

殡葬及相关因素发生、发展和演变的历史。

6.2

殡葬文化　funeral and interment culture

围绕殡葬活动而出现的文化现象的总结，包括殡葬活动的实物、信仰、心理、习俗、伦理、道德、艺术等。

6.3

追悼会　memorial meeting

遗体火化或安葬前，人们对死者追念哀悼的殡仪活动。

6.4

追思会　recall meeting

人们追忆、思念死者的纪念活动。

6.5

讣告　obituary

讣文　obituary

将死讯和死者简况通告亲友或公众的一种殡葬应用文体。

6.6

唁电　telegram of condolence

以电报形式对死者表示哀悼、对其亲属表示慰问的一种殡葬应用文体。

6.7

唁函　letter of condolence

慰问死者家属的信。

6.8

葬礼　funeral

为安葬死者遗体或骨灰而举行的殡葬仪式。

6.9

国葬　national funeral

以国家名义为在国家和民族事业中作出特殊贡献的领袖或著名人物举行的葬礼。

6.10

公葬　public burial

担任公职的显要人物为集体作出牺牲或杰出的公民去世后，由政府部门或社会团体为其组织的治丧活动。

6.11

装殓　encoffin

将遗体放入棺材中。

6.12

挽联　elegiac couplet

挽带　elegiac couplet

为表达对死者的敬仰、哀思而敬献花圈、花篮时撰写的联语。

6.13

挽幛　elegiac banner

为悼念死者而写的挽书。

6.14

悼词　lament

向死者表示哀悼、缅怀与敬意的悼念性的文章。多为在追悼会上宣读的专用哀悼文体。

6.15

吊唁　condolence

到死者家中或殡仪场所悼念死者并慰问家属。

6.16

遗嘱　testament

生前或临死时用口头或书面形式嘱咐身后事宜应如何处理的话语或字据。

6.17

送终　bury a parent

安排长辈亲属的丧事。

6.18

安葬　bury

把灵柩或骨灰盒埋到地下。

6.19

送葬　attend the funeral

送殡　attend the funeral

送死者遗体到火化场所或安葬地点。

6.20

碑文　epigraphy

碑铭　epigraphy

准备刻或刻在碑上的以及从碑上抄录、拓印的文字。

6.21

墓志　epitaph

墓志铭　epitaph

埋在墓中用以记录死者的姓名、家世和生平事迹的石刻或此类石刻上的文字。

6.22

忌日　day of the death

人死当天的日期。

6.23

祭奠　sacrifice

为死去的人举行悼念活动。

6.24

祭祀　fete

通过摆放供品向神佛或祖先行礼，表示崇敬并求保佑的礼仪。

6.25

公祭　public fete

由国家或社会团体组织，为民族的始祖、故去的国君以及显赫的人物等进行祭祀活动。

6.26

扫墓　pay respects to sb. at his tomb

墓祭　pay respects to sb. at his tomb

在墓地祭奠、培土和整饰环境。

7　殡葬设施设备术语

7.1

殡葬设施　funeral and interment establishment

为开展殡葬活动而建立的殡仪设施、火化设施、墓地设施和骨灰安放设施的统称。

7.2

殡仪设施　funeral and interment equipment

提供遗体运送、保存、防腐、整容、整形、冷藏和悼念等服务的场所。

7.3

火化设施　cremation equipment

提供遗体火化服务的场所。

7.4

墓地设施　graveyard equipment

用以集中埋葬遗体或骨灰的场所。

7.5

骨灰安放设施　bone ash emplacing equipment

以楼、堂、塔、墙等建筑形式提供安放骨灰服务的场所。

7.6

殡仪馆　funeral parlor, funeral home

提供遗体处置、火化、悼念、守灵以及骨灰安置等殡仪服务活动的综合性场所。

7.7

火化馆　crematorium, crematory

火葬场　crematorium, crematory

进行遗体火化的殡葬服务场所。

7.8

殡葬服务中心　funeral and interment service center

殡葬服务站　funeral and interment service station

具有一项或多项殡葬服务功能的殡葬服务机构。

7.9

公墓　public cemetery

公共墓地　public cemetery

公众安葬遗体或骨灰的墓地。

7.10

革命公墓　revolution cemetery

专门安葬革命烈士遗体或骨灰的墓地。

7.11

国家公墓　national cemetery

专门安葬为国家作出特别贡献的公民的遗体或骨灰的墓地。

7.12

华侨公墓　oversea Chinese cemetery

专门安葬华侨遗体或骨灰的墓地。

7.13

虚拟公墓　virtual cemetery

网上公墓　internet cemetery

建立在计算机和网络通讯技术基础上，进行远程模拟祭奠、追思等殡葬活动的场所。

7.14

墓园　cemetery garden

以墓地为主的园林。

7.15

殡葬设备　funeral and interment equipment

殡葬服务机构进行殡葬服务所用的机械和器具。

7.16

悼念区　mourning area

在殡葬场所内供人们进行悼念的区域。

7.17

遗体解剖室　dissection room

殡葬服务机构在殡葬场所内为公安、司法等部门特设的专用于解剖遗体的房间。

7.18

遗体防腐室　embalmment room

对遗体进行防腐处理的专用房间。

7.19

遗体整容室　face-painting room

对遗体进行整形、化妆和美发等整容专用的房间。

7.20

悼念厅　mourn hall

用于举行告别仪式或追悼会的场所。

7.21

告别厅　congee hall

用于亲友与逝者作短暂诀别的场所。

7.22

接尸间　dead house

将遗体从殡仪车上转入遗体处理区的过渡场所。

7.23

停尸间　mortuary,morgue,charnel

用于存放遗体的房间。

7.24

火化间　cremation room

火葬场内火化遗体的专用房间。

7.25

候灰室　waiting room

等候领取遗体火化后的骨灰的房间。

7.26

捡灰室　picking room

遗体火化后，供死者亲友捡取骨灰并装入骨灰盒的房间。

7.27

安葬区　burying area

公墓内用于安葬遗体或骨灰的区域。

7.28

殡仪车　hearse

灵车　hearse

殡葬服务机构用来接运送遗体、骨灰盒或接送殡葬客户的专用车辆。

7.29

推尸车　remains trolly

殡葬服务机构内用于接运遗体的专用工具。

7.30

遗体冷冻柜　remains refrigerator

一种存放遗体的专用冷藏器具。

7.31

遗体冷藏棺　refrigerated coffin

用制冷技术保存单具遗体的棺型设备。

7.32

遗体瞻仰棺　congee coffin

遗体告别棺　congee coffin

存放遗体且能供人们瞻仰死者遗容的透明容器。

7.33

整容防腐台　hairdressing and embalmment table

对遗体进行整容、防腐的专用操作台。

7.34

防腐加压泵　booster pump

通过增加压力的方式将防腐液灌注到遗体中的机械。

7.35

电脑挽联机　automatic elegiac couple machine

由微机、计算机操作系统、打印机组成的专用于编写、打印挽联的设备。

7.36

火化设备　cremation equipment

直接或间接进行火化的所有专用仪器设备的统称。

7.37

火化机　cremator

完成遗体火化功能的设备。通常包括主要燃烧室、排气系统、供风系统、供燃料系统、电控系统、送尸车、取灰及冷却系统等。

7.38

骨灰整理机　bone ash disintegrator

具有对骨灰进行分拣、破碎、筛分和废渣、废弃物处理功能的专用于整理骨灰的设备。

7.39

墓穴挖掘机　grave grab

挖掘墓穴的专用机械。

7.40

刻碑机　carving machine

采用微机排版设计和机械雕刻，在墓碑表面雕刻文字、相片、图案、标志等的机械。

7.41

遗物祭品焚烧炉　offering cremator

集中焚烧处理遗物祭品和固体废弃物的焚烧设备。

8　殡葬用品术语

8.1

葬具　Buries has

装盛死者遗体或遗骨的器具，主要有棺、椁、骨灰盒等。

8.2

棺材　coffin

装殓死者遗体的器具。

8.3

火化棺　cremation coffin

装殓遗体并随之焚化的一次性可燃棺。

8.4

寿衣　cerement，graveclothes

给死者穿的衣服。

8.5

花圈　wreath

用鲜花、纸花或绢花等材料扎成的祭奠物品，献给死者以示敬仰和悼念。

8.6

火化遗体包装物　body bag

包裹、铺盖或环罩于遗体外部并随之火化的不同材质用品的统称。

8.7

随葬品　funerary objects

随同死者遗体或骨灰葬入墓中的物品。

8.8

祭品　offering，meat offering

祭奠死者的物品。

8.9

骨灰盒　cinerary casket

装殓骨灰的不同材质和形状的各类容器的统称。

8.10

骨灰坛　urn

盛放骨灰的坛型容器。

8.11

骨灰保护箱　bone ash protective box

安葬骨灰时盛装骨灰盒并对其具有一定保护作用的容器。

中文索引

英 文 索 引

A

B

C

D

E

F

ICS 03.080.30
A 12

中华人民共和国国家标准

GB/T 23288—2009

木质骨灰盒通用技术条件

General technical requirements for ligneous cinerary caskets

2009-02-06 发布　　　　2009-08-01 实施

中华人民共和国国家质量监督检验检疫总局
中国国家标准化管理委员会　发布

前　言

本标准由中华人民共和国民政部人事教育司提出。

本标准由中华人民共和国民政部归口。

本标准负责起草单位：民政部一零一研究所、江西省上饶国人实业有限公司、上饶市标准化协会。

本标准主要起草人：孟浩、张国寅、孙成龙、梁绍海、徐晓丹、饶国华、史峰、李秉杰、姜浩、杨宝祥、杨德慧、曾寒柳、范晶晶。

木质骨灰盒通用技术条件

1 范围

本标准规定了木质骨灰盒的术语、技术要求、试验方法、检验规则、包装、贮存和运输等。

本标准适用于木质骨灰盒。

2 规范性引用文件

下列文件中的条款通过本标准的引用而成为本标准的条款。凡是注日期的引用文件，其随后所有的修改单(不包括勘误的内容)或修订版均不适用于本标准，然而，鼓励根据本标准达成协议的各方研究是否可使用这些文件的最新版本。凡是不注日期的引用文件，其最新版本适用于本标准。

GB/T 191 包装储运图示标志

GB/T 1931—1991 木材含水率测定方法

GB/T 16129—1995 居住区大气中甲醛卫生检验标准方法 分光光度法

GB 18584 室内装饰装修材料 木家具中有害物质限量

QB/T 2530—2001 木质柜

QB/T 3655—1999 软质覆面材料剥离强度的测定

QB/T 3656—1999 硬质覆面材料剥离强度的测定

3 术语和定义

下列术语和定义适用于本标准。

3.1

骨灰盒 cinerary casket

用于装殓骨灰的容器。

3.2

木质骨灰盒 wooden cinerary

以木材为主要材料制成的骨灰盒。

3.3

单体骨灰盒 single cinerary

装殓单具遗体骨灰的骨灰盒。

3.4

双体骨灰盒 double cinerary

合葬时装殓两具遗体骨灰的骨灰盒。

3.5

骨灰盒容积 cinerary volume

骨灰盒内可装殓骨灰的空间大小。

3.6

白坯 semifinished product

未经涂装或无内装饰的骨灰盒。

3.7

墙板 wall board

骨灰盒盒体的侧壁板称为墙板。

3.8

盒盖 lid

装在骨灰盒盒体上部、按水平轴线启闭的部件。

3.9

盒体 box

由墙板和底板组合而成，用来盛装骨灰。

3.10

面板 face plate

装在盒体正视面的墙板和盖面板。

3.11

底板 bottom board

装在盒体底部的木板。

3.12

底座 foundation

装在盒体下部起支撑作用的部件。

4 技术要求

4.1 环境条件

木质骨灰盒在环境温度－50 ℃～50 ℃情况下应能正常使用。

4.2 使用性能要求

4.2.1 木质骨灰盒在使用过程中装饰品和镶嵌品不应松动。

4.2.2 木质骨灰盒在倾斜角度不大于45°时，盒盖不应从盒体自行滑落。

4.2.3 木质骨灰盒内表面(包含衬物)耐温应不小于75 ℃。

4.2.4 木质骨灰盒应放置稳定。

4.3 理化性能要求

4.3.1 软质覆面材料剥离强度应符合QB/T 2530—2001的规定。

4.3.2 硬质覆面材料剥离强度应符合QB/T 2530—2001的规定。

4.4 环保要求

4.4.1 木质骨灰盒的甲醛释放量应符合GB 18584的规定。

4.4.2 木质骨灰盒加工过程中使用的胶粘剂、涂料等应符合国家有关卫生健康和环境保护的相关标准。

4.5 材料要求

4.5.1 木质骨灰盒使用木材的种类应与标识一致。

4.5.2 同一个木质骨灰盒所选用木材的材质应相同或相近。

4.5.3 木质骨灰盒所选木材需经干燥处理，其木材含水率符合QB/T 2530—2001的要求。

4.6 工艺要求

4.6.1 木质骨灰盒外形尺寸极限偏差分为一级、二级、三级：

a) 一级应不大于±0.5%；

b) 二级应不大于±0.75%；

c) 三级应不大于±1.0%。

4.6.2 盖板翘曲度Δa要求分为一级、二级、三级：

a) 一级应不大于0.7；

b) 二级应不大于1.0；

c) 三级应不大于 1.5。

4.6.3 盖板、盒体、底座外表的平整度 Δb 要求分为一级、二级、三级：

a) 一级应不大于 1.0；

b) 二级应不大于 1.5；

c) 三级应不大于 2.0。

4.6.4 盖板、盒体、底座的邻边垂直度 Δc 要求分为一级、二级、三级：

a) 一级应不大于 1.0；

b) 二级应不大于 1.5；

c) 三级应不大于 2.0。

4.6.5 盖板、盒体、底座的平行度 Δd 要求分为一级、二级、三级：

a) 一级应不大于 0.5；

b) 二级应不大于 1.0；

c) 三级应不大于 1.5。

4.6.6 棱边的直线度 Δe 要求分为一级、二级、三级：

a) 一级应不大于 0.7；

b) 二级应不大于 1.0；

c) 三级应不大于 1.5。

4.6.7 木质骨灰盒榫和榫眼结合处应严实、牢固，无崩茬、动榫、断榫等缺陷。

4.6.8 木质骨灰盒未涂饰前的外表面粗糙度要求达到精光，内表面粗糙度要求达到细光。

4.6.9 木质骨灰盒雕刻图案应均匀清晰、层次分明、对称部位应对称，雕刻后不应降低雕刻面使用强度，不应影响其使用性能。

4.6.10 木质骨灰盒各部位不应存在锤印和毛刺。

4.6.11 涂饰加工后的木质骨灰盒，不应存在以下缺陷：

a) 有明显色差；

b) 漆膜涂层有明显白楞、白点、油白、流挂、鼓泡和脱皮；

c) 软、硬质覆面材料表面存在凹陷、麻点、划伤、裂痕、崩角和刃口；

d) 不涂饰部位和内部不清洁。

4.6.12 实板胶拼件的胶缝严密，外表局部胶缝应不大于 0.2 mm，内部胶缝应不大于 0.6 mm。

4.6.13 装饰条粘贴严密平整、牢固，无脱胶；定位止口条安装牢固，接口处平整，端面齐平，无松动、开裂、断痕等缺陷。

4.7 力学性能

4.7.1 盒体结构部件牢固，盒盖开闭自如，平稳端正。

4.7.2 木质骨灰盒自由坠落后，盒体无变形，粘贴件无松裂，盒盖开闭灵活，允许局部损伤。

4.8 规格要求

4.8.1 单体木质骨灰盒的容积应不小于 3 000 cm^3，双体木质骨灰盒的容积应不小于 5 000 cm^3。

4.8.2 木质骨灰盒外形尺寸：长度应不大于 420 mm、高度应不大于 260 mm、宽度应不大于 240 mm。

5 试验方法

5.1 外观检查

应在自然光或光照度 300 lx～600 lx 范围内的近似自然光（例如 40 W 日光灯）下，视距为 700 mm～1 000 mm，至少三人共同、独立检验，以多数相同结论为评定值；需对色差、对称性、有无缺陷和缺陷影响程度等进行检验。

5.2 主要尺寸测定

将被检木质骨灰盒平稳地放置在平台上，用分度值为1 mm的钢卷尺（或者钢直尺）进行测量。

5.3 盒盖滑落测定：

将木质骨灰盒放置在平台上，分别向前、后面和两侧面所在方向倾斜45°进行测定，观察盒盖是否滑落。

5.4 木质骨灰盒内表面（包含衬物）耐温试验：

按照2%的比例从库存中随机抽取样品逐一测试，将5 kg粗沙加热到75 ℃后，装入木质骨灰盒内，3 min后取出粗沙，观察衬物是否出现焦化、褶皱等问题，木质内表面是否存在裂缝、胶缝开裂等问题。

5.5 软硬质覆面材料理化性能的测定

5.5.1 软质覆面材料剥离强度的测定应按QB/T 3655—1999的规定进行。

5.5.2 硬质覆面材料剥离强度的测定应按QB/T 3656—1999的规定进行。

5.6 甲醛释放量的测定应按GB/T 16129—1995的规定进行。

5.7 木材含水率的测定应按GB/T 1931—1991的规定进行。

5.8 自由坠落实验利用跌落试验机测试，设置跌落实验高度为1 m，底面跌落、对角跌落、四侧面跌落、顶部跌落各一次。

6 检验规则

成品木质骨灰盒应由检验部门按本标准进行检验，符合本标准规定的为合格品。

6.1 检验分类

检验规则分为型式检验和出厂检验。型式检验评定产品等级，在标准规定的情况内，需对木质骨灰盒的各项质量特性进行全面检验；出厂检验规定了产品出厂前须经质量检验部门检验的项目。

6.2 型式检验

6.2.1 型式检验是对产品质量进行全面考核，即对标准中规定的技术要求进行检验。

6.2.2 型式检验的项目应包括本标准规定的全部项目，型式检验采用抽样检验，在一个检验周期内的木质骨灰盒中随机抽取；抽取两件，一件封存，一件送检。

出现下列情况之一者，应进行型式检验：

a) 新木质骨灰盒定型鉴定时；

b) 原材料、设备或工艺有较大改变，可能影响木质骨灰盒质量时；

c) 停产半年以上，又恢复生产时；

d) 正常生产时，定期或积累一定产量后，周期性进行一次检验；

e) 出厂检验结果与上次型式检验有较大差异时；

f) 国家质量监督机构或主管部门提出型式检验要求时。

6.2.3 检验结果分等评定，检验结果分为优等品、一等品、合格品和不合格品。

a) 优等品：符合技术要求4.6.1～4.6.6中一级指标，其他项检验均合格；

b) B级品，符合技术要求4.6.1～4.6.6中二级指标，其他项检验均合格；

c) C级品，符合技术要求4.6.1～4.6.6中三级指标，其他项检验均合格；

d) 不合格品，分级项目有一项低于三级要求，或其他项目有一项不合格。

6.3 出厂检验

6.3.1 出厂检验应在木质骨灰盒出厂或交货时进行检验。

6.3.2 出厂检验应在木质骨灰盒型式检验合格的条件下，由生产企业质量检验部门进行检验。

6.3.3 出厂检验应进行全数检验，包括以下项目：

a) 外观检验；

b) 主要尺寸检测；

c) 底面平稳度检验。

6.3.4 木质骨灰盒出厂时，应提供材料的材质检验单。

7 包装、贮存、运输

7.1 木质骨灰盒的包装材料应无毒、无害、无污染。

7.2 木质骨灰盒的包装储运图示标志应符合 GB/T 191 的规定。

7.3 木质骨灰盒贮存时，应防潮、防水、防虫蛀、防挤压。

7.3 木质骨灰盒运输装卸时，应轻装轻卸，避免磕碰。

ICS 01.020
A 22

中华人民共和国国家标准

GB/T 23289—2009

术语工作　文后参考文献及源标识符

Bibliographic references and source identifiers for terminology work

（ISO 12615:2004,MOD）

2009-03-13 发布　　　　2009-09-01 实施

中华人民共和国国家质量监督检验检疫总局
中国国家标准化管理委员会　发布

前言

本标准修改采用ISO 12615:2004《术语工作　文后参考文献及源标识符》，是一项专门供术语工作者记录、存储和交换有关文后参考文献数据信息的国家标准。本标准在著录项目的设置、著录格式的确定、参考文献的著录方面参照GB/T 7714—2005。

本标准同ISO 12615:2004相比，主要做了以下修改：

——参考ISO 12615:2004，为英文、中文、少数民族语言、其他国家及其地区语言的题名和主要责任者提供了源标识符编码原则；

——附录A（资料性附录）遵照GB/T 7714—2005，适当借鉴ISO 12615:2004附录A（资料性附录），细化了电子文献类型，并在电子文献著录规则中增加了附注项；

——文后参考文献的中英文著录规则和著录格式基本与GB/T 7714—2005保持一致，与ISO 12615:2004差别较大；

——删除了ISO 12615:2004“10　文后参考文献表”中的内容。

本标准的附录A、附录B、附录C均为资料性附录。

本标准由全国术语标准化技术委员会提出并归口。

本标准起草单位：中国标准化研究院。

本标准主要起草人：周长青、程永红、高莹、肖玉敬、王海涛。

引　　言

记录、存储和交换有关文后参考文献的数据信息需要使用连贯一致的描述与编码方法。大量文献归档标准涉及到与此紧密相关的事项，但是没有任何标准包含针对术语工作和术语编纂工作的详细要求。本标准使用了 GB 7714—2005 中规定的制定文后参考文献的方法。

GB 7714—2005 可供著者和编辑编撰文后参考文献，制定正文与该文后参考文献表的条目相对应的引文信息。术语工作的一个重要部分是为后续应用而提取、分析、鉴定文献中的术语内容，标识内容的来源文献是术语工作者鉴定术语内容的基础和依据。GB 7714—2005 中规定的表示文后参考文献的方法为我们提供了一定的便利，尤其可以应用在术语数据汇编过程中。

本标准在术语工作的文后参考文献信息来源方面提供了详细的解释和附加说明，这种表示文后参考文献的简捷编码系统，既保证了文后参考文献的完整，又避免了不必要的重复。

术语工作　文后参考文献及源标识符

1　范围

本标准规定了术语工作使用的文后参考文献数据要素，这些文后参考文献标识符在术语的计算机应用上可作为数据类目，或用来记录其他文字材料所附带的文献目录和参考文献列表，以及连续出版物上的引文信息。本标准为不同类型的参考文献及其用途规定了源标识符，阐明了如何将文后参考文献中的数据要素反映到源标识符中，以及如何组织标识成分形成唯一的标识符。

本标准适用于记录、存储和交换术语工作和术语编纂过程中的文后参考文献来源信息，不适用于图书馆员、文献目录编制者以及索引编辑者在文献学工作中记录和标识文献。

本标准有助于：

——识别、追踪和验证术语数据和其他语言资源；

——包含术语数据的文献的互相参照；

——网络化工作和术语工作中的数据流管理；

——术语数据交换；

——技术文献编写；

——实施某个术语或术语编纂项目。

本标准没有考虑那些通过采用 ISO 15836:2003 便能够实现的简单方案需求。

2　规范性引用文件

下列文件中的条款，通过本标准的引用而成为本标准的条款，凡是注日期的引用文件，其随后所有的修改单(不包括勘误的内容)或修订版均不适用于本部分，然而，鼓励根据本标准达成协议的各方研究是否可使用这些文件中的最新版本。凡是不注明日期的引用文件，其最新版本适用于本标准。

GB/T 2659—2000　世界各国和地区名称代码(eqv ISO 3166-1:1997)

GB/T 4880.1—2005　语种名称代码第1部分　2字母代码(ISO 639-1:2002,MOD)

GB/T 4880.2—2000　语种名称代码第2部分　3字母代码(eqv ISO 639-2:1998)

GB/T 5271.1—2000　信息技术　词汇　第1部分:基本术语(eqv ISO/IEC 2382-1:1993)

GB/T 5795—2006　中国标准书号(ISO 2108:1992,MOD)

GB/T 7714—2005　文后参考文献著录规则(ISO 690:1987;ISO 690-2:1997,NEQ)

GB/T 9999—2001　中国标准连续出版物号(eqv ISO 3297:1998)

GB/T 15237.1—2000　术语工作　词汇　第1部分:理论与应用(eqv ISO 1087-1:2000)

GB/T 17532—2005　术语工作　计算机应用　词汇(ISO 1087-2:2000,MOD)

GB/T 18155—2000　术语工作　计算机应用　机器可读术语交换格式(MARTIF)协商交换

ISO 690:1987　文献工作　文后参考文献　著录内容、格式、结构

ISO 690-2:1997　信息和文献工作　文后参考文献　第2部分　电子文献或其组成部分

ISO 2709:2008　信息和文献工作　信息交换格式

ISO 15836:2003　信息和文献工作　都柏林核心元数据元素集

3　术语、定义和缩写词

3.1　术语和定义

本标准采用 GB/T 7714—2005 中的术语和定义，ISO 690、ISO 690-2、GB/T 15237.1—2000、

GB/T 17532—2005 中的部分术语和定义适用于本标准。

3.1.1

文献　document

所记载信息和信息载体的总和。

3.1.2

电子公告板　computer bulletin board

一套计算机系统所提供的、与某一主题相关的信息和消息，可供远程用户浏览。

[ISO 690-2：1997，3.2]

3.1.3

计算机程序　computer program

一种遵循某一特定编程语言规则的语法单位，由为完成某一具体的操作、任务或解决某一问题所需要的声明、语句或指令组成。

[GB/T 5271.1—2000]

3.1.4

析出文献　contribution

从整体文献中析出的具体独立篇名的文献。

[GB/T 7714—2005，3.5]

3.1.5

电子讨论组　electric discussion list

计算机网络中的电子邮件列表用户组成的专题讨论组，电子邮件列表中任何一个用户都可将信息发送给电子邮件列表中的用户。

[ISO 690-2：1997，3.6]

3.1.6

短时效资料　ephemeral material

临时或随时间而失效的资料。(3.1.1)。

3.1.7

主文献　host document

含有析出文献或含有在形式上和文献编录上不可分离但可单独标识的内容组件的文献(3.1.1)。

[ISO 690：1987，3.5]

3.1.8

专著　monographs

以单行本形式或多卷册形式，在限定的期限内出版的非连续性出版物。它包括以各种载体形式出版的普通图书、古籍、学位论文、技术报告、会议文集、汇编、多卷书、丛书等。

[GB/T 7714—2005，3.3]

3.1.9

连续出版物　serials

一种载有卷期号或年月顺序号、计划无限期地连续出版发行物。它包括以各种载体形式出版的期刊、报纸等。

[GB/T 7714—2005，3.4]

3.1.10

翻译作品　translation

作为某文本在另一种语言中等价物的派生文献(3.1.1)。

3.1.11

文后参考文献　bibliographic references

为撰写或编辑论文和著作而引用的有关文献信息资源。

[GB/T 7714—2005,3.1]

3.1.12

记录　record

在内容及用途上可作为一个识别单元的一组词、数字、符号及其组合。

3.1.13

题名　title

经常在文献中出现便于称呼和识别文献(3.1.1)的单词和短语,通常利用它与其他文献(3.1.1)相区分。

[ISO 690-2:1997,3.17]

3.1.14

主要责任者　primary responsibility

对文献的知识内容或艺术内容负主要责任的个体或团体。主要责任者包括著者、编者、学位论文撰写者、专利申请者或所有者、报告撰写者、标准提出者、析出文献的作者等。

[GB/T 7714—2005,3.2]

3.1.15

文献目录　bibliography

系统地描述和列举文献(3.1.1),尤其是当上下文安排比较合理、全面时。

3.1.16

电子文献　electronic documents

以数字方式将图、文、声、像等信息存储在磁、光、电介质上,通过计算机、网络或相关设备使用的记录有知识内容或艺术内容的文献信息资源,包括电子书刊、数据库、电子公告等。

[GB/T 7714—2005,3.6]

3.1.17

源标识符　source identifier

术语条目中标示为术语数据提供资料来源的信息。

[GB/T 15237.1—2000,3.8.10]

3.2　缩写词

CN　中国标准书号

ISBN　国际标准书号

ISSN　国际标准连续出版物号

XML　可扩展置标语言

4　术语工作常用出版物形式

术语工作者会运用各种文献来源资料,特别是词表、字典等术语数据集。通常情况下,术语工作者仅对某些特殊的出版物感兴趣(如:隐含的术语汇编和索引)。术语工作者所需的参考文献应注重与术语工作相关的信息,对其他事项可以略述。

下述形式的出版物中经常出现术语信息:

——专著(全部或其中的析出文献);

——连续出版物(全部或其中的析出文献);

——标准,尤其是术语标准;

——法律法规；
——时效性非电子资料；
——录音资料；
——计算机程序；
——电子资源，如术语数据库和其他数据库、术语电子出版物、电子连续出版物、电子信息系统及个别电子信息。

5 术语工作文后参考文献及源标识符的应用

5.1 概要

在实践中，需要使用不同的方法并按照不同的详细程度要求来记录术语源所涉及的文后参考文献。不管针对何种信息形式和何种文后参考文献的表达方式，对详细程度的要求均应符合实际应用，并应严格遵守有关规定，尽可能准确地记录信息。应能清晰地识别引用的文献来源，对于每种出版物的来源类型，其内部组成部分的排序应该保持不变。

5.2 术语工作文后参考文献的应用

术语工作文后参考文献通常用于以下方面：
——计算机术语工作中记录文献来源；
——与上述计算机应用类似的人工记录工作；
——提交参考文献清单（如：正文材料的辅助文献目录、连续出版物中的引文信息）。

5.3 术语工作源标识符的应用

术语工作源标识符通常用于以下情况：
——计算机术语工作的源标识符数据分类；
——与上述计算机应用类似的人工记录工作。

6 术语工作文后参考文献

6.1 概要

文后参考文献的基本内容、形式和结构应符合 GB/T 7714—2005 要求。附录 A（资料性附录）术语工作各种文献类型的文后参考文献示例见 GB/T 7714—2005（电子文献参见本标准）。本标准以 GB/T 7714—2005 为基础，主要为术语工作提出建议。

6.2 术语工作特殊文献类型

6.2.1 标准

标准标识符由标准代号、标准顺序号以及年号组成，标准代号与标准顺序号之间空半个字的间隙，标准顺序号与年号之间的链接为一字线（如：GB/T 7714—2005）。在年号后是某特定章节或其他标有数字的文本成分（如：GB/T 18155—2000，图 2）。对于标准出版物，引用标准用标识符或题名说明，参考标准用附有题名的标识符进行说明。

在术语工作中使用的文后参考文献，其组成要素如下：
——标准标识符（必需）；
——题名（可选）。

6.2.2 法律法规

GB/T 7714—2005 对专著的规定适用于法律法规。有些情况，提及的某个责任组织可作为主要责任者。其他情况，应使用法律法规的立法机构名称，可能是一个国家、一个地区或一个行政区。

示例：

[1] 英国．建筑法[M]．1984：2-3.

[2] 英国苏格兰办公室．建筑标准（苏格兰）修正法规 1993[M]．1993：5-7.

具有法律效力的法规题名应该是单个法规的题名，而不是派生出法规的立法原则宪章的题名。日期是题名中不可分割的部分。具有相同主题的法律法规使用同一个题名，而日期是区别它们的主要方式。因此，日期在法律法规中的重要性超过其在标准中的重要性。每年都会有相同主题的法令产生（如：《金融法》），而且它们中的众多条款都将在若干年中保持有效。在文后参考文献中重复日期虽然会带来一些不便，却是非常必要的。

6.2.3 术语数据库

GB/T 7714—2005 对电子文献的说明适用于术语数据库。

示例：

[1] 欧盟总秘书处术语信息系统[DB/OL]. 布鲁塞尔（比利时）：1999[2000-11-30]. http://tis.consilium.eu.int/.

6.2.4 录音资料和时效性非电子资料

GB/T 7714—2005 可应用于术语中心所收集的非常规资料。如果 GB/T 7714—2005 中没有文献类型可以应用，则应选择最接近的文献类型，并且根据其体例制定该文后参考文献。例如：某个人的演讲录音（一种口语信息）可以被视为一种专著，任何与这种文后参考文献要素相关的数据，即便是不完整的，都应该从恰当的来源中挑选出来。

6.3 说明细则

6.3.1 国家及其地区

在术语工作中，应清楚识别资料的国家及其地区出处，本标准要求对国家及其地区予以说明，并且按照 GB/T 2659—2000 中给出的代码形式置于圆括号“()”之中。

6.3.2 注释

下列类型的信息内容可能在术语工作的文后参考文献中出现：

——语种（语种名称，请参照 GB/T 4880.1—2005 和 GB/T 4880.2—2000）；

——文献制作及其相关人员；

注：这些人员是主要责任者和有关人员。

——其他文献属性（如：术语表、索引和等价术语表）。这种属性在著作内的位置应该用页码详细说明，如果需要，语种代码应该加到圆括号“()”之中。

7 术语工作源标识符

7.1 一般特征

如果同一参考文献被频繁引用（如：在术语数据库中），可以使用一个代码来代替文后参考文献。有文后参考文献的文档仍然需要保存，这样可以找到完整信息的位置。

源标识符分为说明性、半说明性、非说明性三种。说明的详细程度与从代码本身可推断出的信息量有关（如：中国标准书号属于半说明性，而一个流水号则属于非说明性）。某单一组织通常使用一种说明代码，对于大型组织或者打算交流信息的组织而言，简捷性和可预知性更加重要。代码的说明性越强，用来保证代码唯一性而必须采取的措施就越严格。半说明性或非说明性的源标识符通常用于电子系统中。术语数据记录中的源标识符采用电子方式与另一个能给出文后参考文献的文档链接，使用者常常注意不到两者之间的替换。

在交换格式中，只有当交换各方有办法找到源标识符与文后参考文献的关系时，源标识符才具有价值。如果各方可以获得相同的文后参考文献源，或者能够以完全预知的方法来制定标识符（即双方分别行动，为同样的文献制定相同的源代码），这种情况才会实现。若不参照相关的另一信息来源，则无法解释源标识符。一个中国标准书号只能识别一个以单行本形式或多卷册形式、在限定期限内出版的非连续性出版物。需要源标识符索引，以显示某个既定的源标识符所代表的文后参考文献；还需要一个参考文献的信息文档，以表示某一特定文献的源标识符。

使用源标识符之前，应对其检查以确保达到下列要求：

——遵守源标识符制定规则；
——源标识符具有唯一性(即未曾用于代表另一个文献)；
——同一文献未被赋予另一不同的源标识符。

7.2 中的源标识符系统基于以下四个基本原则：

a) 基于文献中经常出现的信息；
b) 具有高度可预知性，且相似的标识符应由不同的个人和组织在同一文献中指定；
c) 与国际承认的系统相结合；
d) 利用经常出现在参考文献中的信息内容，但尚不能表示文后参考文献方方面面，也不能包含每一条“重要”信息。

注：文献库中会有大量文献，因为某些关键信息项的缺失或无法获得，而无法按照 7.2 中规定的原则进行编码(如：许多电子文献无 ISBN 或 ISSN)，关于这些文献的编码系统，见附录 B。

7.2 术语工作源标识符系统

7.2.1 概要

本系统为连续出版物题名或某个连续出版物析出文献建立唯一的识别标识，与介质(纸张、电子版和微缩胶片)无关。该系统用来为不同文献类型提供源标识符。

7.2.2 常用源标识符要素及其著录规则

7.2.2.1 题名

英文题名可以选择每个单词的首字母(单词是指任一串不含空格的字母串，如：LP 代表 L'Anogie Perdue)，最多可由 8 个大写字母组成；中文题名取汉语拼音首字母缩写词、汉语拼音固定缩写词或其他缩写词，最多可由 8 个大写字母组成；少数民族语言和其他国家及其地区语言题名源标识符应根据具体情况，按照其语言自身规律进行音译转写或其他处理。阿拉伯数字可视为字母或单词(如：1 代表 101)。罗马数字被视为一个由文字字符组成的单词(即 X 代表 XV)。

示例：

[1] TTTDBS 表示：
The Team Terminology Data Bank System, Language Services Department, Simens AG, Munich, Republic of Germany(德国慕尼黑西门子公司语言服务部之团队合作术语数据库系统)

[2] XYJ 表示：
西游记

7.2.2.2 日期

日期采用公元纪年，出版精确日期用阿拉伯数字以(YYYY-MM-DD)形式表示，圆括号中的数字应由 8 个阿拉伯数字组成。

示例：

(2005-09-08)

无法确定精确日期，可选用(出版年)表示。

示例：

(1999)

出版年无法确定时，可依次选用版权年、印刷年、估计的出版年，估计的出版年需置于方括号内。

示例：

(c1988)

(p1995)

([1936])

7.2.3 析出文献信息要素

一组析出文献信息要素用于识别某一个特定的析出文献，这些要素包括析出文献的开始位置和题名代码(见 7.3)。

析出文献的信息内容在尖括号“〈 〉”内。如果文献是一部完整的专著、连续出版物或连续出版物的某一册，则在尖括号内“〈 〉”没有信息插入(即仅仅是一个空的尖括号“〈 〉”)。

7.2.4 结构源标识要素

结构来源标识要素是用“n.n”形式编码系统来描述该项内容的一般特性。

第1个数字表示被引用的是整个专著、连续出版物还是其中的析出文献：

1——整个专著或连续出版物；

2——专著或连续出版物中的析出文献。

第2个数字是已标识内容的派生部分：

0——指整个项目，而不是派生出来的一个部分；

1——指目录表；

2——指索引。

7.2.5 提供补充信息的源标识要素

7.2.5.1 概要

以下的补充要素紧跟在结构要素之后，其间无空格。结构要素指上述内容(见7.2.4)。这些要素是可选项，只有需要时才使用。如果有一个以上补充要素应用于文献，则其顺序如下例所示：

示例：〈 〉1.0TX.!glfr

7.2.5.2 文献载体标识符

以下为不同种类介质的载体标识符。

示例：

TX 打印文本

TL 打印文本活页

TH 打印文本硬皮装

TS 打印文本软皮装

TB 布莱叶盲文

CD 机读光学介质(CD-ROM)

CF 机读磁盘介质

CT 机读磁带介质

CO 联网在线(远程)

HE 微缩胶片

HD 缩微影片

SC 录音资料

VX 视频记录

ZN 多种物质形式

ZU 不明物质形式

ZZ 其他物质形式

7.2.5.3 翻译作品

如果文献源是另一部翻译作品，则用一个感叹号(!)来表示。

7.2.5.4 隐含术语表和索引

如果文后参考文献是一个索引，或者如果文后参考文献只与索引有关，则应使用7.2.4中的代码。如果包含索引的整个文献具有重要性，并且旨在表示索引存在，则使用下述代码：

术语表(Glossary)　　gl

索引(Index)　　i

注：如果两种代码都适用，则按上面的顺序不留空格连在一起(如：gli)。

7.2.5.5 语种代码

应根据的GB/T 4880.1—2005和GB/T 4880.2—2000使用语种代码，应尽量使用双字母代码，最多可以使用3字母代码，并按照字母顺序排列，不留空格(如：enfr)。

7.3 术语工作不同文献类型的源标识符

7.3.1 专著

对于专著，其源标识符结构如下：

——ISBN(见 ISO 2108:1992、GB/T 5795—2006)；

——日期；

——卷号(圆括号内 1 个或多个阿拉伯数字)；

——析出文献要素（无任何数据的尖括号，即〈〉)；

——结构要素（1.0)；

——补充说明。

这种格式适用于电子版专著、数据库、法律和法规。

示例：

[1] ISBN 7-5066-3529-1/TB.1193 (2004)〈〉1.0TX.！表示：

国家标准化管理委员会.标准化基础知识[M].北京：中国标准出版社，2004. ISBN 7-5066-3529-1/TB.1193.

[2] ISBN 7-302-05483-5(2006)〈〉1.0TX.！表示：

Sanders S M, Mccormick J E. Human Factors in Engineering and Design [M]. Seventh Edition. Mc Grow Hill, 2006. ISBN 7-302-05483-5.

7.3.2 标准

标准标识符(见 6.2.1)应按规定格式给出源标识符。

示例：

[1] GB/T 15237.1—2000 表示：

全国术语标准化技术委员会. GB/T 15237.1—2000 术语工作 词汇 第 1 部分：理论与应用[S].北京：全国术语标准化技术委员会，2000.

[2] ISO 12615:2004 表示：

International Organization for Standardization. ISO 12615:2004 Bibliographic references and source identifiers for terminology work [S]. International Organization for Standardization, 2004.

7.3.3 连续出版物、电子信息系统

对于连续出版物、电子信息系统，其源标识符结构如下：

——ISSN 或 CN(见 ISO 3297:1998 、GB/T 9999—2001)；

——日期；

——析出文献要素（无任何数据的尖括号，即〈〉)；

——结构要素（1.0)；

——补充要素。

对于整套、部分或正在出版的连续出版物，其出版日期应该与存档文献的开始日期有关。如果所存档连续出版物一部分是电子版，则这两个连续出版物应使用不同的源标识符，即：使用载体标识符来区别不同的版本。电子连续出版物或信息系统的日期通常是存档的开始日期，该存档从引用日期获得。

示例：

[1] CN 11-1823/T(2007)〈〉1.0.表示：

中国标准化研究院.世界标准化与质量管理[J]. 2007(5)-.北京：《世界标准化与质量管理》杂志社，2007-. CN 11-1823/T.

[2] ISSN 0251-5253(1984)〈〉1.0.表示：

TermNet News. International Information Center For Terminology. Canada (CA):1984-(8). ISSN 0251-5253.

7.3.4 专著析出文献

用于专著中的析出文献，源标识符结构如下：

——ISBN(见 ISO 2108:1992、GB/T 5795—2006)；

——日期；

——卷号(圆括号内1个或多个阿拉伯数字);

——析出文献首页页码 (数字在〈〉内);

——结构要素 (2.0);

——补充要素。

示例:

[1] ISBN 7-300-06652-6/F.2171 (2004)〈25〉2.0.表示:

李春田.国际标准定义[M]//李春田.标准化概论.北京.中国人民大学出版社,2004:25.ISBN 7-300-06652-6/F.2171.

[2] ISBN 0-14-080451-1(1971)〈165〉2.0.表示:

Atkinson J M. Societal reactions to suicide:the role of coroners' definitions [M]//Cohen S. Harmondsworth (GB):Penguin Books,1971:165-191. ISBN 0-14-080451-1.

7.3.5 连续出版物析出文献标识符

本系统提供一种识别机制,用于对连续出版物题名下的某册刊物或某个析出文献建立唯一的识别标识,而与其发行所用介质(纸张、电子版和微缩胶片)无关。7.2.5中引入为术语工作服务的补充标识信息。其源标识符结构如下:

——ISSN或CN(见ISO 3297:1998、GB/T 9999—2001);

——日期;

——卷号,两个用冒号隔开的数字;

——析出文献位置后接题名代码(在〈 〉内用冒号隔开);

——结构要素 (2.0);

——补充信息。

示例:

[1] CN 11-5551/N(2008)10:4〈〉1.0.表示:

全国科学技术名词审定委员会.中国科技术语[J].2008,10(4)-.北京:商务印书馆,2008-.
CN 11-5551/N.

[2] CN 11-3815/T (2008)2〈〉1.0.表示:

《术语标准化与信息技术》编辑部.术语标准化与信息技术[J].2008,(2)-.北京:《术语标准化与信息技术》编辑部,2008-.CN 11-3815/T.

[3] CN 11-1473/H(2008)1〈〉1.0.表示:

北京语言大学.世界汉语教学[J].2008,(1)-北京:北京语言大学出版社,2008-.CN 11-1473/H.

[4] ISSN 0024-2195(2000) 102:11〈〉1.0.表示:

Library Association Record [J]. November 2000,vol.102,No.11. ISSN 0024-2195.

[5] ISSN 0251-5253(1981)1〈〉1.0.表示:

TermNet News [J]. 1981,No.1(no volume number). ISSN 0251-5253.

[6] ISSN 0008-7269(2000)135〈1:CAIATW〉2.0.表示:

TOTH,Ben. Cataloguing and indexing and the web [J]. Cataloge & Index,2000,(135):1-2. ISSN 0008-7269.

8 术语工作文后参考文献和源标识符的交换

8.1 术语数据的交换

在术语数据记录中,来源数据与源标识符是两种数据类目。文后参考文献是来源数据的数据要素,而源标识符是源标识符数据类目的数据要素。本标准将有利于作为术语数据记录组成部分的文后参考文献和源标识符的交换。

8.2 其他交换

采用通用的ISO 2709:2008或XML交换格式,文后参考文献和源标识符也可以在其他上下文中被交换。即使文后参考文献是许多可识别信息要素的复合体,仍然可视为单一不可分割的数据要素,与源标识符一起以两个数据要素的形式进行传输。如果使用源标识符并且要分别传输，则要说明源标识符与文后参考文献之间的链接关系（见 7.1）。如果没有与文后参考文献的链接，源标识符可能无法使用。

术语工作中对文献学数据的使用正发生变化，未来会出现更加复杂的数据交换。附录 C 介绍如何使用 XML 模型来交换文后参考文献。

9 专家登记簿

多数术语中心保留着他们一直保持联系而未来也希望联系的人员名单。这些专家可能呈报过文字材料，或者对定义发表过意见，或者其观点今后可能需要被找到。他们中的许多人在文后参考文献中会被作为出版物的主要责任者或次要责任者，附加注释中也可能提到他们的名字。我们需要区分文后参考文献所需要的信息内容和维持或建立与某个人的联系所需要的信息。文后参考文献应该以文献本身所提供的信息为基础，同时，应该与个人的全名及其在著作中发挥的相关作用保持一致。其他详细情况也应该包含于专家登记簿中，包括：个人全名、性别、教育和培训、主修专业、语言特长、目前工作领域、工作单位、通信地址、电话号码、电子邮件和在标准化工作中的参与情况。当然，专家登记簿只应该涵盖文献中提供的信息或公开的信息，不提倡对所有人员都必须具有上述数据类目。此外，对专家登记簿中所包含的人员应予以告知。在某些国家及其地区，可能法律要求公开这类档案的维护情况，并且可能限制把其中的信息供其他术语中心使用。

附 录 A
（资料性附录）
术语工作文后参考文献示例

A.1 概要

术语工作专著、专著中的析出文献、连续出版物、连续出版物析出文献的著录项目和著录格式以及示例见 GB/T 7714—2005。电子文献的著录项目、著录格式及示例与 GB/T 7714—2005 略有区别，细化了电子文献类型，并在电子文献著录规则中增加了附注项。

A.2 术语工作电子文献著录规则

术语工作电子专著（包括电子版专著、数据库、计算机程序）、电子专著的析出文献、电子连续出版物中的析出文献著录规则见 GB/T 7714—2005。除此之外的电子文献（包括电子公告牌、电子讨论组、消息系统、电子信件）应根据本规则处理。

A.2.1 著录项目

主要责任者

题名项

　题名

　其他题名信息

　文献类型标志（含文献载体标志）

出版项

　出版地

　出版者

　出版年

　更改或修改日期

　引用日期

获取和访问路径

附注

A.2.2 著录格式

主要责任者. 题名：其他题名信息[文献类型标志/文献载体标志]. 出版地：出版者，出版年（更新或修改日期）[引用日期]. 获取和访问路径. *附注*.

示例：

[1] PACS-L：the public-access computer systems forum [EB/OL]. Houston，Tex：University of Houston Libraries，1989[1995-05-17]. http://info. lib. uh. edu/pacsl. html.

[2] Online Computer Library Center，Inc. History of OCLC [EB/OL]. [2000-01-08]. http://www. oclc. org/about/history/default. htm.

[3] HOPKINSON A. UNIMARC and metadata：Dublin Core [EB/OL]. [1999-12-08]. http://www. ifla. org/IV/ifla64/138-161e. htm.

[4] Electronic document distribution (EDD) [OL]. London(GB)：British Standards Institution，1999[2001-02-10]. http://edd. bsi. org. uk/.

[5] SCIBOR E. Situation of ISO 12615 [OL]. Message to Michael ROBERTS. 2001[2001-01-16]. Personal communication.

附 录 B
（资料性附录）
无 ISBN 或 ISSN 文献的源标识符

B.1 概要

这些规定不适用于7.3中给出的文献类型。作为 ISBN 或 ISSN 的替代物，应使用下述规则来描述主要责任者；应使用7.2.2.1中的规则来描述题名。

B.2 常用著录源标识符要素（补充7.2.2）

B.2.1 主要责任者

为与题名相区别，主要责任者源标识符最好使用小写字母表示。英文姓名通常是取首字母（如：wj 代表Wertheirn J）；中文姓名用汉语拼音字母表示，姓取全拼，名取首字母（如：zhouwt 表示"周文涛"），最多可由8个小写拼音字母组成。如果有两个或两个以上的作者，作者之间使用逗号隔开（如：zhouwt，yup，liy）；少数民族语姓名按照民族语，用汉语拼音字母音译转写，分连次序依民族习惯，《少数民族语地名的汉语拼音字母音译转写法（草案）》可以适用于人名的音译转写；其他国家及其地区语言的作者姓名根据具体情况，按照其语言自身规律进行音译转写或其他处理。

英文机关团体责任者源标识符取首字母缩写词或其他缩写词（如：United Nations Educational，Scientific and Cultural Organization 可以用 unesco 表示），也可以用一个名称中起类似姓氏作用的单词来表示这个名称（如：drew 代表 Drew Scientific Instruments），最多可由8个小写字母组成。中文机关团体责任者可以取主要责任者的汉语拼音首字母缩写词、汉语拼音字母固定缩写词或其他缩写词，最多可由8个小写拼音字母组成。少数民族语言和其他国家及其地区语言的集体作者应根据具体情况，按照其语言自身规律进行音译转写或其他处理。

B.2.2 题名

见7.2.2.1。

B.3 文献类型

B.3.1 专著

对于专著，其源标识符结构如下：

——主要责任者；

——题名；

——日期；

——卷号（圆括号内1个或多个阿拉伯数字）；

——析出文献要素（无任何数据的尖括号，即〈 〉）；

——结构要素（1.0）；

——补充信息要素。

示例：

［1］ zhbyGBTXJSYJ（2007）〈〉1.0.表示：
中国标准化研究院.国家标准体系建设研究［M］.北京：中国标准出版社，2007.

［2］ bgTAKE（1999）〈〉1.0.表示：
Budin G. Terminology and knowledge engineering ［M］. Austria：1999.
注：假设以上专著无 ISBN。

B.3.2 专著中的析出文献

对于专著中的析出文献，其源标识符结构如下：

——析出文献主要责任者；

——析出文献题名；

——冒号；

——专著主文献主要责任者；

——专著主文献题名；

——日期；

——卷号(圆括号内1个或多个阿拉伯数字)；

——析出文献首页号码（号码用尖括号表示）；

——结构要素（2.0）；

——补充信息要素。

示例：

［1］ caijtTSEYXLCD：dsTSEYXLCH (2006)〈19〉2.0.表示：

蔡金亭.《探索第二语言心理词汇》导读[M]//David Singleton.探索第二语言心理词汇.北京：兴届图书出版社，2006：19-45.

［2］ mwTCOTTTCC：TFKOAH (1990)(1)〈98〉2.0.f 表示：

MUSTAFA-ELHADI W. The contribution of terminology to the theoretical conception of classificatory languages and document indexing. Tools for knowledge organization and human interface.

Proceedings of the First International ISKO Conference，Darmstadt：1990，(1)：98-106.

注：假设以上专著无ISBN。

B.3.3 连续出版物及电子信息系统

对于连续出版物及电子信息系统，其源标识符结构如下：

——连续出版物题名；

——主要责任者；

——日期；

——析出文献要素（无任何数据的尖括号，即〈 〉）；

——结构要素（1.0）；

——补充信息要素。

对于全整一套、部分或正在出版的连续出版物，其出版日期应该与存档文献的开始日期有关。如果存档的连续出版物一部分是电子版，则这两个连续出版物应使用不同的源标识符。电子连续出版物或信息系统的日期通常为现在可以获取的存档开始日期。

示例：

［1］ SJHYJXbydwhyzx (2008)〈〉1.0.表示：

北京语言大学对外汉语研究中心.世界汉语教学[J].2008(1)-.北京：北京语言大学对外汉语研究中心，2008-.

［2］ PRmic(1993)〈〉1.0.CD 表示：

Micromedia. Profile Canada [CD-ROM]. 1993-. Toronto(CA)：1993-.

注：假设此连续出版物无ISSN。

B.3.4 连续出版物中的析出文献

对于连续出版物中的析出文献，其源标识符结构如下：

——主要责任者；

——冒号；

——连续出版物题名；

——日期；

——卷号(冒号后接1个阿拉伯数字)；

——版本号；

——页码标记后接连续出版物析出文献题名(接尖括号"〈〉",尖括号〈〉内有若干个表示文章起始位置的阿拉伯数字,随后是冒号及题名编码)；

——结构要素(2.0)；

——补充信息要素。

示例：

[1] licht:SJBZHHUA(200705):5〈4:XDBZHHQY〉2.0.表示：

李春田.现代标准化前沿——"模块化"研究报告(4)[J].世界标准化与质量管理.2007,(5):4-8.

[2] rr:IN(1987)14:2〈63:CAETIA〉2.0.表示：

RADA R. Connecting and evaluating thesauri: issues and cases [J]. International classification. 1987,14(2):63-69.

注：这是两个虚构的例子,真实的连续出版物有ISSN。

B.3.5 录音资料、时效性资料和电子信件

没有出版的资料无正式的题名,因此,应指定一个描述性的题名。此时,可以采用针对题名的通用规则,载体标识符对这些资料而言至关重要(见7.2.5.2)。对于无出版日期的网上资料,应使用引用日期。

示例：

[1] psYRFIAIS(19950218)〈〉1.0.CO表示：

PRITCHARD S. Your request for information about ISO Standards [OL]. Message to: Margaret MORRISON. 1995-02-18[1995-03-03]. Personal communication.

附　录　C
（资料性附录）
为交换或其他用途而使用 XML 模型表示文后参考文献

C.1　概要

XML(可扩展置标语言)可用于实现文后参考文献的交换。作为一种元语言，XML 允许使用者定义自己的标记。如果一个 XML 条目使用 XML 编码，只要数据发送方和接收方都能够理解使用的 XML 编码系统，数据的意义就很清晰。双方通过在名称和编码使用方法(即 XML 要素名称、XML 属性等)上达成共识，便可实现文后参考文献的交换，而不会丢失数据。

本附录列举了用于专著的 XML 模式，展示了如何使用 XML 来为文后参考文献编制代码，并使文后参考文献要素清晰有序。本例中专著的详细信息，比如其文后参考文献和文后参考文献要素的情况，见 C.2。

C.2　用于文后参考文献的 XML 模型的一般特征

每种出版物都需要不同的 XML 模型，而下列一般特征适用于所有出版物。

a) 在 XML 模式中，逗号说明的是 XML 要素的排序。如果一个文献中的排序与此不同，则该文献就被视为无效；

b) 列表中的要素具有选择性和必须性的限制标记，这些标记可使用一定的符号来表示。加“?”号的要素表示该内容项可出现零次或一次；如果该项可出现零次或多次，则是“ * ”号；而如果必须出现并且只能出现一次则不带任何符号；

c) 包含于 XML〈注释〉中的数据可能包括超级链接；其他要素应该包括简单文本；

d) 通过结合更多的附加数据，XML 要素可以进一步完善，这些结合的附加数据通过使用属性来实现。对于专著来说，“源标识符”可以作为一种属性记录下来，属性表(代码：ATTLIST)说明了列表中该属性适用的要素，属性可以包含的数据类型和默认值。#IMPLIED 表示可选性的属性。

XML 模式	编　码　例　证
〈! ELEMENT monographEntry (PrimaryResponsibility * , Title, SubordinateResponsibility * , Edtion?, PlaceOfPublication?, Publisher?, DateOfPublication?, Extent?, Series?, Notes?, StandardNumber *)〉 〈! ATTLIST monographEntry Identifier CDATA #IMPLIED〉	〈monographEntry identifier='ISO690.12615.-1'〉 〈PrimaryResponsibility〉WERTHEIM,J〈/PrimaryResponsiblity〉 〈PrimaryResponsibility〉OXLADE,C〈/PrimaryResponsiblity〉 〈PrimaryResponsibility〉WATERHOUSE,J〈/PrimaryResponsiblity〉 〈Title〉Illustrowana encyclopedia szkolna. Chemia〈/Title〉 〈SubordinateResponsibility role〉=“Translated by”KACPERSKA,A.〈/SubordinateResponsibility〉 〈PlaceOfPublication〉Lodz(PL)〈/PlaceOfPublication〉 〈Publisher〉Res Polona〈/Publisher〉 〈DateOfPublication〉1992〈/DateOfPublication〉 〈Extent〉129 p.〈/Extent〉 〈Notes〉Translation of:Dictionary of chemistry〈/Notes〉 〈StandardNumber type='ISBN'〉83-85063-75-7〈/StandardNumber〉 〈/monographEntry〉

ICS 25.060.20
J 52

中华人民共和国国家标准

GB 23290—2009/ISO 16156:2004

机床安全　卡盘的设计和结构安全要求

Machine-tools safety—
Safety requirements for the design and construction of work holding chucks

(ISO 16156:2004,IDT)

2009-03-05 发布　　2009-10-01 实施

中华人民共和国国家质量监督检验检疫总局
中国国家标准化管理委员会　发布

前　言

本标准全部技术内容为强制性。

本标准等同采用 ISO 16156:2004《机床安全　卡盘的设计和结构安全要求》(英文版)。

本标准等同翻译 ISO 16156:2004。

为了便于使用,本标准做了下列编辑性修改:

——“本国际标准”一词改为“本标准”;

——删除国际标准的前言和引言;

——第 2 章“规范性引用文件”中,用相应的国家标准代替被采用为我国标准的 ISO 标准和 EN 标准,未被采用为我国标准的直接引用 ISO 标准和 EN 标准,其中 EN 292-1:1991 和 EN 292-2:1991 已被 ISO 12100-1:2003 和 ISO 12100-2:2003 所代替;

——第 3 章“术语和定义”中增加了引导语;

——6.1.11 中“符合现行国际标准”改为“符合现行国家标准”。

本标准由中国机械工业联合会提出。

本标准由全国金属切削机床标准化技术委员会(SAC/TC 22)归口。

本标准起草单位:呼和浩特众环(集团)有限责任公司、烟台机床附件研究所。

本标准主要起草人:杜淑逞、张国斌、初福春、时述庆。

本标准为首次发布。

机床安全　卡盘的设计和结构安全要求

1　范围

本标准规定了减少和防止3.1定义的卡盘所造成危险的要求和/或措施。与卡盘有关的主要危险见第4章。

本标准适用于卡盘的设计者、制造者、供货方和进口方。

本标准还给出了制造者应为使用者提供的信息。

2　规范性引用文件

下列文件中的条款通过本标准的引用而成为本标准的条款。凡是注日期的引用文件，其随后所有的修改单(不包括勘误的内容)或修订版均不适用于本标准，然而，鼓励根据本标准达成协议的各方研究是否可使用这些文件的最新版本。凡是不注日期的引用文件，其最新版本适用于本标准。

GB/T 9239.1—2006　机械振动　恒态(刚性)转子平衡品质要求　第1部分：规范与平衡允差的检验(ISO 1940-1:2003,IDT)

GB/T 15706.1—2007　机械安全　基本概念与设计通则　第1部分：基本术语和方法(ISO 12100-1:2003,IDT)

GB/T 15706.2—2007　机械安全　基本概念与设计通则　第2部分：技术原则(ISO 12100-2:2003,IDT)

GB/T 23291—2009　机床　整体爪手动自定心卡盘检验条件(ISO 3089:2005,MOD)

JB/T 3860.2—1998　楔式动力卡盘　梳齿卡爪互换性尺寸(ISO 9401:1991,Machine tools—Jaw mountings on power chucks,MOD)

ISO 3442:1991　机床用分离爪(键、槽型)自定心卡盘　互换性尺寸和验收试验规范

EN 982:1996　机械安全　流体动力系统及其元件的安全要求　液压装置

EN 983:1996　机械安全　流体动力系统及其元件的安全要求　气压装置

EN 1005-2:2003　机械安全　人体物理性能　第2部分：机械处理和机械元件手册

3　术语和定义

下列术语和定义适用于本标准。

3.1

卡盘　work holding chuck

用移动卡爪夹持工件的夹紧装置。

注：有些卡盘有槽或口。

3.2

手动卡盘　manually-operated chuck

借助于手的力量(如：扳手)使工件被夹紧的卡盘。

3.3

动力卡盘　power-operated chuck

借助于液压、气压或电能等动力源使工件被夹紧的卡盘。

3.4

离心力补偿卡盘　centrifugally compensated chuck

具有补偿由离心力引起夹紧力损失系统的卡盘。

3.5

基爪　base jaw

用于安装顶爪并径向移动的零件。

3.6

顶爪　top jaw

安装在基爪上并直接用于夹持工件的零件。

3.7

夹紧力　clamping force

每一卡爪施加给工件的单一径向力的代数和。

3.8

静态夹紧力　static clamping force

卡盘运转前的夹紧力。

3.9

最大静态夹紧力　maximum static clamping force

当输入允许的最大力(或扭矩)并处于特定设计结构时所获得的最大夹紧力。

3.10

动态夹紧力　dynamic clamping force

当卡盘运转时的实际夹紧力。

3.11

夹紧缸　clamping cylinder

借助于气压或液压驱动卡盘的缸。

3.12

离心力　centrifugal force

由旋转引起所有零件沿径向趋于远离卡盘旋转轴线移动的力。

注:离心力(F_c)用牛顿(N)表示。

$$F_c = m \cdot r \cdot \omega^2 = \frac{m \cdot v^2}{r} = m \cdot r \left(\frac{\pi \cdot n}{30}\right)^2 \quad \cdots\cdots (1)$$

式中:

m——移动零件(一般是卡爪)的质量,单位为千克(kg);

r——移动零件(一般是卡爪)的质心与回转中心的距离,单位为米(m);

ω——移动零件(一般是卡爪)质心的角速度,单位为弧度每秒(rad/s);

v——移动零件(一般是卡爪)质心的圆周线速度,单位为米每秒(m/s);

n——转速,单位为转每分(r/min)。

3.13

输入力　input force

由外部动力源施加到卡盘机构上的力。

3.14

输入扭矩　input torque

由外部动力源施加到卡盘机构上的扭矩。

3.15

旋转平衡　rotational balance

绕轴线转动的所有物体质量的平衡(任何旋转轴线与质心不重合将产生不平衡)。

3.16

最大转速　maximum rotational speed

n_{max}

由制造者规定的配带标准卡爪的卡盘的最大转速(见6.2),单位为转每分(r/min)。

3.17

工作转速　working rotational speed

n_w

工作状态下的转速($n_w \leqslant n_{max}$),单位为转每分(r/min)。

4　危险形式

主要危险有:

——挤压危险;

——缠绕危险;

——吸入危险或卷入危险;

——冲击危险;

——可互换或可移动零件的甩出危险。

5　安全要求和/或措施

5.1　总则

为保护所有受到危险的人员,卡盘的设计和结构应采用下列相应的方法:

a)　卡盘和它的动力源(如:缸)应相匹配(见6.1.9);

b)　制造者的随机文件应说明平衡品质等级G(见GB/T 9239.1—2006);

c)　应防止(如:用锁紧销)卡盘的基爪由离心力甩出(见GB/T 15706.1—2007的3.23.6);

d)　卡盘质量超过20 kg时应有便于搬动的措施(如:螺纹孔)(见6.1.1)。

验证:检查相关图样、视检和型式试验。

5.2　特殊要求

对于具有离心力补偿的卡盘,制造者应给出最大转速 n_{max}。

对于不具有离心力补偿的卡盘,且使用制造者规定的标准卡爪,如给定质量的硬顶爪安装在基爪上并定位在规定的回转半径上,最大转速 n_{max} 不应超过计算测得的总静态夹紧力减少67%时所对应的转速。

验证:检查相关的技术文件。

5.2.1　动力卡盘

卡盘或动力源(如:缸)应安装确保有效传递夹紧力(如:在行程末端前装有传感器)的装置。

如果在动力源(如:缸)的能量供给失灵时,提供的安全装置(如:安全阀)应确保压力在制造者规定的一段时间内能维持住(见EN 982:1996和/或EN 983:1996)。

验证:检查相关图样和/或视检。

5.2.2　卡盘扳手和类似工具

手动爪夹紧或各种手动卡盘的扳手和类似工具应设计成不能停留在旋转的卡盘上。扳手和类似工具在卡盘中的定位点被放松时应靠弹簧自动弹出,或插入时应防止主轴转动(用联锁装置)。

验证:检查相关图纸和/或电路图以及卡盘或扳手的试验报告。

5.2.3　具有槽或口的卡盘

具有开到外边缘槽或口的卡盘应设置安全装置(如:销),以避免由于制动使平衡配重或类似器件受离心力作用从口甩出。

验证:检查相关图样和/或视检。

6 使用信息

6.1 总则

使用说明书应有下列信息(见 GB/T 15706.2—2007 的第 5 章,尤其是 5.5)。

6.1.1 正确使用卡盘的安全信息包括:操作(见 EN 1005-2:2003),性能,最大转速 n_{max},尺寸,必要的调整和安装器件,允许的夹紧范围和压力/动力源的力。

6.1.2 提供夹紧力的确定方法,供使用者评定所使用的卡盘是否适合机械加工。

6.1.3 提供卡盘带有标准爪(硬顶爪)运转时夹紧力的变化说明,以便使用者可以确定动态夹紧力。

6.1.4 在最大半径和最大转速时所允许的卡爪/顶爪最大质量。

6.1.5 夹紧爪质心与卡盘端面之间的最大距离。

6.1.6 提供特殊顶爪夹紧力的确定方法。

6.1.7 维护说明包括:润滑和检测静态夹紧力间隔时间的说明。

6.1.8 部件互换的信息,参阅 GB/T 23291—2009、JB/T 3860.2—1998 和 ISO 3442:1991。

6.1.9 卡盘和动力源之间连接形式的必要图示说明。

6.1.10 卡盘质量应以千克(kg)为单位。

6.1.11 卡盘及附件应符合现行国家标准和行业标准。

验证:检查使用说明书。

6.2 操作说明

制造者的使用说明书中应有下列陈述:

a) 虽然卡盘已符合第 5 章的特殊要求,但是危险仍可能因工件和机床的特性而产生。为消除危险使用者应考虑工件的特性(如:尺寸、质量和形状)及机床的特性(如:转速、进给量和切削深度)。

b) 使用者应根据所需的夹紧力来确定机床加工的最大允许速度,而此速度不能超过卡盘的最大旋转速度。

c) 对于特殊的顶爪,使用者应按照制造者使用说明书中所提供的方法来计算卡盘动态夹紧力。

d) 在一定时间间隔内,应根据维护说明,使用静态夹紧力测量设备来检查其维护状况。

e) 如果没能达到满意的旋转平衡品质,将可能出现残余危险。

f) 为避免超负荷力作用于特定卡盘,应降低来自机床的有效作用力。

验证:检查使用说明书。

6.3 标记

卡盘和夹紧缸应有标记,当顶爪影响卡盘相应的功能时,顶爪也应有标记。

下列标记内容应持久和清楚明显。

6.3.1 卡盘

——制造者的名称或商标;

——型号或出厂编号;

——最大允许输入力或最大允许输入扭矩;

——按制造者说明进行润滑,且在最大允许输入力(或扭矩)时所测得的新卡盘最大静态夹紧力;

——最大转速 n_{max}。

验证:视检。

6.3.2 顶爪

——制造者的名称或商标;

——型号或出厂编号。

验证：视检。

6.3.3 夹紧缸

——制造者的名称或商标；

——型号或出厂编号；

——最大转速 n_{max}；

——最大操作力或能量的输入/输出。

验证：视检。

ICS 25.060.20
J 52

中华人民共和国国家标准

GB/T 23291—2009

机床　整体爪手动自定心卡盘检验条件

Machine tools—Test conditions for self-centring, manually-operated chucks with one-piece jaws

(ISO 3089:2005,MOD)

2009-03-05 发布　　2009-10-01 实施

中华人民共和国国家质量监督检验检疫总局
中国国家标准化管理委员会　发布

前　言

本标准修改采用ISO 3089:2005《机床　整体爪手动自定心卡盘检验条件》(英文版)。

本标准根据ISO 3089:2005重新起草。

由于我国工业的特殊需要,本标准在采用国际标准时进行了修改。这些技术性差异用垂直单线标识在它们所涉及的条款的页边空白处。

本标准与ISO 3089:2005的主要技术差异为:

——卡盘公称直径不大于125 mm和大于500 mm的卡盘几何精度检验公差值进行了调整;

——G01项和G02项,$d>500$ mm的公差值改为0.008 mm;

——G3项几何精度公差值进行了调整;

——G4项检验中“检验环外径应大于卡爪夹持弧直径”改为“检验环外径应小于卡爪夹持弧直径”。

为了便于使用,本标准还做了下列编辑性修改:

——删除了国际标准的前言和引言;

——“本国际标准”一词改为“本标准”;

——用小数点“.”代替作为小数点的逗号“,”;

——形位公差及基准符号的表示按我国相关标准的规定;

——对ISO 3089:2005中引用的ISO 230-1:1996,用对应的GB/T 17421.1—1998代替;

——删除了参考文献。

本标准由中国机械工业联合会提出。

本标准由全国金属切削机床标准化技术委员会(SAC/TC 22)归口。

本标准起草单位:呼和浩特众环(集团)有限责任公司、烟台机床附件研究所、浙江人和机械有限公司。

本标准主要起草人:杜淑逞、张国斌、时述庆、何金尧。

本标准为首次发布。

机床　整体爪手动自定心卡盘检验条件

1　范围

本标准规定了两个以上卡爪的机床用手动自定心卡盘几何精度检验和相应公差。

本标准适用于快速夹持不同尺寸工件的整体硬爪卡盘。

本标准仅规定了校正工件中心的卡盘旋转精度检验，不适用其他动态性能的检验，如平衡测试或夹紧力的测试。

2　规范性引用文件

下列文件中的条款通过本标准的引用而成为本标准的条款。凡是注日期的引用文件，其随后所有的修改单(不包括勘误的内容)或修订版均不适用于本标准，然而，鼓励根据本标准达成协议的各方研究是否可使用这些文件的最新版本。凡是不注日期的引用文件，其最新版本适用于本标准。

GB/T 17421.1—1998　机床检验通则　第1部分：在无负荷或精加工条件下机床的几何精度(eqv ISO 230-1:1996)

3　一般说明

本标准所有尺寸和公差用毫米(mm)表示。

4　精度等级

本标准规定了一个精度等级。

5　几何精度检验

5.1　主要齿轮

卡盘夹紧检验棒(检验G3项)或检验环(检验G4项～G7项)应使用主要齿轮，主要齿轮是一个指定的基准齿轮。

5.2　输入扭矩

几何精度检验时，输入的扭矩应相同，采用制造商规定的约67%卡盘允许最大输入扭矩。

5.3　检验棒

检验棒应用优质钢并淬硬，以避免由于卡盘夹紧力造成外表面的损伤。检验棒的精度应符合GB/T 17421.1—1998的A.3中相同尺寸检验棒的规定。

5.4　检验环

5.4.1　总则

检验环/盘应用优质钢并淬硬，以避免由于卡盘夹紧力造成表面的损伤，为了减少检验环变形的影响，读取数据时应靠近卡爪。

5.4.2　反卡爪用检验环精度

反卡爪用检验环/盘精度应符合表1的规定。

表 1 反卡爪用检验环

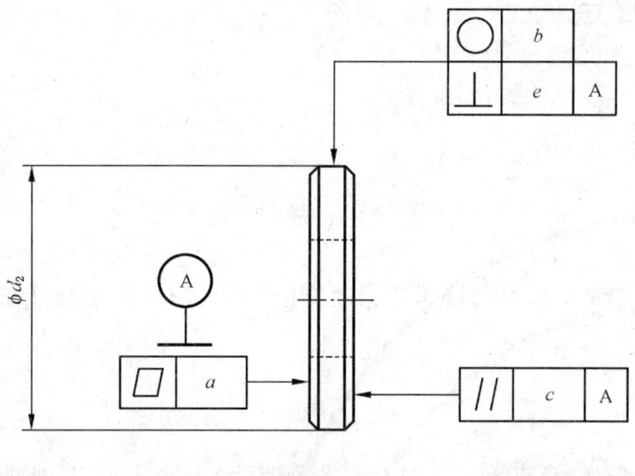

d_2	a	b	c	e
≤200	0.003	0.003	0.003	0.003
>200 ≤400	0.005	0.005	0.005	0.005

5.4.3 正卡爪用检验环精度

正卡爪用检验环精度应符合表 2 的规定。

表 2 正卡爪用检验环

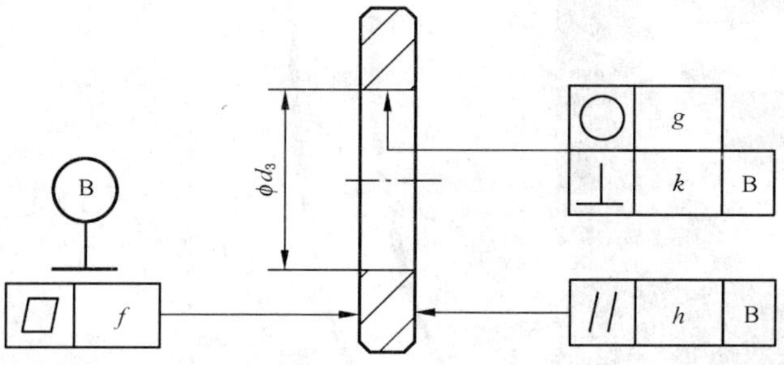

d_3	f	g	h	k
≤125	0.003	0.003	0.003	0.003
>125 ≤315	0.005	0.005	0.005	0.005

5.5 检验轴或过渡盘精度

卡盘的所有几何精度检验都是在转动中进行的。卡盘应直接或通过过渡盘安装到检验轴上，检验轴或过渡盘外圆径向圆跳动和端面圆跳动应按 G01 项和 G02 项进行预先检验。

检验项目 检验轴端部或过渡盘的径向圆跳动	G01

简图

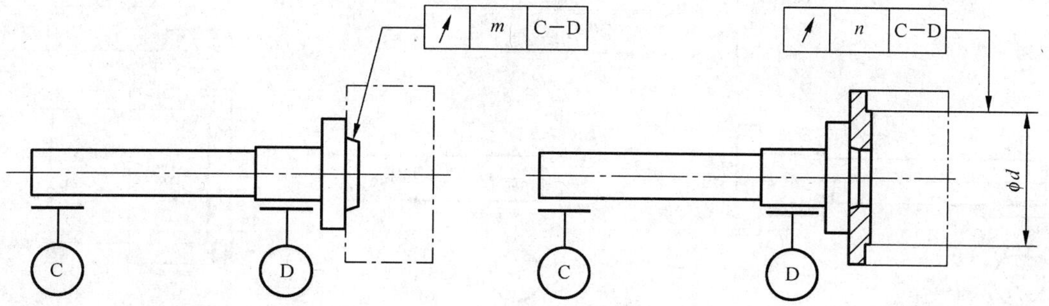

公差

m	*n*	
0.005	$d \leqslant 500$ $d > 500$	0.005 0.008

检验工具

指示器

检验方法(参照 GB/T 17421.1—1998 的 5.6.1.1.4 和 5.6.1.2.2)

指示器测头应垂直于被测表面。

G02

检验项目

检验轴端部或过渡盘的端面圆跳动

简图

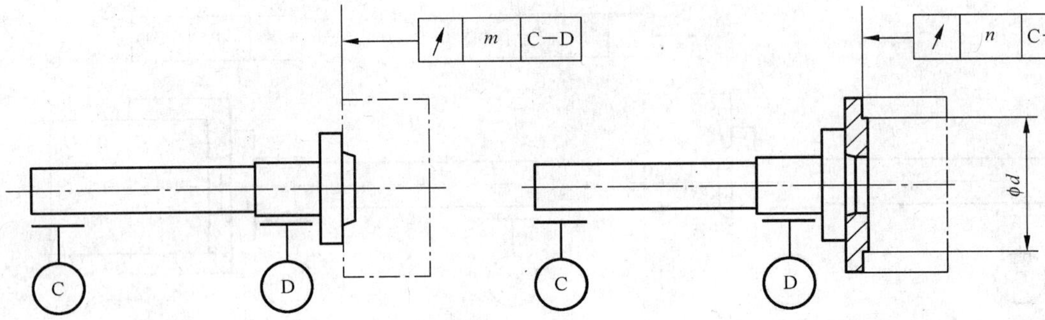

公差

m	n	
0.005	$d \leqslant 500$ $d > 500$	0.005 0.008

检验工具

指示器

检验方法(参照 GB/T 17421.1—1998 的 5.6.3)

5.6 卡盘精度

检验项目 外圆的径向圆跳动	G1

简图

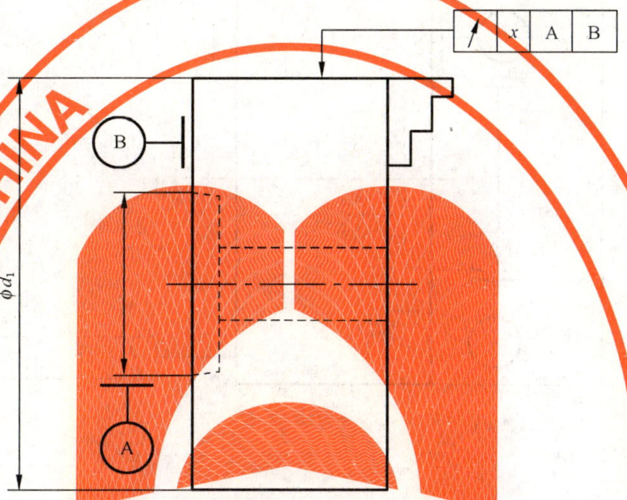

卡盘公称直径 d_{1nom}	公差 x(指示器最大变动量)
$d_{1nom} \leqslant 125$	0.02
$125 < d_{1nom} \leqslant 200$	0.03
$200 < d_{1nom} \leqslant 315$	0.04
$315 < d_{1nom} \leqslant 500$	0.05
$500 < d_{1nom} \leqslant 800$	0.08

检验工具

指示器

检验方法(参照 GB/T 17421.1—1998)

可采用两种检验方法：

a) 卡盘安装在检验轴上；或

b) 卡盘安装在检验装置上。

因检验轴端部和卡盘存在误差，两种检验结果可能不同。

G2

检验项目

前端面的端面圆跳动

简图

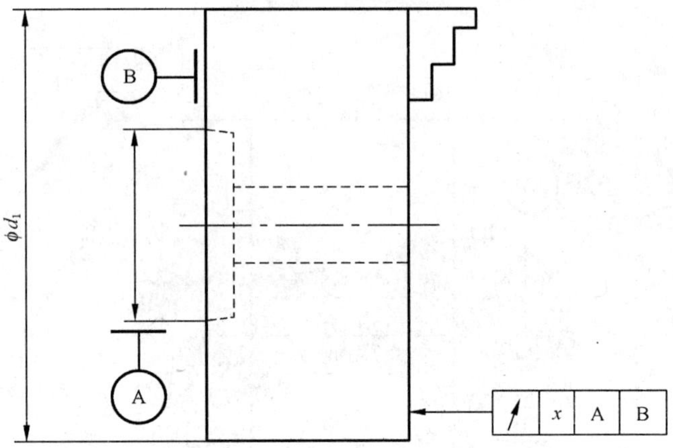

卡盘公称直径 d_{1nom}	公差 x(指示器最大变动量)
$d_{1nom} \leqslant 125$	0.02
$125 < d_{1nom} \leqslant 200$	0.03
$200 < d_{1nom} \leqslant 315$	0.04
$315 < d_{1nom} \leqslant 500$	0.05
$500 < d_{1nom} \leqslant 800$	0.08

检验工具

指示器

检验方法(参照 GB/T 17421.1—1998)

应将指示器测头置于尽可能大的直径上。

可采用两种检验方法：

a) 卡盘安装在检验轴上；或

b) 卡盘安装在检验装置上。

因检验轴端部和卡盘存在误差，两种检验结果可能不同。

G3

检验项目

夹紧检验棒的径向圆跳动

简图

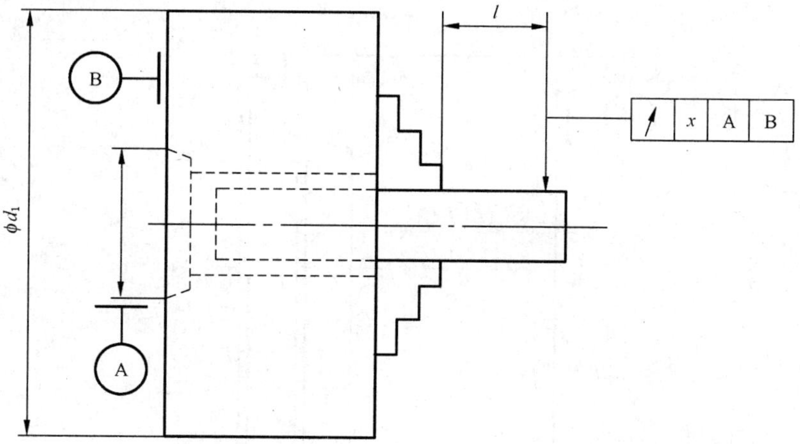

卡盘公称直径 d_{1nom}	指示器距卡爪顶部距离 l	公差 x(指示器最大变动量)
$d_{1nom} \leqslant 125$	50	0.06
$125 < d_{1nom} \leqslant 200$	50	0.08
$200 < d_{1nom} \leqslant 315$	75	0.10
$315 < d_{1nom} \leqslant 500$	100	0.12
$500 < d_{1nom} \leqslant 800$	125	0.16

检验工具

指示器

检验方法(参照 GB/T 17421.1—1998)

检验棒数量为四根,各检验棒直径不同。

使用的检验棒直径尺寸应与盘丝螺距成比例,相邻尺寸的检验棒应使盘丝处在不同的角度位置,角度值应相差大约 90°。检验棒直径应小于卡爪夹持弧直径。卡爪夹紧检验棒时,接触点应沿卡爪中心线分布。

检验时每根检验棒应重复检验不少于三次,以检验夹紧的重复精度,每次检验值均应符合要求。

为了保证检验棒精度检验的最大稳定性,检验棒直径应不大于卡盘内孔直径。

G4

检验项目

夹紧检验环外圆的径向圆跳动

简图

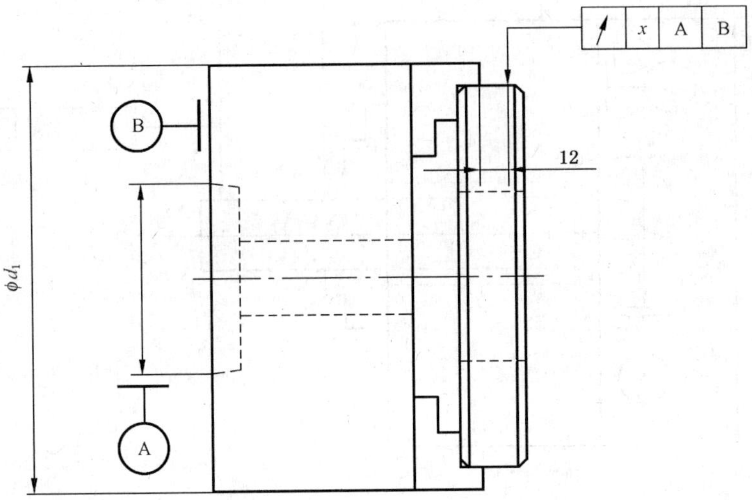

卡盘公称直径 d_{1nom}	公差 x(指示器最大变动量)
$d_{1nom} \leqslant 125$	0.05
$125 < d_{1nom} \leqslant 200$	0.05
$200 < d_{1nom} \leqslant 315$	0.07
$315 < d_{1nom} \leqslant 500$	0.09
$500 < d_{1nom} \leqslant 800$	0.12

检验工具

指示器

检验方法(参照 GB/T 17421.1—1998)

卡爪每个台弧均需检验。检验时每个台弧分别使用一个单独的检验环，检验环外径应小于卡爪夹持弧直径。

G5

检验项目

夹紧检验环外圆的端面圆跳动

简图

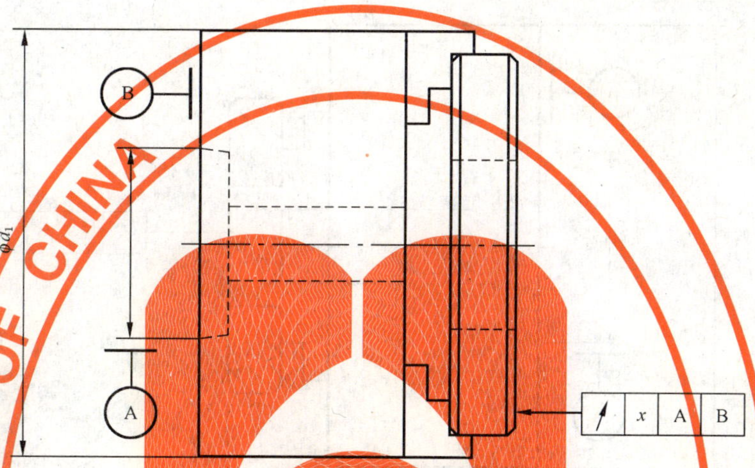

卡盘公称直径 d_{1nom}	公差 x（指示器最大变动量）
$d_{1nom} \leqslant 125$	0.04
$125 < d_{1nom} \leqslant 200$	0.04
$200 < d_{1nom} \leqslant 315$	0.05
$315 < d_{1nom} \leqslant 500$	0.06
$500 < d_{1nom} \leqslant 800$	0.08

检验工具

指示器

检验方法（参照 GB/T 17421.1—1998）

卡爪每个台弧均需检验。检验时每个台弧分别使用一个单独的检验环，检验环外径应小于卡爪夹持弧直径。

应将指示器测头置于尽可能大的直径上。

G6

检验项目

撑紧检验环内孔的径向圆跳动

简图

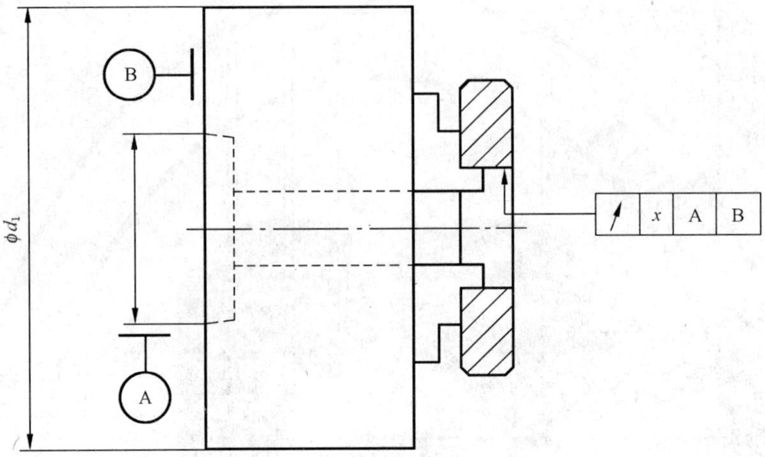

卡盘公称直径 d_{1nom}	公差 x(指示器最大变动量)
$d_{1nom} \leqslant 125$	0.05
$125 < d_{1nom} \leqslant 200$	0.05
$200 < d_{1nom} \leqslant 315$	0.07
$315 < d_{1nom} \leqslant 500$	0.09
$500 < d_{1nom} \leqslant 800$	0.12

检验工具

指示器

检验方法(参照 GB/T 17421.1—1998)

卡爪每个台弧均需检验。检验时每个台弧分别使用一个单独的检验环,检验环内径应大于卡爪夹持弧直径。

G7

检验项目

撑紧检验环内孔的端面圆跳动

简图

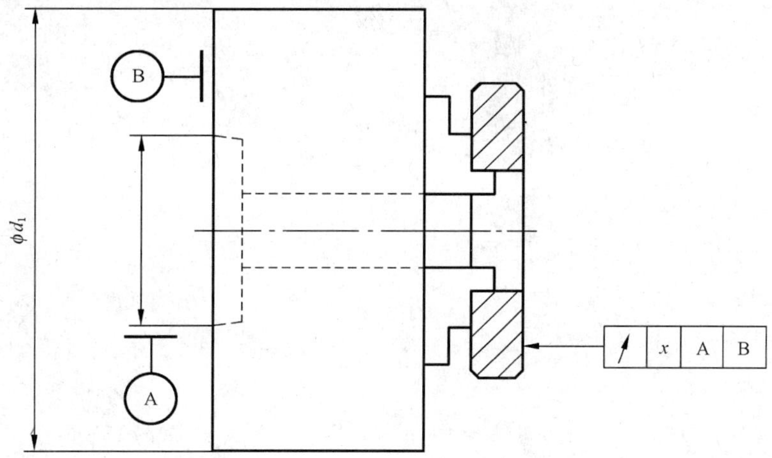

卡盘公称直径 d_{1nom}	公差 x(指示器最大变动量)
$d_{1nom} \leqslant 125$	0.04
$125 < d_{1nom} \leqslant 200$	0.04
$200 < d_{1nom} \leqslant 315$	0.05
$315 < d_{1nom} \leqslant 500$	0.06
$500 < d_{1nom} \leqslant 800$	0.08

检验工具

指示器

检验方法(参照 GB/T 17421.1—1998)

卡爪每个台弧均需检验。检验时每个台弧分别使用一个单独的检验环,检验环内径应大于卡爪夹持弧直径。

应将指示器测头置于尽可能大的直径上。

ICS 65.060.10
T 60

GB

中华人民共和国国家标准

GB/T 23292—2009

STANDARDS PRESS OF CHINA

拖拉机燃油箱　试验方法

Test methods for tractor fuel tank

2009-03-05 发布　　　　2009-10-01 实施

中华人民共和国国家质量监督检验检疫总局
中国国家标准化管理委员会　发布

前　言

本标准某些内容采用了欧盟 ECE-R34 法规(Rev. 1,2003 年版)《关于机动车防火认证的统一规定》(英文版)。

本标准由中国机械工业联合会提出。

本标准由全国拖拉机标准化技术委员会归口。

本标准起草单位:洛阳拖拉机研究所。

本标准主要起草人:任越光。

拖拉机燃油箱 试验方法

1 范围

本标准规定了拖拉机燃油箱的试验方法。

本标准适用于拖拉机的金属燃油箱和塑料燃油箱。

2 试验方法

2.1 燃油箱盖和通气装置的密封性

在燃油箱内加入其额定容量85%的水，盖好燃油箱盖，密闭好所有进、出油口，翻转燃油箱至油箱盖承受最大水压位置，待燃油箱静置15 s后，用秒表计时，用量杯接水，测量1 min燃油箱盖和通气装置部位的总泄漏量。

2.2 安全阀开启压力试验

盖好燃油箱盖，密封好燃油箱其他进、出口，向燃油箱内施加压缩空气，测量安全阀开启时燃油箱内压力。

2.3 进气阀开启真空度试验

盖好燃油箱盖，密封好燃油箱其他进、出口，用真空泵抽取燃油箱内的空气，测量进气阀开启时燃油箱内的真空度。

2.4 振动耐久性试验

燃油箱模拟装车状态固定在振动试验台上，往燃油箱内加入85%额定容量的水，盖好燃油箱盖，密封好所有进、出口，按表1的规定进行振动试验。

表1 燃油箱振动耐久性试验要求

振动加速度/(m/s^2)	振动频率/Hz	振动时间/h		
		上、下	左、右	前、后
30	30	4	2	2

2.5 金属燃油箱的耐压性能试验

燃油箱模拟装车状态固定在试验台上，密封好燃油箱所有进、出口及加油口，向燃油箱内施加80 kPa的压缩空气，保持压力10 min。

2.6 塑料燃油箱的耐压性能试验

燃油箱模拟装车状态固定在试验台上，密封好燃油箱所有进、出口及加油口，向燃油箱内施加35 kPa的压缩空气，保持压力5 h。

2.7 塑料燃油箱角锤冲击试验

2.7.1 对角锤的要求：侧面为等边三角形，底边为正方形，质量为15 kg，顶点和棱之间的过渡圆角半径为3 mm的钢制冲击体。

2.7.2 燃油箱模拟装车状态固定在试验装置上，在燃油箱中加入额定容量的水和乙二醇混合液或其他无腐蚀性的低冰点液体(冰点温度在−50 ℃以下)，待燃油箱温度降至−40 ℃±2 ℃时，用角锤以30 J的冲击能量撞击燃油箱易损伤部位。每次对不同部位的试验应使用新的燃油箱样品。燃油箱的易损伤部位根据燃油箱的形状和在拖拉机上的装配方式确定。

2.8 塑料燃油箱耐热性能试验

燃油箱模拟装车状态固定在试验装置上，向燃油箱内加入1/2额定容量的20 ℃±2 ℃的水，在

95 ℃±2 ℃的环境温度下(如置于 95 ℃±2 ℃的水蒸气介质中),放置 1 h。

2.9 塑料燃油箱耐火性能试验

2.9.1 对耐火性能试验盛油器的要求:盛油器由金属板制成,其长和宽应比试验用燃油箱的水平投影尺寸大 200 mm~500 mm,以保证燃油箱的各边均暴露在火焰中。装入盛油器内的燃油总量,应保证在自由燃烧状态下能持续到试验结束。盛油器侧边高出燃油液面应不超过 80 mm。

2.9.2 对耐火性能试验隔棚的要求:试验隔棚由多块耐火砖组成,各耐火砖之间无间隙。耐火砖尺寸如图 1 所示。试验隔棚支承在盛油器上部,支承方式应不堵塞耐火砖上的孔。试验隔棚的四周边框的长度和宽度应比盛油器内壁尺寸小 2 mm~4 mm,从而保证边框与盛油器内壁面之间有 1 mm~2 mm 的间隙,以便于通风。

2.9.3 将燃油箱按实际装车状态固定在试验装置上,如果车辆上配置有影响火路蔓延的部件,试验装置上也应安装。密闭燃油箱所有开口,但通气装置应处于正常工作状态。在燃油箱内加入 1/2 额定容量的与发动机燃烧用油相同牌号的燃油。调整燃油箱的高度,使燃油箱的底部与盛油器内液面的距离与拖拉机空载状态下燃油箱离地高度相同。

试验在开阔场地进行,试验时应采取足够的防风措施,盛油器处的风速应不超过 2.5 km/h。

试验分以下四个阶段进行。

a) 预燃烧阶段(图 2)

将装有柴油(牌号与发动机燃烧用油相同)的盛油器放在距离燃油箱 3 m 以外燃烧 60 s。

b) 直接接触火焰阶段(图 3)

立即将盛油器放置在燃油箱下部,使燃油箱暴露在火焰中持续 60 s。

c) 间接接触火焰阶段(图 4)

立即用隔棚盖住盛油器,并持续 60 s。

d) 试验结束(图 5)

立即将燃烧着的盛油器和隔棚一起撤离到离燃油箱 3 m 以外,若燃油箱仍在着火,应立即扑灭。

单位为毫米

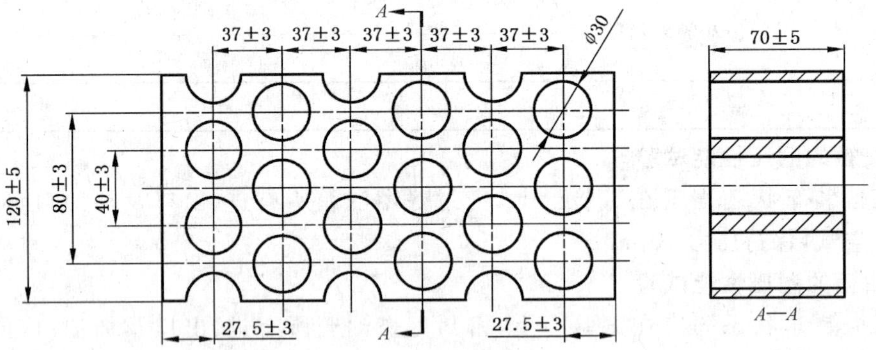

图 1 耐火砖尺寸

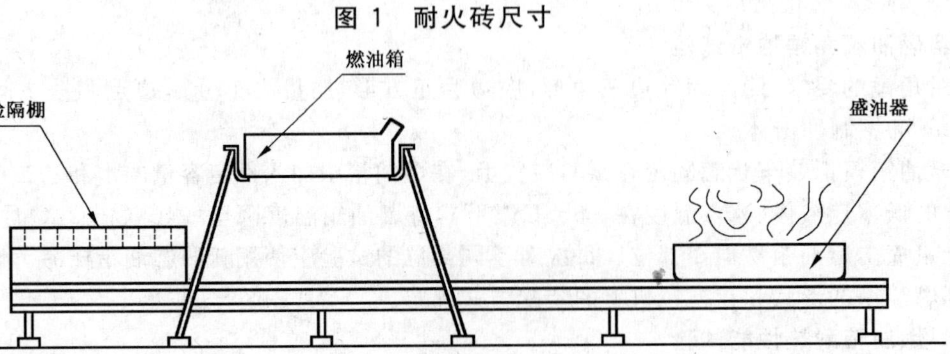

图 2 预燃烧阶段

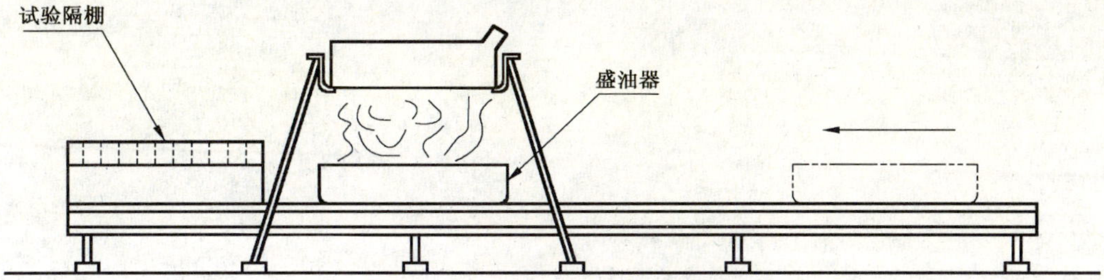

图 3　直接接触火焰阶段

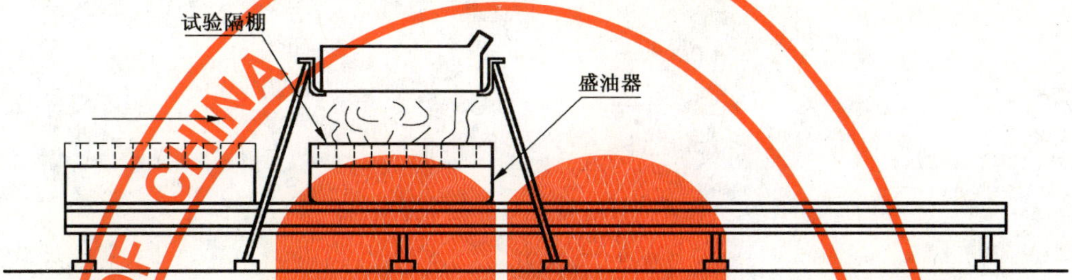

图 4　间接接触火焰阶段

图 5　试验结束

ICS 81.080
Q 44

中华人民共和国国家标准

GB/T 23293—2009

氮化物结合耐火制品及其配套耐火泥浆

Nitride bonded refractory products and their mortars

2009-03-19 发布　　　　2009-12-01 实施

中华人民共和国国家质量监督检验检疫总局
中国国家标准化管理委员会　发布

前 言

本标准由全国耐火材料标准化技术委员会提出并归口。

本标准起草单位:中钢集团洛阳耐火材料研究院有限公司、山东八三特种耐火材料厂、宜兴市钰玺窑业有限公司、中钢集团耐火材料有限公司。

本标准主要起草人:王文武、张晔、付汝岩、王林、蒋玉清、王玉霞、吴吉光、李志刚、费传庆、任庆祥、喻映君、李宏伟。

氮化物结合耐火制品及其配套耐火泥浆

1 范围

本标准规定了氮化物结合耐火制品及其配套耐火泥浆的定义、分类、牌号及形状尺寸、技术要求、试验方法、质量评定程序、包装、标志、运输、储存和质量证明书。

本标准适用于电解铝、钢铁、陶瓷等行业用氮化物结合耐火制品及其配套耐火泥浆。

2 规范性引用文件

下列文件中的条款通过本标准的引用而成为本标准的条款。凡是注日期的引用文件，其随后所有的修改单(不包括勘误的内容)或修订版均不适用于本标准，然而，鼓励根据本标准达成协议的各方研究是否可使用这些文件的最新版本。凡是不注日期的引用文件，其最新版本适用于本标准。

GB/T 2997 致密定形耐火制品 体积密度、显气孔率和真气孔率试验方法

GB/T 3001 耐火材料 常温抗折强度试验方法

GB/T 3002 耐火材料 高温抗折强度试验方法

GB/T 5072 耐火材料 常温耐压强度试验方法

GB/T 5990 耐火材料 导热系数试验方法(热线法)

GB/T 6900 铝硅系耐火材料化学分析方法

GB/T 7321 定形耐火制品试样制备方法

GB/T 10325 定形耐火制品抽样验收规则

GB/T 10326 定形耐火制品尺寸、外观及断面的检查方法

GB/T 14983 耐火材料 抗碱性试验方法

GB/T 16546 定形耐火制品包装、标志、运输和储存

GB/T 16555 含碳、碳化硅、氮化物耐火材料化学分析方法

GB/T 17617 耐火原料和不定形耐火材料 取样

GB/T 22459.3 耐火泥浆 第3部分:粘接时间试验方法

GB/T 22459.4 耐火泥浆 第4部分:常温抗折粘接强度试验方法

GB/T 22459.5 耐火泥浆 第5部分:粒度分布(筛分析)试验方法

GB/T 22588 闪光法测量热扩散系数或导热系数

YB/T 5012 高炉及热风炉用砖形状尺寸

3 术语和定义

下列术语和定义适用于本标准。

3.1

氮化物结合耐火制品 nitride bonded refractory products

以氮化硅(Si_3N_4)、赛隆(Sialon)、氧氮化硅(Si_2N_2O)以及由它们组成的复相氮化物为结合相，碳化硅(SiC)或刚玉为主晶相，主晶相和结合相总量不低于90%的定形耐火材料称为氮化物结合耐火制品。

4 分类、牌号及形状尺寸

4.1 分类

制品按用途分为电解铝、钢铁、陶瓷、综合行业(有色冶金、电力、化工等行业)4个类别。分别用铝、铁、窑、综的汉语拼音首字母 L、T、Y、Z 表示;耐火泥浆在类别字母后加 N 表示。

4.2 牌号

4.2.1 制品

电解铝用制品一个牌号 L-DGT。

钢铁用制品分为 T-DGT、T-SLT、T-SLG 三个牌号。

陶瓷用制品分为 Y-DGT、Y-DWT 二个牌号。

综合行业用制品一个牌号 Z-DWT。

其中 DGT、SLT、SLG、DWT 分别表示氮化硅结合碳化硅、赛隆结合碳化硅、赛隆结合刚玉、氮化物结合碳化硅。

4.2.2 耐火泥浆

电解铝用耐火泥浆分为 LN-WJ、LN-YJ 二个牌号。

钢铁用耐火泥浆分为 TN-TG、TN-GY 二个牌号。

陶瓷用耐火泥浆一个牌号 YN。

综合行业用耐火泥浆一个牌号 ZN。

其中 WJ、YJ 分别表示无机、有机结合剂;TG、GY 分别表示碳化硅、刚玉。

4.3 形状尺寸

制品形状及尺寸应符合 YB/T 5012 的规定或需方图纸要求。

5 技术要求

5.1 制品理化性能指标应符合表1的规定,耐火泥浆理化性能指标应符合表2的规定。

5.2 制品尺寸允许偏差及外观应符合表3的规定。

5.3 特殊技术要求按供需双方约定执行。

5.4 制品形状尺寸不能满足检测项目所需试样标准规格时,按特殊技术要求处理。

6 试验方法

6.1 制品检验制样按 GB/T 7321 进行。

6.2 制品显气孔率和体积密度的检验按 GB/T 2997 进行。

6.3 制品常温耐压强度的检验按 GB/T 5072(衬垫法)进行。

6.4 制品常温抗折强度的检验按 GB/T 3001 进行。

6.5 制品高温抗折强度的检验按 GB/T 3002 进行。

6.6 制品导热系数的检验按 GB/T 5990 或 GB/T 22588 进行。

6.7 制品抗碱性检验按 GB/T 14983 进行。

6.8 耐火泥浆粒度的检验按 GB/T 22459.5 进行,粘结时间的检验按 GB/T 22459.3 进行。冷态抗折粘结强度的检验按 GB/T 22459.4 进行,其中 LN-YJ、TN-TG、TN-GY 有机结合耐火泥浆按≤20 ℃/h 升温至规定温度,保温 24 h 烘干后,置入干燥器中冷却至室温后进行检验。

6.9 化学分析根据产品种类按 GB/T 16555 或 GB/T 6900 进行。对于有机结合耐火泥浆,应将粉料和结合剂按规定比例混匀、烘干并在 1 300 ℃×3 h 埋炭处理后再进行化学成分分析。

6.10 尺寸外观及断面的检查按 GB/T 10326 进行。

表 1　氮化物结合耐火制品理化指标

项目			电解铝	钢铁			陶瓷		综合行业	复验时单值允许偏差
			L-DGT	T-DGT	T-SLT	T-SLG	Y-DGT	Y-DWT	Z-DWT	
显气孔率/%		≤	17	17	16	15	18	18	20	+1
体积密度/($g \cdot cm^{-3}$)		≥	2.65	2.65	2.65	3.15	2.60	2.60	2.55	−0.03
常温耐压强度/MPa		≥	150	160	150	130	120	120	100	−15
常温抗折强度/MPa		≥	40	45	—	—	40	40	35	−5
高温抗折强度[a]/MPa	1 000 ℃	≥	42	—	—	—	—	—	—	−5
	1 350 ℃	≥	—	40	42	20	—	—	—	−5
	1 400 ℃	≥	45	45	45	22	40	40	40	−5
导热系数[b](1 000 ℃)/($W \cdot m^{-1} \cdot K^{-1}$)		≥	16	16	15	—	—	—	—	—
抗碱性[b](930 ℃×3 h×2 次)/%			—	—	±5.0	0～+5.0	—	—	—	—
化学成分/%	$w(SiC)$	≥	72	72	71	—	70	70	70	−1
	$w(Si_3N_4)$	≥	18	20	—	—	20	—	—	−1
	$w(Al_2O_3)$	≥	—	—	5.0	80	—	—	—	−1
	$w(N)$	≥	—	—	5.5	5.0	—	4.8	4.8	−0.1
	$w(Fe_2O_3)$	≤	0.7	0.7	0.7	0.7	0.7	0.7	0.7	+0.05
	$w(SiC+Si_3N_4)$	≥	94	—	—	—	—	—	—	−1

a 试验温度由供需双方议定，其中 1 350 ℃需采用埋炭或氮气保护气氛。

b 按特殊技术要求处理。

表 2　耐火泥浆理化指标

项目			指标						复验时单值允许偏差
			电解铝		钢铁		陶瓷	综合行业	
			LN-WJ	LN-YJ	TN-TG	TN-GY	YN	ZN	
冷态抗折粘结强度/MPa	25 ℃～30 ℃自然养护 7 d 后	≥	—	—	1.5[a]	—	—	—	−0.3
	110 ℃×24 h 烘干后	≥	3.5	5.0	—	—	3.0	3.0	−0.5
	180 ℃×24 h 烘干后	≥	—	—	12.0	6.0	—	—	−0.5
	950 ℃×3 h 烧后	≥	6.0	2.0[b]	—	—	—	5.0	−0.5
	1 300 ℃×3 h 烧后	≥	—	—	9.0[b]	8.0[b]	—	—	−0.5
	1 400 ℃×3 h 烧后	≥	—	—	—	—	5.0	—	−0.5
粒度/%	−1.0 mm		100						−0.2
	+0.5 mm	≤	2						+0.5
	−0.074 mm	≥	50						−0.5
粘结时间/s			60～120						—

表 2（续）

项目			指标						复验时单值允许偏差
			电解铝		钢铁		陶瓷	综合行业	
			LN-WJ	LN-YJ	TN-TG	TN-GY	YN	ZN	
化学成分/%	$w(SiC)$	≥	85	80	80	—	85	80	−0.5
	$w(Al_2O_3)$	≥	—	—	—	85	—	—	−0.5
	$w(Fe_2O_3)$	≤	0.6	0.6	0.6	0.5	0.6	1.0	+0.05

[a] 仅适用冷镶砖用耐火泥浆。

[b] 加热处理时要埋炭保护。

表 3　氮化物结合耐火制品的尺寸允许偏差及外观　　单位为毫米

项目			指标
尺寸允许偏差	长度、宽度	≤300	±1.0
		301～500	±2.0
		≥501	±0.5%（最大±4.0）
	厚度	≤100	±1.0
		≥101	±1.5
扭曲	长度≤300	≤	1.0
	长度>300		1.5
裂纹长度	宽度≤0.1		不限制
	宽度 0.1～0.25	≤	50
	宽度>0.25		不准有
缺角长度（$a+b+c$）		≤	35
缺棱长度（$e+f+g$）			35
熔洞	直径		5
	深度		3

7　质量评定程序

7.1　组批

产品按牌号分别组批，制品每批数量不大于 300 t，耐火泥浆每批不大于 30 t。

7.2　抽样及合格判定规则

7.2.1　制品的抽样与验收按 GB/T 10325 进行，体积密度、常温耐压强度及高温抗折强度（选定一个试验温度）为验收检验项目。

7.2.2　耐火泥浆粉料抽样按 GB/T 17617 进行，结合剂随机抽取 4 桶并从中各取不少于 5 kg，搅拌均匀后再分取不少于 5 kg 作为试样。

7.2.3　耐火泥浆的冷态抗折粘结强度为验收检验项目。检验结果符合表 2 的规定时为合格批，如检验结果不合格为不合格批；如有一项不合格时，应按 7.2.2 的规定重新取双倍试样对不合格项目进行复验，复验结果的平均值和单值允许偏差均符合表 2 的规定时，判为合格批，否则为不合格批。

7.3　合格评定形式

合格评定可采用供货方声明、使用方认定或由第三方认证的形式进行。

8 包装、标志、运输、储存及质量证明书

8.1 包装、标志、运输和储存按 GB/T 16546 进行。

8.2 产品出厂时，应附有供方质量监督部门签发的质量证明书，载明供方名称、需方名称、产品名称、牌号、批号、执行标准、生产日期及理化指标；使用说明中载明使用方法、注意事项和保质期等。

ICS 81.080
Q 44

中华人民共和国国家标准

GB/T 23294—2009

耐磨耐火材料

Abrasion resistant refractory materials

2009-03-19 发布 2009-12-01 实施

中华人民共和国国家质量监督检验检疫总局
中国国家标准化管理委员会 发布

前　言

请注意本标准的某些内容有可能涉及专利。本标准的发布机构不应承担识别这些专利的责任。

本标准由全国耐火材料标准化技术委员会(SAC/TC 193)提出并归口。

本标准负责起草单位:无锡市宜刚耐火材料有限公司、郑州耐都热陶瓷有限公司、中钢集团洛阳耐火材料研究院有限公司。

本标准参加起草单位:高密市宝鼎耐火材料有限公司、山东华能耐火材料有限公司、广州石泰环保窑炉材料有限公司、北京通达耐火工程技术有限公司、宜兴市中电耐磨耐火工程有限公司。

本标准主要起草人:方阳升、魏发灿、王战民、种伟、苏道金、黎建文、臧凌云、王小军。

耐磨耐火材料

1 范围

本标准规定了耐磨耐火材料的定义、分类、技术要求、试验方法、质量评定程序、包装、标志、运输、储存及质量证明书。

本标准适用于循环流化床锅炉、城市生活垃圾焚烧炉、工业垃圾焚烧炉、医疗垃圾焚烧炉、普通固体废弃物焚烧炉、危险废弃物焚烧炉等用的耐磨耐火材料。

2 规范性引用文件

下列文件中的条款通过本标准的引用而成为本标准的条款。凡是注日期的引用文件，其随后所有的修改单(不包括勘误的内容)或修订版均不适用于本标准，然而，鼓励根据本标准达成协议的各方研究是否可使用这些文件的最新版本。凡是不注日期的引用文件，其最新版本适用于本标准。

GB/T 2997 致密定形耐火制品 体积密度、显气孔率和真气孔率试验方法

GB/T 3001 耐火材料 常温抗折强度试验方法

GB/T 4984 含锆耐火材料化学分析方法

GB/T 5070 含铬耐火材料化学分析方法

GB/T 5072 耐火材料 常温耐压强度试验方法

GB/T 5988 耐火材料 加热永久线变化试验方法

GB/T 5990 耐火材料 导热系数试验方法(热线法)

GB/T 6900 铝硅系耐火材料化学分析方法

GB/T 7321 定形耐火制品试样制备方法

GB 8076—1997 混凝土外加剂

GB/T 10325 定形耐火制品抽样验收规则

GB/T 10326 定形耐火制品尺寸、外观及断面的检查方法

GB/T 15545 不定形耐火材料包装、标志、运输和储存

GB/T 16546 定形耐火制品包装、标志、运输和储存

GB/T 16555 含碳、碳化硅、氮化物耐火材料化学分析方法

GB/T 17617 耐火原料和不定形耐火材料 取样

GB/T 18301 耐火材料常温耐磨性试验方法

GB/T 22459.3 耐火泥浆 第3部分：粘结时间试验方法

GB/T 22459.4 耐火泥浆 第4部分：常温抗折粘结强度试验方法

GB/T 22459.5 耐火泥浆 第5部分：粒度分布(筛分析)试验方法

GB/T 22459.7 耐火泥浆 第7部分：高温性能试验方法

YB/T 376.1 耐火制品抗热震性试验方法(水急冷法)

YB/T 2206.2 耐火浇注料抗热震性试验方法(水急冷法)

YB/T 5116 粘土质和高铝质耐火可塑料试样制备方法

YB/T 5119 粘土质和高铝质耐火可塑料可塑指数试验方法

YB/T 5200 致密耐火浇注料显气孔率和体积密度试验方法

YB/T 5202.1 不定形耐火材料试样制备方法 第1部分：耐火浇注料

3 定义

下列术语和定义适用于本标准。

3.1

耐磨耐火材料 abrasion resistant refractory materials

通常指在使用条件下耐磨性能优良的特种耐火材料。该类特种耐磨耐火材料在废弃物(含生活垃圾、工业垃圾、医疗垃圾、普通固体废弃物以及危险废弃物等)焚烧炉中使用时,还应具备优良的抗腐蚀能力。

3.2

推荐最高使用温度 recommended maximum application temperature

是指耐磨耐火浇注料或耐磨耐火可塑料煅烧 5 h 后永久线变化率不大于 1.5%的试验温度。

4 分类

4.1 耐磨耐火材料分为:耐磨耐火砖、耐磨耐火浇注料、耐磨耐火可塑料及耐磨耐火泥浆 4 大类产品。

4.2 耐磨耐火砖按理化指标分为 ARB-1、ARB-2、ARB-3、ARB-4、ARB-5、ARB-6、ARB-7 七个牌号。

4.3 耐磨耐火浇注料按理化指标分为 ARC-1、ARC-2、ARC-3、ARC-4、ARC-5、ARC-6、ARC-7 七个牌号。

4.4 耐磨耐火可塑料按理化指标分为 ARP-1、ARP-2、ARP-3、ARP-4、ARP-5、ARP-6、ARP-7 七个牌号。

4.5 耐磨耐火泥浆按理化指标分为 ARM-1、ARM-2、ARM-3、ARM-4 四个牌号。

4.6 以上代号中,AR 是耐磨(abrasion resistant)的英文首字母缩写;B、C、P、M 分别是砖(brick)、浇注料(castable)、可塑料(plastic)、泥浆(mortar)的英文首字母。其后的数字为产品的系列号。

5 技术要求

5.1 耐磨耐火砖的理化指标应符合表 1 的规定。其尺寸允许偏差及外观应符合表 2 的规定。

5.2 耐磨耐火浇注料的理化指标应符合表 3 的规定。

5.3 耐磨耐火可塑料的理化指标应符合表 4 的规定。

5.4 耐磨耐火泥浆的理化指标应符合表 5 的规定。

表 1 耐磨耐火砖的理化指标

项目	指标						
	硅酸铝质			碳化硅质			锆铬刚玉质
	ARB-1	ARB-2	ARB-3	ARB-4	ARB-5	ARB-6	ARB-7
$w(Al_2O_3)$/% ≥	55	65	80	—	—	—	80
$w(SiC)$/% ≥	—	—	—	40	80	85	5(Cr_2O_3) 4(ZrO_2)
显气孔率/% ≤	21	20	19	19	18	17	17
体积密度/(g/cm^3) ≥	2.40	2.70	2.85	2.40	2.50	2.60	2.90
常温耐压强度/MPa ≥	60	70	90	90	110	120	130
常温抗折强度/MPa ≥	10	12	15	15	16	16	18
抗热震性(1 000 ℃,水冷)/次 ≥	20	20	20	25	30	30	25
常温耐磨性/cm^3 ≤	9.0	8.0	6.0	6.0	5.0	4.0	6.0
导热系数(1 000 ℃时参考值)/[W/(m·K)]	1.4~1.9			4~8	8~10	10~14	2~3

表 2 砖的尺寸允许偏差及外观

单位为毫米

<table>
<tr><th colspan="3">项　　目</th><th>指　　标</th></tr>
<tr><td rowspan="3">尺寸允许偏差</td><td colspan="2">尺寸≤100</td><td>±1.5</td></tr>
<tr><td colspan="2">尺寸 101～300</td><td>±1.5%</td></tr>
<tr><td colspan="2">尺寸≥301</td><td>±5</td></tr>
<tr><td rowspan="2">扭曲</td><td>长度≤300</td><td rowspan="9">≤</td><td>2.0</td></tr>
<tr><td>长度≥301</td><td>2.5</td></tr>
<tr><td colspan="2">缺角长度($a+b+c$)</td><td>30</td></tr>
<tr><td colspan="2">缺棱长度($e+f+g$)</td><td>50</td></tr>
<tr><td colspan="2">熔洞直径</td><td>6</td></tr>
<tr><td rowspan="4">裂纹长度</td><td>宽度≤0.25</td><td>不限制(不准成网状)</td></tr>
<tr><td>宽度 0.26～0.50</td><td>20</td></tr>
<tr><td>宽度 0.51～1.0</td><td>10</td></tr>
<tr><td>宽度>1.0</td><td>不准有</td></tr>
<tr><td colspan="2">断面层裂</td><td colspan="2">不准有</td></tr>
</table>

表 3 耐磨耐火浇注料的理化指标

<table>
<tr><th colspan="2" rowspan="3">项　　目</th><th colspan="7">指　　标</th></tr>
<tr><th colspan="4">硅酸铝质</th><th colspan="2">碳化硅质</th><th>锆铬刚玉质</th></tr>
<tr><th>ARC-1</th><th>ARC-2</th><th>ARC-3</th><th>ARC-4</th><th>ARC-5</th><th>ARC-6</th><th>ARC-7</th></tr>
<tr><td colspan="2">$w(Al_2O_3)$/%　≥</td><td>60(SiO_2)</td><td>60</td><td>65</td><td>70</td><td>—</td><td>—</td><td>75</td></tr>
<tr><td colspan="2">$w(SiC)$/%　≥</td><td>55(熔融石英)</td><td>—</td><td>—</td><td>—</td><td>40</td><td>80</td><td>3(Cr_2O_3)
2(ZrO_2)</td></tr>
<tr><td>体积密度/(g/cm^3)≥</td><td>110 ℃×24 h 干后</td><td>1.90</td><td>2.40</td><td>2.60</td><td>2.80</td><td>2.50</td><td>2.60</td><td>2.85</td></tr>
<tr><td rowspan="2">常温耐压强度/MPa　≥</td><td>110 ℃×24 h 干后</td><td>45</td><td>55</td><td>60</td><td>65</td><td>70</td><td>75</td><td>75</td></tr>
<tr><td>1 000 ℃×3 h 烧后</td><td>60</td><td>80</td><td>90</td><td>100</td><td>100</td><td>110</td><td>110</td></tr>
<tr><td rowspan="2">常温抗折强度/MPa　≥</td><td>110 ℃×24 h 干后</td><td>6</td><td>7</td><td>8</td><td>9</td><td>9</td><td>9</td><td>9</td></tr>
<tr><td>1 000 ℃×3 h 烧后</td><td>8</td><td>9</td><td>11</td><td>13</td><td>13</td><td>14</td><td>13</td></tr>
<tr><td>加热永久线变化率/%</td><td>1 000 ℃×3 h 烧后</td><td>−0.3～+0.2</td><td>−0.3～+0.3</td><td>−0.3～+0.3</td><td>−0.3～+0.3</td><td>−0.3～+0.2(埋碳)</td><td>−0.3～+0.2(埋碳)</td><td>−0.3～+0.3</td></tr>
<tr><td>抗热震性(1 000 ℃,水冷)/次　≥</td><td>1 000 ℃×3 h 烧后</td><td>30</td><td>20</td><td>20</td><td>25</td><td>30</td><td>35</td><td>25</td></tr>
<tr><td>常温耐磨性/cm^3　≤</td><td>1 000 ℃×3 h 烧后</td><td>10.0</td><td>9.0</td><td>8.0</td><td>7.0</td><td>6.0</td><td>5.0</td><td>6.0</td></tr>
<tr><td colspan="2">初凝时间/min　≥</td><td colspan="7">45</td></tr>
<tr><td colspan="2">终凝时间/min　≤</td><td colspan="7">240</td></tr>
<tr><td colspan="2">导热系数(1 000 ℃时参考值)/[W/(m·K)]</td><td>0.6～0.9</td><td>1.2～1.6</td><td>1.3～1.7</td><td>1.4～1.8</td><td>3～6</td><td>7～10</td><td>2～3</td></tr>
<tr><td colspan="2">推荐最高使用温度/℃</td><td>1 200</td><td>1 400</td><td>1450</td><td>1 500</td><td>1 450</td><td>1 650</td><td>1 650</td></tr>
</table>

表 4 耐磨耐火可塑料的理化指标

项目		指标						
		硅酸铝质			碳化硅质			锆铬刚玉质
		ARP-1	ARP-2	ARP-3	ARP-4	ARP-5	ARP-6	ARP-7
$w(Al_2O_3)$/% ≥		65	75	85	—	—	—	80
$w(SiC)$/% ≥		—	—	—	40	60	70	3(Cr_2O_3) 2(ZrO_2)
体积密度/(g/cm^3) ≥	110 ℃×24 h 干后	2.50	2.70	2.80	2.40	2.50	2.60	2.80
加热永久线变化率/%	1 000 ℃×3 h 烧后	−0.4~0	−0.5~0	−0.5~0	−0.4~0（埋碳）	−0.5~0（埋碳）	−0.6~0（埋碳）	−0.6~0
常温耐压强度/MPa ≥	1 000 ℃×3 h 烧后	70	80	90	60	70	80	90
抗热震性(1 000 ℃，水冷)/次 ≥	1 000 ℃×3 h 烧后	30	30	25	30	35	40	30
常温耐磨性/cm^3 ≤	1 000 ℃×3 h 烧后	7.0	6.0	5.0	7.0	6.0	5.0	5.0
可塑性指数/%		15~40						
导热系数(1 000 ℃时参考值)/[W/(m·K)]		1.1~1.6		1.6~2.0	3~5	5~7	6~8	2~3
推荐最高使用温度/℃		1 400	1 500	1 600	1 400	1 500	1 600	1 600

5.5 化学成分和推荐最高使用温度由供方提供数据，不作考核指标。供需双方还可协商确定相关特殊要求，如自流浇注料的流动特性、喷涂浇注料的回弹损失、荷重软化温度、热膨胀率、抗 CO 稳定性、抗酸性、耐碱性、抗渣性、抗氧化性等。

6 试验方法

6.1 制样：耐磨耐火砖按 GB/T 7321 进行；耐磨耐火浇注料按 YB/T 5202.1 进行；耐磨耐火可塑料按 YB/T 5116 进行；耐磨耐火泥浆按 GB/T 22459.7 进行。

6.2 化学分析可按材质选用 GB/T 4984、GB/T 5070、GB/T 6900 和 GB/T 16555 进行。

6.3 显气孔率及体积密度：耐磨耐火砖按 GB/T 2997 进行；耐磨耐火浇注料及耐磨耐火可塑料按 YB/T 5200进行。

6.4 常温耐压强度的测定按 GB/T 5072 进行。

6.5 常温抗折强度的测定按 GB/T 3001 进行。

表 5 耐磨耐火泥浆的理化指标

项目	指标			
	硅酸铝质		碳化硅质	锆铬刚玉质
	ARM-1	ARM-2	ARM-3	ARM-4
$w(Al_2O_3)$/% ≥	65	80	—	75
$w(SiC)$/% ≥	—	—	80	3(Cr_2O_3) 2(ZrO_2)

表 5（续）

项目		指标			
		硅酸铝质		碳化硅质	锆铬刚玉质
		ARM-1	ARM-2	ARM-3	ARM-4
常温抗折粘结强度/MPa ≥	110 ℃×24 h干后	2	3	3	2
	1 000 ℃×3 h烧后	6	8	8	7
常温耐磨性/cm^3 ≤	1 000 ℃×3 h烧后	8.0	6.0	5.0	6.0
粘结时间,min		1～3			
粒度/%	≤1.00 mm	100	100	100	100
	≥0.50 mm	2	2	2	2
	≤0.075 mm	60	60	50	60

6.6 耐磨耐火泥浆常温抗折粘结强度的测定按 GB/T 22459.4 进行。

6.7 常温耐磨性的测定按 GB/T 18301 进行。

6.8 抗热震性：耐磨耐火砖按 YB/T 376.1 进行；耐磨耐火浇注料和耐磨耐火可塑料按 YB/T 2206.2 进行。

6.9 加热永久线变化及推荐最高使用温度的测定按 GB/T 5988 进行。

6.10 导热系数的测定按 GB/T 5990 进行。

6.11 耐磨耐火砖尺寸、外观及断面检查按 GB/T 10326 进行。

6.12 耐磨耐火浇注料初凝时间及终凝时间的测定按 GB 8076—1997 中的相关规定进行。

6.13 耐磨耐火可塑料可塑性指数的测定按 YB/T 5119 进行。

6.14 耐磨泥浆粘接时间的测定按 GB/T 22459.3 进行。

6.15 耐磨泥浆粒度分布的测定按 GB/T 22459.5 进行。

7 质量评定程序

7.1 组批

产品按同一牌号组批，每批不超过 60 t。原料或生产工艺变更时应另行组批。

7.2 抽样及合格判定规则

7.2.1 产品验收检验项目如下：

——耐磨耐火砖：常温耐压强度、常温耐磨性、抗热震性；

——耐磨耐火浇注料：常温耐压强度、常温耐磨性、加热永久线变化；

——耐磨耐火可塑料：常温耐磨性、加热永久线变化、抗热震性；

——耐磨泥浆：常温抗折粘接强度、常温耐磨性、粘接时间。

7.2.2 耐磨耐火砖的抽样验收按 GB/T 10325 进行，复验时单值允许偏差应符合表 6 的规定。

7.2.3 耐磨耐火浇注料、耐磨耐火可塑料的抽样按 GB/T 17617 进行；耐磨泥浆的抽样按 GB/T 22459.3 进行。

7.2.4 耐磨耐火浇注料、耐磨耐火可塑料和耐磨泥浆的验收检验结果应分别符合表 3、表 4、表 5 的规定。如有不合格项时，应按 7.2.3 的规定再抽取双倍试样对不合格项目进行复验，复验结果的平均值应分别符合表 3、表 4、表 5 的规定，且单值允许偏差应符合表 6 的规定，则判为合格批，否则为不合格批。

7.3 合格评定形式

合格评定可采用供货方声明、使用方认定或由第三方认证的形式进行。

表6 复验时单值允许偏差

项　　目	允许偏差	项　　目	允许偏差
体积密度/(g/cm^3)	−0.05	抗热震性/次	−3
显气孔率/%	+1	加热永久线变化/%	±0.1
常温耐压强度/MPa	−5	粒度分布/%	±2
常温抗折强度/MPa	−1	可塑性指数/%	±3
常温抗折粘结强度/MPa	−0.5	初凝时间及终凝时间/min	±5
常温磨损量/cm^3	+0.5	粘接时间/min	±0.5

8 包装、标志、运输、储存及质量证明书

8.1 包装、标志、运输及储存：耐磨耐火砖应符合 GB/T 16546 的规定；耐磨耐火浇注料、耐磨耐火可塑料、耐磨泥浆应符合 GB/T 15545 的规定。

8.2 如需现场混配，则耐磨耐火浇注料的粉状结合剂可单独包装；耐磨耐火可塑料及耐磨泥浆的液体结合剂可用塑料桶单独封装。

8.3 产品发出时供方应提供质量证明书及使用说明书。质量证明书应载明供方名称、需方名称、生产日期、合同号、产品名称、执行标准、牌号、生产批号、检验批号、发货批号及理化指标。

ICS 35.240.70
L 67

中华人民共和国国家标准

GB/T 23295.1—2009

地名信息服务　第1部分:通则

Geographical names information services—Part 1: General principle

2009-02-06 发布　　2009-08-01 实施

中华人民共和国国家质量监督检验检疫总局
中国国家标准化管理委员会　发布

前　言

GB/T 23295《地名信息服务》系列国家标准包括以下部分：

——第1部分：通则；

——第2部分：互联网；

——第3部分：声讯；

……。

本部分是GB/T 23295的第1部分：通则。

本部分由中华人民共和国民政部提出。

本部分由全国地名标准化技术委员会归口。

本部分负责起草单位：民政部地名研究所。

本部分参加起草单位：中国行政区划与地名学会。

本部分主要起草人：刘连安、庞森权、钟军、阮文斌、高钰、刘静。

地名信息服务　第1部分：通则

1　范围

GB/T 23295 的本部分规定了地名信息服务的术语定义，以及开展地名信息服务的基本条件、载体与方式、质量等。

本部分适用于利用数字媒体开展国内地名信息服务。

2　规范性引用文件

下列文件中的条款通过 GB/T 23295 的本部分的引用而成为本部分的条款。凡是注日期的引用文件，其随后所有的修改单（不包括勘误的内容）或修订版均不适用于本部分，然而，鼓励根据本部分达成协议的各方研究是否可使用这些文件的最新版本。凡是不注日期的引用文件，其最新版本适用于本部分。

GB/T 18521　地名分类与类别代码编制规则

《少数民族语地名汉语拼音字母音译转写法》1976-07 国家测绘局、中国地名委员会

《中国地名汉语拼音字母拼写规则（汉语地名部分）》1984-12-25 中国地名委员会、中国文字改革委员会、国家测绘局

《关于地名用字的若干规定》1987-03-27 国家语言工作委员会、中国地名委员会、中华人民共和国铁道部、中华人民共和国交通部、国家海洋局、国家测绘局

3　术语和定义

下列术语和定义适用于本部分。

3.1

地名　geographical names

人们对各个地理实体赋予的专有名称。

[GB/T 17693.1，定义 2.1]

3.2

地名要素　fundamental elements of geographical names

构成地名的主要因素，包括音、形、义、位、类五要素。

3.3

地名专名　specific terms

地名中用来区分各个地理实体的词。

[GB/T 17693.1，定义 2.2]

3.4

地名通名　generic terms

地名中用来区分地理实体类别的词。

[GB/T 17693.1，定义 2.3]

3.5

地名类别　categories of geographical names

地名中根据地理实体性质、特点的不同而划分的种类。

3.6

标准地名　standard geographical names

根据国家有关法规经标准化处理，并按国家规定的审批权限和程序批准、公布和使用的地名。

3.7

地名简称　shortened forms of geographical names

经过官方认可或约定俗成的地名的简单称谓。

[GB/T 18521，定义 3.4]

3.8

地名别名　alias of geographical names

某一地理实体的标准地名及其简称以外的其他现行名称。

[GB/T 18521，定义 3.5]

3.9

现今地名　under using geographical names

目前正在使用的地名。

[GB/T 18521，定义 3.6]

3.10

历史地名　former geographical names

过去曾经使用过、目前已不再使用的地名。

[GB/T 18521，定义 3.7]

3.11

地名信息　information of geographical names

反映地名及其属性的文字、数字、图像、声音等的总称。

[GB/T 18521，定义 3.2]

3.12

地名信息服务　geographical names information services

利用现代化传媒手段为客户提供地名信息的行为。

3.13

地名声讯查询　voice inquiry of geographical names

用户获取语音方式地名信息的查询方式。

3.14

地名短信息查询　message inquiry of geographical names

用户通过接收短信息获取地名信息的查询方式。

3.15

地名互联网查询　lnternet inquiry of geographical names

用户通过互联网获取地名信息的查询方式。

3.16

地名触摸屏查询　touch-screen inquiry of geographical names

用户通过触摸屏获取地名信息的查询方式。

4　总则

4.1　满足服务业建立质量管理体系要求

开展地名信息服务的机构应建立、实施、保持和改进质量管理体系并制定规范，作为能够实现满足法律、法规要求，达到使用户满意的手段。

4.2 满足开展地名信息服务的各项技术要求

地名信息量、服务设备、技术条件、服务人员配置应满足开展地名信息服务的实际需要。

4.3 满足用户的期望

提供的地名信息服务应充分考虑满足用户的需求和期望。

4.4 满足保密的要求

不应提供涉密地名信息。

5 基本条件

5.1 地名数据

开展地名信息服务建立的地名数据库应：

a) 数据项完整齐全，包含但不限于标准地名、罗马字母拼写、地名简称、地名类别、地理位置；

b) 汉语地名的罗马字母拼写应遵循《中国地名汉语拼音字母拼写规则(汉语地名部分)》；

c) 少数民族语地名的罗马字母拼写应遵循《少数民族语地名汉语拼音字母音译转写法》；

d) 地名用字应遵循《关于地名用字的若干规定》；

e) 地名数据的范围应至少涵盖一个县级行政区域。

5.2 工作人员

开展地名信息服务的机构，应配备相应数量的工作人员，这些工作人员应：

a) 达到相关行业标准所规定的能力要求。如从事地名声讯查询服务的工作人员应能够提供普通话服务，熟悉服务操作过程；

b) 接受地名知识培训。

5.3 设施与设备

应具备提供相应地名信息服务所需的设施与设备。

6 载体与方式

6.1 地名信息的传播载体

主要的传播载体包括：

a) 计算机网络；

b) 电信网络；

c) 特定的电子产品；

d) 其他传播载体。

6.2 地名信息服务方式

地名信息服务方式分为：

a) 地名互联网查询服务，基于计算机网络开展服务；

b) 地名声讯查询服务，分人工服务和自动服务，可基于计算机网络或电信网络开展服务；

c) 地名短信息查询服务，基于电信网络开展服务；

d) 地名触摸屏查询服务，基于触摸屏这种特定的电子产品开展服务；

e) 其他服务方式。

6.3 传播载体与服务方式的选取

选取传播载体与服务方式由提供服务的机构根据其所确定的服务对象及所具备的条件自行决定。但应符合本部分的规定及服务业通用行业标准的规定。

7 功能与内容

7.1 功能

提供通过标准地名、地名简称等方式的精确与模糊查询。其他功能提供由服务机构自行决定。

7.2 内容

提供的地名信息应包括：

a) 标准地名；

b) 罗马字母拼写；

c) 地名简称；

d) 地理位置；

e) 地名类别；

f) 其他地名信息。

8 质量

8.1 数据质量

8.1.1 完整

按照 GB/T 18521 进行地名数据分类。提供的相应类别的数据须内容完整。

8.1.2 准确

提供的地名信息应准确无误。

8.1.3 现势性强

应及时收集、更新地名信息，并向用户公告数据的现势情况。

8.2 服务质量

8.2.1 质量方针齐全

服务提供机构须制定并不断完善质量方针，作为开展地名信息服务的基本守则。

8.2.2 工作过程科学规范

从事地名信息服务的工作过程中应：

a) 依据服务载体和方式的要求制定科学合理的工作流程。

b) 工作期间应提供不间断服务，设备故障应及时修复，正常的服务中断应提前公告。

8.2.3 从业人员合格

从业人员应达到该行业的从业要求。

8.2.4 其他质量要求

其他质量要求包括：

a) 向用户说明服务的范围，无法满足用户需求时，向用户表示歉意；

b) 向用户说明服务的性质，是无偿还是有偿，有偿服务应声明服务的收费标准；

c) 应开展客户满意度调查，以不断改进服务态度，提高服务质量；

d) 本部分未规定的其他质量要求，各服务机构可自行制定，但应符合本部分规定的原则。

参 考 文 献

[1] GB/T 17693.1 外语地名汉字译写导则 英语